人間の由来（下）

チャールズ・ダーウィン
長谷川眞理子 訳

講談社学術文庫

目次

人間の由来（下）

［上巻 目 次］

凡例

・本書は、Charles Darwin, *The Descent of Man, and Selection in Relation to Sex*, London: John Murray; New York: D. Appleton, 1871 の全訳である。

・本書では、当時の西ヨーロッパ社会において常識的だった、非ヨーロッパ的な文化を遅れたものと見なす、差別的な文明観に基づいた表現が多数用いられている。そうした考え方は当時としては一般的なものであり、ダーウィン自身がきわだって差別的な考えを持っていたわけではない。ビーグル号の航海において「未開の」フェゴ島人と交流する機会を持ったとき、かれらと自分たちとの共通性を感じとることのできた、柔軟で進歩的な考えの持ち主であったダーウィンでさえ、「常識」の拘束から自由ではあり得なかった。もちろん本書はそうした差別的文明観に与するものではないが、訳文においては差別的な表現も省略せず、原文に則して訳出した。それは、恣意的な価値判断を含むとはいえ、そうした表現は生きものの「違い」と「共通性」を積み重ねていくダーウィンの方法論にかかわると考えられ、これらを変更、または削除すれば論理性を損なうおそれがあると判断したためである。言うまでもなく現在では、そのような差別的な考え方は、生物学の観点からも完全に否定されている。

・このほかいくつかの語について、従来用いられてきたものとは異なった訳語を採用している。個々に訳注を付したものもあるが、全体に共通するものは以下の通りである。

selection：現在の学校教育では、"natural selection"は「自然選択」と訳されている。しかし、"selection"を「選択」と訳すと、意味の異なる"choice"（例：mate choice＝配偶者選択）との訳し分けができず、使い方によっては文意が不明瞭になる。そのため、"selection"には「淘汰」を、"choice"には「選択」を当てることとした。

struggle for existence：従来「生存競争」、「生存闘争」等と訳されてきたが、ダーウィンはこの語に、競争のない環境のもとでの生存力の差や、生存だけでなく繁殖のうえでの成功の意味も含めている。そこで本書では「存続をめぐる争い」という訳を採用した。

・本書では、現時点における知見を簡単に紹介する訳注を適宜設けている。原注は（1）、（2）と、訳注は＊1、＊2として区別し、各章末にまとめて掲載した。

・訳者による補足・注記などは〔 〕の形で示した。また、原文におけるイタリック体は訳文中ではゴシック体にした。

人間の由来と性に関連した淘汰（下）

第Ⅱ部　性淘汰（続き）

第一二章　魚類、両生類、爬虫類における第二次性徴

魚類：求愛と雄どうしの闘い－雌の方がからだが大きいこと－雄、美しい色彩と装飾的付属物：他の奇妙な形質－繁殖期の雄にのみ現れる色彩と付属物－両性がともに鮮やかな色彩の魚類－保護色－雌がより地味な色をしていることは保護の原理では説明できない－巣をつくり、卵や子の世話をする雄／両生類：両性間の構造と色彩の差異－発声器官／爬虫類：カメ類－ワニ類－ヘビ類、いくつかの保護色の例－トカゲ類とその闘い－装飾的付属物－両性間の奇妙な構造的違い－色彩－鳥類とほとんど同じくらい大きな性差

さて、われわれはやっと脊椎動物という動物界の大きな一部門に到着したが、その一番下等な綱（こう）、すなわち魚類から話を始めよう。Plagiostomous[*1]（サメ、エイ）とChimaeroid[*2]の雄は、多くの下等動物がさまざまな形で持っているのと同じような、雌を捕まえておくための把握器官を持っている。把握器官のほかに、多くのエイ類の雄の頭の上には、硬くて鋭いとげの一群があり、「胸鰭（むなびれ）の上部の外側の表面」にもとげの列がある。これらのものは、か

らだの他の部分が滑らかであるような数種の雄にも見られる。これらは繁殖期だけに一時的に発達するので、ギュンター博士は、からだの左右を内側および下方に折り曲げることで、把握器官の役割を果たすのではないかと考えている。イボガンギ（*Raia clavata*）[*3]のような種では、雄ではなく雌の背中に大きなかぎ状のとげがあるというのは、たいへん興味深い事実である。[(1)]

魚類が生活している条件のため、彼らがどのような求愛行動をするのかはほとんど知られておらず、彼らの闘いについてもほんの少ししかわかっていない。トゲウオ（*Gasterosteus leiurus*）の雄は、雌が隠れ場所から出てきて、雄が彼女のためにつくった巣を調べに来ると、「喜びで狂ったようになる。彼は、彼女の周りをあらゆる方向に泳ぎ回り、それから彼が巣をつくるために集めた材料に向かって泳いでいくが、すぐまた戻ってくる。雌がすぐに泳いで来ないと、雄は鼻先で彼女を押し、尾鰭やからだのとげを引っ張って彼女を巣の方へ連れて行こうとする」[(2)]。雄は一夫多妻だと言われている。[(3)]彼らは、たいへん大胆でけんか好きだが、雌は「きわめて平和的である」。彼らの闘いは、ときには非常に激しくなり、「これらのちっぽけな競争者たちは、たがいに数秒ほどからだを絡めあい、何度も何度もころがって、完全に力が尽きてしまうまで続けるようだ」。尾の硬いトゲウオ（*G. trachurus*）では、雄は、闘っている間にたがいの周りをぐるぐる回り、咬み合い、ぴんと立てた脇のとげでたがいを突き刺そうとする。この著者はまた、[(4)]「この小さな魚の咬みかたは強烈である。彼らは脇のとげを致命的なやり方で使うので、闘いのさなかに一方が他方を完全に切り裂いてしまい、その魚はだんだん底に沈んでいって死んでしまったのを見たことがある」とも述べている。負けた方は、「彼の勇敢さは失われ、美しい色もあせてしまう。彼はおとなしい仲間たちの間に混じって自分の不名誉を隠そうとするが、まだしばらくの間、勝者の攻撃の対象となる」。

サケの雄は、小さなトゲウオと同様にけんか好きだが、ギュンター博士に聞いたところでは、マスの雄も同じだそうだ。ショー氏（Mr. Shaw）は、二匹のサケの雄たちの死闘がまる一日続くのを見たことがある。漁場管理人のR・バイスト氏（Mr. R. Buist）は、雌が産卵している間に雄が競争者を追い払っているのを、パースの橋の上からよく見たものだと教えてくれた。雄は、「産卵床で常に闘って、たがいを切り裂こうとしており、多くがそのために傷ついて死んでしまう。他の多くは、すっかり疲れ切って川岸近くを泳いでいるが、彼らも死の寸前のようである」[5]。バイスト氏によると、ストアモントフィールド養魚場の管理人が、一八六八年の六月にタイン川の北を訪れたところ、三〇〇匹もの死んだサケを見つけたが、それらは一匹を除いてすべてが雄であった。それらは闘いで命を落としたに違いないと彼は確信したということである。

サケの雄について最も奇妙なのは、繁殖期になると色が少しばかり変化するだけでなく、「下顎が長く伸びて、軟骨のある突起の先が上に曲がるので、両顎を閉じたときに、上顎の顎間骨（がっかんこつ）の間に大きな空間ができるようになる」[6]ことである（図26、27）。英国のサケでは、この構造の変化は繁殖期だけしか続かないが、北西アメリカの *Salmo lycaodon* では、J・

K・ロード氏（Mr. J. K. Lord）によると、[7] この変化は固定的であり、特に以前にも川を遡ってきたことのある年長の雄に顕著だそうだ。これらの年とった雄の顎は、巨大なかぎ状の

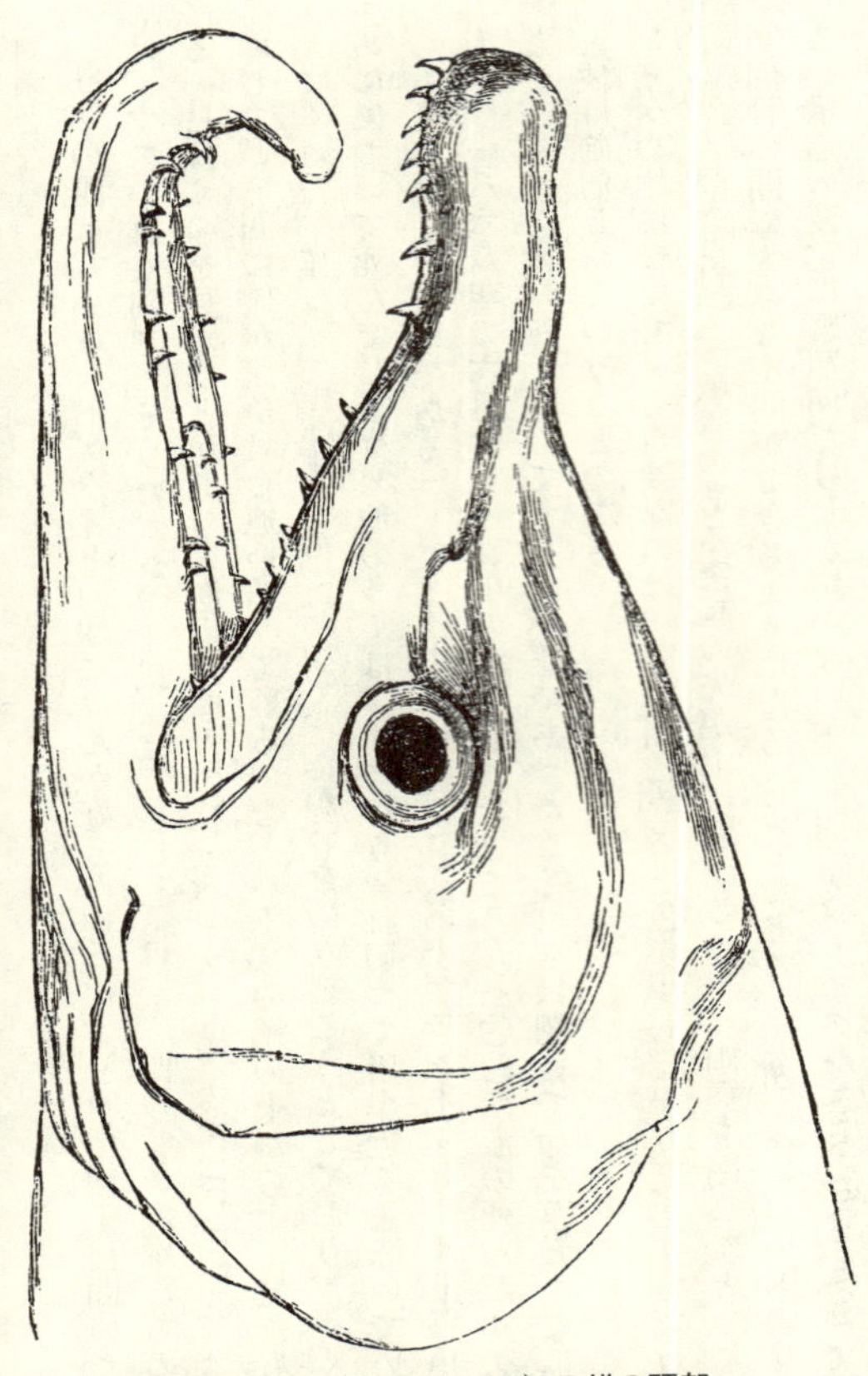

図26　繁殖期のサケ（*Salmo salar*）の雄の頭部
本章の図は、ギュンター博士の監修のもと、大英博物館の標本に基づき、著名な画家であるG・フォード氏により作成されたものである。

突起になっており、歯も整列した牙のようで、半インチ〔約一二・五ミリメートル〕もの長さに達することもある。ロイド氏（Mr. Lloyd）によると、[8]ヨーロッパのサケでは、一時的

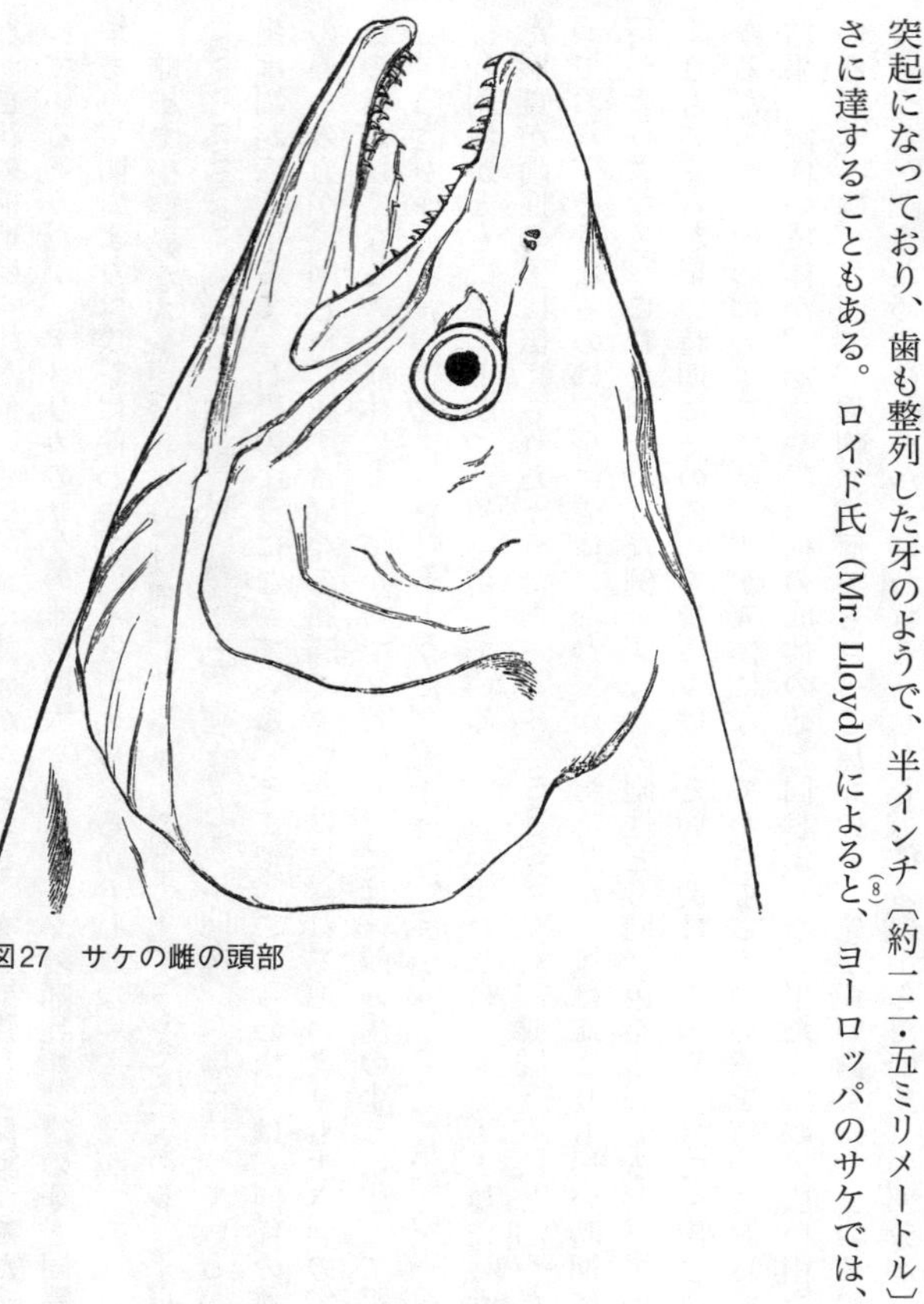

図27　サケの雌の頭部

なかぎ状の構造は、雄が他の雄に凶暴に襲いかかるとき、顎を補強して保護するために役立っているそうだが、アメリカのサケの雄の巨大な歯は、多くの哺乳類の雄の牙と同等のものであり、防御よりは攻撃に使われていると考えられるかもしれない。[*4]

雌雄で歯が異なる魚は、サケだけではない。多くのエイ類でもそうである。イボガンギ(*Raia clavata*)のおとなの雄は、鋭くとがってうしろに曲がった歯を持っているが、雌の歯は幅が広く平らで、石畳のようになっている。そこで、これらの歯では、同種の雌雄の間の違いの方が、同じ科に属する異なる属間でふつうに見られる違いよりも大きいのである。雄の歯が鋭くなるのは成体になってからで、若いときには、雌の歯のように広くて平らである。第二次性徴でしばしば見られるように、例えば *R. batis* のような数種のエイの成体は、両性がともに鋭くとがった歯を持っているが、この場合には、もともと雄だけが獲得した形質が両性の子に伝えられたようである。*R. maculata* でも、雌雄ともにとがった歯を持っており、そうなるのは完全に成体になってからであるが、雄は雌よりも早い時期にそれを持つようになる。これと似たような例、すなわち両性とも同じ色をしているが、雄の方が雌よりもいくらか早い時期にその色彩を身につけるという例は、この先、鳥でも出会うことになるだろう。他の種のエイでは、雄が成体になってからでさえ鋭い歯を持っておらず、その結果、両性の成体が、幼体や先の種の成体の雌と同じような、平たくて幅の広い歯を持っている。[(9)] エイは、大胆で、強靭で、何でも食べる魚なので、雄が鋭い歯を持っているのは競争者どうしが闘うためではないかと疑われる。しかし、彼らのからだの多くの部分が、雌を捕まえておくための把握器官に変容して適応しているので、歯もそのような目的に使われているのかもしれない。

からだの大きさについては、カルボニエ氏（M. Carbonnier）は、[10] ほとんどすべての魚類では雌の方が雄よりも大きいと述べており、ギュンター博士も、雄の方が実際に雌よりも大きい種類は一例たりとも知らない。メダカ科の何種かの雄では、雌の半分ほどにさえ達していない。雄どうしが常に闘うような多くの種の魚でもメダカと同様なので、彼らがなぜ、性淘汰を通して雌よりも強くて大きくならなかったのかは実に不思議なことだ。カルボニエ氏によると、肉食性の魚の場合には、雄はからだが小さいため、同種の雌にさえ食べられてしまう危険があるということだから、他の種の魚にも食べられてしまいやすいに違いない。雄が他の雄との闘いのために大きくて強くなるよりも、何らかの理由で、雌のからだが大きくなることの方が重要だったのだろうが、それはおそらく、大量の卵を生産できるということなのだろう。[*5]

多くの種では、雄のみが派手な色彩をしている。または、雄の方が雌よりもずっと鮮やかである。そして、雄はまた、クジャクの尾羽と同様に、通常の生活の目的には何の役にも立たないように見える付属物を備えていることがある。これから述べる事実の大部分は、ギュンター博士のご好意によるものである。熱帯の魚の多くは、雌雄で色彩や構造が異なると考えてよい理由があり、英国産の魚にも顕著な例がいくつか見られる。*Callionymus lyra* の雄は、「その美しい、宝石のような色彩から」、ホウセキシャレヌメリと呼ばれてきた。海か

図28　*Callionymus lyra*
上：雄、下：雌
雌は雄より小さい

ら揚げたばかりのときには、からだはさまざまな色調の黄色で、頭部には鮮やかな青の縞や斑点がある。背鰭は薄茶色で、濃い色の縦縞があり、腹鰭、尻鰭、尾鰭は青黒い。雌はツチイロシャレヌメリと呼ばれており、リンネとそれに続く多くの博物学者によって、別種に分類されてきた。雌はくすんだ赤茶色で、背鰭が茶色、他の鰭は白である。雌雄は、頭と口の相対的な大きさや眼の位置においても異なるが[11]、最も目立つ違いは、雄の背鰭が極端に長く伸びていることである（図28）。若い雄は、色や構造の点で雌の成体に似ている。Callionymus属のすべてを通じて[12]、雄の方が一般に雌よりも鮮やかな斑点を持っており、いくつかの種の雄では、背鰭ばかりでなく尻鰭も同様に長く伸びている。

カジカ（*Cottus scorpius*）の雄は、雌よりもずっと細くて小さい。雌雄は、色彩もまた非常に異なる。ロイド氏（Mr. Lloyd）が指摘している通り、[13]「繁殖期になって、色合いが最も鮮やかになったときにこの魚を見たことのない人には、他の点からすればこれほど不器量なものが、これほど素晴らしい色彩の混合で飾られる」とは、想像がつきにくいだろう。ソメワケベラ属の一種 *Labrus mixtus* の雌雄は、色彩は違うものの、両方とも美しい。雄はオレンジ色に鮮やかな青の縞があり、雌は明るい赤で、背に黒い斑点がいくつかある。

非常に独特な科であるメダカ科の中には、外国産の淡水性のもので、雌雄がさまざまな点で非常に異なるものがある。*Mollienesia petenensis* の雄は、[14]背鰭が非常によく発達しており、そこには、大きくて、丸い、目玉のような、鮮やかな色をした斑点の列がある。一方、雌の背鰭は小さくて形も異なり、不規則に曲がった茶色の斑点があるだけである。雄では、尻鰭の下の縁も少し伸びて濃い色をしている。これと近縁なソードテイル（*Xiphophorus Hellerii.* 図29）では、雄の尻鰭の下の縁が細長く伸びている。ギュンター博士に聞いたところによると、そこには縞があり、美しい色で飾られているということだ。この細長い繊維状のものに筋肉はまったくなく、魚にとって直接の役に立つことは何もないようだ。*Callionymus* の例におけるのと同様、若い雄は、色も形態も成体の雌に似ている。このような性差は、キジ科の鳥によく見られる性差とまったく同じようなものだといってよいだろう。[15] [*6]

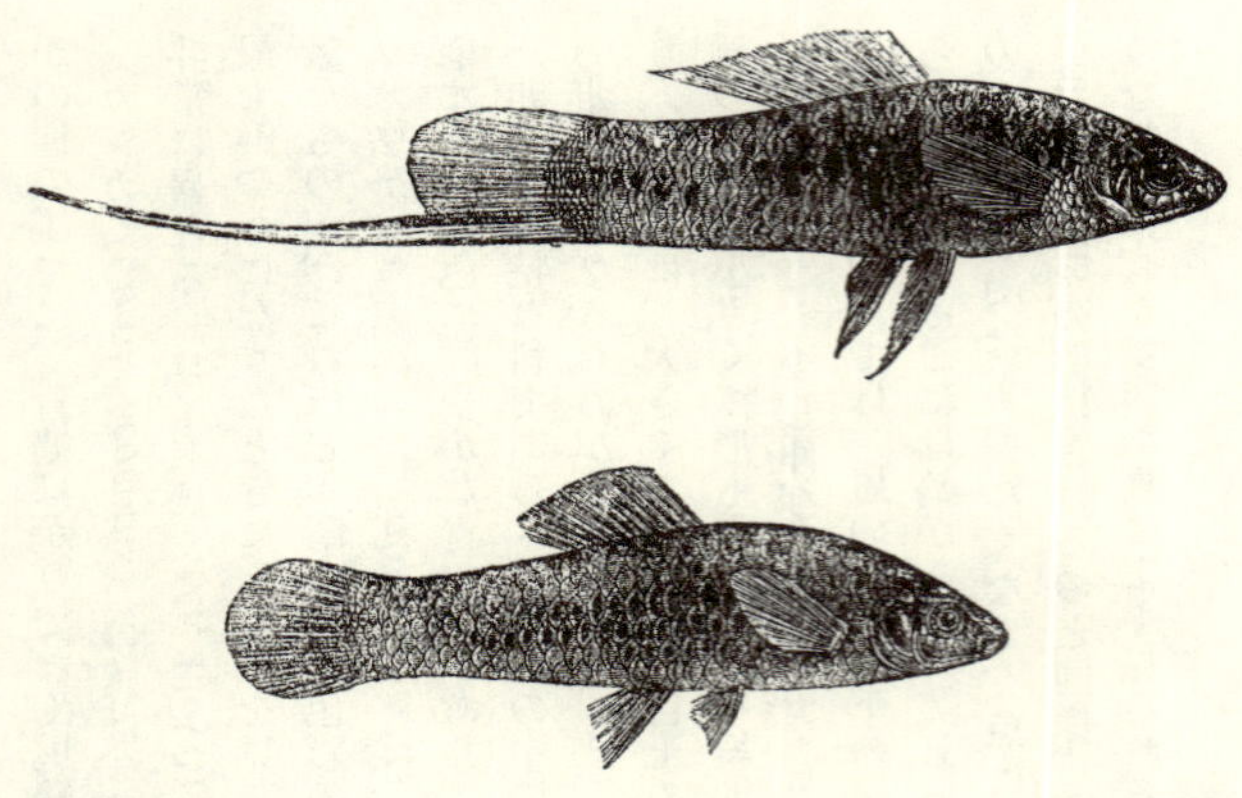

図29　ソードテイル
上：雄、下：雌

南アメリカの淡水に住んでいるナマズ科の魚 *Plecostomus barbatus*（図30）では[16]、雄の口と中鰓蓋骨（interoperculum）は硬い毛のひげでふちどられているが、雌にはそんなものはまったくない。これらの毛は、鱗に性質が似ている。これと同じ属に属する他種では、雄の頭の前部から柔らかい触手のようなものが伸びているが、それは雌にはない。これらの触手は真皮が延長したものなので、前者の種の硬いひげと相同のものではない。しかし、両者がともに同じ目的を果たしていることは間違いないだろう。その目的が何であるかは推測が難しいが、装飾である可能性は低いと思われる。しかし、硬い毛や柔らかく細長いひもが、雄だけにとって通常の意味で何かの役に立っているとはとても考えられない。大英博物館でギュンター博士に見せていただいた *Monacanthus scopas* は、これ

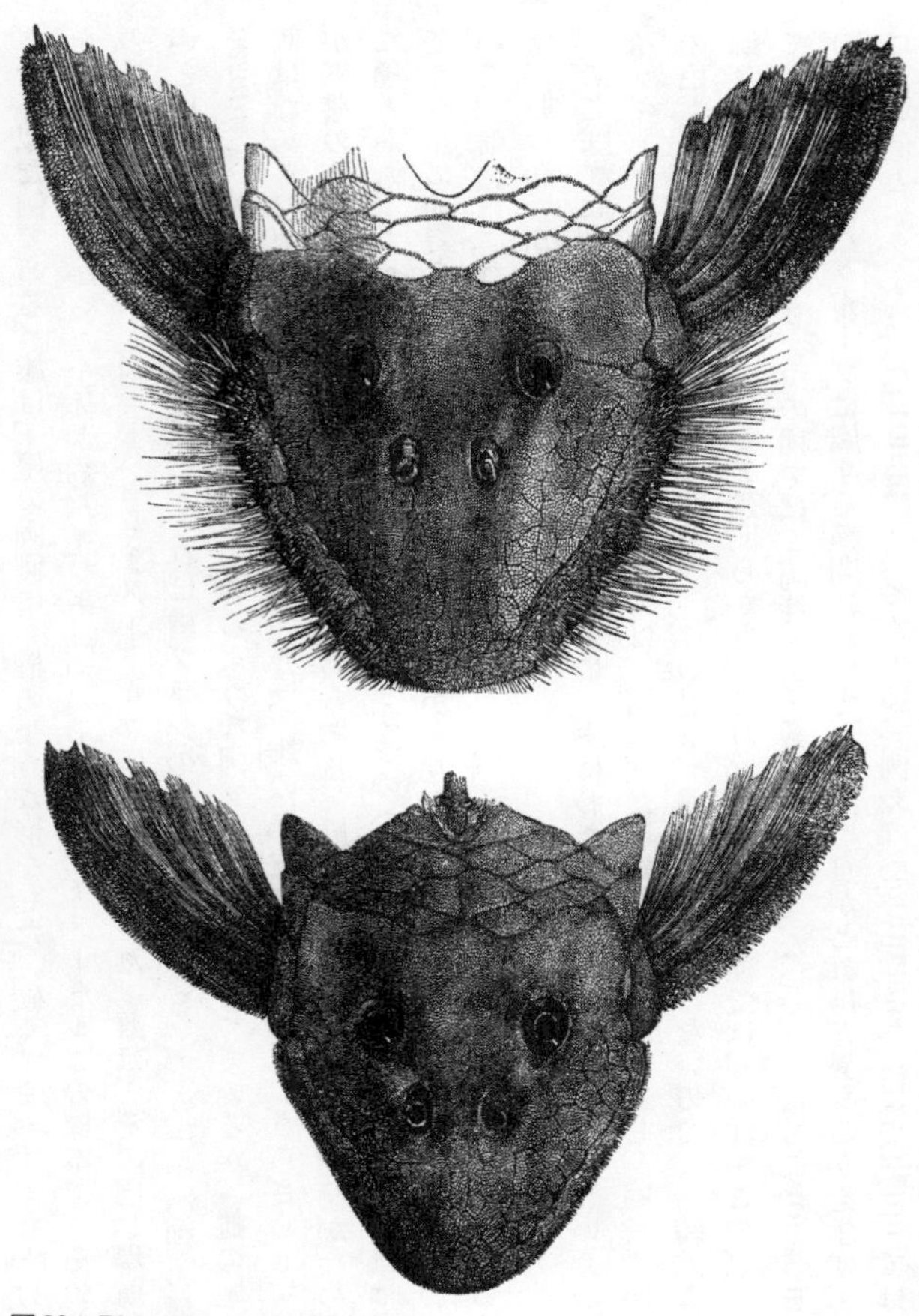

図30　Plecostomus barbatus
上：雄の頭部、下：雌の頭部

とよく似た例である。雄は、尾の両側に、櫛のような形をした、硬くてまっすぐなとげの束を持っている。からだ全体が約六インチ〔約一五・二センチメートル〕の標本で、そのとげの長さは一インチ半〔約三・八センチメートル〕にも達していた。雌は、その同じ場所に短いとげの一群を持っているが、それは歯ブラシのようだと言える。もう一つの別の種 *M. peronii* では、前述の種の雌が持っているような歯ブラシを雄が持っているが、雌の尾の両側はなめらかである。これ以外の種の中には、雄の尾の同じ部分は少しざらざらしているが、雌のそれはまったくなめらかであるものもある。最後に、両性とも尾の両側がなめらかな種もある。あの奇妙な怪物、ギンザメのなかまの *Chimaera monstrosa* では、雄は頭のてっぺんに前方を向いてかぎ状に曲がった骨があり、その丸い先端は鋭いとげでおおわれている。雌には「この冠はまったく存在しない」が、これがどんな役割を果たしているのかは、いっさい知られていない。[17][*7]

ここまでに紹介した形態は、成熟後の雄に一生にわたって見られるものだが、いくつかのイソギンポのなかまやそれと近縁な属では、[18]繁殖期だけ雄の頭に冠が発達し、同時にからだの色もずっと鮮やかになるものがある。この冠は、雌には痕跡すらないので、一時的な性的飾りとしてはたらいていることは明らかだ。これと同属の他の種では、両性がこの冠を持っており、少なくとも一つの種では、両性ともこれを持っていない。この例と Monacanthus の例は、近縁なグループに属する種間においても性的形質がどれほど異なるかを示す、非常によい例といえよう。Chromidae の多くの種、例えば Geophagus、特に Cichla では、アガシー教授に聞いたところによると、[19] 雄の前頭には顕著な突起があるが、雌や若い雄にはまったくないということである。アガシー教授はさらに、「私は、この魚の突起が最大になっている産卵期と、それがまったくなくなっている他の時期との両方を見たことがあるが、それがない時期には、横から見た頭の輪郭は、雌雄でまったく区別がつかない。これがどんな特別な機能を果たしているのかは全然わからずにいるが、アマゾンのインディアンも知らないようである」と述べている。このような突起が周期的に現れることは、ある種の鳥の頭部に現れる肉阜〔とさかや眼の回りなどの肉質の突起〕と似ているが、それが装飾としてはたらいているのかどうかは、いまのところ疑わしいというべきだろう。

アガシー教授やギュンター博士に聞いたところによると、一年中雌と異なる色彩を持っている魚の雄も、繁殖期にはさらに色が鮮やかになるということだ。これは、繁殖期以外の時期はいつでも雌雄が色彩においてまったく同じであるような多くの魚類でも同様である。テンチ、ローチ、パーチなどが、その例としてあげられるだろう。繁殖期のサケの雄は、「頰にオレンジ色の縞があり、そのために Labrus のように見える。また、からだも金オレンジ色を帯びるようになる。雌は暗い色をしており、黒魚と呼ばれている」。[20] これと同じ、またはもっと劇的な変化は、イワナ（*Salmo eriox*）の雄にも起こる。チャー（*Salmo umbla*）の雄も同様に、繁殖期には雌より派手な色彩になる。[21] 合衆国のカワカマス（*Esox reticulatus*）は、繁殖期になると、特に雄が非常にはっきりした鮮やかな虹色に輝くようになる。[22] 多くの例の中からもう一つ顕著な例をあげるとすれば、ウォリントン氏（Mr.

Warington）が記述している、繁殖期になると「言葉で描けないほど美しくなる」トゲウオ（*Gasterosteus leiurus*）の雄だろう。[23] 雌の背側と眼は単純な茶色で、腹側は白い。一方、雄の眼は「最も美しい緑色で、ハチドリのなかまの緑色の羽に見られるようなメタリックな輝きを持っている。喉と腹部は明るい深紅、背中は灰色がかった緑で、魚全体がどういうわけか透明で内側から白熱に輝いているように見える」。繁殖期が終わると、これらの色はすっかり変わり、喉と腹部の赤は薄れ、背中は濃い緑になり、輝きは失せてしまう。

　魚類において、このような色彩と性的機能との間に何らかの密接な関係があるのは明らかだろう。まず第一に、ある種の雄は雌とは異なる色彩を持っており、しばしば雌よりずっと鮮やかである。第二に、これらの同じ雄たちは、若いときには成体の雌に似ている。そして最後に、繁殖期以外には雌と色彩がまったく同じであるような種類の雄も、繁殖期になると鮮やかな色彩を身につけるようになる。雄は、求愛に非常に熱心で、たがいに死闘をくり広げるものもある。もしも雌に選り好みをする力があり、より美しく飾られた雄を選んでいると仮定してよければ、上記の事実はすべて、性淘汰の原理によって理解できるだろう。一方、雌が常に、ただ産卵し、たまたま最初に近づいてきた雄に受精を任せるだけなのであれば、配偶相手の選り好みはないことになるので、この事実は性淘汰の有効性にとって致命的となるだろう。しかし、知られている限りにおいて、雌は、雄が近くにいない限り産卵しようとはしないし、雄は、雌が近くにいない限り卵に受精させようとはしない。魚の雌が配偶相手を選んでいるという直接的な証拠を得るのは、明らかに困難だ。ミノウ（*Cyprinus phoxinus*）の産卵を注意深く観察した素晴らしい観察家は、[24]雄は雌の一〇倍も多くいて、雌の周りに何匹もが密集するので、「いったい何が起こっているのか、曖昧なことしか言えない。雌が何匹もの雄の間にやってくると、雄たちはすぐに雌を追跡する。雌が産卵する準備が整っていないと、彼女は後戻りする。もし雌の準備が整っていれば、彼女は大胆に雄たちの真ん中に入り、すぐに両側から雄にぴったりとはさまれる。しばらくそうしていると、他の二匹の雄が彼らの間に滑り込んできて、最初の雄たちに取って代わる。雌は、これらの恋人たちの全員に平等にやさしくしているようだ」と述べている。この最後の記述にもかかわらず、私は先に述べたいくつかの考察から、雌は、最も鮮やかな色をしたり装飾を持っていたりする雄を最も魅力的な雄として選んでおり、雄は、そのような理由によって、時間とともにより美しくなってきたのだという確信を捨てることができない。

次に、この見解が、形質が両性に伝えられる法則を通して、雌雄がともに同じか、ほとんど同じくらい鮮やかである種にも拡張できるかどうかを検討してみよう。Labrus のような属は世界で最も美しい魚の一種を含んでおり、例えばクジャクラブルス（*L. pavo*）は、ひすい、ルビー、サファイア、エメラルド、紫水晶がはめこまれ、金色に磨き上げられた鱗を持つと記述されているが、[25]この誇張も許容範囲であろう。このグループでは、先の見解を信じてもよいように思われる。なぜなら、少なくとも一つの種では、雌の色彩が雄と非常に異なることが知られているからである。多くの下等動物と同様、いくつかの魚類でも、鮮やかな色彩が、淘汰の力とは関係なく、彼らの組織の性質や周りの環境から来る直接の結果であることもあるだろう。ふつうのコイに金色の変異があるというアナロジーから判断すると、キンギョ（*Cyprinus auratus*）はおそらくそのような例であるかもしれない。彼らの美しい色彩は、この魚がずっと飼育されている間にさらされてきた条件によって、突然に生じた単一の変異によるのかもしれないからである。しかしながら、キンギョは大昔から中国で飼育されてきたので[26]、人為淘汰を通してこれらの色彩が増強されてきたという方が、より可能性が高いだろう。野生状態では、魚のように高度に組織化され、複雑な関係のもとに暮らしている生物が、非常に鮮やかな色彩を持つことによって、何らかの悪影響をこうむったり、何らかの利益をそこから得たりすることなしに、そして自然淘汰の介入を招くことなしに、美しい色を獲得することはないはずだからである。

それでは、両性がともに鮮やかな色彩を有している多くの魚について、どんな結論を引き出すべきだろうか？　ウォレス氏（Mr. Wallace）は[27]、サンゴその他の鮮やかな色彩を持つ生物に取り巻かれているサンゴ礁に住む種は、敵に見つかるのを逃れるために美しい色彩をしているのだと考えている。しかし、私が考えるところでは、彼らはそうやって非常に目立つようになっている。熱帯の淡水には、鮮やかな色彩をしたサンゴもなければ、魚たちが似るべき他の美しい生物もいないが、それでも多くのアマゾンの種類は美しい色をしており、インドの肉食性のコイ科の魚は、「さまざまな色調の、鮮やかな縦縞で」飾られている[28]。マクリーランド氏は、これらの魚について、「その色彩の不思議な鮮やかさは、この魚の個体数を一定に保つため、カワセミやアジサシなどの鳥にわざと見つかるようにできている」のではないかとまで考えている。しかし、今日の博物学者は誰も、どんな動物であっても、自分自身を殺させるために目立つ色彩をしているとは考えないだろう。魚のなかには、鳥や捕食獣に対して（幼虫に関して述べたように）彼らがまずい獲物であることを警告するために鮮やかな色になったものもあるだろうが、私の知る限り、少なくとも淡水魚では、魚を食べる動物が、味がまずいという理由で魚を拒否する例は知られていないと思われる。全体として、両性がともに鮮やかな色彩をしている魚に関する最もあり得そうな見解は、その色彩が性的装飾として雄に獲得され、それがほぼ同じ程度に雌にも伝えられたというものである。

さて、雄が色彩その他の装飾の点で雌と非常に異なっている場合、雄だけが変容してその変異が雄の子のみに伝えられてきたのか、それとも雌が保護の目的のために特に地味になるように変容し、そのような変異が雌の子のみに伝えられてきたのか、ということを考えてみよう。多くの魚が、色彩を保護のために獲得したことに疑いはない。カレイの表面の斑点を見て、それが住んでいる海の底の砂地を思い浮かべない人はいないだろう。動物が色彩および形態によって保護を得る最も顕著な例の一つは（保存された標本で見る限り）ギュンター博士（Dr. Günther）が報告しているヨウジウオである。[29] それには、赤い細長い糸のようなものがからだからたくさん突き出ているので、尾で器用に海藻につかまると、それらとほとんど区別がつかない。しかし、いま問題としているのは、この目的のために雌だけが変容してきたかどうかという疑問だ。この問題に関して、魚はさまざまな証拠を提供してくれる。一方の性だけが危険にさらされている期間が長かったり、一方の性だけが敵から逃げる力が弱かったりということがない限り、両者に同じような変異があれば、自然淘汰によって一方の性だけが他方の性よりも強く保護のために変容するということはないと考えられる。そして魚では、上記のような点で雌雄に違いはないらしい。何らかの差異がある限り、雄の方がからだが小さくて、より多く泳ぎ回るのだから、雌よりも多くの危険にさらされているはずだ。それでも、雌雄が異なるときには、ほとんど常に雄の方が目立つ色彩をしている。卵は、産卵されたあとすぐに受精されるが、サケのように[30]、これが数日間にわたって続けられるときには、この期間中ずっと雄が雌につきそっている。そして、卵が受精されたあとでは、ほとんどの場合、両親はそこから離れ、卵を守ることはないので、産卵に関する限り雌雄は同等に危険にさらされている。受精卵の生産にも雌雄が同等に貢献していると考えられる。それゆえ、どちらの性であれ、より鮮やかな色合いをした個体は同等に死ぬ危険が高く、雌雄は同等に、自分たちの子やその品種の色彩に影響を与えただろう。

いくつかの科に属する魚は巣をつくる。そのような魚の中には、卵がかえったときに子の世話をするものがある。両性が同じように鮮やかな色彩をしている[31]。*Crenilabrus massa* と *melops* は、両性が一緒に、海藻や貝殻などを集めて巣をつくる。しかし、ある種の魚では、これらの仕事のすべてを雄が引き受け、その後の稚魚の世話も雄のみが行う。鈍い色をしたハゼのなかまがそうで[32]、両性の色は変わらない。トゲウオ（Gasterosteus）もそうであるが、彼らは産卵期になると、雄が非常に美しい色になる。尾のなめらかなトゲウオ（*G. leiurus*）の雄は、長い期間にわたって乳母の手本のような世話と目配りをし、稚魚が巣から離れすぎたときには必ず、優しくそれらを巣の方へ導く。彼は、勇敢にもすべての敵を追い払うが、それには自種の雌も含まれる。雄は、雌が産卵したあとで絶え間なく雌を巣から追い払わねばならないので、雌がすぐにでも何らかの敵に食われてしまった方が、彼にとってはよほど安心に違いない。(33)

南アメリカとセイロン〔現在のスリランカ〕に住んでいる、二つの異なる目に属する種の雄は、雌が産んだ卵を自分の口の中、または鰓腔(さいこう)の中でかえすという、驚くべき変わった習性を持っている。(34)アマゾンに住む同様の習性を持った魚については、アガシー教授が親切にも、雄は「ふつうは雌よりも美しいばかりでなく、繁殖期にその差が一番顕著になる」と教えてくれた。Geophagus属の種も同じように行動し、繁殖期になるとこの属の雄には顕著な突起が額に発達する。アガシー教授が教えてくれたところによると、Chromidのさまざまな種には、「水生植物の周りの水中に産卵するにせよ、穴の中に産卵して、それ以上の世話はせずに稚魚が出てくるに任せるにせよ、川床の泥に浅い巣をつくって、わが国のPromotis属のようにそこにとどまって世話をするにせよ」、雌雄による色彩の差異が見られ、「このようにとどまって世話をする種類が、この科の中では最も色が美しいということは指摘しておくべきだろう。例えば、Hygrogonusは鮮やかな緑で、最も鮮やかな赤で縁取られた黒い目玉模様を持っている」*8。しかしながら、卵の世話をするかしないかということは、両性間の色彩の違いにほとんど影響がないのは明らかである。さらに、雄だけが巣と稚魚の世話をするすべての種において、美しい色彩をした雄が殺されてしまうことの方が、美しい色をした雌が殺されてしまうことよりも、その品種の形質にずっと大きな影響を与えるだろうことも明らかである。なぜなら、抱卵や子育ての最中に雄が死ねば、稚魚もみな死ぬ運命になるので、雄はその特別な色彩を伝えることができないだろうからだ。それでも、これらの大部分の例においてこそ、雄の方が雌よりも鮮やかな色をしているのである。

総鰓類（そうさいるい）（ヨウジウオ、タツノオトシゴなど）のほとんどでは、雄が育児嚢（いくじのう）を持っているか、腹部に半円形のくぼみを持っており、そこに雌が産卵して稚魚がそこからかえる。雄は、また、稚魚に対してたいへんな愛着を見せる。[35] 雌雄は、通常はあまり色彩に違いはないが、ギュンター博士は、タツノオトシゴの雄は雌よりもいくらか鮮やかな色をしていると考えている。しかしながら、Solenostoma属は奇妙な例外だ。[36] なぜなら、雌の方が雄よりもずっと鮮やかな色の斑点を持っているにもかかわらず、雌のみが育児嚢を持ち、その中で卵をかえすからである。そこで、Solenostoma属の雌は、他のすべての総鰓類とも後者の点で異なり、ほとんどすべての魚類と、雄よりも雌の方が鮮やかな色をしているという点で異なることになる。このような驚くべき、雌における二重の形質の逆転が、単なる偶然によって生じたとはとても考えられない。雄のみが卵と稚魚の世話をする魚では雄の方が雌よりも鮮やかな色をしており、Solenostoma属では雌が子の世話をし、雌の方が鮮やかな色をしているのだから、子の世話にとってより重要である方の性が、何らかの保護として鮮やかな色彩になっているのだと論じることもできるかもしれない。しかし、雄が一生にわたってにしろ一時的にしろ、雌よりも美しい魚は大量にあるが、彼らの生存の方が雌の生存よりも、種のために重要だということは少しもないので、この見解は維持しがたいだろう。鳥類を扱うところで、通常の性の形質がすっかり逆転している、似たような例を見ることになる。そのときに、可能性の高そうな説明を述べることにするが、それはすなわち、雌がより魅力的な雄を選ぶという、動物界を通じてふつうに見られる法則ではなく、雄の方が、より魅力的な雌を選んできたためだという説明である。

全体として、色彩その他の装飾的形質において雌雄が異なる魚のほとんどでは、もともと雄の間に変異が生じ、その変異が同性のみに伝えられ、雌を惹きつけたり興奮させたりするという性淘汰を通じてその変異が蓄積してきたと結論してよいだろう。しかしながら、多くの例では、そのような形質の一部または全部が雌にも伝えられている。また、他の例では、保護のために両性が同じような色彩をしているようだが、この目的のために雌だけが色彩その他の形質を特に変容させてきた例は、一つもないようである。[*9]

最後に指摘しておかねばならない点は、世界の多くの場所で、魚が奇妙な音をたてるのが記録されていることだ。なかには、音楽的といわれている例さえある。どのようにしてそんな音を出すのかについてはほとんど知られておらず、ましてやその目的もわかっていない。ヨーロッパの海に住むUmbrinas属の打ち鳴らすような音は、二〇尋〔約三六・五メートル〕もの深さからでも聞こえるといわれている。ロシェルの漁民は、「繁殖期に雄だけが音を出すので、それを真似することによって、餌なしで彼らを捕まえることができる」と主張している。[(37)] もしもこの記述が信用できるものであれば、脊椎動物の他の綱であまねく見られ、すでに見たように昆虫類やクモ類でも見られる例が、脊椎動物の最も下等な綱でも見られることになるだろう。すなわち、声や楽器による音は、非常にしばしば求愛の声、求愛の歌として使われるので、そのような音を発する能力は、最初に種の拡散と関連して発達したのだろうということである。

両生類

有尾目

まず最初に、尾のある両生類を取り上げよう。サンショウウオやイモリの雌雄は、色彩も形態も異なっていることがしばしばある。いくつかの種では、繁殖期の雄の前肢に把握性の爪が発達する。また、*Triton palmipes* では、この時期の雄の後肢には水かきができるが、冬になるとそれはすっかり吸収されてしまい、雌の足に似てくる[38]。この構造が、雄が一所懸命に雌を探して追跡するための役に立っていることは間違いないだろう。英国にふつうに見られるイモリ（*Triton punctatus*, *T. cristatus*）では、繁殖期になると雄の背中と尾に深い刻み目の入ったひれが発達するが、冬にはそれは吸収されてしまう。セント・ジョージ・マイヴァート氏（Mr. St. George Mivart）が私に教えてくれたところによると、それに筋肉はついておらず、したがって、運動のために使うことはできない。求愛の季節には、その縁が鮮やかな赤になるので、それが雄の装飾の役目を果たしていることは間違いない。多くの

図31　*Triton cristatus*（Bell（ベル），'A History of British Reptiles' より。）
上：繁殖期の雄、下：雌

種では、からだは非常に強いコントラストの光輝く色調をしているが、繁殖期にはそれがもっとはっきりしてくる。例えば、英国にふつうに見られる小さなイモリ（*Triton punctatus*）の雄は、「上部が灰褐色で、下の方に行くにつれて黄色になるが、春になるとそこは濃いオレンジ色の地に黒い斑点で飾られるようになる」。ひれの縁も、明るい赤や紫で彩られるようになる。雌は、ふつうは黄褐色で茶色の斑点があるが、下面には斑点がない[39]。若い個体は、はっきりしない色をしている。産卵のあとですぐに受精が行われ、その後は両親ともに何の世話もしない。それゆえ、雄の顕著な色彩と装飾的な付属物とは、性淘汰を通して獲得され、それが雄の子のみに伝えられるか、両性に伝えられるかしたものだと結論してよいだろう。

カエル目

多くのアマガエル類やヒキガエル類では、アオガエルが美しい緑色をしており、地上性の多くの種が目立たないまだら模様をしているように、色彩が保護色になっているのは明らかである。私がこれまでに見た最も目立つ色彩をしたヒキガエルである *Phryniscus nigricans* は[40]、からだの上面は全部がインクのように真っ黒だが、足の裏と腹部の一部に、きわめて鮮やかな朱色の斑点がある。このカエルは、灼熱の太陽のもとでラ・プラタの開けた草原や何もない砂地の上を歩いているので、そこを通るどんな生きものの目も逃れることはできない。このような色彩は、捕食性の鳥に、これが味のまずい餌であることを知らせる役に立っているのかもしれない。なぜなら、彼らは有毒な分泌物を出し、イヌがこれを舐めると、狂犬病のときのように口から泡を吹くことが誰にでも知られているからである。このカエルの色彩が目立つことにさらに驚いたのは、その隣にトカゲ（*Proctotretus multimaculatus*）を見つけたときである。このトカゲは、脅かされるとからだを平らにして眼を閉じるので、そのまだら模様とあいまって、周囲の砂地とまったく区別がつかなくなってしまうのであった。

色彩の性差についてギュンター博士は、アマガエル類やヒキガエル類での顕著な例は知らないが、それでも彼は、雄の方が雌よりもいくらか色調が強いことから、雄と雌は色でたいてい区別できるという。ギュンター博士はまた、外的な構造が雌雄で顕著に異なる例も知らない。例外は、繁殖期になると雄の前肢に発達してくる突起で、それによって雌を抱接するのである。*Megalophrys montana*（図32）は、[41] 雌雄の形態的構造がいくらか異なる最もよい例であろう。雄は、鼻の先と瞼に三角形の皮膚のひだがあり、背中に小さな黒い突出物があるが、そのような形質は雌には存在しないか、ほんの少し発達しているだけである。カエル類が、なぜ性差をもっと顕著に発達させないのかは不思議である。なぜなら彼らは冷血動物だが、たいへん情熱的だからだ。ギュンター博士が私に教えてくれたところによると、彼は、三匹か四匹の雄たちにきつく抱接されたため、不幸にも死んでしまった雌のヒキガエルを何度か見たことがあるそうだ。

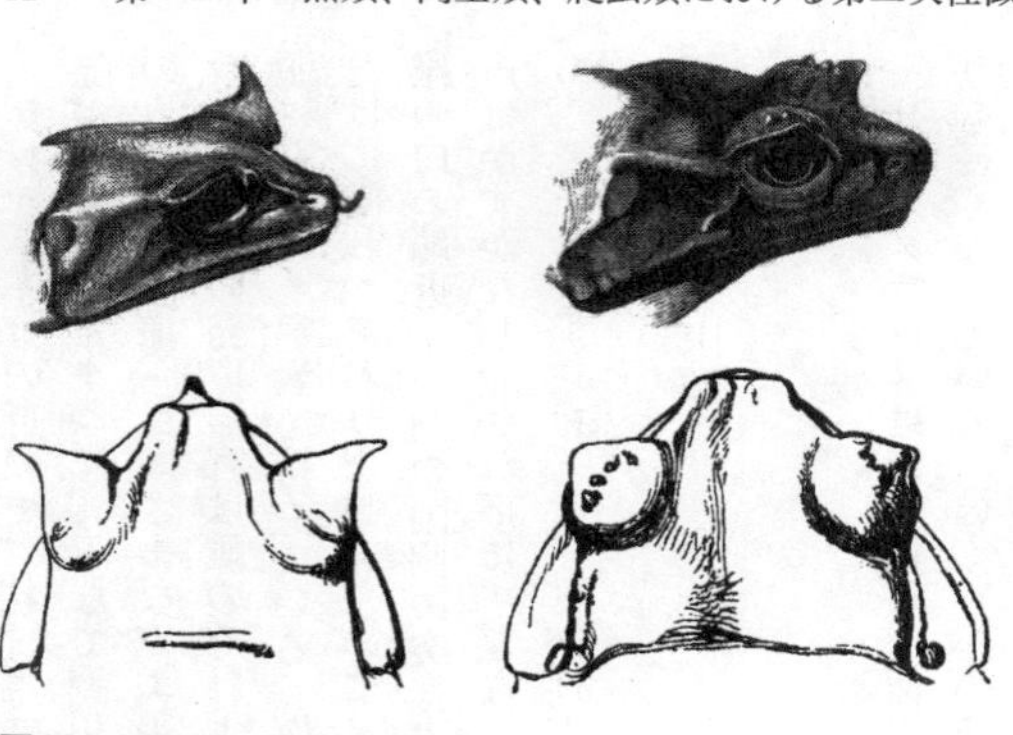

図32　*Megalophrys montana*
左：雄、右：雌

しかしながら、これらの動物は、一つの興味深い性差を示している。それは、雄が持っている音楽的才能である。しかし、音楽という言葉は、ウシガエルその他のカエルの雄の、あの不協和な大声に当てはめるのは、われわれの趣味からするとまったく不適当に思われるだろう。それはそうだが、ある種のカエルの歌声は確かに心地よい。リオデジャネイロの近くで、私は毎晩のように、たくさんの小さなアマガエル（Hylae）が水際の草の葉にとまって、みなで調和した美しい声で鳴くのを聞いたものだ。英国産のふつうのカエルと同様、さまざまなカエルの声は、繁殖期の雄が発するものである。[42] この事実と一致して、雄の発声器官は雌のそれよりもよく発達している。いくつかの属では、雄だけが喉頭に開口した鳴嚢（めいのう）を持っている。[43] 例えば、食用ガエル（*Rana esculenta*）では、「鳴嚢は雄だけに備わっており、鳴くためにそこが空気でいっぱいになると、大きな丸い袋になって、雄の口の端近くの頭の両側に突き出る」。そこで、雄の鳴き声は非常に大きくなるが、雌の声はかすかなしわがれ声にすぎない。[44] 発声器官の構造は、同じ科に属する属間で非常に異なり、それらの発達は、すべてが性淘汰によると考えられるだろう。[*10]

爬虫類

カメ目

リクガメやカメには、顕著な性差は見られない。いくつかの種では、雄の尾が雌のそれよりも長くなっている。いくつかの種では、雄の甲羅の下面、つまり腹甲が、雌の背中に比べると少しばかりへこんでいる。合衆国のドロガメ（*Chrysemys picta*）の雄は、前肢に雌の二倍も長い爪を持っており、それらは配偶のときに使われる。[45] ガラパゴス諸島の巨大なリクガメ（*Testudo nigra*）では、雄は雌より大きくなると言われており、繁殖期にのみ雄がしわがれたふいごのような大声を出し、それは一〇〇ヤード〔約九〇メートル〕先からでも聞こえるというが、一方、雌は一切鳴かない。(46)*11

ワニ目

雌雄の色彩は異ならないようである。また、私は、雄どうしが闘うということも聞いたことがない。しかし、なかには雌の前で奇妙な誇示をするものがあるので、その可能性はある。バートラム（Bartram）は、雄のアリゲーターが、雌を勝ち取るためにラグーンの真ん中で、唸りながら水しぶきをあげ、「破裂するかと思われるほどからだをふくらませ、水面をくるくる回って泳ぎ、まるでインディアンの酋長が闘いの宴の稽古をしているかのようだった」と述べている。(47)愛の季節には、クロコダイルの雄は、下顎腺から麝香(じゃこう)のような香りを発し、非常によく歩き回る。(48)

ヘビ目

ヘビについてはほとんど言うべきことがない。ギュンター博士は、雄は常に雌よりも小さく、一般に雌よりも細くて長い尾を持っていると教えてくれたが、彼の知る限り、他の外的構造に性差はないそうだ。色彩に関しては、ギュンター博士は、雄の方が色調がはっきりしているので、ほとんど常にそれによって雌雄を区別できるそうである。例えば、イギリスのクサリヘビの背中のジグザグ模様は、雌よりも雄の方がはっきりしている。北アメリカのガラガラヘビでは、その差はもっと顕著で、ロンドン動物園の飼育係が私に見せてくれたように、雄のからだ全体が雌よりもずっと光り輝く黄色なので、見たとたんに区別することができる。南アフリカでは、*Bucephalus capensis* が、それに相当する違いを示している。すなわち、雌は「体側面の黄色が、雄のように多様な色調をしていることはない」[49]。一方、インドの *Dipsas cynodon* の雄は黒褐色で、腹の一部が黒いが、雌は赤または黄色がかったオリーヴ色で、腹の全体が黄色一色か、黒の斑入り模様になっている。同じくインドの *Tragops dispar* は、雄が鮮やかな緑色で、雌は青銅色である[50]。樹上性のヘビが緑色をしていたり、日陰に住む種類がさまざまなまだら模様をしているように、ある種のヘビの色彩が保護色として獲得されてきたことは間違いない。しかし、イギリスでふつうに見られるクサリヘビのような多くの種類で、色彩が身を隠す役に立っているというのは疑わしい。そして、非常に優美な色で飾られている外国産の種類については、このことはさらに疑わしいと言えよう。

繁殖期になると、彼らの肛門の臭腺が活発に活動するようになるが[51]、これはトカゲの同様の腺でも同じで、また、先に見たクロコダイルの下顎腺でも同じである。ほとんどの動物の雄は雌を探しに行くので、これらの芳香性の腺はおそらく、雄のいる場所へ雌を呼び寄せるためというよりは、雌を興奮させたり惹きつけたりするためのものなのだろう[52]。ヘビの雄は、ひどく鈍いように見えるが好色である。同じ雌の周りにたくさんの雄が群がっていたり、雌の死体にすら絡まりついているのが見られている。彼らが競争者どうしで闘うところは見られていない[*12]。彼らの知的能力は、見かけから想像するよりも高い。セイロンに住んでいる、たいへん熟練した観察家であるE・レイヤード氏（Mr. E. Layard）は[53]、コブラが穴に頭を突っ込み、中のヒキガエルを飲み込むところを見た。「それが喉につかえているため、彼は外に出ることができなくなってしまった。それがわかると、彼はいやいやながら大事な食事を吐き出したので、カエルは逃げ始めた。これは、ヘビとしては到底がまんできない事態だったので、またカエルを捕まえたが、それがひどく暴れたため、ヘビはまたそれを放さねばならなくなった。しかし、今回はちゃんと学習していたので、ヘビは、カエルの足を捕まえると、それを引っ張って外に出し、そこで意気揚々と飲み込んだのである」。

しかしながら、ヘビがいくらかの推論能力と強い情熱を備えているからといって、彼らが鮮やかな色彩を愛でるのに十分な趣味を持ち、性淘汰によってその種を美しくさせてきたということにはならない。それはともかく、いくつかの種がきわめて美しく飾られていることを、これ以外の仕方で説明するのは困難であろう。例えば、南アメリカのサンゴヘビは、濃い赤と黒と黄色の縞模様である。私は、ブラジルの道筋を横切っていくサンゴヘビを最初に見たとき、その美しさにどれほど感激したか、今でもよく覚えている。ギュンター博士に依拠してウォレス氏（Mr. Wallace）が述べている通り[54]、このような特別なパターンで彩られているヘビは南アメリカ以外にはなく、そこには四属にものぼるそのようなヘビがいる。そのうちの一つであるElapsは有毒で、二番目の非常に異なる属も間違いなく有毒であるが、他の二つはまったく無害である。これらの異なる属に属する種類は、すべて同じ地域に住んでおり、たがいに似通っているので、「博物学者でない限り、誰も有毒な種と無毒な種とを区別することはできない」。そこでウォレス氏は、無毒な種類は、模倣の原理に基づいて、おそらく保護色としてそれを獲得したのだろうと考えている。なぜなら、そうすれば、彼らもみな有毒だと敵に思われるだろうからだ。しかし、では有毒の Elaps はなぜそのような色をしているのかは、説明されずに残されるが、それはおそらく性淘汰であろう。

トカゲ目

ある種のトカゲ、おそらく多くのトカゲの雄は、競争者どうしで闘う。例えば、南アメリカの樹上性のアノールトカゲ（*Anolis cristatellus*）は非常にけんか好きで、「春と夏の初めには、おとなの雄が会えば必ずと言ってよいほど闘争になる。たがいが最初に出会ったときには、首を縦に三、四度上下させ、それと同時に喉の下にあるフリルのような袋をふくらませる。彼らの眼は怒りで輝き、数秒の間、あたかも力をかき集めるかのように、尾を左右に打ち振ったあと、たがいに飛びかかって歯でしっかりと組みつき、転げまわる。闘いはたいてい、どちらかが尾を失うことで終わりになるが、その尾は勝者によってむさぼり食われてしまう」。この種の雄は、雌よりずっと大きいが、[55]ギュンター博士が知る限りでは、すべてのトカゲ類がそうである。

雌雄は、いろいろな外的な形質においても、しばしば非常に異なる。前述のアノールトカゲの雄は、背中から尾にかけて、好きなときに広げることのできる鰭（ひれ）を備えているが、雌にはそれはまったく見られない。インドの *Cophotis ceylanica* では、雌にも背中にひれがあるが、雄のそれよりはずっと発達が悪い。それは、ギュンター博士が教えてくれたところによると、多くのイグアナやカメレオンの雌でも同じだそうである。しかしながら、*Iguana tuberculata* のようないくつかの種では、ひれは両性に同等に発達している。Sitana 属では、雄だけが、喉に扇のように折り畳むことのできる大きな喉袋を備えており（図33）、それは青、黒、赤で彩られている。しかし、この美しい色が誇示されるのは繁殖期だけである。雌は、この付属物の痕跡すら備えていない。オースティン氏（Mr. Austen）によると、アノールトカゲの喉袋は、深紅に黄色い模様が入っているが、それは雌にも痕跡的な形で見られるそうだ。さらに、他のトカゲのなかには、両性がともに同じくらいよく発達した喉袋を持っている種類もある。ここでも、多くの前述の例と同様、同じグループに属する種の間に、同じ形質が、雄のみに限られていたり、雄の方により強く発達していたりする種と、両方の性に同じように発達している種とを見ることができる。トビトカゲ属（Draco）の小さなトカゲは、肋骨で支えられたパラシュートで滑空することができ、とても言葉

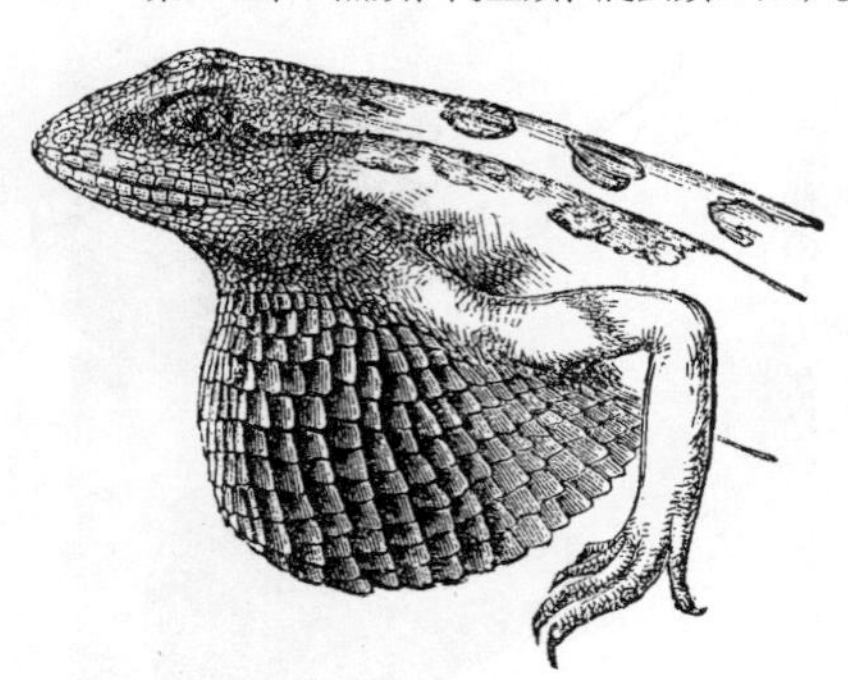

図33　*Sitana minor*
喉袋を広げた雄（Günther（ギュンター），'Reptiles of India' より）

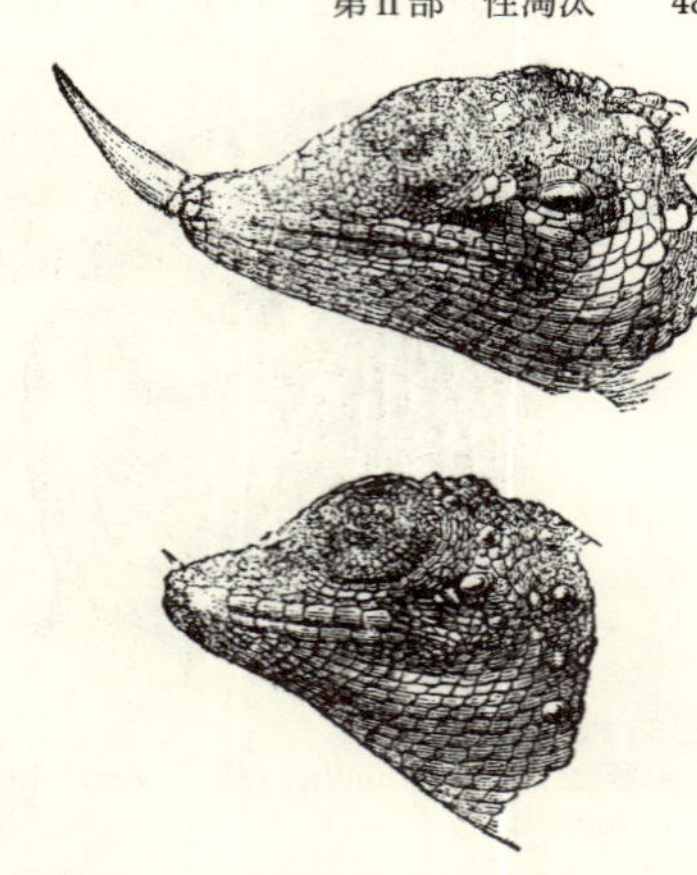

図34　*Ceratophora Stoddartii*
上：雄、下：雌

であらわせないほど美しいからだの色をしていて、喉には小さな皮膚の突起がいくつかある。それらは、「キジ科の鳥の鶏冠のようだ」。これらは、動物が興奮するとまっすぐに立つ。それは両方の性に見られるが、成熟した雄で最もよく発達しており、まん中の突起は頭自体の二倍も長くなる。ほとんどの種類も、同様に、首に沿って狭いひれを持っているが、これらは、雌や若い雄に比べて、成体の雄において最もよく発達している。[56]

ある種のトカゲには、これよりもっと顕著な他の性差が存在する。*Ceratophora aspera* の雄の鼻の先には、頭の半分ほどの長さに達する付属物があり、それは円筒形の鱗でおおわれ、動かすことができ、立てることもできるようだ。雌ではそれはきわめて痕跡的である。同じ属の第二の種では、一番先端の鱗が小さな角に変形しており、それが柔軟な付属物の先に載っている。第三の種では（*C. Stoddartii*. 図34）、付属物全体が角になっており、たいていは白い色をしているが、興奮すると紫がかった色調を帯びる。この種のおとなの雄では、角の長さは半インチほどであるが、雌や若い個体ではそれはきわめて小さい。このような付属物は、ギュンター博士が私に指摘してくれたところによると、キジ科の鳥の鶏冠と同じようなもので、装飾としてはたらいているのだろう。

カメレオン属（Chamaeleon）では、性差の最も大きい例に出会う。マダガスカルに住んでいる*C. bifurcus*（図35）の雄の頭の上には二つの大きな突起があるが、それは硬い骨性の突起で、頭部の他の部分と同じような鱗でおおわれている。この驚くべき頭部の変形は、雌ではほんの痕跡程度に見られるのみである。さらに、西アフリカの海岸に住む*Chamaeleon Owenii*（図36）では、雄の鼻と前頭部に奇妙な三本の角があるが、雌にはまったく見られない。この角は、骨が突出して滑らかな鞘（さや）でおおわれたものであり、からだの外皮と連続しているので、ウシやヤギなどの反芻動物の鞘でおおわれた角とまったく同一の構造をしている。この三本の角は、*C. bifurcus*の頭部の大きな突出物とは外見が異なるが、これら二種の動物の生活において、これらが同じ一般的なはたらきをしていることは間違いないだろう。誰もが最初に考えるのは、雄はこれらをたがいに闘うために使うということだろうが、これらの詳細についてすべてを私に教えてくれたギュンター博士によると、このようにおとなしい生きものがそんなにけんかをするとはまったく考えられないということだ。それゆえ、これらの奇怪ともいえる構造の逸脱は、雄の装飾なのではないかと考えざるを得ない。

多くのトカゲでは、雌雄の色彩、色調、縞模様などはわずかに異なり、雄の方が雌よりもはっきりしている。例えば、先に述べた*Cophotis*や南アフリカの*Acanthodactylus* *capensis* でもその通りである。後者の地域に住む Cordylus では、雄は、雌よりもずっと赤いか緑色か、どちらかである。インドの *Calotes nigrilabris* では、雌雄の色彩の違いはも

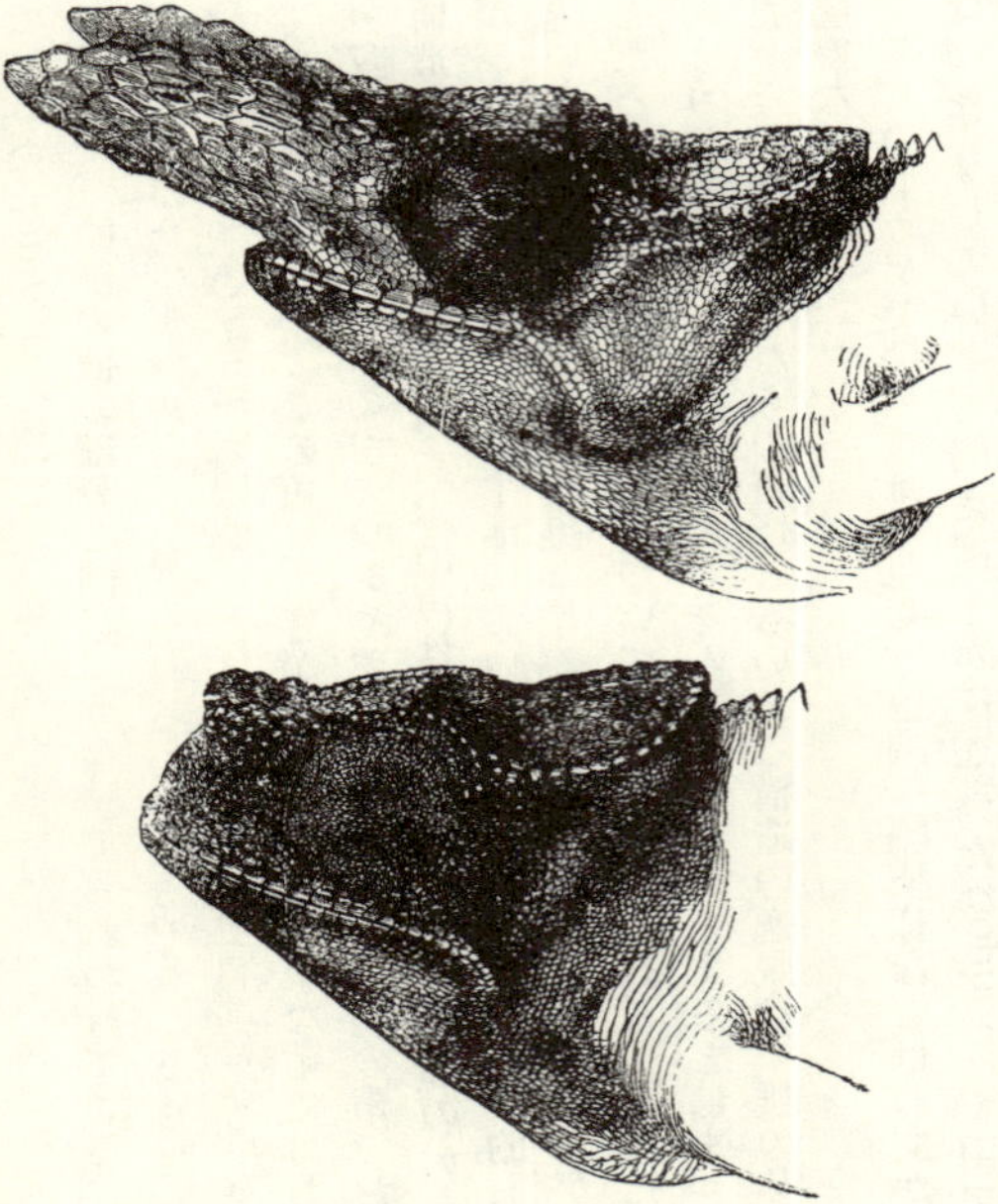

図35　*Chamaeleon bifurcus*
上：雄、下：雌

っと大きく、さらに、雄の唇は黒いが、雌のそれは緑色である。イギリスによく見られる小さな胎生のトカゲ（*Zootoca vivipara*）では、「雄のからだの下面と尾の基部は明るいオレンジ色で黒の斑点があるが、雌では薄い灰緑色であり、斑点はない」[57]。Sitana では、雄だけが喉袋を持っていることはすでに見たが、これは素晴らしい青、赤、黒で彩られている[58]。チリの *Proctotretus tenuis* は、雄だけが青、緑、赤銅色の斑点を持っている。私が南アメリカで採集した、この属の一四種では、私は性別を記録するのを忘れたのだが、ある個体だけがエメラルドグリーンの斑点を持っており、また他のものはオレンジ色の喉をしていたが、間違いなくそれらはどちらも雄だったのだろう。

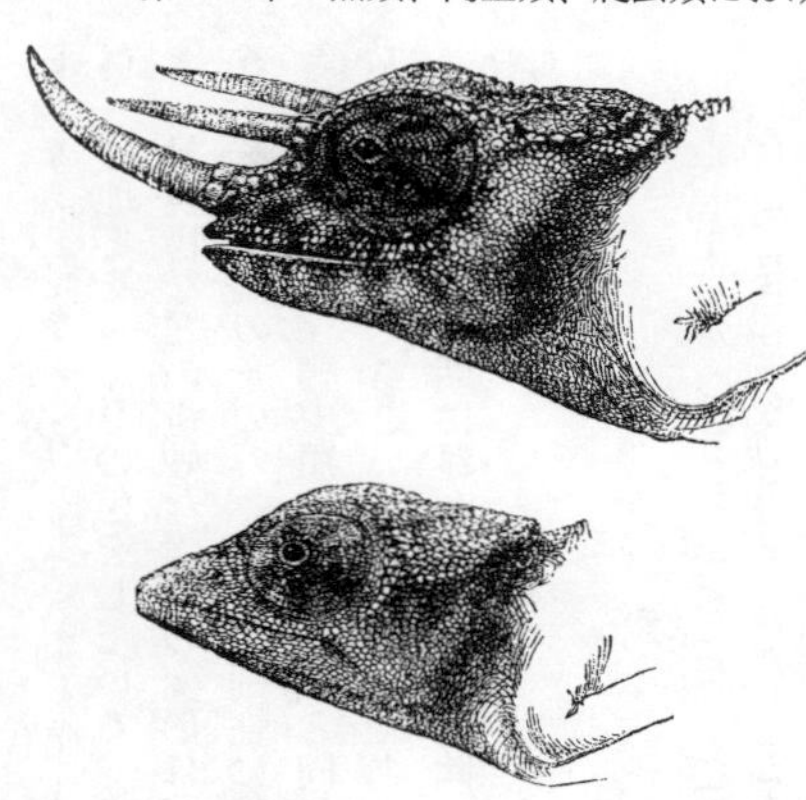

図36　*Chamaeleon Owenii*
上：雄、下：雌

　これまで述べた種では、雄の方が雌よりも鮮やかな色をしていたが、多くのトカゲは雌雄がともに、同じくらい優美で素晴らしい色合いをしている。このような目立つ色彩が保護色であると考える理由は見当たらない。しかし、トカゲのなかには、緑色のからだが確かに保護色の役割を果たしているものもあるに違いない。そのうちの一つは、前にすでに述べたProctotretusの一種で、それが住んでいる砂地とそっくりの色をしている。全体として、多くの雄のトカゲの美しい色彩やさまざまな付属物などの奇妙な構造の変形は、性淘汰によって雄の装飾として獲得されたものであり、それが雄の子のみ、または両性に伝えられたものと考えてもさしつかえないだろう。事実、性淘汰は、爬虫類でも、鳥類と同じくらい重要な役割を果たしてきたように見える。しかし、雄に比べるといくらか地味である雌の色彩は、ウォレス氏が鳥について述べているように、抱卵の時期に雌がより多く危険にさらされるからということでは説明できないのである。[*13]

原注

(1) ヤーレル (Yarrell) の 'A Hist. of British Fishes,' Vol. 2, 1836, pp. 417, 425, 436. ギュンター博士は、*R. clavata* の奇妙なとげは雌にしかないと教えてくれた。
(2) R・ウォリントン氏 (Mr. R. Warington) のたいへん興味深い論文 'The Annals and Mag. of Nat. Hist.,' October, 1852; November, 1855を参照。
(3) Noel Humphreys (ノエル・ハンフリーズ), 'River Gardens,' 1857.
(4) ロードン (Loudon) の 'Mag. of Natural History,' Vol. 3, 1830, p. 331.
(5) 'The Field,' June 29, 1867. ショー氏 (Mr. Shaw) の文章は 'Edinburgh Review,' 1843. もう一人の熟練した観察家は (スクロープ (Scrope) の 'Days and Nights of Salmon Fishing,' p. 60)、雄は、もしできるなら、シカの雄のように、すべての雄を追い払うと述べている。

（6）ヤーレル（Yarrell）の 'A History of British Fishes,' Vol. 2, 1836, p. 10.
（7）'The Naturalist in Vancouver Island,' Vol. 1, 1866, p. 54.
（8）'Scandinavian Adventures,' Vol. 1, 1854, pp. 100, 104.
（9）ヤーレル（Yarrell）のエイに関する記述は、'A Hist. of British Fishes,' Vol. 2, 1836, p. 416 に素晴らしい挿し絵とともに見られる。pp. 422, 432 も参照。
（10）'Farmer,' 1868, p. 369 に引用。
（11）この記述は、ヤーレル（Yarrell）の 'A Hist. of British Fishes,' Vol. 1, 1836, pp. 261, 266 から引用。
（12）ギュンター博士（Dr. Günther）による 'Catalogue of Acanth. Fishes in the British Museum,' 1861, pp. 138-151.
（13）'Game Birds and Wild Fowl of Sweden and Norway,' etc., 1867, p. 466.
（14）この例、および次の例に関する情報は、ギュンター博士（Dr. Günther）による。中央アメリカの魚類に関する論文 'Transact. Zoolog. Soc.,' Vol. 6, 1868, p. 485 も参照のこと。
（15）ギュンター博士（Dr. Günther）も、これと同じ指摘をしている。'Catalogue of Fishes in the British Museum,' Vol. 3, 1861, p. 141.
（16）この属については、ギュンター博士（Dr. Günther）の 'Proc. Zoolog. Soc.,' 1868, p. 232 を参照。
（17）F・バックランド（F. Buckland）の 'Land and Water,' July, 1868, p. 377. 挿し絵あり。
（18）ギュンター博士（Dr. Günther）の 'Catalogue of Fishes,' Vol. 3, pp. 221, 240.
（19）アガシー教授夫妻（Prof. and Mrs. Agassiz）による 'A Journey in Brazil,' 1868, p. 220 も参照のこと。
（20）ヤーレル（Yarrell）の 'A Hist. of British Fishes,' Vol. 2, 1836, pp. 10, 12, 35.
（21）W・トムソン（W. Thompson）の 'Annals and Mag. of Nat. History,' Vol. 6, 1841, p. 440.

(22) 'The American Agriculturist,' 1868, p. 100.

(23) 'Annals and Mag. of Nat. Hist.,' October, 1852.

(24) ロードン（Loudon）の 'Mag. of Nat. Hist.,' Vol. 5, 1832, p. 681.

(25) Bory de Saint-Vincent（ボリー・ド・サン＝ヴァンサン）, 'Dic. Class. d'Hist. Nat.,' tome 9, 1826, p. 151.

(26) 私が自著『飼育栽培下における動植物の変異』の中で、この問題に関して記述したことのために、W・F・メイヤーズ氏（Mr. W. F. Mayers）は、古代中国の百科事典を調べてくれた（'Notes and Queries,' August, 1868, p. 123）。彼は、キンギョが初めて飼育されるようになったのは、紀元九六〇年に始まる宋の時代であることを発見した。一一二九年には、キンギョはたくさん飼われていた。他の文献には、一五四八年以来、「杭州では、強烈な赤い色をしていることから火の魚と呼ばれる品種がたくさん飼われていた。これはどこでも愛でられていたが、その色を競い合い、収入源とするために、これを飼っていない家は一軒たりともなかった」。

(27) 'Westminster Review,' July, 1867, p. 7.

(28) J・マクリーランド氏（Mr. J. M'Clelland）による "Indian Cyprinidae," 'Asiatic Researches,' Vol. 19, Part 2, 1839, p. 230.

(29) 'Proc. Zoolog. Soc.,' 1865, p. 327, Pls. xiv and xv.

(30) ヤーレル（Yarrell）の 'A Hist. of British Fishes,' Vol. 2, p. 11.

(31) ガーブ氏の観察による。ギュンター（Günther）の 'The Record of Zoolog. Literature,' 1867, p. 194を参照。

(32) キュヴィエ（Cuvier）の 'Le Règne Animal,' Vol. 2, 1829, p. 242.

(33) *Gasterosteus leiurus* の習性に関する最も興味深い記述は、ウォリントン氏（Mr. Warington）の

'The Annals and Mag. of Nat. Hist.,' November, 1855を参照。

(34) ワイマン教授 (Prof. Wyman) による'Proc. Boston Soc. of Nat. Hist.,' September 15, 1857. また、W・ターナー (W. Turner) による'Journal of Anatomy and Phys.,' November 1, 1866, p. 78. ギュンター博士も他の例について記述している。

(35) Yarrell (ヤーレル), 'Hist. of British Fishes,' Vol. 2, 1836, pp. 329, 338.

(36) ギュンター博士 (Dr. Günther) は、プレイフェア大佐 (Colonel Playfair) がこの種に関して'The Fishes of Zanzibar,' 1866, p. 137に発表してから、この標本を調べ直し、上記の情報を私に教えてくれた。

(37) Rev. C. Kingsley (C・キングズレイ師), 'Nature,' May, 1870, p. 46.

(38) Bell (ベル), 'A History of British Reptiles,' 2nd edition, 1849, pp. 156-159.

(39) Bell, ibid., pp. 146, 151.

(40) 'Zoology of the Voyage of H.M.S. "Beagle",' 1843. ベル氏 (Mr. Bell) による"Reptiles," p. 49.

(41) A・ギュンター博士 (Dr. A. Günther) による'The Reptiles of British India,' Ray Soc., 1864, p. 413.

(42) Bell (ベル), 'A History of British Reptiles,' 1849, p. 93.

(43) 'The Cyclop. of Anat. and Phys.,' Vol. 4, p. 1503所収のJ・ビショップ (J. Bishop)。

(44) Bell (ベル), ibid., pp. 112-114.

(45) Mr. C. J. Maynard (C・J・メイナード氏), 'The American Naturalist,' December, 1869, p. 555.

(46) 私の『ビーグル号航海記』一八四五年、三八四頁を参照。

(47) 'Travels through North & South Carolina,' etc., 1791, p. 128.

(48) Owen (オーウェン), 'On the Anatomy of Vertebrates,' Vol. 1, 1866, p. 615.

(49) Sir Andrew Smith（アンドルー・スミス卿）, 'Zoolog. of S. Africa: Reptilia,' 1849, pl. x.

(50) Dr. A. Günther（A・ギュンター博士）, 'The Reptiles of British India,' Ray Soc., 1864, pp. 304, 308.

(51) Owen（オーウェン）, 'On the Anatomy of Vertebrates,' Vol. 1, 1866, p. 615.

(52) 著名な植物学者のシュライデン（Schleiden）は（'Ueber den Darwinismus: Unsere Zeit,' 1869, S. 269）、ガラガラヘビはその音を性的求愛に使い、それによって両性が出会うと述べている。私は、これが直接の観察に基づくものかどうかを知らない。ロンドン動物園では、彼らはペアをつくるが、飼育係は、繁殖期に、それ以外の時期よりも頻繁に彼らがこの音を使うのを観察したことはない。

(53) "Rambles in Ceylon," 'Annals and Mag. of Nat. Hist.,' 2nd series, Vol. 9, 1852, p. 333.

(54) 'Westminster Review,' July 1, 1867, p. 32.

(55) N・L・オースティン氏（Mr. N. L. Austen）は、この動物をかなり長い間飼育していた。'Land and Water,' July, 1867, p. 9 を参照。

(56) Cophotis, Sitana, Draco に関する記述と引用はすべて、Ceratophora に関する以下の事実とともに、ギュンター博士（Dr. Günther）の偉大な著作 'The Reptiles of British India,' Ray Soc., 1864, pp. 122, 130, 135 から引用。

(57) Bell（ベル）, 'A History of British Reptiles,' 2nd edition, 1849, p. 40.

(58) Proctotretus については、ベル氏（Mr. Bell）による 'Zoology of the Voyage of H.M.S. "Beagle": Reptiles,' p. 8 を参照。南アフリカのトカゲについては、アンドルー・スミス卿（Sir Andrew Smith）による 'Zoology of South Africa: Reptiles,' pp. 25, 39 を参照。インドの Calotes については、ギュンター博士（Dr. Günther）による 'The Reptiles of British India,' p. 143 を参照。

訳注

＊1　現在では、軟骨魚類（chondrichtyes）と呼ぶ。

＊2　現在では、chimaeriformes（ギンザメ目）、ギンザメ類（chimaera）と呼ぶ。

＊3　現在の属名は *Raja*.

＊4　サケのなかまの *Onchorhyncus kisutch* では、雄の間に形態的な二型があり、一方はここに述べられているような大きく伸びた顎と曲がった口をしているが、もう一つは雌とほとんど変わらない。ダーウィンの時代には、こちらの方の雄の存在は知られていなかったのかもしれない。大きな顎を持った方の雄は、この顎と歯で闘争に勝ち、なわばりを構えるが、雌と変わらない方のタイプの雄は、なわばりを持たずにスニーカー（なわばり雄のかげに隠れ、なわばり雄が配偶しようとする瞬間に突然現れて、先に放精する戦略をとる個体）的に行動し、先の雄よりも年齢的に早くから繁殖を開始する。これは、二つの混合戦略の顕著な例である。このほかにも、魚類には、このような混合戦略がよく見られる。

＊5　魚類のほとんどでは雌の方が雄よりも大きいのは事実だが、雄の方が大きい種類もあることは、ダーウィンのころには知られていなかった。雌のからだが大きいのは、からだが大きいほど産卵数が多くなるという利点があるためだろうとダーウィンが考えたのは正しい。それに対して、雄のからだが大きいことによる有利さが雌のそれを上回る場合には、雄の方がからだが大きくなる。特に興味深いのは、性転換する種類である。魚類には一生の間に性転換するものがたくさんあるが、それはからだの大きさとともに雄としての適応度と雌としての適応度がどのように変化するかの比較によって決められている。雄どうしが闘って、勝者が雌を独占するような配偶システムの種では、からだが大きくなったときに雌から雄に転換する。

＊6　このソードテイルについては、最近非常に興味深い研究がなされた。この魚と近縁な魚に、雄の尻鰭がこのように伸びていないものがあり、こちらの種の雄の尻鰭に人工的に長い突起をつけたところ、こち

らの種の雌は、人工的に鰭を長くされた雄を好んだのである。この研究や、カエルのなかまに関する同様の研究から、雌による配偶者の選り好みと、雌の感覚器の特性についての研究が大きく進んだ。

*7　ギンザメ類はすべて、雄が頭部にこのようなかぎ状の突起を持っている。現在でもその用途はよくわかっていないが、交尾のときに雌を捕まえておくための器官であると考えられている。

*8　Chromid のすべての種類で、卵の世話をするのが雄のみなのかどうかはわからない。

*9　魚類の色彩の美しさと性淘汰との関係については、近年非常に多くのことが研究されている。雄間の競争において重要なはたらきをしている色彩もあれば、鮮やかな色彩に対する雌の選り好みが示されているものもある。一方、一部のサンゴ礁に住む魚では、警告色としての役割も果たしているようだ。

*10　両生類のほとんどは、雄よりも雌の方がからだが大きいが、雄どうしが闘争する種では、雄のからだの方が大きいものが多い。有尾目で、雄のみが大きな背鰭や繁殖期に尾を生やす種類では、それが雌による選り好みの対象になっていることが知られている。カエルのなかまの目立つ色彩の多くは、警告色である。

*11　カエルの鳴き声はまさに性淘汰の産物であり、それが雄間競争と雌の選り好みに果たしている役割については、さまざまな種類で詳しく研究されている。

*12　ダーウィンの時代には知られていなかったが、ヘビの雄も雌の獲得をめぐってたがいに闘う。雄間の闘争が激しい場合、雄のからだの方が雌より大きくなるのがふつうだが、雌も、からだのサイズが大きくなるほど産卵数が多くなるので、雄どうしが激しく闘うにもかかわらず、雌の方が雄よりもからだの大きい種もある。

*13　爬虫類でも、ダーウィン以後さまざまな研究がなされてきたが、まだわからないことが多い。トカゲのなかまの多くは、雄の方が雌よりからだが大きく、それは雄間競争の強さと相関している。ダーウィンがここで述べているような、繁殖期の雄が発達させる美しい色彩は、少なくとも一部の種では、雌の選り

好みの対象になっていることが知られている。ヘビは色覚が発達していないので、性淘汰と色彩にはあまり関係がないようだ。カメレオンの鼻の突起と性淘汰の関係については、実証的な研究は行われていない。

第一三章　鳥類の第二次性徴

性差－闘いの法則－特別の武器－発声器官－楽器による音楽－愛の道化とダンス－装飾、永久的なものと一時的なもの－年に一回と二回の換羽－雄による装飾の誇示

鳥では、第二次性徴は形態構造に、より重要な変化を起こさせてはいないかもしれないが、他のどんな綱の動物よりも、多様で顕著なものになっている。それゆえ、このテーマについては十分に長く扱おうと思う。鳥の雄は、稀ではあるが、ときどき、たがいに闘うための特別な武器を備えている。彼らは、音声によるものも装置を使った音によるものも含めて、実にさまざまな種類の音楽で雌を魅了する。彼らは、あらゆる種類の鶏冠、肉垂れ、突起、角、空気でふくらます袋、頭飾り、裸の羽軸、羽衣、そしてからだのさまざまな場所から優美に伸びた、長い羽で飾られている。くちばしや頭部の裸の皮膚、羽は、しばしば豪華な色彩をしている。雄たちは、ときにはダンスで、ときには地上や空中でくり広げる素晴らしいアクロバットで、雌に求愛を行う。また、少なくともある一種では、雄は雌を惹きつけるためか興奮させるために、麝香のような匂いを出す。すぐれた観察家であるラムゼイ氏

(Mr. Ramsay) は、[1] オーストラリアのニオイガモ (*Biziura lobata*) について、「雄が夏の間に出す匂いは、雄だけに限られており、個体によっては一年中保ち続けるものもある。繁殖期の最中でさえ、私は、この匂いを出している雌をまだ一度も撃ったことがない」と述べている。この匂いは、繁殖期の間は非常に強いので、鳥の姿を見るずっと前からそれと知ることができるほどだ。[2] 全体として鳥類は、動物界で最も審美的だと言えるだろう。もちろんそれは人間を除いてではあるが、美に対して彼らはわれわれとほとんど同じ趣味を持っているといえる。このことは、われわれ自身が鳥の歌を愛で、文明人でも野蛮人でも、女性はその羽を借りてきて頭に飾り、ある種の鳥の裸の皮膚や肉垂れほどにも鮮やかな色ではないような宝石を使って身を飾っていることによく表されている。

以降の章で特に考察をすすめようと考えていることに入る前に、ここで、両性の生活習性が異なることから生じたと思われる性差について、簡単に考察しておくことにしよう。なぜなら、そのような例は下等動物ではふつうに見られるものの、高等な綱では稀だからである。ファン・フェルナンデス諸島に住んでいる *Eustephanus* 属の二種のハチドリは、長い間、まったく異なる種だと思われてきたが、グールド氏が私に教えてくれたところによると、現在ではそれは同じ種の雄と雌であることがわかったという。彼らのくちばしは、少しだけ形が違う。[*1] ハチドリのもう一つの属 (*Grypus* 属) でも、雄のくちばしの縁は鋸歯状で、先端がかぎ型に曲がっており、雌とは非常に異なる。ニュージーランドの奇妙なホオダレムクドリ科 (*Neomorpha*) [*2] では、くちばしの形にさらに大きな違いが見られる。グールド氏が聞いたところによると、雄の「くちばしはまっすぐで丈夫」であり、雄はそれで木の皮をはいで、雌がその下にいる昆虫の幼虫を食べられるようにしてやるのだそうだ。なぜなら、雌のくちばしはもっと弱く、曲がっているからである。[*3] 英国産のゴシキヒワ（*Carduelis elegans*）[*4]にも、似たようなことがあるのかもしれない。というのは、ジェンナー・ウィアー氏から聞いたところによると、鳥類捕獲人たちは、雄の方が少しばかりくちばしが長いことで、雄を見分けることができるそうだからだ。年老いた信頼のおける鳥類捕獲人が言うには、雄たちはその長いくちばしを使ってオニナベナ（Dipsacus）の種子を食べているのがよく見られるが、雌たちはカッコウチョロギやゴマノハグサの種子を食べていることの方が多い。このような性質の些細な差異が基盤としてあるなら、雌雄のくちばしの差異が、どのようにして自然淘汰を通じてどんどん大きくなっていったのかが理解できるだろう。しかし、これらすべての例、特にあのけんか好きなハチドリでは、くちばしの形の違いは最初に雄の間の闘いとの関連によって獲得され、のちに、それが生活習性のわずかな変化を導いたとも考えられるだろう。

闘いの法則

ほとんどすべての鳥の雄はけんか好きで、くちばしや翼や足を使ってたがいに闘う。このことは、毎年、春になるとヨーロッパコマドリやスズメで見られる。世界で最も小さい鳥、すなわちハチドリは、最もけんか好きな鳥の一つでもある。ゴス氏（Mr. Gosse）(3)は、二羽のハチドリがたがいにくちばしで相手を捕らえ、くるくる回転しながら飛んで、ほとんど地面に落ちてしまうまで闘っているのを記述している。モンテス・デ・オーカ氏（M. Montes de Oca）は、他の属について、二羽の雄が出会うときには、空中で激しい闘いをくり広げずに済むことはまずないと述べている。彼らをおりに入れて飼っておくと、「たいていはどちらかの雄が舌を引き裂かれることになり、そうすると餌がとれなくなるので、その雄は死ぬ」[4]。渉禽類（しょうきんるい）では、どこにでも見られるバン（*Gallinula chloropus*）の雄は、「つがいをつくる前に、雌をめぐって雄どうしが激しく闘い、水の上でほとんどまっすぐに立ってたがいに足で蹴りあう」。このようにして二羽が三〇分も闘っていることがあるが、やがて、どちらかが相手の頭をつかみ、観察者が介入しなければ殺してしまうこともある。雌は、その間じゅう、静かにそれを観戦している[5]。それと近縁の鳥（*Gallicrex cristatus*）[*5]の雄は、ブライス氏が教えてくれたところによると、雌よりも三分の一ほどからだが大きく、繁殖期の間はあまりにもけんか好きなので、東ベンガルの住民は闘わせる目的でそれを飼っているということだ。インドでは、同じ目的でさまざまな他の鳥も飼育されているが、「素晴らしい闘志をもって闘う」[6]というヒヨドリの一種シリアカヒヨドリ（*Pycnonotus haemorrhous*）[*6]もその一つである。

一夫多妻のエリマキシギ（*Machetes pugnax*.[*7] 図37）は、その途方もないけんか好きで有名である。雄は雌よりもずっとからだが大きく、春になるとある一定の場所に毎日毎日集まり、雌は卵を産もうとそこにやってくる。鳥類捕獲人は、草がすっかり踏み倒されているの

図37　エリマキシギ（Brehm（ブレーム），'Thierleben'より）

で、その場所を簡単に見つけることができる。そこで彼らは、たがいをくちばしでつかみ、翼で叩き合って、あたかも闘鶏のように闘う。彼らは首の周りの襟巻きの羽を立て、モンタギュー大佐によると、「それで地面を掃くようにするが、より弱い部分を守るための楯として襟巻きを使っている」。これは、鳥類で何らかの構造が楯として使われている、私の知る限り唯一の例である。しかし、エリマキシギの襟巻きは複雑で深い色合いをしているので、おそらく、その主要な役割は装飾にあるのだろう。ほとんどのけんか好きな鳥と同様に、彼らはいつでも闘う用意があるようで、おりに入れられるとすぐに相手を殺してしまう。しかし、モンタギューが観察したように、彼らのけんか好きは首の周りの長い羽が十分に発達している春の間に最も強くなり、この時期には、どの鳥がどんな些細な行動をとろうと、すぐにみんなで闘いが始まってしまう。(7) 水鳥のなかまのけんか好きについては、二つの例をあげれば十分であろう。ガイアナでは、「繁殖期になると、ノバリケン（*Cairina moschata*）の雄どうしの間で血みどろの闘いがくり広げられ、このような闘いが行われた川には、遠くまで羽が散らばっている」(8)。闘いにはあまり適応していないように見える鳥も、やはり激しく闘う。例えば、ペリカンの雄はその巨大なくちばしで相手に咬みつき、翼で打ちかかって、強い方が弱い方を追い払ってしまう。タシギの雄は、「くちばしでたがいを引っ張ったり押したりし、考えられる限り最も滑稽なやり方で」闘う。いくつかの種は、闘うことがまったくないと考えられている。オーデュボン（Audubon）によれば、合衆国のハシボソキツツキ（*Picus auratus*）[*8] がそうだということだが、それでも「雌は、半ダースものやかましい求婚者たちにつきまとわれる」(9)。

多くの鳥の雄は雌よりも大きいが、このことは、疑いもなく、競争者の雄どうしの闘いにおいて有利だろうし、性淘汰によって獲得されたに違いない。オーストラリア産の数種では、雌雄のからだの大きさの差異は、極端にまで推し進められている。例えば、ニオイガモ（Biziura）の雄やヒバリモドキ（*Cincloramphus cruralis*. わが国のセキレイの近縁種）[*9] では、計測すると確かに雄が雌の二倍にもなっている(10)。他の多くの鳥では、雌の方が雄よりも大きいが、以前指摘したように、雌がひなに対する給餌のほとんどを行うからという、従来よくなされる説明では十分ではない。いくつかの少数の例では、これから見ていくように、雌のからだが大きく強くなったのは、他の雌に打ち勝って雄を獲得するためだと考えられる。

多くのキジ科の鳥、特に一夫多妻の種類の雄は、けづめのような競争者の雄と闘うための武器を備えており、恐ろしい威力を伴って使われている。信用できる著者によると、[11]ダービーシャーでは、トビがひなをつれたシャモの雌を襲いにきたところ、雄が救助に走り寄ってきて、攻撃者の目玉と頭蓋をけづめでひと突きにしてしまったということだ。けづめはなかなか頭蓋から抜けず、トビは死んでいるもののシャモをつかんでいたので、両者は長い間絡み合ったままだった。しかし、はずれたときには、シャモの雄はほとんどけがをしていなかった。シャモが示す、何にも負けない勇気は有名である。何年も前に以下の残酷な出来事を観察したことのある紳士は、次のように語った。あるシャモの雄は、おりに入れられている間、何らかの事故にあって両足が折れてしまった。しかし持ち主は、もしも足を両方とも切断し、まっすぐ立てるようにしてやれば、鳥は喜んで闘い続けるだろうという方に賭けた。そこで、すぐにその場でそうしてみたところ、この鳥は、最後に致命的な傷を受けるまで、何者にも負けない勇気をもって闘い続けたのだった。セイロンでは、これと近縁な野生種、セイロンヤケイ（*Gallus Stanleyi*）[*10]が「自分の後宮を守る」ため、しばしばどちらかが死んでしまうまで死闘を続けることでよく知られている。[12]インドのヌマシャコ（*Ortygornis gularis*）[*11]は、雄が強くて鋭いけづめを持っており、非常にけんか好きなので、「食べるために殺す鳥のほとんどすべてが、胸に以前の闘いで得た傷跡を持っている」[13]。

キジ科の鳥のほとんどすべての雄は、けづめを備えていない種類のものでさえ、繁殖期になると激しい闘いに従事する。キバシオオライチョウ（*Tetrao urogallus*）とクロライチョウ（*T. tetrix*）は、ともに一夫多妻である。彼らは伝統的に決められた場所を持っており、何週間もの間、そこに集まって雌たちの前で魅力の誇示をくり広げる。W・コワレフスキー氏（M. W. Kowalevsky）が教えてくれたところによると、ロシアでは、キバシオオライチョウが闘った雪の上には血が振りまかれており、クロライチョウの「何羽もが闘いに挑むときには、そこらじゅうに羽が飛び散る」ということである。ブレーム（Brehm）は、クロライチョウの求愛の歌とダンスである、ドイツ語で言うところの「バルツ」について興味深い記述をしている。雄は、ほとんどずっと連続して、非常に奇妙な音を出し続ける。「彼は尾をピンと上げ、扇のように開き、頭と首を高く上げてすべての羽を直立させ、翼を広げる。そうしてから、いろいろな方向に少しずつジャンプし、ときにはくるりと回り、くちばしの下部を地面に非常に強く打ちつけるので、あごのあたりの羽がすり減ってしまうくらいだ。このような動きの間、何度も翼を打ちつけ、くるくる回る。一所懸命になればなるほど、活気を帯び、最後には狂ったようになってしまう」。そのようなときには、クロライチョウの雄はあまりにも熱中してしまっているので、ほとんど何も見聞きできないようだ。しかし、キバシオオライチョウほどではない。この状態の鳥は、何度もその場で撃たれてしまうし、手でつかむことすらできるほどだ。このようなアクロバットを踊ったあと、雄たちは闘いを始める。そして、雄は、何羽もの競争者に対して自分の方が強いことを示すため、ある日の朝の間に、いくつものバルツの場所を訪れる。その場所は、何年も続けて使用され(14)る。[*12]

クジャクは、その長い裳裾のような羽を見ると、戦士であるよりはダンディーであるように見えるが、ときには非常に激しく闘う。W・ダーウィン・フォックス師によると、チェスターの近くで二羽のクジャクの雄が激しく闘っていたが、そのうち彼らは闘いながらチェスターの街じゅうを飛び回り、とうとうセント・ジョンズ・タワーの上に舞い降りたということだ。

これらのキジ科の鳥に備わっているけづめはふつうは一つだが、コクジャク（図51）にはそれぞれの足に二つ以上のけづめがある。ある一羽のベニキジ（*Ithaginis cruentus*）には五つもけづめを持っているものがあった。けづめは、ふつうは雄だけにあり、雌にはただのこぶや痕跡として残っているだけである。しかし、マクジャク（*Pavo muticus*）と、私[*13]がブライス氏から聞いたところによると、小型のウチワキジ（*Euplocamus erythropthalmus*）では、雌もけづめを持っているそうだ。ケヅメシャコ属では、雄は二つのけづめを持っているのがふつうだが、雌はそれぞれの足に一つずつしか持っていない(15)。このように、けづめは雄の形質であると言ってさしつかえないだろうが、ときには、多かれ少なかれ、雌にも伝達されている。他のほとんどの第二次性徴と同じく、けづめは、数においても発達の程度においても、同種の中ですらたいへん変異に富んでいる。

さまざまな鳥が、翼にけづめを持っている。しかし、エジプトガン（*Chenalopex*

aegyptiacus)[*14] は「羽の生えていない鈍い突起」を持っているだけであり、おそらくこれは、近縁な鳥が持っている真のけづめが発達してきた最初の段階を示しているのだろう。ツメバガン(*Plectropterus gambensis*)では、雄は雌よりもずっと大きなけづめを持っており、バートレット氏に聞いたところによると、彼らはそれを闘いに使うということなので、この例では、羽についたけづめが性的な武器になっていることになる。しかし、リヴィングストン(Livingstone)によると、それらは、主に子どもを守るために使われるということだ。Palamedea 属[*15](図38)には左右の翼に二つずつのけづめがあるが、それらは非常に恐ろしい武器であり、これでひと打ちされたイヌは鳴いて引き下がってしまうくらいだ。しかし、この種類およびツメバクイナの一種では、雄のけづめの方が雌のそれよりも大きいことはないらしい[(16)]。ある種のチドリのなかまでは、しかし、羽のけづめは性的形質であるとしか考えられない。すなわち、われわれのよく知っているタゲリ(*Vanellus cristatus*)の雄では、翼の肩についた突起は繁殖期になるとより大きくなり、雄どうしが闘うことも知られている。インドトサカゲリ属[*16](Lobivanellus)のなかまには、繁殖期になると同様の突起が「短い角のようなけづめになる」ものがある。オーストラリアのズグロトサカゲリ(*L. lobatus*)[*17]では、両性が翼にけづめを持っているが、雌のけづめよりも雄のそれの方がずっと大きい。それと近縁な鳥であるシロクロゲリ(*Hoplopterus armatus*)[*18]では、繁殖期になってもけづめが大きくなることはない。しかし、これらの鳥は、空中で急に旋回し、たがいに横から打ちかかるという、英国のタゲリと同じような様子で闘っているのがエジプトでも

図38　ツノサケビドリ（ブレームより）
翼についた二つのけづめ、頭の羽を示す

見られており、ときにはどちらか一方が死ぬこともある。彼らは、そうやって他の敵も追い払う。[17]

愛の季節は闘いの季節でもある。しかし、シャモやエリマキシギのようなある種の鳥の雄、そして野生のシチメンチョウやライチョウでは、若い雄でさえ、雄どうしが出会えば必ず闘いが始まる。[18] そこに雌がいれば、それに越したことはない〔原文ラテン語〕。ベンガルの紳士たちは、三つの小さなかごを並べて、可愛い小さなベニスズメ（*Estrelda amandava*）[*19]の雄を二つのかごに入れ、真ん中に雌を入れることで彼らを闘わせる。しばらくしてから雄どうしを一緒にすると、すぐに激しい闘いが始まるのだ。[19] ライチョウその他のいろいろな鳥のように、多くの雄があらかじめ決められた場所に集まってたがいに闘うときには、たいていそこに雌が来ており、[20] のちに闘いの勝者とつがいになる。しかし、いくつかの例では、闘いのあとではなくて、その前につがいが形成される。すなわち、オーデュボン（Audubon）によると、[21] アメリカヨタカ（*Caprimulgus Vociferus*）[*20]の何羽かの雄は、「非常に楽しませるやり方で雌に求愛し、雌が誰にするかを決めるやいなや、選ばれた雄は侵入者を追い払い始め、彼の手の届く範囲の外に追い出してしまう」。一般に、雄は、つがいをつくる前に、あらゆる力を尽くして競争者を追い払うか殺すかしようとする。しかしながら、雌が常に勝者の雄を好むとは限らないようだ。W・コワレフスキー氏に確認したところによると、キバシオオライチョウの雌は、敢えて年上の雄と一緒に闘技場に現れようとしなかった若い雄と連れだって、茂みの中に隠れていることがあるそうだ。それは、スコットランドのアカシカでときどき起こることと同じである。二匹の雄が一匹の雌の前で闘争するときには、疑いもなく勝者が欲望を満足させるのがふつうであるが、そのような闘いは、ふらりと現れた雄が、すでにつがいになっているペアの平和を乱そうとして始められることもある。(22)

最もけんか好きな種においてさえ、雄の力と勇気だけによってつがい形成が決まるわけではない可能性がある。なぜなら、そのような雄は、ふつうはさまざまな装飾を持っており、それらは繁殖期になると鮮やかさがさらに増し、雌の前で誘惑的に誇示されるからである。雄はまた、愛のしるしや歌や踊りによって配偶相手を魅了し、興奮させようとするが、多くの例において、求愛は長い時間のかかる出来事である。そこで、雌が異性の魅力に無関心であったり、どんな場合にも勝者の雄のところに行くだけであったりするとは、とても考えにくい。それよりも、雌が、闘争の前やあとに特定の雄によって興奮させられ、それによって無意識のうちに選り好みをはたらかせているというほうが、ずっとあり得そうなことである。エリマキライチョウ（*Tetrao umbellus*）の例では、あるすぐれた観察者は、(23)雄たちの闘いは「すべてただのはったりであり、彼らの周りに集まって彼らを賛美している雌たちの前で、自分たちが一番いいところなどを見せるための演技である。なぜなら、私は誰かが本当にひどくけがをしたところなど見たことがないし、せいぜい羽の一、二枚がちぎれるだけだからだ」とまで考えている。この問題にはまたあとで戻ることにするが、ここでは合衆国のソウゲンライチョウ（*Tetrao cupido*）[*21]の場合、二〇羽ほどの雄が決まった場所に集まって誇示しながら歩き回り、あたり一面の空気に一風変わった喧騒が鳴りわたるということをつけ加えておこう。雌から最初の応えが返ってくると、雄たちはたがいに恐ろしく闘い始め、弱い雄はあきらめる。しかし、オーデュボンによると、勝者も敗者も両方とも雌を探すので、雌がそこで好みを決めなければ、闘いが再開することになる。さらに、合衆国のマキバドリの一種（*Sturnella ludoviciana*）[*22]でも、雄は激しい闘いをくり広げるが、「雌の姿を見かけると、一斉に、狂ったように、彼女のあとを追って飛び立つ」[(24)]。

音声および楽器による音楽

鳥では、歌声は、不安、恐怖、怒り、勝利、または単に幸福感などのさまざまな感情を表現するのに使われている。それは、ときには、巣についている鳥が出すシューシューいう音のように、相手の恐怖を煽るために使われているように見えるときもある。オーデュボン（Audubon）は、彼が飼い慣らしていたゴイサギ（*Ardea nycticorax* Linn.）[*23]が、ネコが近づいてくるといったん隠れ、「突然恐ろしい声を張り上げて飛び出し、ネコが驚いて逃げ去るのをおもしろがっているようだった」と書いている[(25)]。家禽のニワトリは、何かおいしそうな餌を見つけたときには、雄は雌にくっくっと鳴き、雌はひなにくっくっと鳴く。メンドリが卵を産んだときには、「同じ音程の音を何回もくり返し、六回以上鳴いたところで、最後の音を長く伸ばす」[(26)]が、こうやって喜びを表現しているのだ。社会性の鳥のなかには、たがいに鳴いて助けを求めるものがあるようだ。彼らが木から木へ飛び回っても群がまとまっているのは、さえずりにさえずりで応えているからだ。ガンなどの水鳥が夜間の渡りを行うときには、先頭から発せられたよく響く鳴き声に対して、後方が応えるのが聞こえることがある。叫び声のなかには、鳥撃ちを楽しむ人々が苦々しい思いとともによく知っているように、危険を知らせる声があり、その意味は同じ種ばかりでなく、異なる種にもよく理解されている。ニワトリの雄も、ハチドリの雄も、競争者を負かしたときには勝利の鳴き声をあげる。しかし、ほとんどの鳥類の本当の歌声やさまざまな奇妙な叫び声は、主に繁殖期に発せられるものであり、異性を魅了し、または単に呼び寄せるための役を果たしている。

鳥のさえずりの目的に関しては、博物学者たちの意見が大いに分かれている。モンタギュー（Montagu）よりも注意深い観察者はほとんどいないだろうが、彼は、「鳴禽類その他の鳥の雄は、ふつう自分で雌を探しに行くことはしない。そうではなく、春になって彼らがやる仕事は、どこか目立つ枝の上にとまり、声を限りに愛の歌を歌うことであって、そうすると、本能によって雌たちはそれを知り、その場所へやってきて配偶相手を選ぶのである」と述べている[27]。ジェンナー・ウィアー氏は、ナイチンゲールではまさにその通りだと教えてくれた。生涯にわたって鳥を自分で飼育していたベックシュタイン（Bechstein）は、「雌のカナリアは、常に最も歌声のきれいな雄を選ぶ。また、野生のフィンチの雌は、一〇〇羽もの雄のなかから歌声が最も気に入った雄を選ぶ[28]」と述べている。鳥どうしが、たがいのさえずりに多大な注意を払っていることは確かだ。ウィアー氏は、ドイツのワルツを歌うことを教え込まれたウソのことを話してくれたが、その鳥はそれがたいへん上手だったので、一〇ギニーもしたそうだ。この鳥が、最初に他の鳥のいる部屋に持って来られ、彼が歌い始めたときには、二〇羽ほどのムネアカヒワやカナリアなど、周りにいた鳥たちの全員が、自分たちのおりの中でそのウソに一番近い面に集まり、たいへんな興味をもって新しい歌い手の歌に聞き入ったということである。多くの博物学者は、鳥のさえずりのほとんどは「敵対と競争のためのもの」であり、配偶相手を魅了するものではないと考えている。これが、この問題を特に研究した、デインズ・バーリントン (Daines Barrington) とセルボーンのホワイトの考えである。[29] しかしバーリントンは、「歌が上手であると他の個体よりも驚くほど地位が高くなるが、このことは鳥類捕獲人の間ではよく知られている」と認めている。

雄たちの間に、さえずりをめぐって激しい競争があるのは確かである。鳥の愛好家たちは、どの鳥が最も長くさえずるかを競わせるが、ヤーレル氏は私に、第一級の鳥は死にそうになって倒れるまで歌うのだと教えてくれた。また、ベックシュタイン (Bechstein) によると、肺の血管が破れて本当に死んでしまうこともある。[30] ウィアー氏から聞いたところでは、原因が何なのかはわからないが、雄の鳥は、さえずりの季節の最中に突然死んでしまうことがしばしばあるそうだ。さえずりの習性は、ときには恋とは独立に生じる。例えば、不妊の雑種のカナリアが、鏡に映った自分の像に向かってさえずり、それに突進したという記録がある。[31] この鳥はまた、雌と一緒にされると、彼女を激しく攻撃した。鳥類捕獲人はさえずり声を聞くことでかき立てられる嫉妬を、常に利用している。さえずりの上手な雄の鳥をかごに入れて隠しておき、鳥もちをつけた枝の真ん中に剝製の鳥を置いて、よく目につくようにしておく。ウィアー氏に聞いたところでは、ある男はこの方法で、たった一日のうちに五〇羽、あるいは七〇羽ものズアオアトリを捕まえることができたそうだ。さえずりの力と、どれほどさえずりたがるかは鳥の個体ごとに非常に異なるので、ふつうのズアオアトリの雄はたった六ペンスだが、ウィアー氏は、鳥類捕獲人が三ポンドもの値段を要求している鳥に出会ったことがある。本当にすぐれた歌い手であるかどうかのテストは、鳥かごを持って頭の上でくるくる回しても歌い続けるかどうか、というものだそうだ。

鳥が、競争意識のためであると同時に雌を魅了するためにもさえずるというのは、両立しないことではまったくない。それどころか、装飾とけんか好きとがそうであるように、両者は一緒になっているのだろうと考えられる。しかしながら、研究者のなかには、雄のさえずりが雌を惹きつけることはできないはずだと論じている人たちがいる。なぜなら、カナリア、ヨーロッパコマドリ、ヒバリ、ウソなどのいくつかの鳥の雌は、ベックシュタインが指摘しているように、特に、つれあいが死んだあとに、非常に美しい歌を精魂こめて歌うからである。これらの例のなかには、雌が鳴くようになったのは、長くかごに入れられて十分に餌を採っていたためだと考えられるものもある。[32]そういう状況では、その種の繁殖に通常かかわっている機能がすっかり乱されてしまうことが知られているからだ。雄の第二次性徴が部分的に雌にも伝えられることがあるのは、これまでにも多くの例を示したので、ある種の鳥の雌がさえずりの能力を持っていたとしても、少しも驚くにはあたらない。また、ヨーロッパコマドリなどのいくつかの種の鳥の雄は秋になってもさえずることがあるので、[33]雄のさえずりが雌を惹きつけることはないと論じられることがある。しかし、動物が、本当にそれが役に立つ時期以外に、自分の持っている本能的行動の練習をして楽しむというのは、どこにでも見られるふつうのことだ。鳥たちが、ただ喜びのためだけに、空中を滑空したり飛び回ったりするのは、しばしば見られる。ネコは捕まえたネズミで遊び、ウは捕まえた魚で遊ぶ。鳥かごに入れられたハタオリドリ（Ploceus）は、かごの網目の間にきちんと草の葉を編んで自ら楽しむ。繁殖期に常に闘う鳥たちは、どの季節でも闘う用意があり、キバシオオライチョウの雄は、秋の間にも、バルツェン、あるいはレックに自分の場所を確保することがある。[34] このように、求愛期間が終わったあとにも、雄の鳥が自らの楽しみのためにさえずりを続けたとしても、少しも驚くべきことではないのだ。

前章でも示したように、さえずりは一種の技巧であり、練習でかなり向上させることができる。鳥にいろいろな曲を教えることもできるし、スズメのような音楽的でない鳥でさえ、ムネアカヒワのように歌うのを習うことができる。彼らは、養い親のさえずりを獲得し、[35] ときには隣人のさえずりさえ習う。[36] ふつうの鳴禽類はすべて燕雀目（えんじゃくもく）に属し、彼らの発声器官は他のほとんどの鳥たちよりも複雑にできている。それでも、ワタリガラス、カラス、カササギなど、燕雀目のなかまの一部は、それに適した発声器官を持っていながら決してさえずる[37] ことはなく、自分たちの声をほとんど変えようとしないというのは奇妙な事実だ。ハンター（Hunter）[38] は、本当の鳴禽類では喉頭の筋肉は雄の方が雌よりも強いと述べているが、このわずかな違いを除けば、発声器官に雌雄の差はほとんどない。しかし、ほとんどの種の雄は、雌よりも上手に、しかも長く連続してさえずる。

本当にさえずるのは小さな鳥だけであるというのは、おもしろいことだ。オーストラリアに住むコトドリ属（Menura）は、しかし、例外に違いない。アルバートコトドリ（*Menura Alberti*）は、おとなになりかけたシチメンチョウくらいの大きさがあり、他の鳥の真似をするだけでなく、「自分自身のさえずりもことのほか美しく変化に富む」。雄たちは一箇所に集まって「コロボリー踊りの場所」を形成し、そこで、クジャクのように尾を広げ、翼を垂らしながら歌を歌う[39]。また、よくさえずる鳥は、めったに鮮やかな色彩や装飾で飾られていないというのも、おもしろいことである。わが国の鳥では、ウソとゴシキヒワを除くと、最も美しい声でさえずる鳥は、すべて地味な色をしている。カワセミ、ハチクイ、ニシブッポウソウ、ヤツガシラ、キツツキなどは、しわがれた鳴き声を発し、熱帯の美しい鳥たちは、ほとんどどれもさえずらない[40]。つまり、鮮やかな色彩とさえずりの能力とは、たがいに入れかわるものなのだろう。もしも羽衣の鮮やかさに変異が存在しなかったか、または鮮やかな色彩がその種にとって危険であったような場合には、雌を魅了するために何か他の手段を取らねばならないというのは、すぐにわかることだ。それゆえ、声が美しくなるのは、そのような手段の一つだったのだろう。

いくつかの鳥では、発声器官が雌雄で大きく異なる。ソウゲンライチョウ（図39）の雄は、羽の生えていないオレンジ色の袋を頸の両側に一つずつ持っており、繁殖期になると、この袋を大きくふくらませ、奇妙でうつろな音を出すが、それはずっと遠くからでも聞こえる。オーデュボンは、この音がこの装置と密接な関係にあることを証明したが、このこと

図39　ソウゲンライチョウ（ブレームより）

は、口の両側に空気袋を持った雄のカエルを思い起こさせる。彼は、よく慣れた雄のこの袋の一つに穴を開けてみたが、そうするとこの音はかなり小さくなり、両方に穴が開くとまったく聞かれなくなってしまった。雌は、「頸のところに、それと似たような、しかしずっと小さな裸の皮膚の部分を持っているが、それをふくらますことはできない[41]」。他の種類のライチョウ（キジオライチョウ、*Tetrao urophasianus*[*24]）の雄は、雌に求愛するとき、「裸の黄色い喉袋を恐ろしいほどふくらまし、それはからだ全体の半分ほどの大きさになる」。そこで、雄はさまざまな調子の、きしるようなうつろな音を出す。首の羽を立て、翼を垂らし、地面を忙しく動き回り、長くて先のとがった尾を扇のように広げ、雄は、さまざまなグロテスクな動作で求愛誇示する。

雌の喉には、まったくそのようなものはない[42]。

ノガン（*Otis tarda*）および、少なくとも他の四種の雄の大きな喉袋は、以前は水をためるためにあると考えられてきたが、それは違うということがこれでわかるだろう。そうではなく、この鳥が繁殖期に出す、奇妙な「オック」という音と関係があるのだ。この音を出しているときの鳥は、これ以上ないほど奇妙な動作を行う。同じ種に属している雄たちであっても、この袋が、どの個体にも発達しているわけではないというのは、おもしろい事実だ[43]。

南アメリカに住んでいるカラスに似た鳥（*Cephalopterus ornatus*. 図40）は、カサドリと呼ばれているが、それは頭頂に巨大な飾りをつけているからである。この飾りは、てっぺんに濃い青の羽が生えた、白い、羽のない羽軸がずらりと並んだもので、それを立てて広げると直径が五インチ〔約一三センチメートル〕にもなり、頭全体をおおうことができる。この鳥は、首にも長くて薄い円筒形の肉の付属物があり、そこは鱗のような青い羽でびっしりおおわれている。これは、部分的には装飾としてはたらいているのだろうが、共鳴装置としてもはたらいているらしい。なぜなら、ベイツ氏は、これが「気管と発声器官の特別な発達」と関連していることを見いだしているからである。この鳥が、独特の深い、大きな、長く続くフルートのような声を出すとき、この付属物も同時に広げられる。頭飾りと首の付属物は、雌には痕跡的に見られる[44]。

水かきのある鳥や渉禽類の発声器官はとてつもなく複雑で、雌雄である程度の違いがあるものもある。いくつかの例では、気管がフレンチ・ホルンのように巻き込んでおり、胸骨に

図40　カサドリの雄（ブレームより）

深く埋め込まれているものもある。野生のハクチョウ（*Cygnus ferus*）では、成体の雄の方が、雌や若い雄よりも深く埋め込まれている。カワアイサの雄の気管は、余分に伸びた先に特別の筋肉が一対付属している[45]。しかし、多くのガンカモ科で見られるこれらの性差にどのような意味があるのかは、まったくわかっていない。なぜなら、雄の方が常に声が大きいというわけでもなく、例えばふつうのマガモでは、雄はシューシューいう音を出すが、雌は大きな声でクワックワッと鳴く[46]。ツルの一種（アネハヅル、*Grus virgo*）[*25]では、気管が胸骨を貫いているが、そこには「いくらかの性による変形がある」。ナベコウでも、気管支の長さと巻き方に、非常にはっきりした性差がある[47]。つまり、これらの例では、非常に重要な構造について性による変形が見られるのだ。

繁殖期の最中に雄の鳥が発する多くの奇妙な鳴き声や音が、雌を魅了するためにあるのか、単に雌を呼んでいるだけなのかは、しばしば推測するのが難しい。コキジバトや多くのハト類の柔らかなクークーいう声は、雌を喜ばせているように見受けられる。雄のシチメンチョウは、羽を立て、翼をゆすり、肉垂れをふくらませ、雌の前であえぎながら自分を誇示して歩くときには、ゴロゴロいう声で鳴く[48]。しかし、シチメンチョウの雌が朝に大きな声で鳴くとき、雄はそれとは違った声で応える。クロライチョウの雄の「スペル」と呼ばれる叫び声は、明らかに雌を呼ぶ役を果たしている。なぜなら、雄をおりに入れて置いておくと、それを聞いて遠くから四、五羽もの雌が集まってくるからだ。しかし、雄は数日にわたって何時間もスペルを続けるので、そしてまたキバシオオライチョウでは「熱情の苦悩をもって」鳴くので、そこにすでにいる雌たちは、それによって魅了されるのだと考えざるを得ない[49]。ミヤマガラスの声は繁殖期になると変わることが知られているので、ある意味で性的な声だと言えるだろう[50]。しかし、例えば、コンゴウインコ類のしわがれた金切り声などは何と言ったらよいだろう？　彼らの、鮮やかな青と黄色という不調和な羽の色の組み合わせから判断するに、彼らの音楽的感覚も、色彩感覚と同じくらい趣味が悪いのだろうか？　事実、多くの鳥の雄の大きな鳴き声は、それによって何かの利益が得られることなしに、彼らが発声器官を常に使い続けていることの遺伝の効果によるもので、愛情、嫉妬、怒りなどの強い感情に衝き動かされたときに出されるだけだということもあり得る。しかし、この問題については、四足獣を扱うところでまた戻ることにしよう。[*26]

　ここまでは、まだ音声についてしか語っていないが、いろいろな鳥の雄の求愛には楽器による音楽と呼べるようなものも使われている。クジャクやフウチョウ類は、羽軸を一斉にふるわせるが、この振動運動をしても彼らの羽衣の美しさが増すわけではないので、これは音を発するだけの役を果たしているようだ。シチメンチョウの雄は、翼を地面にこすりつけ、ブーブーという音を出すが、ある種のライチョウも同じことをする。また別の北アメリカのライチョウであるエリマキライチョウは、尾を上げている間に襟巻きを広げ、「近くに隠れている雌に対して、自分の美しさを見せびらかす」。そして、「下げた翼で枯れ木の幹を」素早く叩くか、またはオーデュボンによると自分のからだに打ちつける。こうしてつくり出された音は、遠雷のようだとも、太鼓を素早く打ち鳴らすようだとも言われている。雌は決してこのような音を立てないが、「雄がこの作業にいそしんでいる場所へ、そそくさと駆けつける」。ヒマラヤのミヤマハッカンの雄は、「しばしば、自分の翼で独特の打ち鳴らすような音を立てるが、それは、ごわごわした布を振るときに出る音に似ていないこともない」。アフリカの西海岸では、小さな黒いハタオリドリ（Ploceus?）が、狭く開けた場所の周りの茂みに小集団で集まって、さえずったり、羽をふるわせて空中を飛んだりし、「子どものガラガラのような、素早く振動する音をつくり出す」。一羽、また一羽と、何時間にもわたってこのような演技が続けられるが、それは求愛の季節だけである。この同じ時期に、ヨタカの一種（Caprimulgus）は、その羽で最も奇妙な音を出す。多くの種類のキツツキは、よく響く枝を、くちばしの非常に素早い振動運動によって叩くので、「頭が二つの場所に同時に存在しているかのように見える」。このようにしてつくり出された音はかなり遠くまで聞こえるのだが、どんな音であるかを書き記すのは難しい。そして、私は、これを最初に聞いた人は誰も、彼らがなぜこんな音を出すのか、まったく考えつかないだろうと思う。このものすごい音は、主に繁殖期にのみ出されるので、愛の歌ではないかと思われてきた。しかしこれは、より正確には、愛の叫びと呼んだ方がよいようだ。雌を巣から追い出すと、彼女は配偶者を呼ぶが、雄はそれに対して同じような音で答えて、すぐにそこに現れたのである。最後に、雄のヤツガシラ（*Upupa epops*）は、音声と楽器による音とを組み合わせて使う。スウィンホウ氏（Mr. Swinhoe）が観察したところによると、繁殖期の間、この鳥は、まず空気を吸い込み、次にくちばしを石や木の幹に直角に当てて叩き、「息が管状のくちばしを力強く通って、正しい音が出るようにする」。雄がくちばしを叩かずに鳴き声を出しても、それは、かなり違う音である[51]。

これらの例では、音は何か他の必要性のためにすでに存在する構造の助けを借りて出されているが、これから述べる例では、音をつくり出すという特別の目的のために、ある種の羽が変形させせられている。打ち鳴らす音、ブブブーという音、いななき、遠雷のような音など、観察者によって使う言葉は異なるが、タシギ（*Scolopax gallinago*）[*27]がつくり出す音には、それを聞いたことのある人なら誰でも、たいへん驚かされることだろう。この鳥は、繁殖期には、「おそらく一〇〇〇フィート〔約三〇五メートル〕もの高さまで飛翔し」、しばらくの間ジグザグ飛行をしたあと、尾を広げて前翼をふるわせながら、カーヴを描いて驚くほどの速さで地上に降りてくる。音は、この素早い滑降の最中にのみ発せられる。誰も、どうしてこんな音が出されるのかを説明できなかったが、やがてミーヴス氏（M. Meves）が、尾の両側の外側の羽はサーベルのような硬い軸を持っており、そこに斜めになった羽枝が異様な長さで並び、外側の羽板が強く結束していることに気づいた（図41）。彼は、これらの羽に息を吹きかけたり、または薄い板に貼りつけて、空中で素早く動かしたりすると、生きた鳥が発するのとまったく同じ、打ち鳴らすような音をつくり出せるのを発見した。雌雄はともに、このような羽を持っているが、ふつうは雄の方が雌よりも大きく、より深い音を出すことができる。他の種では、例えば、ナンベイタシギ（*Scolopax frenata*.[*28] 図42）では四枚の羽、ミナミヤマシギ（*Scolopax javensis*.[*29] 図43）では八枚もの羽が、尾の両側で大きく変形している。種が違うと、羽を空中で羽ばたかせたときに異なる音が出る。合衆国のアメリカヤマシギ（*Scolopax Wilsonii*）[*30]は、地上に向かって素早く滑降してくる間に、ヒューヒューという音を出す[(52)]。

（アメリカの大型のキジ科の鳥である）クロシャクケイ（*Chamaepetes unicolor*）[*31]の雄では、初列風切が先に向かって弓状に曲がっているが、それは雌よりもずっと細くなってい

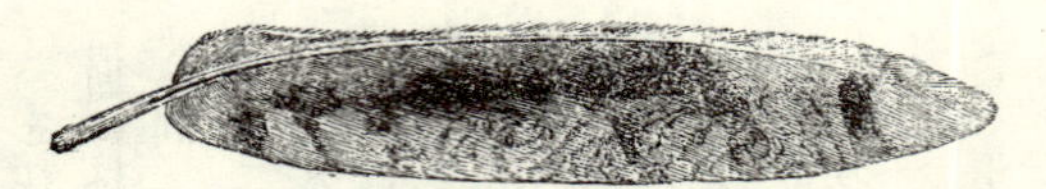

図41　タシギの尾の外側の羽（'Proc. Zool. Soc.,' 1858より）

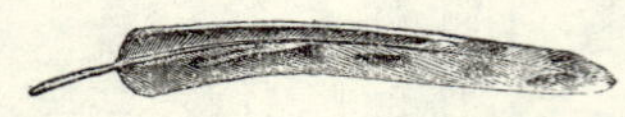

図42　ナンベイタシギの尾の外側の羽

図43　ミナミヤマシギの尾の外側の羽

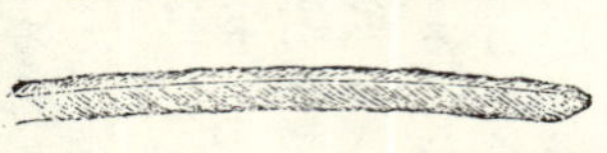

図44　フトオハチドリの初列風切（サルヴァン氏のスケッチより）
上が雄のもの、下はそれに相当する雌の羽

る。これと近縁な鳥であるヒメクロシャクケイ（*Penelope nigra*）[*32]の雄では、上から降りてくる間に「翼を広げ、あたかも木が倒れるときのような、大きな、激突するような音を出す」ところを、サルヴァン氏が観察している[53]。インドショウノガン（*Sypheotides auritus*）[*33]では、雄の初列風切のみがそのように先細りになっており、それと近縁な種の雄は求愛の間にハミングのような音を出すことが知られている[54]。ハチドリのような、非常にかけ離れた分類群の鳥では、ある種の鳥の雄のみにおいて、初列風切の羽軸が広く薄くなっていたり、先端に向かって突然に羽板が削り取られるようになっていたりするのが見られる。例えば、フトオハチドリ（*Selasphorus platycercus*）の雄は、おとなになると、初列風切が、このように削り取られた形になる（図44）。花から花へと飛びながら、彼は「甲高い、ほとんど口笛のような音を出す」[55]が、サルヴァン氏は、それが意識的に出されているようには思わなかった。

最後に、Pipraの下属、マイコドリのなかまでは、次列風切がさらに変わった形に変形しているとスクレイター氏（Mr. Sclater）[*34]が記述している。素晴らしく美しい色をしたキガタヒメマイコドリ（*Pipra deliciosa*）では、最初の三本の次列風切の羽軸が太く、からだの方に向かって曲がっており、四番目と五番目の羽では（図45、*a*）その変化がもっと著しい。六番目と七番目（*b*、*c*）の羽軸は「異様に太くなっており、硬い角のような塊を形成している」。対応する雌の羽（*d*、*e*、*f*）に比べると、羽枝の形も著しく変わっている。雄の、このような変わった翼の羽を支えている骨でさえ、フレイザー氏によると、非常に太くなっているということだ。これらの小さな鳥たちは非常に奇妙な音を出すが、最初の「鋭い音は、鞭を鳴らす音に似ていなくもない[(56)]」。

多くの鳥の雄が繁殖期に出す音声や楽器による音の多様性と、それらの音をつくり出す手段の多様性とは、まさに驚くべきものである。そこで、それらには重要な性的目的があるに違いないと思われ、昆虫の場合と同じ結論が思い起こさせられる。鳥の音声のなかで、最初は単なる叫びその他の目的に使われていたものが、だんだん改良されて音楽的な愛の歌に変わっていく各段階は、想像に難くない。打ち鳴らすような音、口笛のような音、うなるような音がつくり出されるように羽が変形していく過程は、もう少し考えるのが難しい。しかし、求愛する鳥のなかには、変形していない羽をはためかせたり、振ったり、ざわざわさせたりするものがあるので、もしも雌が最もすぐれた演技者を選ぶようになれば、からだのどの部分であれ、最も強い羽、最も太い羽、最も変形した羽を持っていた雄が、最も成功する雄になることがあるだろう。こうやってゆっくりと、羽の形は、いかようにも変形していけただろう。雌は、もちろん、羽の形が少しずつだんだん変化したことには気づかないだろう

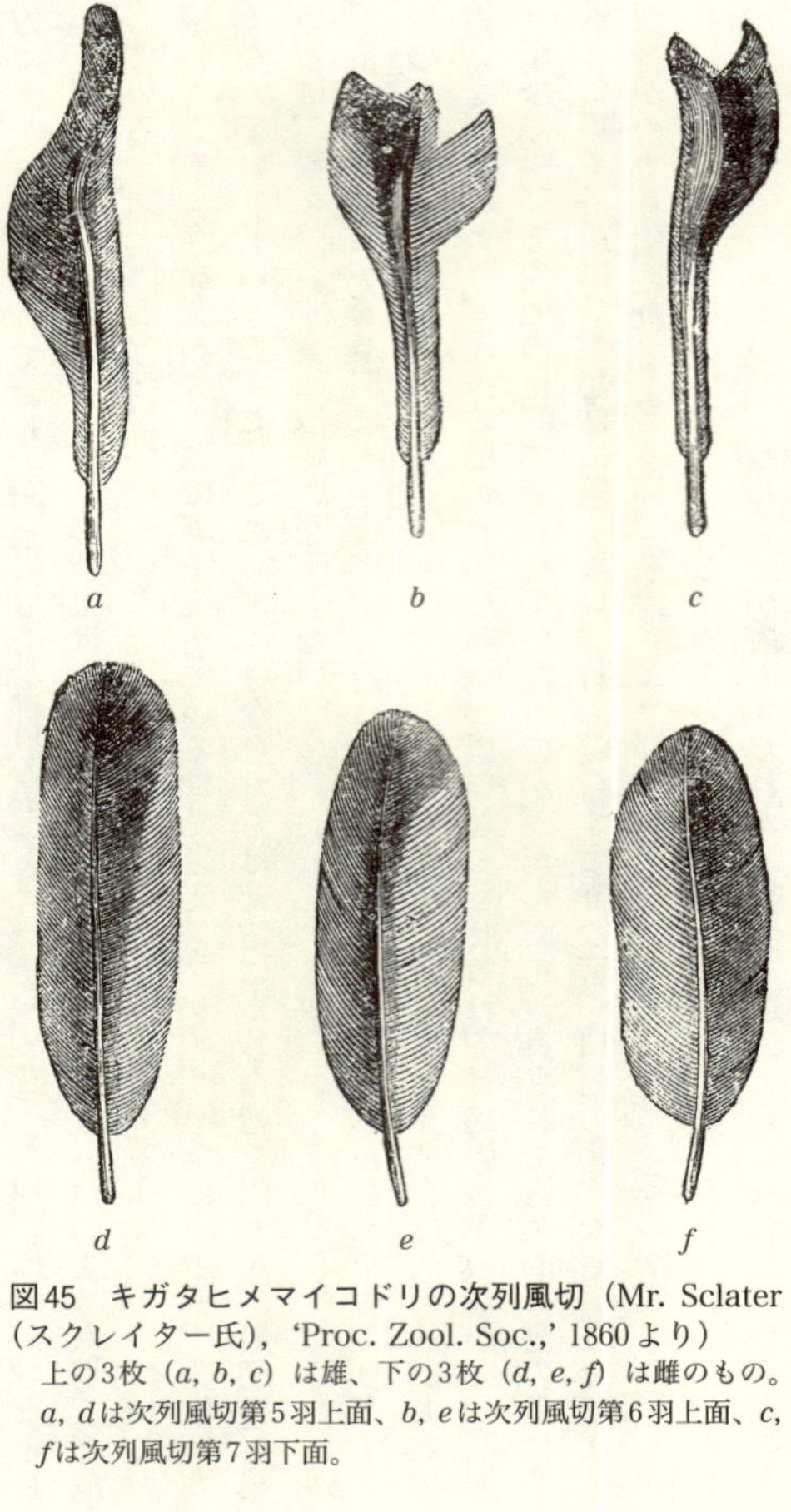

a　*b*　*c*

d　*e*　*f*

図45　キガタヒメマイコドリの次列風切（Mr. Sclater（スクレイター氏），'Proc. Zool. Soc.,' 1860より）
上の3枚（*a*, *b*, *c*）は雄、下の3枚（*d*, *e*, *f*）は雌のもの。*a*, *d*は次列風切第5羽上面、*b*, *e*は次列風切第6羽上面、*c*, *f*は次列風切第7羽下面。

が、つくり出される音の違いには気づく。同じ綱に属する動物の間で、タシギが尾でつくり出す打ち鳴らすような音、キツツキがくちばしでつくり出すコツコツいう音、ある種の水鳥が出す鋭いしわがれ声、コキジバトのクークーいう声、そしてナイチンゲールのさえずりのように、たがいにこれほどまでに異なる音が、その種の雌にとっては、どれも魅力的に聞こえるというのはおかしなものだ。しかしわれわれは、非常にかけ離れた種が持っている趣味を単一の基準で測ってはいけないし、ましてや人間の趣味の基準で測ってはいけない。人間においてさえ、太鼓の音や甲高い笛の音などの不協和な音が、野蛮人には喜ばしく聞こえるのである。S・ベイカー卿（Sir S. Baker）は、(57)「アラブ人の胃は、生の肉や、動物のからだから取りだしたばかりの湯気の立った肝臓を好むが、彼の耳も、粗野で不協和な音楽を何にもまして好む」と述べている。

愛の道化とダンス

多くの鳥、特にキジ科の鳥の奇妙な愛のしぐさについては、すでにいくらか述べたので、ここではあまりつけ加える必要はないだろう。北アメリカでは、繁殖期になると、何羽ものホソオライチョウ（*Tetrao phasianellus*）[*35]が、毎朝、決まった平らな場所に集まり、直径一五フィートから二〇フィート〔約四・五メートルから六メートル〕の円を描いてくるくると走り回る。そこで、その場所はすっかり踏みならされ、「妖精の輪」[*36]のようになる。猟師たちが「ウズラ踊り」と呼んでいるこのダンスでは、その最中に、ある者は右に、ある者は左に走り回り、非常に奇妙な行動を示す。オーデュボンは、オオアオサギ（*Ardea herodias*）がその長い足で雌の前を意気揚々と歩き回り、競争者に挑戦している姿について述べている。気味の悪い屍肉食いのハゲワシの一種（ヒメコンドル、*Cathartes jota*）[*37]についても、彼は、「愛の季節の初めに雄が行う身振りやパレードは非常に滑稽である」と述べている。鳥のなかには、アフリカの黒いハタオリドリで見たように、愛の曲芸を地上ではなく空中で行うものもある。春になると、英国のノドジロムシクイ（*Sylvia cinerea*）[*38]は、茂みの上の空にしばしば数フィートから数ヤードも舞い上がり、「気まぐれで魅惑的な動作で翼をはためかせ、その間じゅうずっと歌い続けながら、急降下して枝にとまる」。大きな英国のノガンは、雌に求愛するとき、ウルフ（Wolf）の図に見られるように、何とも表現のしようのない奇妙な動作をする。それと近縁なインドのベンガルショウノガン（*Otis bengalensis*）[*39]は、求愛時には「翼を素早くはためかせることによって垂直に空中に飛び上がり、冠毛を立て、首と胸の羽をふくらませ、そして地面にすとんと降り立つ」ことを何度もくり返しながら、独特の調子で鳴き続ける。たまたまそばにいた雌が、「この跳躍の誘いに従って」近づいてくると、雄は翼をひきずり、シチメンチョウの雄のように尾を広げる。[(58)]

しかし、最も奇妙な例は、オーストラリアの三つの近縁な属に属する鳥たち、すなわちあの有名なアズマヤドリであろう。この鳥たちはどれも、はるか昔に、愛の道化を演じるためにあずまやをつくりあげるという奇妙な本能を最初に獲得した鳥の子孫に違いない。これから見ていくように、あずまやは羽、貝殻、骨、木の葉などで飾られ（図46）、求愛のためだ

図46　マダラニワシドリ（*Chlamydera maculata*）とそのあずまや（ブレームより）

けに地面の上につくられる。なぜなら、彼らの巣は木の上にあるからだ。両性があずまやの構築にかかわるが、その中心となる働き手は雄である。この本能は非常に強いので飼育下でも現れ、ストレンジ氏は、彼がニューサウスウェールズの鳥小屋で飼っていたアオアズマヤドリについて、以下のように語っている。[59]「ときには、雄は雌を追いかけて鳥小屋中を走り回り、それからあずまやのところへ行って、美しい羽や大きな葉を取り上げ、奇妙な声を発する。そして、からだじゅうの羽を立ててあずまやの周りを走り、あまりにも興奮するので、目が頭から飛びだしそうになるくらいだ。彼は、低い、口笛のような声を出しながら、最初に片方の翼を、次にもう一方の翼を広げ、ついに雌が彼の方に向かって歩いてくるまで、オンドリがやるような何かを地面からつまみ上げるしぐさをする」。ストークス大尉（Captain Stokes）は、もう一つの種であるオオニワシドリの習性とその「遊び小屋」について、「前に後ろにと飛び回り、両側から交互に貝殻を取り上げ、口にくわえてアーチを通り抜け、大いに楽しんでいた」のを見ている。これらの奇妙な構築物は、まったくお見合いの部屋としてのみ使われており、両性が求愛をして楽しむところであるが、これをつくるのは鳥にとってかなりの作業であるに違いない。例えば、胸が茶色い種類のあずまやは、長さが四フィート〔約一・二メートル〕近く、高さが一八インチ〔約四五センチメートル〕にも達し、枝でできた厚いプラットフォームの上に建てられている。[*40]

装飾

私はまず、雄のみ、または雄の方がずっと美しく飾られている例から論じることにし、次の章で両性が同等に飾られている例、そして最後に、雌の方が雄よりもいくらか美しい色をしている稀な例について論じることにしよう。野蛮人や文明人が使う人工的な装飾と同様に、鳥が持っている自然の装飾も、頭部がその主な場所である。[60] 本章の初めで述べたように、装飾は驚くほど多様である。頭の前または後ろの羽衣は、さまざまな形をした羽からなっており、ときには立てたり広げたりしてその美しい色彩を誇示することができる。優美な耳羽（図39を見よ）があることもある。頭部はキジのように滑らかな羽毛でおおわれていることもあれば、裸で鮮やかな色をしていることもあり、肉の付属物や、細い羽や、骨性の突起が生えていることもある。喉も、ひげ、肉垂れ、肉阜などで飾られることがある。このような付属物は、ふつうは鮮やかな色をしており、たとえわれわれの目には美しく見えないときでも、装飾の役を果たしていると考えて間違いない。なぜなら、雄が雌に求愛をしているときには、シチメンチョウでのようにそれらはふくらんで、より生き生きした色調を帯びるようになるからである。このようなときには、ベニジュケイ（*Ceriornis temminckii*）[*41]の雄の頭についている肉の付属物は、喉の前の前垂れと、素晴らしい頭飾りの両側にふくらんだ二つの角とを形成する。これらは、私がこれまで見たこともないほどの、最も鮮やかな青である。アフリカのジサイチョウ（*Bucorax abyssinicus*）[*42]は、首についた深紅の袋のような肉垂れをふくらませ、翼を垂らし、尾を広げて、「きわめて立派な様子である」[(61)]。ときには、眼の虹彩でさえ、雄の方が雌より鮮やかな色彩であることがある。このことはくちばしについてもしばしば見られるが、例えばわが国のクロウタドリでもそうだ。ズグロサイチョウ（*Buceros corrugatus*）[*43]では、くちばし全体と巨大なかぶと状の突起は、雌よりも雄の方が目立つ色をしており、「下顎の両側にある斜めの溝は、雄だけにしかない」[(62)]。

雄は、しばしば、長く伸びた飾り羽を持っているが、そういった羽は、からだのほとんどどこからでも伸びることができるようだ。喉や胸の羽は、非常に美しい襟巻きになることもある。尾は、クジャクの上尾筒やセイランの尾のように、長く伸びることが多い。後者の鳥のからだはニワトリと変わらない大きさだが、くちばしの端から尾の先端までの長さは五フイート三インチ〔約一・六メートル〕にも達する。[63] 翼の羽は、尾羽ほど伸びることは少ないが、それは伸びると飛行の妨げになるからである。それでも、セイランの美しい目玉模様のついた次列風切は三フィート〔約九〇センチメートル〕近くにも達する。アフリカの小さなフキナガシヨタカ（*Cosmetornis vexillarius*）*44 では、繁殖期になると初列風切の一本が二六インチ〔約六六センチメートル〕にも伸びるが、からだ自体はたった一〇インチ〔約二五センチメートル〕しかない。ヨタカと近縁な他の属では、長く伸びた風切り羽の軸は先端を除いて裸で、先端には円盤がついている。[64] また別の属のヨタカでは、尾羽がさらに驚異的な長さに発達している。こうしてみると、近縁な種の鳥の雄の間で、異なる種類の羽を発達させることによって、同じタイプの装飾が形成されていることがわかるだろう。

まったく異なるグループに属する鳥の羽が、ほとんど同じような奇妙な形に変形していることがあるのは、おもしろい事実だ。例えば、上記のヨタカの風切り羽は、軸が裸で先端に円盤、またはスプーン、ラケットと呼ばれるものがついている。このような形の羽は、アオマユハチクイモドキ（*Eumomota superciliaris*）、カワセミのなかま*45、フィンチ、ハチドリ、オウム、いくつかのインドのオウチュウ（*Dicrurus* と *Edolius*. このうちの一つでは円盤は垂直に立っている）、そしてフウチョウの一部の尾にも見られる。この後者の例では、美しい目玉模様のついた同じような羽が頭部を飾っており、それはいくつかのキジ類でも同じである。インドショウノガン（*Sypheotides auritus*）[65] では、およそ四インチ〔約一〇センチメートル〕もある耳羽の先端に、同じような円盤がある。サギ類、トキ類、フウチョウ類、キジ類など、非常に異なる分類群に属する鳥の羽で、羽枝が細い繊維状になっていることがある。他の例では、羽枝が[*46]すっかりなくなって、軸が裸になっているものもあり、オオフウチョウ（*Paradisea apoda*）のそのような尾羽は長さが三四インチ〔約八五センチメートル〕にも達する。[(66)]小さな羽がそのようになると、シチメンチョウの雄の胸にあるような、とげに似た構造となる。人間の流行のファッションでは、次々とどんなものでも現れてはもてはやされるように、鳥の雄でも、ありとあらゆるたぐいの羽の構造や色彩の変化が、雌の鳥にもてはやされてきたようだ。非常に異なる分類群に属する鳥の羽が、同じようなやり方で変容してきたという事実は、まず第一に、すべての羽は基本的に同じ構造をしていて、同じ発達の過程をたどるので、その結果として、同じような変異が起こりやすいということによるに違いない。異なる種に属する家禽の羽衣にも、たがいに類似した変異が起こる傾向のあることはよく知られている。例えば頭飾りは、いくつもの種に現れている。シチメンチョウの絶滅した品種のなかには、裸の羽軸のてっぺんに柔らかい羽がついたものの集まりでできた頭飾りを持つものがあり、それはある程度、前述のラケット型をした羽に似ていた。ハトやニワトリの品種のなかには、羽枝が細かい繊維状になり、羽軸が裸になる傾向を持つものがある。セバストポールガンでは、肩の羽が非常に長くなり、曲がって、らせん状に巻いていることさえあり、その先は細かい繊維状の羽になっている。[(67)]

　色彩については、ここでは何も言う必要はないだろう。鳥の羽の色がどんなに素晴らしいか、その色の組み合わせがどんなに調和のとれたものであるかは、誰もが知っているからで

図47　ベニフウチョウの雄（ブレームより）

ある。色彩は、しばしばメタリックで虹色に輝く。丸い斑点が一つか二つの別の色の部分で囲まれていることもあり、そうすると目玉模様ができる。雌雄の驚くほどの違いについても、多くの鳥の雄の驚異的な美しさについても、これ以上言うべきことはない。クジャクは、そのきわだった例の一つである。フウチョウの雌は地味な色をしており、何の飾りも持っていないが、雄は、おそらくすべての鳥のなかでも最も高度に装飾的であり、その装飾が実に多岐にわたるので、その姿形が愛でられてきたものに違いない。オオフウチョウ（*Paradisea apoda*. 図47のベニフウチョウ（*P. rubra*）は、これよりもずっと美しくない種）の翼の下から生えている、長く伸びたオレンジ色の羽は、垂直に立てて震わせることができ、そうすると後光のように見えるといわれているが、その真ん中に置かれた頭部は、「二本の羽で形成される光線に囲まれたエメラルド色の太陽のように見える」(68)そうだ。もう一つの美しい種の頭部は禿げているが、「濃いコバルト色で、そこに黒ビロードのような羽の列が数本並んでいる」(69)。

ハチドリの雄（図48、49）は、グールド氏の素晴らしい著書やその豊富な標本を見たことがある人なら誰でも、フウチョウに勝るとも劣らない美しさであるのを認めるだろう。彼らがどれほど多様なやり方で飾られているかは、驚くべきものである。羽衣のほとんどすべての部分が利用され、何らかの変容を受けており、グールド氏が私に教えてくれたように、ほとんどすべてのサブグループにおいて、いくつかの種における変容はその極限にまで達していると言える。そのような例は、装飾のために人為淘汰によってつくり上げられた品種と奇妙に類似している。つまり、もともとある一つの形質について変異を持った個体があり、同じ種に属する他の個体は他の形質についての変異を持っていたところ、人がその両方をとらえて極限にまで増幅させ、クジャクバトの尾、カツラバトのとさか、伝書バトのくちばしや肉垂れなどができたのと同様である。これらの例との唯一の違いは、これらが人為淘汰によるのに対して、ハチドリやフウチョウなどでは、より美しい雄を雌が選ぶという性淘汰によることである。[*47]

もう一つだけ、鳥の例をあげることにしよう。それは、雌雄の間に極端な色彩の違いがあることで有名な鳥で、三マイル〔約四・八キロメートル〕離れたところからでも識別でき、

図48　ホオカザリハチドリ（*Lophornis ornatus*）の雄と雌（ブレームより）

図49　ラケットハチドリ（*Spathura underwoodii*）〔現在の学名は *Ocreatus underwoodii*〕の雄と雌（ブレームより）

その声を初めて聞いた人を驚嘆させずにはおかないという、南アメリカに住むスズドリ(*Chasmorhynchus niveus*)[*48]である。雄は真っ白だが、雌は、くすんだ緑色である。そこそこの大きさをした、攻撃的ではない地上性の鳥としては、真っ白という色はかなり稀である。ウォータートン (Waterton) の記述によると、雄にはまた、くちばしの根元から、およそ三インチ〔約七・五センチメートル〕もの長さになる一本のらせん状の管が生えている。その色は漆黒で、微小な柔らかい羽でおおわれている。この管は、口蓋との連結を通して空気でふくらませることができるが、ふくらませていないときには、口の片側に垂れ下がっている。この属は四種からなり、雄はどの種も特徴的だが、雌は、スクレイター氏の最も興味深い論文によると、どの種もたがいに似通っているので、同じ分類群のなかでは、雄はたがいに非常に異なるが、雌はたがいに似通っているという共通法則の素晴らしい例だと言えよう。二番目の種（ハゲノドスズドリ、*C. nudicollis*[*49]）でも、雄は同様に純白だが、のどにあるかなり大きい裸の皮膚の部分と目の周りだけは別で、そこは繁殖期になると美しい緑色になる。三番目の種（ヒゲドリ、*C. tricarunculatus*[*50]）の雄は、頭と首だけが真っ白で、からだの他の部分は栗茶色である。この種の雄には、体長の半分にも達する三本の線状の突起があり、一つはくちばしのつけ根から、他の二つは口の両端から生えている。[(70)]

おとなになった雄の色のついた羽衣やその他の装飾は、一生維持されるものもあれば、夏の繁殖期ごとに定期的に生え替わるものもある。この時期には、くちばしや頭部の裸の皮膚などは、サギ、トキ、カモメ、前述のスズドリの一種などに見られるように、しばしば色が変わる。シロトキでは、頬、ふくらませることのできる喉袋、くちばしの基部が深紅になる。(71) ツルクイナ（*Gallicrex cristatus*）では、この時期には、雄の頭部に大きな赤い鶏冠が発達する。アメリカシロペリカン（*P. erythrorhynchos*）で、くちばしの上にできる薄い角状の冠もまた同じである。この冠は、シカの角と同様、繁殖期が終わると抜け落ちてしまうので、ネヴァダの湖中の島の岸辺は、これらの奇妙な抜け殻でおおわれることになる。(72)

季節によって羽衣の色が変わるのは、第一に毎年二回の換羽、第二に羽の色そのものの変化、第三に色の薄い羽の縁が定期的に抜け落ちることによるが、*51 これら三つの過程が多少なりとも混合していることもある。脱落性の縁の羽が抜け落ちるのは、非常に若い鳥の綿羽が抜けるのと似ているかもしれない。なぜなら、ほとんどの場合、綿羽は最初の真の羽の先端から出てくるからである。(73)

毎年二回の換羽を行う鳥に関しては、まず第一に、例えばタシギ、ツバメチドリ属（Glareolae）、シギなどのように、雌雄がたがいに類似していて、一年じゅう色を変えない種類がある。私は、かれらの冬羽が夏羽より厚くて暖かいのかどうかを知らないが、羽の色が変わらないのに二回換羽するとしたら、それが最もありそうなことだろう。第二に、例えば、アカアシシギ属（Totanus）*52 の一種や他の渉禽類のように、雌雄は類似しているが、夏羽と冬羽がわずかに異なる種類がある。しかし、これらの例における色の差異は非常に小さいので、それが彼らにとっての利益であるとはとても思えないくらいだ。これはおそらく、鳥たちが夏と冬にさらされている条件に対して違いが直接作用した結果であるのかもしれない。第三に、雌雄は類似しているが、夏羽と冬羽が非常に異なる種類がたくさんある。第四に、雌雄の色彩が異なるもので、雌は二回の換羽にもかかわらず同じ色彩を保っているが、雄は色彩を変えるものがある。なかには、例えばノガンの一種のように、雄が非常に異なる色になるものもある。第五に、雌雄の色彩が異なり、夏羽と冬羽も両性ともに異なるが、毎回、雄の方が雌よりも大きく色彩を変える種類がある。エリマキシギ（*Machetes pugnax*）[*53]が、そのよい例である。

夏羽と冬羽も色彩が異なる理由または目的について、例えばライチョウのような例では[(74)]、両シーズンとも保護色になっているのだろう。夏羽と冬羽が少ししか違わない場合は、すでに指摘したように、生活条件からの直接的なはたらきかけによるものと思われる。しかし、多くの鳥では、雌雄が類似している種類においてさえ、夏羽は装飾的であることに疑いはないだろう。ゴイサギ、コサギなどの多くは、繁殖期の間だけ美しい羽衣を持つので、その通りだと結論してよいに違いない。さらに、そのような羽、頭飾りなどは、両性がともに持っているとしても、雌よりも雄の方に少しばかりよく発達していることがある。また、他の鳥で雄だけが持っている羽や頭飾りに似ていることもある。また、鳥をかごに閉じ込めておくと、雄の繁殖システムが影響を受け、しばしば第二次性徴の発達が阻害されるが、他の形質には直接的な影響は出ないことがよく知られている。バートレット氏[*54]に聞いたところによると、ロンドン動物園にいるコオバシギ（*Tringa canutus*）の八、九羽が、一年中飾りのない冬羽を維持しているということだが、このことから、夏羽が雌雄に共通している場合でも、それが雄だけにしか見られないような多くの鳥における夏羽の性質と似たようなものであることが示唆される。[75]

これらの事実、特に、どちらの性も毎年の換羽によって羽の色を変えない種類があることや、変えたとしてもほとんど何かの役に立つとは思えないくらいわずかしか変えないような種類があること、そして他の種では年に二回の換羽がありながら、雌は一年じゅう同じ色彩を維持している種類があることから、一年に二回換羽するという習性は、雄が繁殖期に装飾的な形質を発達させるために獲得されたのではなく、年に二回換羽することが、はじめに何らかの特別な目的のために獲得されてからのち、いくつかの種類で、それが求愛の羽衣を獲得するための手段として利用されるようになったのだと結論してよいだろう。

近縁な鳥類どうしで、ある種類は一年に二回の換羽を行い、他の種類は一回しか行わないものがあるというのは、一見非常に驚くべき状況のように思われる。例えばライチョウは、一年に二回か三回換羽するが、クロライチョウは一回しか換羽しない。インドに住む、素晴らしい色彩をしたタイヨウチョウ（Nectariniae）のなかまと、地味な色合いをしたタヒバリ（Anthus）のいくつかの亜属には、一年に二回換羽するものと一回しかしないものの両方の種が含まれている。[76]しかし、さまざまな鳥では、換羽の仕方は連続的に変化していることが知られているので、このことから、ある種または種の集合が、もともとどのようにして年二回の換羽を獲得するようになったのか、それをいったん獲得してからのちに一回分を失ったのかどうかなどについて考えることができる。ノガンやチドリのなかまには、春の換羽はとても完璧とは言えず、羽の一部だけが新しくなったり、色が変わったりするだけのものがある。また、ノガンやクイナのなかまでは、年に二回の換羽を完璧に行うものであっても、成体の雄のなかには求愛の羽衣を一年じゅう維持しているものがあることも知られている。高度に特殊化した羽が、春の間に、それだけつけ加わるということもある。インドのオウチュウ（Bhringa）[*55]のなかまが持っている、円盤のような形をした尾羽や、ゴイサギのなかまの背や首の羽、冠などがそうである。このような段階を経て、春の換羽がだんだん完全になり、最後に完璧な年二回の換羽が獲得されたのかもしれない。冬羽、夏羽がどれほどの間維持されるかの期間にも連続性が見られるので、どちらか一方がずっと続くことになり、他方が完全に失われるということも起こり得る。すなわち、エリマキシギ（*Machetes pugnax*）の雄は、その襟巻きを春の二ヵ月足らずしか持っていない。ナタールのコクホウジャク（*Chera progne*）の雄は、その長い尾羽を一二月か一月に伸ばし、三月には失ってしまうので、三ヵ月ほどしか持っていない。年に二回の換羽を行う種類のほとんどは、装飾的な羽をおよそ六ヵ月間維持している。しかし、野生のセキショクヤケイ（*Gallus bankiva*）の雄は、首の飾り羽を九～一〇ヵ月も維持しており、それが抜け落ちたときには、その下にある首の黒い羽がもろに見えるようになる。ところが、この種の家禽化された子孫では、雄の首の飾り羽はすぐに新しいものと取りかえられるので、これは、羽の一部について、家畜化によって二回の換羽が一回に変わった例だと言うことができよう[77]。

マガモ（*Anas boschas*）[*56]の雄は、繁殖期が終わると三ヵ月ほどにわたって雄の羽衣を失い、雌と同じ羽衣になることがよく知られている。オナガガモ（*Anas acuta*）の雄ではもっと短くて、六週間か二ヵ月ほどしかその羽衣を失っていないが、モンタギューは、「短い期間に行われるこの二回の換羽は、最も異常な状況であり、論理的な説明を与えようとする人間への挑戦である」と述べている。しかし、種の連続的な変容を信じている人々にとっては、どんな種類の連続性が発見されても、何ら驚くべきことではないだろう。もしもオナガガモの雄が新しい羽衣をもっと短い間に獲得せねばならないとしたら、雄の新しい羽は、当然ながら古い羽と混じってしまうことになり、そして両方ともが、雌に固有の羽とも混じることになるだろう。これこそが、それほどかけ離れてはいない種、つまりウミアイサ（*Mergansers serrator*）で起こっていることのようだ。すなわち雄は、「羽衣を替えるが、いくらか雌に似たような色彩になる」[78]と言われている。この過程がもう少し進むと、年二回の換羽は完全に失われてしまうだろう。

前述のように、鳥の雄のなかには、春の換羽によってではなく、実際に羽の色彩が変わることによって、または地味な色をしている脱落性の縁の羽が抜け落ちることによって、春に美しい色になる種類がある。このような原因で生じる色彩の変化は、長く続くときもあれば、短いときもある。モモイロペリカン（*Pelecanus onocrotalus*）は、春になると全体が美しいピンク色を帯び、胸にはレモン色の斑ができる。しかし、スクレイター氏によると、この色調は「長くは続かず、最初に出てきてから六週間か二ヵ月後にはなくなってしまう」。フィンチのなかには、春になると縁の羽を落とし、より鮮やかな色になるものもあるが、そのような変化をまったく生じない種類もある。すなわち、合衆国のオウゴンヒワ(*Fringilla tristis*)[*57]では(多くのアメリカの種でも同様)、冬が終わったときにだけ、そのような鮮やかな色彩をあらわすが、この鳥とまったく同じ習性を持っている英国産のゴシキヒワや、さらに構造的に近縁と言えるマヒワは、年間を通じてそのような変化をまったく起こさない。しかし、近縁な種の間に見られる羽衣のこのような違いは、決して驚くべきものではない。なぜなら、これと同じ科に属するムネアカヒワでも、前頭と胸の深紅の色は、イギリスでは夏の間だけ見られるが、マデイラでは一年中維持されているからである[(79)]。

雄の鳥による羽衣の誇示

すべてのたぐいの装飾は、一生の間維持されているものか、一時的に獲得されるものかにかかわらず、雄によって誘惑的に誇示され、雌を興奮させたり、惹きつけたり、魅了したりするために使われているように見える。しかし、雄たちは、求愛場でのライチョウや、クジャクでときどき見られるように、雌がいなくても自分たちの飾りを見せびらかすことがある。しかし、クジャクが誰か観客がいることを喜ぶのは確かで、私は、彼らがニワトリやブタの前でさえ、その美しい羽を広げているのをよく見かけたものである[(80)]。鳥の習性を注意深く観察したことのある博物学者は誰でも、野生状態であれ、飼育下であれ、雄たちは自分の美しさを誇示するのを喜ぶということでは、意見が一致している。オーデュボンはしばしば、雄が雌を魅了するために行うさまざまな行動について語っている。グールド氏は、ハチドリの雄の奇妙な行動を記述したあとで、雄には、雌の前でそれらを精一杯誇示して見せる力があることを疑わないと述べている。ジャードン博士（Dr. Jerdon）[81]は、雄の美しい羽衣は「雌を魅了し、惹きつけるためのものである」と主張している。ロンドン動物園のバートレット氏は、まったくその通りであると、語気を強めて私に語った。

インドの森林の中で、「突然、二〇羽か三〇羽のクジャクに出会い、雄がその豪華な羽を誇示し、最大の誇りをもって、喜んでいる雌の前で飛び回っているところに行きあわせる」のは、素晴らしい光景に違いない。野生のシチメンチョウの雄は、輝く羽を立て、美しい帯状の模様の尾と縞模様の翼を広げると、派手な深紅と青の肉垂れも手伝って、素晴らしい、しかし、われわれの目にはグロテスクなみものとなる。同じことは、さまざまなライチョウの種類についても見られることは、すでに述べた。では、別の目を見てみよう。イワドリ属のイワドリ（*Rupicola crocea.*[*58] 図50）の雄は、素晴らしいオレンジ色で、羽の一部が先端を切り取ったような形になり、羽毛状になっていて、世界で最も美しい鳥の一つである。雌は赤みがかった緑褐色で、冠がずっと小さい。R・ションバーク卿（Sir R. Schomburgk）は、一〇羽の雄と二羽の雌が集合場にいるところを発見し、彼らの求愛について記述している。その場所は直径四、五フィート〔約一・二〜一・五メートル〕で、まるで人が手でならしたかのように、草が一本も生えていなかった。一羽の雄が「羽を広げ、頭を高く上げ、あるいは尾を扇のように広げて踊っており、他の個体はそれを楽しんでいるように見えた。今度は、彼は、疲れるまでピョンピョン飛び跳ね、何か大きな鳴き声を発すると、次の個体がそ

図50　イワドリ（*Rupicola crocea*）の雄（ブレームより）

れに取って代わった。こうして三羽が交替で踊り、それから、自己満足して引き下がった」。インド人は、彼らの羽毛を得るために、このような集合場の一つで待ち伏せし、鳥たちが一所懸命にダンスに興じるまで待つ。そうすると、毒矢で四、五羽の雄は次々と撃つことができるという[82]。フウチョウは、一ダースかそれ以上の十分に羽を生やした雄が木に集まって、原住民のいう「ダンス・パーティ」を開く。そこで、空中を飛び、羽を広げ、美しい羽を立て、それをふるわせるので、ウォレス氏が言うように、木全体がはためく羽で満たされているように見える。このように踊っているときには、彼らはあまりにも夢中になっているので、弓の名人はほとんど全部を撃ってしまうこともできるくらいだ。これらの鳥は、マレー諸島で飼育されていたときには、羽をときどき広げて調べ、どんなごみでもいちいち取り除き、たいへんな注意を払って羽をきれいに保っていたということである。何組かのペアを飼っていた観察者は、雄の誇示は雌を喜ばせるためだと信じて疑わなかった[83]。

キンケイ（*Thaumalea picta*）*59の雄が求愛をするときには、彼の素晴らしい襟毛を広げて立てるばかりでなく、私が見たところによると、雌が雄のどちら側にいるにせよ、雌の方に斜めに襟毛を向けるが、それは明らかに、雌の前にそのほとんどの面が見えるようにするためであった[84]。バートレット氏は、コクジャク（図51）の雄が求愛しているところを観察し、そのような形につくった剝製を見せてくれた。この鳥の尾と翼は、クジャクの上尾筒にあるものと同じような美しい目玉模様で飾られている。クジャクの雄が求愛誇示をするときには、彼は雌の正面に立つので、尾をからだに直角に立てて広げるため、胸と首の濃い青も同

図51　コクジャクの雄（ブレームより）

時に見せびらかすことになる。ところが、コクジャクの胸は地味な色をしており、目玉模様は尾羽に限定されていない。その結果、コクジャクは雌の正面には立たないのである。彼は、尾羽を立てて少し斜めに広げ、それと同じ方向の翼を広げて垂らし、反対の翼は広げて上に上げる。こうすると、からだ全体の目玉模様がきらきら輝く一枚の布のようになって、それを愛でる雌の前に広げられることになるのだ。彼女がどちら側に行こうと、雄は、広げた翼と斜めに広げた尾を彼女の方に向ける。ジュケイの雄は、翼自体ではないが、雌と反対側のからだの羽を上げ、そうでなければ雌からは隠されている部分を見せるので、先ほどの例とほとんど同じような行動を見せるが、そうすると、美しい斑点模様の羽のほとんど全部が一斉に見えることになる。

セイランは、これよりもさらに素晴らしい。雄だけにしかない、巨大に発達した次列風切には、それぞれが直径一インチほどの二〇個から二三個の目玉模様で飾られている。羽にはまた、斜めの繊細な黒い線と斑点の列があり、トラとヒョウの模様を一緒にしたような感じである。目玉模様はあまりにも美しい色合いをしているので、アーガイル公爵（Duke of Argyll）は、[85] くぼみの中にゆるく収まっているボールのようだと述べている。しかし、私が大英博物館で見た標本は、翼を広げ、尾を引きずっている剥製だったが、目玉模様は平板で、どちらかというとくぼんで見えたので、がっかりしたものだった。しかし、グールド氏が、求愛誇示している最中の雄の絵を描いて、すぐに疑問を解消してくれた。求愛時には、これら両方の翼の長い次列風切を垂直に立てて広げるので、広げた巨大な尾羽と相まって、これら全体は、まっすぐ立てた半円形の扇を形成することになる。さて、次列風切がこのような位置に立てられたとたん、光が上から当たり、微妙な色合いの効果が全面的に現れるようになる。それぞれの目玉模様が、くぼみにはまったボールのような飾りに見えるのだ。何人もの画家にこの羽を見せてみたが、誰もが、その完璧な色調に感銘を表したものだった。このように芸術的な色調をした装飾が、性淘汰によってつくり出されるものだろうかと疑問に思うことだろう。しかし、次章で、連続性の原理について扱うまで、この問題に対する答えは置いておくことにした方がよいだろう。

初列風切は、キジ科の鳥ではたいてい単一の色をしているが、セイランでは次列風切に勝

ると も劣らない素晴らしさである。それは、柔らかい茶色に多くの黒い斑点があり、それぞれの斑点は、二つか三つの黒点が暗い色のゾーンで囲まれたものである。しかし、主たる装飾は、真の羽の内側に並んで外縁が完全な第二の羽を形成している、暗青色の羽軸と平行した空間である。この内側の部分は明るい栗色をしており、微小な白い点でびっしりおおわれている。私は、この羽を何人かの人に見せてみたが、多くの人が、これはくぼみにはまったボール模様の羽よりも美しく、自然の作品というより芸術品であると感激したものだった。さて、これらの羽は、通常はほとんど隠れているが、求愛誇示のときに長い次列風切が立つと、全部が見えるようになる。しかし、それは次列風切とは非常に違ったやり方でそうなるのだ。なぜなら、それらは、胸の両側の地面の近くで、二つの小さな扇または楯のように広げられるのである。

セイランの雄は実に興味深い例であるが、それは、最も洗練された美が雌を魅了するためにあり、それ以外の何ものでもないことを示す絶好の証拠を提供しているからである。われわれはこう結論する以外ない。なぜなら、雄が求愛の姿勢をとるとき以外、初列風切は絶対に広げられず、くぼみにはまったボールの装飾は、それ以外にはその完全な姿を見せられることはないからだ。セイランの雄は鮮やかな色彩を持っているわけではないので、彼の求愛の成功は、その羽の大きさと最も優美な模様の配置にかかっているようだ。多くの人は、雌の鳥が、このような洗練された色合いと細かな模様の美しさを理解することなどまったくあり得ないと宣言することだろう。彼女たちが、これほどまでに人間に近い趣味を持っているというのは、確かに驚くべき事実であるが、彼女たちは一つ一つのディテールを見ているのではなく、おそらく全体の効果を愛でているのだろう。下等動物の識別能力と趣味を十分に判定できると思っている人は誰でも、おそらく、セイランの雌がこのような洗練された美を認識できることを否定するだろう。しかし、そうだとすると、求愛行動で雄が取る驚くべき姿勢、それによって、雄の羽の素晴らしい美しさが十分に見せつけられることには、まったく何の意味もないと認めねばならないことになる。そして、このことだけは、私は絶対に認めることができない。

実に多くのキジ類や、それと近縁のキジ科の鳥が、その美しい羽を雌の前で注意深く誇示するが、バートレット氏が私に指摘してくれたように、地味な色合いをしたアオミミキジやカンムリキジ（*Crossoptilon auritum* と *Phasianus Wallichii*）[*60] では、そうではない。そこで、これらの鳥は、自分たちがそれほど美しくないことに気づいているようだ。バートレット氏は、カンムリキジをアオミミキジほどよく観察したことはないが、これら二種類の雄が雄どうしで闘うところも、まだ見たことがない。ジェンナー・ウィアー氏も、鮮やかではっきりした色合いの羽衣を持った種類の雄は、それと同じグループに属するもっと地味な種類の雄よりも、常にけんか好きだと述べている。例えば、ゴシキヒワはムネアカヒワよりも、クロウタドリはツグミよりも、ずっとけんか好きだ。季節によって色彩の変化する鳥も、彼らが最も美しく飾られている時期に、よりけんか好きである。地味な色彩をした種類の雄も、雄どうしで激しく闘うことがあるのは確かだが、性淘汰が大きな影響を与え、それによって雄が鮮やかな色彩をしている種はどれでも、強いけんか好きの傾向も備えているようである。哺乳類を扱うところでも、ほとんど同じような例に出会うことだろう。一方、鳥では、さえずりの能力と鮮やかな色彩とが、同じ種の雄で同時に獲得されたことはめったにないようだ。しかし、このどちらで得られる利益も、雌を魅了するという意味ではまったく同一なのだろう。それはともかく、鮮やかな色彩をしたいくつかの種の雄のなかには、その羽を、楽器による音楽の発生のために特別に変容させたものもあるにはある。しかし、少なくともわれわれの趣味からすれば、そうやってつくり出された美しさは、多くの鳥のさえずりによる音声の美しさとは比較にならない。

それでは、雄が高度な装飾を備えているわけではないが、それがどんな魅力であるにせよ、求愛のときには何らかの誇示をする、という種に目を転じることにしよう。これらの例は、ある意味で、これまでに論じた例よりも奇妙であり、ほとんど注意を払われてこなかった。これから述べる事実の多くは、ジェンナー・ウィアー氏が私に送ってくれた多くの貴重なメモから選んだものである。彼は、すべての英国産のアトリ科とスズメ科を含む多くの鳥を長年にわたって飼育してきた。ウソの雄は、雌の前に突進し、胸をふくらませて、胸の赤い羽がどんなときよりもよく見えるように広げて見せる。それと同時に、彼は、からだをくるっと振り向かせ、黒い尾羽を非常におどけた様子で左右に振る。ズアオアトリの雄も、雌の正面に立って赤い胸と、愛好家が「ブルーベル」と呼ぶ頭部を見せつける。それと同時に翼を少し広げるので、肩の白いバンドがはっきり見えるようになる。ムネアカヒワは、ばら色の胸をふくらませ、茶色い翼と尾を少しばかり広げるので、その白い縁取りが最もよく見せつけられる。しかし、翼を広げるのは、まったくそれを誇示するためだけだと結論するには、慎重であらねばならない。なぜなら、そのような行動を見せる鳥のなかには、翼が美しくないものもあるからだ。そのよい例が家禽のニワトリの雄だが、彼が広げるのは常に、雌のいる側とは反対側の翼であり、それと同時にその翼で地面を掻く。ゴシキヒワの雄は、他のすべてのフィンチとは異なる行動を示す。雄の翼は、肩が黒く、風切り羽は先端が黒く、白い斑点があり、金色で縁取られているという美しさである。雄が雌に求愛するときには、からだを左右に振り、少しばかり広げた翼を、はじめは一方に、次は他方にと素早く翻すので、金色が輝いて見える。ウィアー氏が教えてくれたところによると、英国のフィンチで、求愛のときにからだを左右に振るものはほかになく、近縁なマヒワの雄でさえ、そうはしない。そんなことをしても、彼の美しさが増すことにはならないからだ。

英国のホオジロのなかまのほとんどは地味な色合いをしているが、オオジュリン(*Emberiza schoeniculus*)の雄の頭部の羽は、春になると、地味な先端がすり切れることで真っ黒になり、求愛行動のときにはこれを立てる。ウィアー氏は、オーストラリアのイッコウチョウ属(Amadina)の二種を飼育していたが、*A. castanotis*[*61]は、非常に小さくて、濃い色の尾、白い腹、漆黒の上尾筒を持っている地味な鳥で、上尾筒のそれぞれの羽には、三つの白いはっきりした斑点がついている。[(86)]この種類が求愛するときには、このまだらの上尾筒をわずかに広げ、独特なやり方で震わせる。*Amadina Lathami*[*62]は非常に違う行動を示す。彼らは雌の前で、自分の鮮やかな斑点のある胸、赤い尻、赤い上尾筒を誇示するのだ。ここで、ジャードン博士（Dr. Jerdon）から聞いたことをつけ加えておこう。インドのシリアカヒヨドリ（*Pycnonotus haemorrhous*）の上尾筒は裏面が深紅になっているので、そんなことでは、その美しさを見せることはできないと思われるだろう。しかし、「鳥が興奮すると、しばしばそれを外側にひっくり返して広げるので、上からでさえ見ることができる」[87]のである。ふつうのハトは胸の羽が虹色をしているが、雄が雌に求愛するときには胸をふくらませて、その羽をせいいっぱいよく見せようとするのは、誰でも見たことがあるはずだ。オーストラリアの美しいレンジャクバト（*Ocyphaps lophotes*）は、ウィアー氏が私に教えてくれたところによると、これとは非常に違う行動をするようだ。雄は、雌の正面に立つが、頭をほとんど地面に着くまで下げ、尾を広げて垂直に立て、翼を半ば広げる。そこで、彼はからだをゆっくりと起こしたり下げたりするので、虹色のメタリックな羽のすべてが同時に見えて、太陽に輝くのである。

これで、雄の鳥が自分のさまざまな魅力をどのように細心の注意と技量を持って誇示するか、十分な事実が示せたと思う。羽づくろいをする間に、彼らは、自分の羽がどれほど美しいかを知る機会を十分に持ち、どのようにすればその美を最もよく示せるかを研究しているのだろう。しかし、同種に属するすべての雄は、まったく同じやり方で誇示をするので、はじめはその行動は意識的だったのだろうが、今では本能になってしまったのだと思われる。もしそうならば、鳥たちに故意に虚栄心があると責めるべきではないだろう。しかし、クジャクの雄が上尾筒を広げて震わせながら飛び回っているのを見ると、まさに誇りと虚栄の象徴のように見えてしまう。

雄の鳥が持っているさまざまな装飾は、彼らにとって最も重要なものである。なぜなら、それらを獲得するには、飛んだり走ったりする能力をある程度犠牲にしなければならないこともあるからだ。アフリカのフキナガシヨタカ（Cosmetornis）は、繁殖期には初列風切の一つが非常に細長く伸びるので、飛行がかなり遅くなるが、他の時期には、驚くほど速く飛べるのである。セイランの雄の「手に負えないほどの大きさになった」次列風切は、彼らの「飛行の能力をほとんど完全に奪ってしまう」と言われている。フウチョウの雄の繊細な羽は、風が強い日にはたいへんなやっかいものだ。南アフリカのテンニンチョウ属（Vidua）の雄の極端に長い尾羽は、彼らの飛行を「ひどく重たいものにする」が、それが抜け落ちると同時に、彼らも雌と同じくらい速く飛べるようになる。鳥は常に、食物が最も豊富にある時期に繁殖するので、雄は運動能力をこのように阻害されても、食物摂取にはそれほど負担はかからないのかもしれない。しかし、これによって捕食性の鳥に襲われやすくなるのは、ほとんど間違いないだろう。クジャクの長い裳裾やセイランの長い尾と風切り羽が、トラなどのえじきになりやすくさせていることも、間違いないはずである。多くの雄たちの鮮やかな色彩でさえ、彼らを、あらゆる種類の敵の目に見つかりやすくさせているだろう。それゆえ、グールド氏が指摘しているように、このような鳥は、あたかも自分自身の美しさが危険の源泉であることを知っているかのように臆病な性格であり、地味な色をしていて、どちらかというと人に馴れやすい雌や、まだ飾られていない若い個体に比べると、見つけたり近づいたりするのがずっと困難なのである[88]。

闘いのための特別の武器を備え、野生状態で非常にけんか好きな雄の鳥のなかには、闘いでしばしばたがいに殺し合うものがあったり、ある種の装飾を持っていることで損害を被ったりするものがあるというのは、さらに奇妙な事実である。闘鶏を楽しむ人々は、雄の頸羽を刈り込み、鶏冠と肉垂れを切り取ってしまうが、そうなった鳥を「平らにされた」という。テーゲットマイヤー氏は、「平らにされていない鳥は恐ろしく不利である。鶏冠や肉垂れは対戦者のくちばしに容易に捕まえられてしまい、鳥は必ず自分が捕まえている部分に攻撃を加えるので、一度相手に捕まえられてしまうと、まったく敵の手中に落ちることになる。たとえ、それで殺されなかったとしても、平らにされていない鳥が失う血液の量は、されている鳥に比べるとずっと多い[89]」と主張している。シチメンチョウの若い雄は、闘いのときにたがいの肉垂れをつかもうとするが、おとなの鳥も同じようにするものと私は思う。鶏冠や肉垂れは装飾ではなく、その点で鳥の役に立っているはずはないと反論する人もいるだろう。しかし、われわれの目から見ても、黒いスペイン種の雄鳥の輝く美は、その白い顔と深紅の鶏冠によってますます引き立てられているし、ジュケイの雄が求愛のときに素晴らしい青い肉垂れをふくらますところを見たことがある人なら誰でも、その美こそが目的であることを瞬時も疑わないだろう。これまでに述べたような事実から、雄の羽やその他の装飾は、雄にとって最も重要なものであることがわかる。さらに、ときには美しさの方が、闘いに勝つことより重要であることもわかるだろう。

原注

(1) 'Ibis,' Vol. 3 (New series), 1867, p. 414.
(2) Gould (グールド), 'Handbook to the Birds of Australia,' 1865, Vol. 2, p. 383.
(3) グールド氏 (Mr. Gould) の 'An Introduction to the Trochilidae,' 1861, p. 29 に引用。
(4) Gould, ibid., p. 52.
(5) W. Thompson (W・トムソン), 'The Nat. Hist. of Ireland: Birds,' Vol. 2, 1850, p. 327.
(6) Jerdon (ジャードン), 'The Birds of India,' 1863, Vol. 2, p. 96.
(7) Macgillivray (マクギリヴレイ), 'Hist. of Brit. Birds,' Vol. 4, 1852, pp. 177-181.
(8) Sir R. Schomburgk (R・ションバーク卿), 'Journal of R. Geograph. Soc.,' Vol. 13, 1843, p. 31.
(9) 'Ornithological Biography,' Vol. 1, p. 191. ペリカンとタシギについては、Vol. 3, pp. 381, 477 を参照。
(10) Gould (グールド), 'Handbook to the Birds of Australia,' Vol. 1, p. 395; Vol. 2, p. 383.
(11) 'The Poultry Book by Tegetmeier,' 1866 の中の Mr. Hewitt (ヒューイット氏), p. 137.
(12) Layard (レイヤード), 'Annals and Mag. of Nat. Hist.,' Vol. 14, 1854, p. 63.
(13) Jerdon (ジャードン), 'The Birds of India,' Vol. 3, p. 574.
(14) Brehm (ブレーム), 'Illust. Thierleben,' 1867, Bd. 4, S. 351. いくつかの前述の記事については、L・ロイド (L. Lloyd) の 'The Game Birds and Wild Fowl of Sweden and Norway,' &c., 1867, p. 79 より引用。
(15) Jerdon (ジャードン), 'The Birds of India,' Ithaginis については Vol. 3, p. 523. Galloperdix につ

いては p. 541.

(16) エジプトガンについては、マクギリヴレイ（Macgillivray）の 'Hist. of British Birds,' Vol. 4, p. 639. *Plectropterus* については、'Livingstone's Travels,' p. 254. Palamedea については、Brehm（ブレーム）, 'Thierleben,' Bd. 4, S. 740. この鳥については、アザラ（Azara）の 'Voyages dans l'Amérique Mérid.,' tome 4, pp. 179, 253 を参照のこと。

(17) タゲリについては、R・カー氏（Mr. R. Carr）の 'Land and Water,' August 8, 1868, p. 46 を参照。Lobivanellus については、ジャードン（Jerdon）の 'The Birds of India,' Vol. 3, p. 647 とグールド（Gould）の 'Handbook to the Birds of Australia,' Vol. 2, p. 220 を参照。*Holopterus* については、アレン氏（Mr. Allen）の 'Ibis,' Vol. 5, 1863, p. 156 を参照。

(18) Audubon（オーデュボン）, 'Ornith. Biography,' Vol. 2, p. 492; Vol. 1, pp. 4-13.

(19) Mr. Blyth（ブライス氏）, 'Land and Water,' 1867, p. 212.

(20) エリマキライチョウについては、リチャードソン（Richardson）の 'Fauna Bor. Amer.: Birds,' 1831, p. 343. キバシオオライチョウとクロライチョウについては、L・ロイド（L. Lloyd）の 'The Game Birds and Wild Fowl of Sweden and Norway,' 1867, pp. 22, 79. しかしながら、ブレーム（Brehm）は（'Thierleben,' &c., Bd. 4, S. 352）、ドイツではクロライチョウの雌はふつうは雄のバルツェンには立ち会わないと述べているが、それは一般的な規則からすれば例外である。雌は、スカンジナヴィアのクロライチョウや、他の北アメリカの種でも知られているように、周りの森に隠れているだろう。

(21) 'Ornithological Biography,' Vol. 2, p. 275.

(22) ブレーム（Brehm）の 'Thierleben,' &c., Bd. 4, 1867, S. 990. オーデュボン（Audubon）の 'Orinith. Biography,' Vol. 2, p. 492.

(23) 'Land and Water,' July 25, 1869, p. 14.

(24) オーデュボン（Audubon）の 'Ornitholog. Biography.' *Tetrao cupido* については Vol. 2, p. 492. マキバドリについては Vol. 2, p. 219 を参照。
(25) 'Ornithological Biography,' Vol. 5, p. 601.
(26) デインズ・バーリントン閣下（Hon. Daines Barrington）の 'Philosoph. Transact.,' 1773, p. 252.
(27) 'Ornithological Dictionary,' 1833, p. 475.
(28) 'Naturgeschichte der Stubenvögel,' 1840, S. 4. ハリソン・ウィアー氏も、同様に「同じ部屋の中で飼っておくと、最も歌のうまい雄が最初に配偶相手を得ると聞いた」と私に書いてくれた。
(29) 'Philosophical Transactions,' 1773, p. 263. ホワイト（White）の 'The Natural History of Selborne,' Vol. 1, 1825, p. 246.
(30) 'Naturges. der Stubenvögel,' 1840, S. 252.
(31) Mr. Bold（ボールド氏）, 'The Zoologist,' 1843-1844, p. 659.
(32) D. Barrington（D・バーリントン）, 'Phil. Transact.,' 1773, p. 262. Bechstein（ベックシュタイン）, 'Stubenvögel,' 1840, S. 4.
(33) これは、ムナジロカワガラスでも同じである。ヘボン氏（Mr. Hepburn）の 'Zoologist,' 1845-1846, p. 1068 を参照。
(34) L. Lloyd（L・ロイド）, 'The Game Birds and Wild Fowl of Sweden and Norway,' 1867, p. 25.
(35) Barrington（バーリントン）, ibid., p. 264. Bechstein（ベックシュタイン）, ibid., S. 5.
(36) デュロー・ド・ラ・マール（Dureau de la Malle）は、彼のパリの家の庭にいたクロウタドリが、鳥かごに入れられていた鳥から、自然に、共和国の歌を習ったという奇妙な例について述べている（'Annales des Sc. Nat.,' 3rd series, Zoolog., tome 10, p. 118）。
(37) Bishop（ビショップ）, 'The Cyclop. of Anat. and Phys.,' Vol. 4, p. 1496.

(38) バーリントン (Barrington) の 'Philosoph. Transact.,' 1773, p. 262 に述べられている。

(39) Gould（グールド）, 'Handbook to the Birds of Australia,' Vol. 1, 1865, pp. 308-310. Mr. T. W. Wood（T・W・ウッド氏）, 'The Student,' April, 1870, p. 125 も参照。

(40) この点に関して、グールド (Gould) の 'An Introduction to the Trochilidae,' 1861, p. 22 を参照。

(41) W・ロス・キング少佐 (Major W. Ross King) による 'The Sportsman and Naturalist in Canada,' 1866, pp. 144-146. T・W・ウッド氏 (Mr. T. W. Wood) は、'The Student,' April, 1870, p. 116 に、この鳥が求愛中に示す行動と習性に関する素晴らしい論文を載せている。彼は、耳の羽または頸の羽が立てられるので、それらが頭頂で出会うと述べている。

(42) Richardson（リチャードソン）, 'Fauna Bor. Americana: Birds,' 1831, p. 359. Audubon（オーデュボン）, ibid., Vol. 4, p. 507.

(43) この問題については、以下のような論文が最近書かれている。A・ニュートン教授 (Prof. A. Newton) による 'Ibis,' 1862, p. 107. カラン博士 (Dr. Cullen) による ibid., 1865, p. 145. フラワー氏 (Mr. Flower) による 'Proc. Zool. Soc.,' 1865, p. 747. そして、ミュリー博士 (Dr. Murie) による 'Proc. Zool. Soc.,' 1868, p. 471. この最後の論文には、オーストラリアのノガンの雄が、袋をふくらませていっぱいに誇示している素晴らしい挿し絵が含まれている。

(44) Bates（ベイツ）, 'The Naturalist on the River Amazons,' 1863, Vol. 2, p. 284; Wallace（ウォレス）, 'Proc. Zool. Soc.,' 1850, p. 206. これよりも大きな頸の付属物を持った新しい種（*C. penduliger*）が最近発見された。'Ibis,' Vol. 1, p. 457 を参照。

(45) トッド (Todd) の 'The Cyclop. of Anat. and Phys.,' Vol. 4 の中の Bishop（ビショップ）, p. 1499.

(46) ヘラサギ類 (Platalea) の気管は8の字型に巻いているが、この鳥は鳴かない (Jerdon（ジャードン）, 'The Birds of India,' Vol. 3, p. 763)。しかし、ブライス氏が教えてくれたところによると、巻き込みが常にあるわけではなく、それはなくなる方向に向かっているのかもしれない。

(47) R・ワグナー (R. Wagner) による 'Elements of Comp. Anat.,' English translation, 1845, p. 111. ハクチョウについての上記の記述は、ヤーレル (Yarrell) の 'A Hist. of British Birds,' 2nd edition, 1845, Vol. 3, p. 193.

(48) C. L. Bonaparte (C・L・ボナパルト), 'The Naturalist's Library: Birds,' Vol. 14, p. 126 に引用。

(49) L. Lloyd (L・ロイド), 'The Game Birds and Wild Fowl of Sweden and Norway,' &c., 1867, pp. 22, 81.

(50) Jenner (ジェンナー), 'Philosoph. Transactions,' 1824, p. 20.

(51) ここに書かれたいくつかの例については、以下を参照のこと。フウチョウについては、ブレーム (Brehm) の 'Thierleben,' Bd. 3, S. 325. ライチョウについては、リチャードソン (Richardson) の 'Fauna Bor. Americ.: Birds,' pp. 343, 359. W・ロス・キング少佐 (Major W. Ross King) の 'The Sportsman and Naturalist in Canada,' 1866, p. 156. オーデュボン (Audubon) の 'Ornitholog. Biograph.,' Vol. 1, p. 216. ミヤマハッカンについては、ジャードン (Jerdon) の 'The Birds of India,' Vol. 3, p. 533. ハタオリドリについては、'Livingstone's Expedition to the Zambesi,' 1865, p. 425. キツツキについては、マクギリヴレイ (Macgillivray) の 'Hist. of British Birds,' Vol. 3, 1840, pp. 84, 88, 89, 95. ヤツガシラについては、スウィンホウ氏 (Mr. Swinhoe) の 'Proc. Zoolog. Soc.,' June 23, 1863. ヨタカについては、オーデュボンの ibid., Vol. 2, p. 255. 英国のヨタカも同様に、春になると、素早く飛び回りながら奇妙な音を発する。

(52) ミーヴス氏 (M. Meves) の興味深い論文 'Proc. Zool. Soc.,' 1858, p. 199 を参照。タシギの習性については、マクギリヴレイ (Macgillivray) の 'Hist. of British Birds,' Vol. 4, p. 371. アメリカのタシギについては、ブラキストン大尉 (Capt. Blakiston) の 'Ibis,' Vol. 5, 1863, p. 131 を参照。

(53) サルヴァン氏 (Mr. Salvin) の 'Proc. Zool. Soc.,' 1867, p. 160. このすぐれた鳥類学者には、Chamaepetes の羽のスケッチ、その他の情報に関してたいへんお世話になった。
(54) Jerdon (ジャードン), 'The Birds of India,' Vol. 3, pp. 618, 621.
(55) Gould (グールド), 'An Introduction to the Trochilidae,' 1861, p. 49. サルヴァン (Salvin) の 'Proc. Zoolog. Soc.,' 1867, p. 160.
(56) Sclater (スクレイター), 'Proc. Zool. Soc.,' 1860, p. 90 と 'Ibis,' Vol. 4, 1862, p. 175. Salvin (サルヴァン), 'Ibis,' 1860, p. 37 も参照。
(57) 'The Nile Tributaries of Abyssinia,' 1867, p. 203.
(58) ホソオライチョウについては、リチャードソン (Richardson) の 'Fauna Bor. Americana,' p. 361 を、それ以上の細かい点については、ブラキストン大尉 (Capt. Blakiston) の 'Ibis,' 1863, p. 125 を参照。ヒメコンドルとオオアオサギについては、オーデュボン (Audubon) の 'Ornith. Biography,' Vol. 2, p. 51 と Vol. 3, p. 89 を参照。ノドジロムシクイについては、マクギリヴレイ (Macgillivray) の 'Hist. of British Birds,' Vol. 2, p. 354. インドのベンガルショウノガンについては、Jerdon (ジャードン), 'The Birds of India,' Vol. 3, p. 618 を参照。
(59) グールド (Gould) の 'Handbook to the Birds of Australia,' Vol. 1, pp. 444, 449, 455. アオアズマヤドリのあずまやは、リージェント公園の動物園でいつでも見られるはずである。
(60) このことに関しては、J・ショー氏 (Mr. J. Shaw) の "Feeling of Beauty among Animals," 'The Athenæum,' November 24, 1866, p. 681 を参照。
(61) Mr. Monteiro (モンテイロ氏), 'Ibis,' Vol. 4, 1862, p. 339.
(62) 'Land and Water,' 1868, p. 217.
(63) ジャーディン (Jardine) の 'The Naturalist's Library: Birds,' Vol. 14, p. 166.

(64) Sclater（スクレイター）, 'Ibis,' Vol. 6, 1864, p. 114. Livingstone（リヴィングストン）, 'Expedition to the Zambesi,' 1865, p. 66.

(65) Jerdon（ジャードン）, 'The Birds of India,' Vol. 3, p. 620.

(66) ウォレス (Wallace) の 'Annals and Mag. of Nat. Hist.,' Vol. 20, 1857, p. 416 と 'The Malay Archipelago,' Vol. 2, 1869, p. 390.

(67) 私の『飼育栽培下における動植物の変異』第一巻、二八九、二九三頁を参照。

(68) 'Annals and Mag. of Nat. Hist.,' Vol. 13, 1854, p. 157 に、ド・ラフレネー氏 (M. de Lafresnaye) から引用。さらに詳しい記述は、Vol. 20, 1857, p. 412 および、ウォレス氏 (Mr. Wallace) の 'The Malay Archipelago' に見られる。

(69) Wallace（ウォレス）, 'Malay Archipelago,' Vol. 2, 1869, p. 405.

(70) Mr. Sclater（スクレイター氏）, 'The Intellectual Observer,' January, 1867; 'Waterton's Wanderings,' p. 118. また、サルヴァン氏 (Mr. Salvin) の興味深い論文と図は、'Ibis,' 1865, p. 90 を参照。

(71) 'Land and Water,' 1867, p. 394.

(72) Mr. D. G. Elliot（D・G・エリオット氏）, 'Proc. Zool. Soc.,' 1869, p. 589.

(73) 'Nitzsch's Pterylography,' edited by P. L. Sclater（P・L・スクレイター）, Ray Soc., 1867, p. 14.

(74) 茶色い斑点のあるライチョウの夏羽は、冬の白い羽と同様に、保護色として重要である。スカンジナヴィアでは、雪が消えた春の間、まだ夏羽が生えてくる前には、彼らの多くが捕食者のえじきになることが知られている。ロイド (Lloyd) の 'The Game Birds and Wild Fowl of Sweden and Norway,' 1867, p. 125 の中の、ヴィルヘルム・フォン・ライト (Wilhelm von Wright) を参照。

(75) 換羽に関する上記の記述について、タシギに関しては、マクギリヴレイ (Macgillivray) の 'Hist. of

Brit. Birds,' Vol. 4, p. 371を参照。ツバメチドリ属、シギ、ノガンについては、ジャードン（Jerdon）の'The Birds of India,' Vol. 3, pp. 615, 630, 683. アカアシシギ属についてはibid., p. 700. ゴイサギの羽衣についてはibid., p. 738と、マクギリヴレイのVol. 4, pp. 435, 444および、スタフォード・アレン氏（Mr. Stafford Allen）の'Ibis,' Vol. 5, 1863, p. 33を参照。

(76) ライチョウの換羽については、グールド（Gould）の'The Birds of Great Britain'参照。タイヨウチョウについては、ジャードン（Jerdon）の'The Birds of India,' Vol. 1, pp. 359, 365, 369を参照。タヒバリの換羽については、ブライス（Blyth）の'Ibis,' 1867, p. 32.

(77) 部分的な換羽に関するこの記述について、および年老いた雄が婚姻羽を残していることに関しては、ノガンとチドリについて、ジャードン（Jerdon）の'The Birds of India,' Vol. 3, pp. 617, 637, 709, 711を参照。また、ブライス（Blyth）の'Land and Water,' 1867, p. 84. *Vidua*については、'Ibis,' Vol. 3, 1861, p. 133. オウチュウについては、ジャードンのibid., Vol. 1, p. 435. *Herodias bubulcus*の春の換羽については、S・S・アレン氏（Mr. S. S. Allen）の'Ibis,' 1863, p. 33. *Gallus bankiva*については、ブライスの'Annals and Mag. of Nat. Hist.,' Vol. 1, 1848, p. 455. また、この問題に関しては、私の『飼育栽培下における動植物の変異』第一巻、二三六頁も参照。

(78) ガンカモ科の換羽については、マクギリヴレイ（Macgillivray）の'Hist. of British Birds,' Vol. 5, pp. 34, 70, 223に、ウォータートンとモンタギュー（Waterton and Montagu）からの引用あり。ヤーレル（Yarrell）の'A Hist. of British Birds,' Vol. 3, p. 243も参照。

(79) ペリカンについては、スクレイター（Sclater）の'Proc. Zool. Soc.,' 1868, p. 265. アメリカのフィンチ類については、オーデュボン（Audubon）の'Ornith. Biography,' Vol. 1, pp. 174, 221とジャードン（Jerdon）の'The Birds of India,' Vol. 2, p. 383を参照。マデイラのムネアカヒワ（*Fringilla cannabina*）については、E・ヴァーノン・ハーコート氏（Mr. E. Vernon Harcourt）の'Ibis,' Vol. 5,

1863, p. 230.
(80) E・S・ディクソン師（Rev. E. S. Dixon）による‘Ornamental and Domestic Poultry,’ 1848, p. 8 も参照。
(81) ‘Birds of India,’ Introduction, Vol. 1, p. xxiv. クジャクについては、Vol. 3, p. 507. グールド（Gould）の‘An Introduction to the Trochilidae,’ 1861, pp. 15, 111.
(82) ‘Journal of R. Geograph. Soc.,’ Vol. 10, 1840, p. 236.
(83) ‘Annals and Mag. of Nat. Hist.,’ Vol. 13, 1854, p. 157. また、ウォレス（Wallace）の ibid., Vol. 20, 1857, p. 412 と‘Malay Archipelago,’ Vol. 2, 1869, p. 252. また、ブレーム（Brehm）が‘Thierleben,’ Bd. 3, S. 326 で引用しているベネット博士（Dr. Bennett）。
(84) T・W・ウッド氏（Mr. T. W. Wood）は（‘The Student,’ April, 1870, p. 115）、キンケイとキジ（*Ph. versicolor*）によるこのような求愛誇示について詳しく記述し、それを側面誇示または片側誇示と呼んでいる。
(85) ‘The Reign of Law,’ 1867, p. 203.
(86) これらの鳥の記述は、グールド（Gould）の‘Handbook to the Birds of Australia,’ Vol. 1, 1865, p. 417 を参照。
(87) ‘The Birds of India,’ Vol. 2, p. 96.
(88) フキナガシヨタカについては、リヴィングストン（Livingstone）の‘Expedition to the Zambesi,’ 1865, p. 66. セイランについては、ジャーディン（Jardine）の‘The Nat. Lib.: Birds,’ Vol. 14, p. 167 を参照。フウチョウについては、ブレーム（Brehm）の‘Thierleben,’ Bd. 3, S. 325 に引用されているレッソン（Lesson）。コクホウジャクについては、バーロウ（Barrow）の‘Travels in Africa,’ Vol. 1, p. 243 と‘Ibis,’ Vol. 3, 1861, p. 133. 雄の鳥が恥ずかしがりであることについては、グールド（Gould）の

'Handbook to the Birds of Australia,' Vol. 1, 1865, pp. 210, 457.
(89) Tegetmeier（テーゲットマイヤー）, 'The Poultry Book,' 1866, p. 139.

訳注

＊1　これはおそらく、フェルナンデスベニイタダキハチドリ（*Sephanoides fernandensis*）のこと。この鳥の雄は鮮やかなオレンジ色だが、雌は頭頂が輝く青紫、背面が青緑で腹面は白地に黒の斑点がある。
＊2　科名 Neomorpha は、現在では Calaeidae とされている。
＊3　第八章の訳注＊3参照。
＊4　現在の学名は *Carduelis carduelis*.
＊5　ツルクイナ（*G. cinerea*）の同義語と思われる。ツルクイナ属（*Gallicrex*）に含まれるのはツルクイナ一種のみ。
＊6　現在の学名は *Pycnonotus cafer*.
＊7　現在の学名は *Philomachus pugnax*.
＊8　現在の学名は *Colaptes auratus*.
＊9　セキレイに似た外見で、生息場所も似ているが、現在ではウグイス科に含められている。
＊10　現在の学名は *Gallus lafayettei*.
＊11　現在の学名は *Francolinus gularis*.
＊12　本書の中で、バルツ、バルツェン、レック、「コロボリー踊りの場所」、「ウズラ踊り」などと呼ばれているものは、現在ではどれも「レック」と呼ばれている。レックとは、ある一定の場所に雄たちが密集して、それぞれが小さななわばりを構え、そこで求愛のダンスを行い、雌を呼ぶ場所のこと。レックの場所には、通常はどんな食物資源も含まれておらず、雌は、配偶のためだけにレックを訪れる。レック繁殖

する種では、雄は子の世話を行わず、雄と雌の関係もレックでの配偶のときのみである。レック繁殖は、鳥類だけでなく、昆虫や哺乳類にも見られる。

＊13　現在は、属名には *Lophura* が使われる。
＊14　現在の学名は *Alopochen aegyptiaca.*
＊15　属名 Palamedea は、現在ではツノサケビドリ属（*Anhima*）とされている。
＊16　現在ではタゲリ属（*Vanellus*）に併合されている。
＊17　現在の学名は *Vanellus miles.*
＊18　*Hoplopterus* 属は、現在ではタゲリ属（*Vanellus*）に併合されている。
＊19　現在、ベニスズメは *Amandava* 属に含められることが多い。
＊20　現在の学名は *Chordeiles minor.*
＊21　現在の学名は *Tympanuchus cupido.*
＊22　ヒガシマキバドリ（*Sturnella magna*）のことと思われる。
＊23　現在の学名は *Nycticorax nycticorax.*
＊24　属名 *Tetrao* は、現在は *Centrocercus* とされることが多い。
＊25　属名 *Grus* は、現在は *Anthropoides* とするのが一般的。
＊26　鳥のさえずりと性淘汰との関係については、これまでに多くの研究がなされている。さえずりは、雄どうしの競争にも使われているが、非常に多くの種類において、さえずり声のレパートリーの広さには雌による選り好みがはたらいていることが示されている。
＊27　属名 *Scolopax* は、現在は *Gallinago* とするのが一般的。
＊28　現在はナンベイタシギ（*Gallinago paraguaiae*）の同義語とされる。
＊29　現在の学名は *S. saturata.*

＊30 現在の学名は *S. minor.*

＊31 現在ではキジ目のホウカンチョウ科とされることが多い。

＊32 現在の学名は *Penelopina nigra.*

＊33 現在の学名は *Sypheotides indica.*

＊34 現在の学名は *Machaeropterus deliciosus.*

＊35 現在の学名は *Tympanuchus phasianellus.*

＊36 菌類の胞子は落ちたところから放射状に菌糸を伸ばしていくので、地表の凹凸などで菌糸が途切れなければ、成長の最も盛んな菌糸の先端部は環状に配置されることになる。その周辺は、菌糸が土壌の水分などを活発に吸収しているので、土壌が乾き、そこに生える植物の成長が抑制される。そのため、草原の中に草の生えない環状の部分ができる。これを「菌環」、「菌輪」と呼ぶ。ヨーロッパには、これを妖精がダンスをしたあとだとする伝承があり、「妖精の輪（fairy ring)」と呼んでいる。

＊37 現在はヒメコンドル（*C. aura*）の亜種とされる。

＊38 現在の学名は *Sylvia communis.*

＊39 現在は *Houbaropsis* に含めるのが一般的。

＊40 アズマヤドリについても、一九八〇年代になってから、そのあずまやの装飾が雌による選り好みの対象であることがわかった。雌は、雄のあずまやの装飾を調べ、カタツムリの殻や他の鳥の羽など、珍しいもので多く飾られているあずまやの持ち主を好んで、配偶相手としているのである。

＊41 現在の学名は *Tragopan temminckii.*

＊42 属名 Bucorax は、現在では *Bucorvus* とされている。

＊43 現在の学名は *Aceros corrugatus.*

＊44 属名 *Cosmetornis* は、現在では *Semeiophorus* とされている。

＊45　*Edolius* は現在は用いられず、*Dicrurus* の同義語とされている。
＊46　現在では属名は *Paradisaea* と綴る。
＊47　これらの、飾り羽や肉質の鶏冠が性淘汰、特に雌による選り好みとどのように関係しているかについては、一九八〇年代以降、飛躍的に研究が進んでいる。本章の最後にダーウィンが行っている、雄の飾り羽などの形質は実際に雄の通常の生活に害を及ぼすほどの損失をもたらしているに違いないという考えは、現在のハンディキャップ理論の基礎になっている。
＊48　現在の学名は *Procnias alba*.
＊49　現在の学名は *P. nudicollis*.
＊50　現在の学名は *P. tricarnculata*.
＊51　羽の縁が抜け落ちるのではなく、縁の色の薄い部分がすり切れるのである。
＊52　現在は用いられない属名。
＊53　属名 *Machetes* は、現在では *Philomachus* とされている。
＊54　現在の学名は *Calidris canutus*.
＊55　現在は用いられない属名。オウチュウ属（*Dicrurus*）の同義語。
＊56　現在の学名は *Anas platyrhycos*.
＊57　現在の学名は *Carduelis tristis*.
＊58　現在の学名は *Rupicola rupicola*.
＊59　現在の学名は *Chrysolophus picta*.
＊60　現在の学名は *Catreus wallichii*.
＊61　現在はキンカチョウの一亜種（*Poephila guttata castanotis*）とされる。
＊62　現在は使われていない学名。アサヒスズメ（*Neochmia phaeton*）のことか。

第一四章　鳥類（続き）

雌によってなされる選り好み－求愛の長さ－つがいになっていない個体－心的能力と美に対する趣味－特定の雄に対して雌が見せる好みと嫌悪－鳥の変異性－ときに突然生じる変異－変異の法則－目玉模様の形成－形質の連続性－クジャク、セイラン、ハチドリの例

雌雄が、その美しさやさえずりの能力、また、私が楽器による音楽と呼んだものを発生させる能力において異なるときには、ほとんどすべての例で、雄の方が雌を凌駕している。すでに見てきたように、これらの形質は雄にとってことさら重要なものであるようだ。それらが一年の一時期にしか現れない場合には、常にそれは繁殖期の少し前に現れる。さまざまな魅力を洗練されたやり方で誇示するのは雄のみであり、雌の前の空中や地上で、雄はしばしば奇妙な曲芸を披露する。雄は、誰もが自分の競争者を追い払い、できることならすべての競争者を殺そうとする。そこで、雄の目的は雌を自分とつがいにさせることであり、この目的のために、雄は雌をさまざまなやり方で興奮させたり魅了したりするのだと結論してよいだろう。そしてこれは、生きている鳥の習性を注意深く研究してきた人すべてが認めるとこ

ろでもある。しかし、性淘汰のはたらきという点から見れば、最も重要な意味を持った疑問が残されている。すなわち、同種に属する雄ならば誰でも、同じように雌を興奮させたり惹きつけたりすることができるのだろうか？　それとも雌は選り好みをはたらかせ、特定の雄を好むのだろうか？　そうであるという答えは、多くの直接、間接の証拠から得ることができる。どのような形質が雌の選り好みを決めているのかはもっと答えるのが難しいが、これも、いくつかの直接、間接の証拠により、その主要なものは雄の外見的魅力だと考えることができる。もちろん、雄の元気のよさ、勇気、その他の心的能力もかかわっていることは間違いない。それでは、間接的な証拠から始めることにしよう。

求愛の長さ

ある種の鳥の雌雄が、長期間にわたって、くる日もくる日も特定の場所にやってきて出会うというのは、おそらく半ばは求愛に長い時間がかかるためであり、もう一つはつがい行為を何度もくり返すからなのだろう。例えば、ドイツやスカンジナヴィアのクロライチョウのバルツェンまたはレックと呼ばれるものは、三月の半ばに始まって四月いっぱい続き、五月まで持ち越す。四〇羽、五〇羽、ときにはもっと多くの鳥がレックに集まり、彼らはしばしば何年にもわたって同じ場所に戻ってくる。キバシオオライチョウのレックは三月の終わりに始まり、五月の半ばから終わりにかけてまで続く。北アメリカでは、ホソオライチョウ（*Tetrao phasianellus*）の「ウズラ踊り」は、「一ヵ月かそれ以上も続く」。北アメリカや東シベリアの他のライチョウのなかまも、[1]ほとんど同じような習性を持っている。鳥撃ち人は、エリマキシギが集まる小高い場所を、すっかり踏みならされて草がなくなっているので見つけることができるが、これは彼らが同じ場所を頻繁に使っていることを示している。ギアナのインディアンは、美しいイワドリが集まる、きれいに踏みならされた闘技場のありかをよく知っているし、ニューギニアの原住民も、一〇〜二〇羽もの十分に羽の伸びたフウチョウの雄たちが集まる木のありかを知っている。後者の例では、雌もその同じ木にやってくるとはっきり書かれてはいないが、雌の羽には価値がないので、特別に聞かれない限り、鳥撃ち人は雌の存在については何も言わないに違いない。アフリカのハタオリドリ(Ploceus)は、繁殖期に小さな集団で集まり、彼らの優美な旋回ダンスを何時間も演じる。アオシギ(*Scolopax major*)[*1]は、夕方になると大勢で湿地に集まり、その場所は同じ目的のために何年も続けて使われるが、そこでは彼らが「まるで無数の大きなネズミのように」走り回り、羽をふくらませ、翼をはためかせて、奇妙な鳴き声をあげているのが見られる。[2]

右にあげた鳥たちのいくつか、すなわち、クロライチョウ、キバシオオライチョウ、キジオライチョウ、エリマキシギ、アオシギ、そして、おそらくこれ以外の何種かは、一夫多妻だと考えられている。このような鳥では、単に強い雄が弱い雄を追い払い、あっという間にできるだけ多くの雌を獲得できるのではないかと思われるかもしれない。しかし、雄が雌を興奮させたり喜ばせたりすることが必要不可欠だとすれば、長い求愛期間が必要で、両性の鳥がこんなにも多く同じ場所に集まらねばならないことも理解できるだろう。厳密に一夫一妻である鳥にも、同じように求愛の集まりを持つものがある。スカンジナヴィアのライチョウの一種はそうであるようだが、彼らのレックは三月半ばから五月半ばまで続く。オーストラリアのコトドリ（*Menura superba*）[*2]は「小さな丸い塚」を形成し、アルバートコトドリ（*M. Alberti*）は雄が浅い穴を掘る。原住民は、それを「コロボリー踊りの場」と呼んでおり、そこには両性が集まるようだ。コトドリの集団はときには非常に大きく、最近旅行者によって出版された記録によると[(3)]、厚い茂みでおおわれた谷の底から「けたたましい音が聞こえてきたので」彼はすっかり肝をつぶしてしまった。そこで、そこまで茂みの中を這っていくと、まったく驚いたことに、そこにはおよそ一五〇羽ものコトドリの雄が集まり、「戦闘のように並んで、筆舌に尽くしがたいほどの怒りをもって闘っていた」のであった。アズマヤドリのあずまやは、繁殖期に両性が休む場所であり、「雄たちはここで出会い、雌の気を惹こうとたがいに競争し、雌もそこに集まって雄に媚態を演じる」。二つの属では、同じあずまやが何年も続けて使われている[(4)]。

ごくふつうに見られるカササギ（*Corvus pica*）[*3]は、私がW・ダーウィン・フォックス師に聞いたところによると、かつては、「大カササギ結婚」を祝うためにデラメアの森のいたるところから集まってくるのが見られたということだ。数年前、この鳥が異常に増えたことがあり、猟場管理人が、ある朝だけで一九羽もの雄を撃ち、もう一人は一緒にねぐらにいた鳥を一回に七羽も撃ち殺したそうだ。彼らの数が非常に多かったときには、早春になると決まった場所に大勢で集まり、鳴き交わしたり、ときには闘ったり、騒いだり、木の間を飛び回ったりしているのが見られた。これらすべては、明らかに鳥たちにとって最も重要と思われているようだった。フォックス氏その他の人々が観察したところでは、この集まりが終わるとすぐに鳥たちはばらばらに分かれ、つがいの季節に入る。これほど多くの数がいない地域ではどこでも、もちろんこのような大きな集まりを持つことはできず、同じ種でも異なる地域に住んでいるものは、異なる習性を持っているのだろう。例えば、私はスコットランドのクロライチョウが定期的な集まりを持つという話は聞いたことがないが、ドイツやスカンジナヴィアでは非常によく知られているので、特別の名前がついているくらいである。

つがいになっていない個体

右にあげたような事実から、多くの異なる種において、鳥の求愛は、しばしば長く続く、繊細で面倒の多い仕事だと結論してよいだろう。また、初めて聞くときにはそんなことはあり得ないと思われるかもしれないが、同じ種に属する、同じ地域に住んでいる雄と雌でも、必ずしもたがいに好きになるとは限らず、その結果つがいにならないこともあると考えられる証拠もある。つがいのうちのどちらかが撃たれると、すぐに代わりの相手がやってきたという例は、たくさん報告されている。これは特に他のどんな鳥よりもカササギで観察されることが多いが、それはおそらく、外見や巣が目立ちやすいからなのだろう。高名なジェンナーは、ウィルトシャーで、ある一組のカササギのつがいの一方を毎日続けて七回も撃ったが、「残っている方のカササギがすぐに代わりの相手を見つけてくるので、何の足しにもならなかった」と述べている。そして、この最後のつがいが子育てに成功した。新しいつがいの相手は、ふつうは翌日までには見つかる。しかし、トムソン氏（Mr. Thompson）は、同じ日の夕方にはもう新しい相手が来ていた例を報告している。ひながかえったあとでさえ、つがいの一方が死ぬと、しばしば代わりが見つかるものだ。ごく最近J・ラボック卿の管理人が見たところによると、[5]二日ののちにはそのような代わりの相手が現れたということだ。まず考えられる最も明白な推論は、雄のカササギの方が雌よりもずっとたくさんいるに違いないということだろう。上記の例では、ほかにもあげることのできる多くの例と同様、殺されているのはすべて雄である。デラメアの森の猟場管理人は、彼らが以前たくさん殺していたカササギやハシボソガラスはすべて雄だったとフォックス氏に証言しているので、いくつかの例では確かにそうなのだろう。彼らはまた、雄は、巣についている雌のところへ餌を持って帰ってくるので、そのときに殺されやすいのだろうと述べている。しかし、マクギリヴレイは素晴らしい観察の権威であるが、同じ巣で続けて三回つがいの片方が殺されたカササギでは、殺されたのが常に雌であった例があり、また別の例では、同じ卵を抱いている六羽のカササギが次々と殺されたので、そのほとんどは雌だと考えられると述べている。しかし、私がフォックス氏から聞いたところでは、雌が死ぬと雄が抱卵することもあるので、何羽かは雄だった可能性も残るだろう。

J・ラボック卿の猟場管理人は、何度と覚えていないくらい何回も、カケス（*Garrulus*

glandarius）のつがいの片方を撃ったことがあるが、しばらくして、生き残った方が新しいつがい相手を見つけないことはなかったと述べている。W・D・フォックス師、F・ボンド氏などは、ハシボソガラス（*Corvus corone*）のつがいの片方を撃ったことがあるが、しばらくするとすぐにまた、その巣にはつがいが住んでいた。これらの鳥はどちらかというとありふれた種類だが、ハヤブサ（*Falco peregrinus*）は稀である。それでもアイルランドでは、「繁殖期に年老いた雄か雌のどちらかが殺されると（それは珍しい出来事ではない）、数日のうちに新しい相手が見つかるので、そのような災難にもかかわらず、ひなは必ず育てられるのである」と、トムソン氏は述べている。ジェンナー・ウィアー氏は、ビーチー・ヘッドのハヤブサでも同じことを観察している。彼はまた、チョウゲンボウ（*Falco tinnunculus*）の三羽の雄が、同じ巣についているときに次々と殺されるのを見たが、このうちの二羽は成体の羽衣をしており、残りの一羽は前年の子の色をしていたと教えてくれた。あの稀なイヌワシ（*Aquila chrysaëtos*）においてさえ、バークベック氏（Mr. Birkbeck）の信頼できるスコットランドの猟場管理人は、一方が殺されるとすぐにもう一羽が見つかると言っている。コミミズク（*Strix flammea*）でもそうで、「生き残った方はすぐに配偶相手を見つけたので、被害はずっと続いた」と書かれている。*4

フクロウのことを書いているのはセルボーンのホワイトだが、彼はまた、ヨーロッパヤマウズラがつがいをつくっているときに雄どうしがけんかをすると子育ての邪魔になると思っていた男がいて、いつも雄を撃っていたのが、ある雌を何度も後家にしてやったにもかかわらず、いつも必ずすぐに新しい相手がやってきたという話も書いている。ホワイトは、また、イワツバメの巣を奪ってしまったスズメを撃つように命じたが、残された方は、「それが雄か雌かはわからないが、すぐに代わりの相手を見つけてきたので、それが何度もくり返された」。同じような話は、ズアオアトリ、ナイチンゲール、シロビタイジョウビタキについてもあげることができる。シロビタイジョウビタキ（*Phoenicura ruticilla*）[*5]に関してホワイトは、彼の家の周りにはこの鳥が決してたくさんいるわけではないので、なぜ巣についている雌が後家になったとたんに相手を募集することができるのか、非常に不思議がっている。ジェンナー・ウィアー氏は、まったく同じようなことを私に語った。ブラックヒースで彼は、野生のウソを見たり聞いたりしたことはまったくなかった。しかし、彼の飼っていた雄の一羽が死ぬと、後家になった雌の鳴き声などはほんの小さい声にすぎなかったのに、数日後にはもう新しい雄が外からやってきて、雌のかごの前にとまったということである。もう一つだけ、この観察家の見たことをつけ加えて終わりにしよう。ホシムクドリ（*Sturnus vulgaris*）のつがいの片方が、ある朝に撃たれた。正午までには新しい相手がやってきたが、それもまた撃たれた。ところが、夜になる前にはもう、またつがいが形成されていた。そこで、不幸な後家またはやもめは、同じ一日のうちに三回も慰めを得たことになる。エングルハート氏も、ブラックヒースの家の壁に穴を開けるホシムクドリのつがいの片方を数年にわたって撃っていたが、失われたものの代わりはすぐに見つかったと述べている。ある季節に記録をつけてみたところ、同じ巣から合計三五羽を撃ったことがわかった。それには、割合はわからないが雌も雄も両方含まれていた。ところが、これだけの攻撃にもかかわらず、結局のところペアは子育てに成功した。[6]

このような事実は実に驚くべきものである。こんなにたくさんの鳥が、すぐにでも失われたつがい相手の代わりを見つけられるとは、いったいどういうことなのだろうか？　カササギ、カケス、ハシボソガラス、ウズラ、その他の鳥は、繁殖期に一羽だけでいるところを見ることはまったくないので、まずはそれが一見したところ最も不思議なところだ。しかし、同性どうしは、もちろんそれで本当につがいになるわけではないが、ハトやヨーロッパヤマウズラで知られているように、彼らどうしでペアをつくったり、小さな群れをつくったりすることがある。ホシムクドリ、ハシボソガラス、オウム、ヨーロッパヤマウズラなどで観察されているように、鳥は、ときには三羽で暮らすこともある。ウズラでは、二羽の雌が一羽の雄といることも、二羽の雄が一羽の雌といるところも、両方観察されている。このような例ではすべて、きずなは簡単に切れるのだろうと考えられる。ある種の鳥では、適当な時期がとっくに過ぎ去ったあとでも、雄が一所懸命に愛の歌を歌っているのを聞くことがあるので、そういう鳥はつれあいを失ったか、まったくつがいになれなかったかのどちらかなのだろう。つがいの片方が事故や病気で死んでしまうと、もう一方は自由な独り者になる。そして、雌の鳥は、繁殖期には雄より死にやすいということを示す証拠がある。さらに、巣を破壊された個体や子に恵まれない個体、出遅れた個体は、容易に相手を捨てる道を取り、たとえそれが自分の子ではなくても、喜んで子育ての義務と楽しみにあずかろうとするだろう。[7]

先に述べた例の多くは、おそらく、このような事態で説明されるに違いない。[8] それにもかかわらず、ある一定の地域で、繁殖期の真っ盛りに、これほど多くの雄や雌が、常に失われたつがい相手の補給をする準備ができているというのは不思議なことだ。なぜ、そのような予備の個体どうしで、すぐにつがいをつくらないのだろうか？　そこで、多くの鳥で、求愛の行動があれほど長く続く退屈な仕事であるなら、雄と雌のなかには、適切な時期に相手の愛を燃え立たせることができず、その結果、配偶できなかった個体がたくさんいると考えてもよいのではないだろうか？　実際、ジェンナー・ウィアー氏はそう疑っているのである。このことは、雌の鳥が、ある特定の雄に対して、非常に強い嫌悪や好みを示すということを知ったあとでは、それほどあり得そうもないこととは思われなくなるだろう。

鳥の心的能力と美に対する趣味

雌の鳥が、より魅力的な雄を選んでいるのか、それとも誰でもよいから最初にやってきた雄を受け入れるのかという疑問についてこれ以上論じる前に、鳥の心的能力について少しばかり考えておく方がよいだろう。彼らの理性はふつうかなり低いと考えられており、それはその通りかもしれない。しかし、いくつかの事実は、[9] その反対を指していると考えることもできる。しかし、理性が低いことは、強い愛着を持つこと、鋭い感覚を持っていること、美に対する趣味があることと十分に両立する。それは人間自身を見てもわかることだ。そして、ここでは、これら後者の性質を問題にしているのである。オウムはたがいに非常に強い愛着を抱くので、どちらかが死ぬと、残された方が長いこと悲しむとよく言われている。しかし、ジェンナー・ウィアー氏は、ほとんどの鳥について、愛着の強さは誇張されすぎていると考えている。それはともかく、野生でつがいの片方が撃たれると、生き残った方が何日も悲しげに鳴くのが知られているが、セント・ジョン氏（Mr. St. John）[10]は、つがいになった鳥どうしの密接な愛着を示す事実をいくつもあげている。しかしながら、ホシムクドリは、すでに見たように、つれあいがいなくなると一日のうちに三度も慰められることもある。ロンドン動物園のオウムは、何ヵ月もたったあとでも、確かに自分の前の飼い主を覚えていた。ハトは、九ヵ月たったあとでさえ自分の家に帰れるくらい素晴らしい地理的記憶を備えているが、ハリソン・ウィアー氏から聞いたところによると、ふつうは一生の間つがいであり続けるはずのペアを、冬の間だけ離して別の鳥と一緒にさせておくと、再会させてもめったに相手を覚えていることはないということだ。

鳥は、ときに、たいへん慈愛に満ちた感情を見せる。彼らは、たとえ種が違っていても、見捨てられたひなに餌をやることもあるが、それは、おそらく方向を誤った本能の現れなのだろう。彼らはまた、本書のはじめで述べたように、自分と同種の盲目になったおとなにも餌を持ってくることがある。バクストン氏（Mr. Buxton）は、凍傷にかかって動きが不自由になった別種の鳥の世話をしたオウムについて奇妙な例をあげている。オウムは、その鳥の羽をつくろってやり、庭を自由に出入りしていた他の鳥たちの攻撃から守ってやった。これらの鳥たちが、仲間の喜びに自分も何らかの同じような喜びを感じるらしいというのは、さらに奇妙な事実である。クルマサカオウムのペアがアカシアの木の上に巣をつくったとき、「同種の他の個体が集まってきて、みんなで異様な興味を示すのは、まったく馬鹿馬鹿しいほどだった」。これらのオウムはまた、限りない好奇心を持っており、明らかに「所有物と所有の概念」も持っていた[11]。

鳥は、非常に鋭い観察眼を持っている。つがいになった鳥はすべて、もちろん自分の相手を識別する。オーデュボンは、アメリカのマネシツグミ（*Mimus polyglottus*）の一部は一年中ルイジアナに残っているが、一部は東部諸州に渡りをすると述べている。この後者の鳥は、帰ってくると、南に残っていた仲間たちから瞬時にして気づかれ、常に攻撃を受けるのだそうだ。飼育されている鳥は人々を識別するが、そのことは、彼らがある特定の人に対して示す強い嫌悪や愛情などによってわかる。しかし、なぜその人に対してそのような感情を持つのかは定かでない。カケス、ウズラ、カナリア、特にウソでは、そのような話を数多く聞いたことがある。ハッセイ氏（Mr. Hussey）は、彼のよく馴れたウズラが人々を識別する仕方がいかに驚くべきものであるか、その鳥が、どれほど強い好悪の感情を表すかについて記述している。この鳥は「明るい色が好きなようで、新しい服や帽子をかぶると、絶対に彼の注意を引かずには済まされなかった」[12]。ヒューイット氏（Mr. Hewitt）は、（ごく最近、野生のカモから派生した）何羽かのアヒルについて注意深く記述しているが、彼らは、見知らぬイヌやネコが近づいてくると一目散に水に向かって走るので、逃げようとしてすっかり疲れ切ってしまう。しかし、彼らは、ヒューイット氏のイヌやネコはよく知っているので、彼らがすぐそばに来ても、寝そべって日光浴をしている。彼らは見知らぬ人からは常に逃げたが、彼らの世話をしていた婦人が非常に違う服を着て現れたときには、その婦人からも逃げた。オーデュボンが自分で育てて馴らしていた野生のシチメンチョウは、いつも見知らぬイヌから走って逃げていた。ある日、このシチメンチョウが森に逃げてしまい、数日してから彼は森で野生のシチメンチョウを見たような気がしたので、自分のイヌにそれを追わせた。ところが驚いたことに、シチメンチョウはイヌから逃げず、イヌもシチメンチョウを襲わなかった。彼らは、たがいに旧知を覚えていたのである[13]。

ジェンナー・ウィアー氏は、鳥たちはたがいに他の鳥の色彩に特別な注意を払うが、あるときにはそれは嫉妬からであり、あるときにはそれは血縁のしるしであると述べている。例えば、彼は頭の黒くなったオオジュリン（*Emberiza schoeniculus*）を自分の鳥小屋に入れたが、他の鳥はこの新入りには何の注意も払わなかった。例外は、自分自身も黒い頭をしているウソである。このウソは、たいへんおとなしい鳥で、他のオオジュリンも含めてこれまで誰ともけんかをしたことなどなかったのだが、これまでのオオジュリンはみな、頭がまだ黒くなっていなかった。しかし、この頭の黒いオオジュリンに対しては、あまりにも攻撃的にふるまったので、小屋から出さねばならなかったのである。ウィアー氏はまた、ヨーロッパコマドリも、少しでも赤い羽を持っている鳥なら何に対しても恐ろしく攻撃したので、小屋から出さねばならなかったが、そうでない鳥には何の攻撃も加えなかったと述べている。この鳥は、実際、赤い胸をしたイスカを殺してしまい、ゴシキヒワももう少しで殺すところだった。一方、ウィアー氏は、最初に鳥小屋に入れられたとき、自分と最もよく似た色彩の鳥のところへ飛んでいき、そのそばに落ち着くものもいるのを観察している。

雄の鳥は、雌のいるところでは、美しい羽や他の装飾に細心の注意を払って誇示するので、雌たちも求婚者たちの美を理解しているというのはあり得ることだ。しかし、彼らが美を理解できることを示す直接の証拠を得るのは難しい。鳥が、鏡に映った自分自身の像を見つめているとき（それについては多くの例が記録されている）、それがそこにいると思っている架空の競争者に対する嫉妬ではないと言い切ることはできないと思われる。しかし、そういう結論を引き出している観察家もいる。他の例では、単なる好奇心と賞賛とを区別するのは困難だ。エリマキシギが、鮮やかな色彩の物体であれば何に対しても強く惹かれるのは、リルフォード卿（Lord Lilford）が述べているように[14]、おそらくこの前者の感情ゆえなのだろう。イオニアの島々では、彼らは「何度撃たれても、鮮やかな色をしたハンカチに向かって飛び降りてくる」。ヒバリは、小さな鏡を動かして太陽を反射させると空から急降下してくるので、大量に捕まえることができる。カササギ、ワタリガラス、その他の鳥が、銀でできたものや宝石などの輝く物体を盗んで隠しておくのは、賞賛なのだろうか、好奇心なのだろうか？

グールド氏は、ハチドリのなかには、自分たちの巣の外側を「最高の趣味で」飾るものがあると述べている。「彼らは、平らな地衣類の美しい破片を巣の上に、大きな破片は真ん中に、小さな破片は巣が枝についている部分に、本能的に貼りつける。ところどころ、外側にきれいな羽を巻きつけたり貼りつけたりするが、軸の位置は常に、羽が外側に向かって立つように向けてある」。しかしながら、美に対する趣味を最もよく示す例は、すでに述べた、オーストラリアの三属のアズマヤドリだろう。彼らのあずまや（図46を参照）は、両性が集まって奇妙な踊りを踊る場であり、それぞれの構造が異なっているが、ここで最も問題なのは、彼らがそれを飾るやり方が種ごとに異なるということである。アオアズマヤドリは、インコの青い尾羽、白骨、貝殻などの美しい色をした物体を集め、それらを枝の間に刺したり、入り口に並べたりする。グールド氏は、ある一つのあずまやに、器用につくられた石の斧と青い木綿の布地の一片を見つけたが、それらは明らかに近くの原住民のキャンプから調達してきたものだった。鳥は、踊りながらこれらの物体を持ち運び、常にその配置を変える。ハンテンニワシドリのあずまやは、「丈の高い草できれいに裏打ちされており、その先がほとんど触れ合うように配置され、非常に多くの飾りで飾られている」。あるべき場所に草の茎をとめておくためや、あずまやに通じる小道をはっきりさせるためには、丸い石を置く。石や貝殻は、しばしばずいぶん遠くから持ってくるようだ。ラムゼイ氏が記述しているフウチョウモドキは、背の低いあずまやを、五、六種に属するカタツムリの殻と「青、赤、黒などのさまざまな色の木の実で飾るが、それらが新しいときには非常に美しい。これらのほかに、新しく摘んできた葉、ピンク色がかった若い茎なども飾られ、全体は正真正銘の美的センスを表している」。グールド氏もまさに、「これらの高度に飾られた集合場所は、これまでに発見された鳥による構築物のなかでも、最も素晴らしいものと見なされるべきである」と述べている。そして、その趣味は、確かに種ごとに異なるのである。[15]

特定の雄に対する雌の選り好み

鳥の識別能力と趣味についての予備的な指摘が終わったので、これから、雌が特定の雄に対する選り好みを見せるということを、私の知る限りの事実をもって示そうと思う。ときに、異なる種類の鳥どうしが野生状態で配偶し、雑種が生まれることがあるのは確かである。その例は、いくつもあげることができよう。すなわち、マクギリヴレイ（Macgillivray）は、クロウタドリの雄とツグミの雌が「たがいに恋に落ち」、子をつくったことを書いている。[16] 数年前には、クロライチョウとキジとの雑種の例が、英国でこれまで一八例あることが報告された。[17] しかし、これらの例のほとんどは、おそらく、独身の個体が自分と同種のつがい相手を見つけることができなくて生じたことなのだろう。他の鳥では、近くに巣をつくっているものどうしが気まぐれな関係を持った結果として交雑が起こるものと、ジェンナー・ウィアー氏は考えている。しかし、異なる種に属するよく馴れた家禽が、自分と同種の個体とともに暮らしているにもかかわらず、別の種の個体に完全に惚れ込んでしまう例がたくさん記録されているが、前述の指摘はこれには当てはまらない。例えばウォータートンは、[18] 二三羽で住んでいたカナダガンの一羽の雌が、単独でいたコクガンの雄とつがいになり、彼らは外見も大きさも非常に違っていたにもかかわらず、雑種の子を生産したと述べている。あるヒドリガモ（*Mareca penelope*）の雄は、自種の雌たちと一緒に暮らしていたが、オナガガモ（*Querquedula acuta*）[*6] の雌とつがいになったのが知られている。ロイドは、ツクシガモ（*Tadorna vulpanser*）[*7] の雄がマガモの雌に示した、驚くべき愛着について述べている。まだまだ、いろいろな例をあげることができるだろう。E・S・ディクソン師（Rev. E. S. Dixon）は、「たくさんの種類のガンを一緒に飼っていたことのある人はよく知っているだろうが、彼らは、まったくわけのわからない愛着を発達させることがよくあり、自分とは外見の非常にかけ離れた別種の個体と、自種と同様につがいになって、子を育てることがある」と述べている。

W・D・フォックス師が私に教えてくれたところによると、彼は一時、サカツラガン（*Anser cygnoides*）のつがいを、ガチョウの雄一羽と雌三羽と一緒に飼っていたことがある。この二種はかなり隔離されて暮らしていたが、やがて、サカツラガンの雄がガチョウの雌の一羽を誘惑し、二羽は一緒に暮らし始めた。さらに、ガチョウの卵がかえったところ、たった四羽だけが純粋なガチョウで、あとの一八羽はみな雑種であった。というわけで、サカツラガンの雄は、ガチョウの雄よりもずっと雌たちにとって魅力があったらしい。では、最後にもう一つだけ例をあげることにしよう。ヒューイット氏は、飼育していたカモについて、次のように記している。「彼女は、自分と同種の雄と二回にわたって繁殖していたが、私がオナガガモの雄を水に放したとたん、つれあいを捨ててしまった。これは、どこから見ても『一目惚れ』の典型であった。彼女は新参者の周りをいとおしそうに泳ぎ回ったが、彼は明らかに警戒し、彼女のあからさまな愛情を嫌っているようだった。この瞬間から、彼女は元のつれあいのことを完全に忘れた。冬が過ぎ、次の春が来たときには、オナガガモは彼女の大攻勢に譲歩したようで、彼らは一緒に巣をつくり、七、八羽のひなを育て上げた」。

これらの例では、単に目新しいという以外にどのような魅力が感じられているのか、私には想像することもできない。しかしながら、色彩は、ときには重要な役割を果たしているようだ。というのは、ベックシュタインによると、マヒワ（*Fringilla spinus*）[*8]をカナリアと交雑させようとするときには、同じような色調の個体どうしを一緒にさせるのが最もよいということだからだ。ジェンナー・ウィアー氏は、雄のムネアカヒワ、ゴシキヒワ、マヒワ、アオカワラヒワ、ズアオアトリその他のいる鳥小屋に雌のカナリアを放し、彼女が誰を選ぶかを調べたところ、まったく間違いなく、アオカワラヒワが一番であった。彼らはさっそくつがいになり、雑種のひなを生産した。

同種のメンバーどうしの場合には、雌が、他の雄とよりも、ある特定の雄とつがいになることを好んだとしても、異なる種の雄を選んだときのようには注意を喚起しないに違いない。そのような例は、家禽か飼育されている鳥で最もよく観察されるが、彼らはたいてい十分に餌を与えられて甘やかされているので、ときには本能がすっかり損なわれてしまっている。この後者の事実に関しては、私は、ハトや特にニワトリではっきり示すことができるが、ここでは述べないことにしよう。先に述べたいくつかの例にも、損なわれた本能が原因のものもあるかもしれないが、それらの多くでは、鳥たちは自由に大きな池を泳ぎ回っていたので、たくさん餌を与えられていることで、不自然な刺激が与えられたと考えるべき理由はどこにもない。

野生状態の鳥に関して、誰もが当然第一に考えつくであろう仮説は、繁殖の季節になると、雌は最初に出会った雄を受け入れるというものである。しかし雌は、ほとんど常に多くの雄から求愛されるので、少なくとも、雌が選り好みをはたらかせる機会は必ずある。オーデュボンは、長年合衆国じゅうの森林を歩き回って鳥の観察をした人だが、雌が意図的に配偶相手を選んでいることに疑問の余地はないと考えている。例えば、キツツキについて彼は、半ダースばかりもの元気な求婚者が雌を追いかけ、彼らはその間ずっと奇妙な曲芸を演じ続けるが、「最後に雌はどれか一羽に対してはっきりした好みを示す」と述べている。ハゴロモガラス（*Agelaeus phoeniceus*）の雌も、同じように何羽もの雄に追いかけられ、「とうとう疲れると、雌は降り立ち、彼らの求愛を聞いてからすぐに好みを決める」。彼はまた、数羽のヨタカの雄が、驚くべき速さで何度も空中を飛び回り、急旋回しながら奇妙な音をたてているところを描いている。「しかし、雌が自分の相手を選ぶやいなや、他の雄たちは追い払われてしまう」。合衆国のハゲワシの一種であるヒメコンドル（*Cathartes aura*）では、八羽、一〇羽、またはそれ以上もの雄と雌が倒木の上に集まり、「たがいを喜ばそうとする強い欲望を示す」が、たくさんの愛撫のあと、それぞれの雄が自分の相手を伴って飛び立つ。オーデュボンはまた、カナダガン（*Anser Canadensis*）[*9]の野生の群れを注意深く観察し、彼らの愛の曲芸を生き生きと描写している。以前から配偶している個体は、「一月になるとさっそくたがいの求愛を新たにしはじめるが、他の個体は、競争しあったり媚態をつくったりすることに、毎日何時間も費やす。こうして、全員が自分の選んだ相手に満足すると、みなが一緒に暮らしていることに変わりはないのだが、それぞれがつがいを維持しようと腐心していることは、誰が見ても明らかである。私は、また、鳥が年を取るほど、求愛の儀式は短くなることを観察した。独身の雄やオールドミスは、後悔しているのか、あんな騒ぎには巻き込まれたくないと思っているのか、静かに脇に退き、皆から離れたところにうずくまる」[19]。オーデュボンの観察記録のなかには、他の鳥についても、この点についての同じような記録が数多く見られる。

家畜化され、飼育されている鳥に目を転じて、まず、ニワトリの求愛について私が得た少ない知識から始めることにしよう。この問題に関して、私は、ヒューイット氏とテーゲットマイヤー氏から長い手紙を、故ブレント氏（Mr. Brent）からはほとんど論文と呼べるものをいただいている。これらの人々は、その出版された著作でよく知られており、有能で経験を積んだ観察家であることは誰もが認めるところであろう。彼らは、雌が雄の羽の美しさに基づいて、特定の雄を選ぶということはないと考えている。しかし、ニワトリが長い間人工的な状況に置かれていることには、注意しておくべきだろう。テーゲットマイヤー氏は、シャモの雄は、その首の周りの羽を刈り込まれてしまっても、自然の飾りをすべて身につけている雄とまったく同じように、雌に受け入れられると確信している。しかしながら、ブレント氏は、雄の美しさは雌を興奮させるのを助けている可能性があると認めている。ヒューイット氏は、雌はほとんどの場合、最も元気がよく、挑戦的で威勢のよい雄を好むので、配偶が偶然に任されていることは絶対にないと確信している。彼は、「もしも健康で元気のよいシャモの雄がそのあたりを走り回っていれば、その雄が他の雄を積極的に追い払うことをしなくても、ねぐらを離れてきたニワトリの雌はみなシャモの雄の方に行ってしまうので、同じ品種のニワトリどうしで交配させようとしてもほとんど無駄である」と書いている。通常の条件下では、ブレント氏が描写してくれたようなある種のしぐさによって、ニワトリの雄と雌とは、たがいの理解に達するらしい。しかし雌鳥は、しばしば若い雄がしつこくやってくるのを避ける。年取った雌鳥やけんか好きな性格の雌鳥は、見知らぬ雄を嫌い、すっかり負けてしまうまでは応じないとブレント氏は教えてくれた。しかし、ファーガソン(Ferguson)は、けんか好きの雌鳥がシャンハイ種の雄の優しい求愛によってなだめられた様子を記述している。[20]

ハトでは、両性ともに自分と同じ品種の相手を好む証拠がいくつかあり、ふつうのハト小屋にいるハトは、すべての品種改良された種を嫌う。[21] ハリソン・ウィアー氏が、最近、青い品種のハトを飼っている信頼のおける観察家から聞いたところによると、このハトは、白、赤、黄色などの他の色の品種の鳥をことごとく追い払うということだ。またほかの観察家によると、灰褐色の伝書バトの雌は、黒い雄と何度一緒にさせようとしてもだめだったが、灰褐色の雄とはすぐに配偶したということである。ハトのつがい形成では一般に、色彩だけが大きな影響を持っているわけではないようだ。テーゲットマイヤー氏は、私の依頼に応じて、彼のハトの何羽かを赤い色に塗ってくれたが、他の個体はそれをほとんど気に留めなかった。

ハトの雌は、なぜという原因なしに、特定の雄に対して強い嫌悪を示すことがある。例えば、ハトに関してはもう四五年以上の経験を持つボワタール氏（M. Boitard）とコルビエ氏（M. Corbié）は、次のように述べている。「雌の鳥が、こちらがつがいにさせようとした雄に嫌悪を抱いたときには、相手の愛の炎がどんなに燃え上がろうと、欲望を強めさせるためにカナリアシードや麻の実を食べさせようと、一年のうちの六ヵ月を一羽だけで隔離飼育しておこうと、絶対にその雄の愛撫を受けようとはしない。熱心につめよっても、誘惑的な目つきをしても、旋回して飛んでも、優しく鳴きかけても、彼女は彼を好きにならないし、心を動かされることもない。うぬぼれて、ふてくされて、彼女は自分のおりの片隅にちぢこまり、餌を食べるか、水を飲むか、または、どんどんしつこくなっていく求愛を、一種の憤怒をもって拒絶するためだけにしか外へ出てこない」[22]〔原文フランス語〕。一方、ハリソン・ウィアー氏自身が観察したことと、何人かの飼育家に聞いたところによると、ハトの雌は、ときに特定の雄を非常に好きになり、自分のつれあいを捨ててその雄に走ることがある。もう一人の経験豊富な観察家であるリーデル（Riedel）によると[23]、雌のなかには非常に奔放な性格のものがあり、そういう雌は、自分のつれあい以外のどんな見知らぬ雄でも好きになるのだそうだ。イギリスの愛好家たちから「ゲイバード（女たらし）」と呼ばれている好色な種類の雄は、あまりにも雌を口説くのがうまいので、ハリソン・ウィアー氏が言うには、一緒にしておくとよからぬことの原因になるため、隔離しておかねばならないくらいである。

オーデュボン（Audubon）によると、合衆国の野生のシチメンチョウは「ときどき飼育されている雌のところにやってきて求愛をするが、彼らは、ふつうはたいへんな喜びをもって受け入れられる」。このように、飼育されている雌たちは、自分たちの仲間の雄よりも野生の雄を好むようである。(24)

さらにおもしろい例がある。R・ヘロン卿（Sir R. Heron）は、長年にわたって数多くのクジャクを飼い、その行動を記録してきた。彼は次のように書いている。「雌はしばしば、特定の雄に強い好みをもつ。雌たちはみな、一羽の年取ったまだらの雄を好んでいたが、ある年、彼が、姿は見えるが一羽だけのおりに隔離されると、雌たちは絶え間なく彼のおりの前の格子に集まり、キジの雄を自分たちに近寄らせなかった。秋になって彼が戻されると、一番年取った雌がすぐに彼に求愛し、配偶に成功した。翌年、彼が馬小屋に閉じ込められると、雌たちは今度は全員が彼の競争者に求愛した」。(25)この競争者は、キジかクロクジャクだが、人間の目から見れば、こちらの方がずっと美しく見える。

リヒテンシュタイン（Lichtenstein）はすぐれた観察家で、喜望峰で素晴らしい観察の機会をたくさん得た人だが、彼がルドルフィ[*10]に伝えたところによると、コクホウジャク（*Chera progne*）[*11]の雌は、雄が繁殖期に生やす長い尾の飾り羽をなくすと、その雄を捨てるのだそうだ。私はこの観察は飼育下で行われたに違いないと考えている。(26)このほかにも、素晴らしい例がある。ウィーンの動物園の園長であるイェーガー博士（Dr. Jaeger）は、(27)他の雄よりも優位であったハッカンの雄について、次のように述べている。この雄は、雌にも愛人として認められていたが、ある日、その飾り羽が損なわれてしまった。すると、すぐに競争者の雄が彼を追い抜き、雌もそちらについたので、競争者が集団を率いることになった。雌は、選り好みを見せるだけでなく、ときには、雄に求愛し、雄の所有をめぐって闘うことさえある。R・ヘロン卿は、クジャクでは、最初の接近は常に雌の方から行われると述べている。オーデュボンによると、似たようなことは、野生のシチメンチョウの年取った雌にもあるらしい。キバシオオライチョウでは、雄が集合場所の一角でパレードをしている間、雌は彼の周りをひらひら飛び回って気を惹こうとする。[28] よく馴れたマガモの雌が、あまり乗り気でなかったオナガガモの雄を長い求愛のあげくに手に入れたことはすでに見た通りである。バートレット氏は、ニジキジも他のキジ科の多くの鳥と同様に自然状態では一夫多妻だと考えているが、一羽の雄と数羽の雌を同じおりに飼っておくと、雌どうしがひどくけんかするので、一緒にしておくことはできないと述べている。以下で述べる競争関係の例は、通常は一生の間つがいで暮らすウソに関するものなので、さらに驚くべきことである。ジェンナー・ウィアー氏は、地味な色をした醜い雌を鳥小屋に入れたところ、彼女は、つがいをつくっている他の雌をすぐにも容赦なく攻撃し始めたので、後者を隔離せねばならなかった。この新しい雌は、自分ですべての求愛を行い、ついには成功してその雄とつがいになった。しかし、しばらくすると、彼女はその報いを受けることになった。彼女のけんかごしが直ったので、ウィアー氏がもとの雌を戻したところ、雄はさっさとこの雌を捨て、もとの雌のところに帰ったのである。

通常の例ではすべて雄は非常に熱心なので、どんな雌でも受け入れ、われわれの知る限りでは、どれかの雌を特に好むということはない。しかし、これから見ていくように、いくつかの種では、この原則の例外が起こっているようだ。家畜化された鳥では、雄が特定の雌に対して何らかの好みを見せた例は、私は一つしか知らない。それはニワトリで、権威あるヒューイット氏によると、年取った雌よりも若い雌を好むのだそうだ。一方、キジの雄とふつうのニワトリの雌とを交雑させようとしたときには、キジは必ず年取った方の雌を好むとヒューイット氏は確信している。このキジの雄は、色彩にはまったく何も影響されていないようで、「愛情に関してはひどく気まぐれだった」[29]。何か説明できない理由で、彼はある特定の雌たちをひどく嫌ったが、飼い主が何をしようと、それを克服することはできなかった。ヒューイット氏によると、雌鳥のなかには、自分と同種の雄に対してさえまったく魅力のないものがおり、一シーズン中ずっと数羽の雄と一緒に飼っておいても、四〇か五〇の卵のうちのたった一つも受精卵がないこともあり得るそうだ。一方、コオリガモ（*Harelda glacialis*）[*12]では、「ある種の雌が、他の雌よりもずっとよく求愛されることが知られている。実際、ある雌が六〜八羽の好色な雄に取り囲まれているのをしばしば見ることがある」とエックストレーム氏（M. Ekström）は述べている。この記述が信用できるものかどうか、私は知らない。しかし、現地の鳥撃ち人は、そのような雌を撃っておとりの剝製をつくるのだそうだ[30]。

雌の鳥が特定の雄に対して好みを感じることに関して、選り好みがあるということをわれわれが判断するためには、想像力で彼らの位置に身を置いてみるほかないということを心にとめておくべきである。鳥が求愛の集合場でやっているのと同じように、田舎の若者たちが市場で可愛い女の子に求愛し、彼らどうしでけんかしているところを、もしもどこかの異星人が見たなら、求愛者たちが彼女たちを喜ばそうとする熱心さと、彼らの器量の誇示とを観察することによって初めて、彼女たちこそが選ぶ力を握っていることを推論できるに違いない。さて、鳥に話を戻そう。証拠は以下の通りである。彼らは鋭い観察力を持っている。そして、色彩と音の両方について、何らかの美に対する趣味を持っているようだ。雌は何らかの未知の理由から、特定の雄に対して強い嫌悪や好みを見せることが確かにある。雌雄が色彩その他の装飾において異なる場合には、ごく一部の例外を除き、恒常的なものであるか繁殖期だけの一時的なものであるかにかかわらず、雄の方が高度に装飾的である。雄は、さまざまな装飾を誘惑的に誇示し、声を張り上げ、雌のいる前で奇妙なアクロバットを演じる。武器を身につけた雄で、その成功は闘いの勝負にかかっているだろうと思われるような種類でも、ほとんどの場合は高度に装飾的であり、そのような装飾を獲得するためには何らかの能力を失うという代価を払う。その他の場合には、装飾は、捕食者からの危険という損失を伴っている。さまざまな種では、多くの両性の個体が決まった場所に集合し、非常に長時間の求愛を行う。同じ地域に住んでいる雄と雌の間でさえ、常にたがいが好き合って配偶に成功するとは限らないことを示す証拠がいくつかある。

これらの事実や考察から、どんな結論を導くべきだろうか？　雄がこれほどの虚栄と競争心をもって自分の魅力を振りまくことには、まったく何の目的もないのだろうか？　雌は何らかの好みを持っており、自分が最も好む雄の求愛を受け入れるのだと考えてもよいのではないだろうか？　雌が、意識的にそう考えていることはないだろうが、雌は、最も美しい雄、最も歌声のきれいな雄、最も立派な雄に、最も興奮させられ、最も魅力を感じるのである。また、雌が、一つ一つの線や色のついた斑点を調べているると仮定する必要もない。例えば、クジャクの雌は、雄の豪華な尾羽のいちいちを見ているということはなく、全体の効果に感動するだけなのだろう。それはともかくとして、セイランの雄が、彼の優美な初列風切をどのように注意深く誇示し、効果が最大になるようにその目玉模様のある羽を正しい位置に持っていくのかを知り、また、ゴシキヒワの雄が、金色の翼をどのように交互に見せびらかすのかを知ったあとでは、雌が美しさのいちいちの細部に注意を向けていないとは、あまりに強く確信を持つべきではないだろう。すでに指摘したように、われわれが選り好みの存在を知るには、われわれ自身の心の動きとの類比を使うほかない。そして、鳥の心的能力は、理性を除けば、本質的にわれわれのそれと異なるものではない。これらのさまざまな考察から、われわれは、鳥の配偶は決して偶然に任されてはいないと結論してよいだろう。そうではなく、通常の状況下では、自分のさまざまな魅力によって、雌を最も魅了し、興奮させることのできる雄が受け入れられているのだ。そう認められるなら、鳥の雄たちがどのようにしてその装飾的な形質を徐々に獲得したのかは理解に難くないだろう。すべての動物には個体変異があり、人が自分の目に最も美しいと見える個体を人為的に選択することで家畜の鳥の形質を変えていくことができるように、雌が、常に、またはほんのときどきでも好むということがあれば、確実に彼らの形質は変えられていくに違いない。そして、そのような変容は、ときとともにいかほどにも増幅し、現在の種で見られるようなものになったのであろう。[*13]

鳥の個体変異、特に第二次性徴における変異

変異と遺伝は、性淘汰のはたらきの基礎である。家禽には変異が非常にたくさんあり、それらの変異が遺伝することは確実である。野生状態の鳥にも個体変異があることは、誰でも認めるところであり、それがときには別個の品種へと変容することも一般に認められている。[(31)]変異には二種類ある。一つは、たがいに区別がつかないほど連続的であるもの、すなわち同種のすべての個体間に見られるわずかな違いであり、もう一つは、ときたましか起こらない、もっとはっきりした逸脱である。後者は、野生の鳥では非常に稀で、それが淘汰によって保存されることがしばしばあり、続く世代に受け継がれるのかどうかは大いに疑問である。[(32)]それはともかくとして、私がこれまでに集めることのできた、主に色彩に関する例（単純なアルビノ型と黒化型は除く）を紹介しておく価値はあるだろう。

グールド氏（Mr. Gould）は、変種の存在をめったに認めないので有名だが、それは、彼が、非常にわずかな違いでも種の違いだと考えるからである。さて、彼は、[(33)]ボゴタの近くでは、アカハシハチドリ属（Cynanthus）に属するある種のハチドリは、尾の色がたがいに異なることから、二つか三つの変種に分かれていると述べている。「あるものは羽の全体が青だが、他のものは真ん中の八本の羽の先が美しい緑色をしている」。この例と、このあとで述べる例では、中間的な変異は見られないようである。オーストラリアのインコの一種では、雄のみにおいて、「ある個体の腿は赤だが、他の個体のそれは草緑である」。同国の他のインコでは、「ある個体の覆翼羽には鮮やかな黄色のバンドがあるが、他の個体の同じ部分は赤っぽくなっている」[34]。合衆国では、アカフウキンチョウ（*Tanagra rubra*）[*14]の一部の雄には、「小雨覆（しょうあまおおい）を横切って輝く赤の美しいバンドがある」[35]が、このような変異は比較的稀なようなので、それが性淘汰で維持されるのは、特別にそのことが有利であるような状況においてのみだろう。ベンガルのハチクマ（*Pernis cristata*）[*15]には、頭部に痕跡的な冠を持っているものと、まったく何も持っていないものとがある。このようなわずかな差異は、もしも、南インドの同種の鳥が、「何本かの長さの異なる羽で形成された、非常に顕著な冠」を持っているのでなければ、指摘するに値しないものであったろう[36]。

これから述べる例は、ある意味でもう少し興味深い。ワタリガラスのまだらの変種は、頭、胸、腹、翼と尾の一部が白いが、それはフェロー諸島にしかいない。しかし、そこでは決して珍しくはなく、グラバ（Graba）は、彼がそこを訪れた間に八〜一〇羽もの生きた標本を手に入れている。この変種の形質はあまり一定とは言えないのだが、何人かの著名な鳥類学者は、これを別種と分類している。この島では、まだらの変種はふつうのワタリガラスから執拗に追いかけられて攻撃されるということが主な要因となり、ブリュニッヒ（Brünnich）はこれを別種と認定したのだが、実はこれは誤りであることが今ではわかって

いる。(37)

北海のさまざまな地域では、ふつうのウミガラス（*Uria troile*）*16の非常に顕著な変種が見つかっており、フェローでは、グラバの推定によると、(38)五羽に一羽がこの変種である。この変種は眼の周りが真っ白の輪で囲まれ、その輪から後方へ一・五インチ〔約三・八センチメートル〕ほどの長さの白い曲がった線が伸びているのが特徴である。このように顕著な特徴を持っているため、何人かの鳥類学者はこれを別種に分け、*U. lacrymans* と名づけたが、実は単なる変異にすぎないことが今ではわかっている。これは、しばしばふつうのものと配偶するが、中間形質を持つものは出たことがない。これは特に驚くべきことでもないだろう。なぜなら私が他の著作で示したように、突然現れる変異は、しばしばそのまま受け継がれるか、まったく受け継がれないかのどちらかだからだ。(39)このように、同種に属する二つの異なる形態が同じ地域に共存することがあるが、もしもどちらか一方が他方に対してずっと有利だった場合には、そちらの方がすぐに数が増え、他方を駆逐してしまったに違いない。例えば、まだらの雄のワタリガラスが、仲間に攻撃されて追い払われる代わりに、前に述べたクジャクのまだら雄のように、ふつうの黒い雌にとってたいへん魅力的であったなら、彼らの数は急激に増したことだろう。そして、それは性淘汰の例になったことだろう。

同種のすべての個体に多かれ少なかれ見られるわずかな個体変異は、淘汰のはたらきにとって何よりも重要だと考えてよい証拠がいくつもある。第二次性徴は、野生状態でも飼育下でも、ことさら大きな変異に富む。(40)また、第八章で見たように、雌よりも雄の方が変異が起こりやすいと考えるべき証拠がある。このような事態のすべては、性淘汰がはたらくのに好都合である。そうやって獲得された形質が一方の性にしか伝えられないか両方の性に伝えられるかは、次の章で示せると願っているが、ほとんどの場合、問題にしている分類群で優勢な遺伝の様式に完全に依存している。

鳥の雄と雌の間に見られるわずかな差異が、単に性に限定された遺伝による変異の結果であって、性淘汰のはたらきはまったく入っていないのか、それとも性淘汰のはたらきによって増幅されてきたのかを決めるのは、ときには困難である。ここでは、雄が素晴らしい色彩その他の装飾を誇示し、雌はそれをほんの少ししか持っていないような多くの例については述べないことにする。なぜなら、それらの例のほとんどは、その形質が最初に雄に獲得され、それが多少なりと雌に伝えられたことが確かだからだ。しかし、例えば、雌雄で眼の色がほんの少しだけ異なるような鳥については、どのような結論を出すべきだろうか？[41] いくつかの例では、眼の色は非常に異なる。例えば、セイタカコウ属（Xenorhynchus）[*17]のコウノトリでは、雄の眼は黒みがかった栗茶色だが、雌のそれは藤黄色である。ブライス氏から聞いたところでは[42]、多くのサイチョウ属（Buceros）では、雄の眼は深紅だが雌は白いということだ。オオサイチョウ（*Buceros bicornis*）では、かぶと状突起の後縁とくちばしの稜の上の縞は、雄では黒だが、雌では違う。このような黒い模様と深紅の眼は、性淘汰を通じて雄に保存され、あるいは増幅されてきたと考えるべきなのだろうか？　それは、たいへん疑わしい。というのは、バートレット氏が私にロンドン動物園で見せてくれたところによると、このオオサイチョウの雄の口の中は黒いが、雌の口の中は肉色である。しかし、そのことで、彼らの外見や美しさが影響されることはないだろう。私はチリで、[43]コンドルの虹彩は一歳くらいのときには焦げ茶色だが、おとなになると、雄では黄褐色に、雌では明るい赤になるのを観察した。雄はまた、頭に小さな鉛色をした肉質の冠というか、鶏冠を持っている。キジ科の鳥の多くは非常に装飾的な鶏冠を持っており、求愛行動のときにはそれが生き生きとした色になる。しかし、われわれの目には装飾とはまったく映らない、地味な色をしたコンドルの鶏冠を何と考えたらよいのだろうか？　同じような疑問は、他のさまざまな形質についてもあげることができるだろう。例えば、サカツラガン（*Anser cygnoides*）の雄のくちばしの基部にあるこぶ[*18]などがそうで、これは雄の方が雌よりもずっと大きい。これらの疑問にはっきりした答えを与えることはできないが、こぶや、その他の肉質の突起が雌にとって魅力的でないと考えるには慎重を要する。人間でも、野蛮人[*19]は、顔の皮膚が盛り上がるように深い傷跡をつけたり、鼻中隔に枝や骨を通したり、耳に穴をあけたり、唇を広く拡げたりなど、さまざまな恐ろしい変形を加え、それをみな装飾的だと賞賛しているのである。

ここであげたような雌雄の間のあまり重要でない差異が、性淘汰を通じて保存されてきたにせよ、そうでないにせよ、これらの差異は、他のすべての差異と同様、もともとは変異の法則によって生じたものである。発達の相関の原理によれば、からだの異なる部位の羽は、しばしば同じような様子の変異を持つ。そのよい例が、いくつかのニワトリの品種に見られる。すべての品種において雄の首と腰の羽は長く伸びており、それは頸羽と呼ばれている。さて、頭飾りはこの属では新しい特徴だが、それを雌雄の両方が獲得するときには、雄の頭部の羽は頸羽と同じような形になる。これはまさに相関の原理による。一方、雌の頭部の羽はふつうの形をしている。雄の頭飾りを形成している羽の色も、首や腰の羽の色としばしば相関しているが、そのことは、これらの羽をゴールデン、シルバースパングルドポーリッシュ、ウーダン、クレーヴクールなどの品種で比べてみればわかるだろう。いくつかの野生種でも、素晴らしいキンケイやギンケイの雄におけるように、同じ羽どうしの間に同じような色彩の相関が存在する。

個々の羽の構造は、一般的には、色彩に何らかの変化が生じるとそれが対称になるようにできている。それは、レース、スパングル、ペンシルなど、ニワトリのさまざまな品種を見ればわかる。そして、相関の原理にのっとって、からだ全体の羽はしばしば同じ様子で変容する。そのためわれわれは、それほどの苦労なしに、自然状態におけるのと同じように模様も色彩もほぼ対称な品種をつくり出すことができるのである。レースとスパングルの品種の羽は、色のついた縁が非常にはっきりしている。しかし、私が、緑がかった黒のスペイン種の雄と白いシャモの雌とのかけ合わせで育てた雑種では、すべての羽が緑がかった黒で、先端に向かう方だけが黄白色だったが、黒いつけ根の部分と白い先端との間には、どの羽にも、対称に曲がった焦げ茶色の部分があった。ときには、羽軸を中心に色あいの分布が異なることもある。この同じ黒いスパニッシュの雄とシルバースパングルドポーリッシュの雌との雑種では、羽軸が、その両側の狭い部分とともに緑がかった黒をしており、その周りを焦げ茶色の一定の形の部分が取り囲んで、先端は茶色がかった白で終わっていた。これらの例では羽の色合いが対称に変化しているが、多くの野生の種でも、羽にあれほどの優美さを与えているのはその色調の対称性である。私はまた、ふつうのハトの変異のなかに、翼帯がもとの種のように単なるスレートブルーの地に黒ではなく、三つの明るい色が対称なゾーンになっているものを見つけたことがある。

鳥の大きな分類群の多くを見ると、それぞれの種ごとに羽衣は異なる色をしているものの、ある種の斑点、模様、縞などが、それぞれ色は異なっても、すべての種に共通して保持されていることがある。同じようなことはハトの品種にも当てはまる。彼らは、ふつうはどれもが二本の翼帯を持っており、その色は、赤、黄色、白、黒、青とさまざまである。そして、それ以外の羽衣の色は、この部分とはまったく異なる。さらにおもしろいのは、次にあげる、ある種の模様は保持されているが、その色が自然のものとほとんど正反対になっている例である。ハトの原種は青い尾を持っており、尾の両端二本の羽の外側の羽枝の先半分は白である。さて、青ではなく白い尾を持つ変異があるが、その変種の尾の外側のまさしくその部分は、もとの種のような白ではなく黒なのである。(44)

鳥の羽における目玉模様の形成とその変異

さまざまな鳥類の羽や哺乳類の毛、爬虫類や魚類の鱗、両生類の皮膚、多くの鱗翅目の翅、その他さまざまな昆虫などにおいて、目玉模様ほど美しい装飾はないので、それらについては特別に扱うべきだろう。目玉模様は、瞳孔の中の虹彩のように、点の周りを色の違う輪が取り囲むことで形成されるが、中心の点はさらにいくつかの同心円で取り巻かれていることが多い。クジャクの上尾筒の目玉模様はよく知られた例だが、クジャクチョウ（*Vanessa*）の翅にあるものも同じである。トライメン氏は、わが国のクジャクサンと近縁な南アフリカのガ（*Gynanisa Isis*）を描写して私に送ってくれたが、後翅のほとんど全体が巨大な目玉模様でおおわれていた。その中心は黒い丸で、そこに半月形の半透明なゾーンがあり、それを順番に、黄褐色、黒、黄褐色、ピンク、白、ピンク、茶色、白っぽいゾーンが取り巻いている。このような素晴らしい美しさと複雑さを持った装飾が、どのような段階を経て発達してきたのかはわからないが、少なくとも昆虫においては、それは単純な過程だったに違いない。というのは、トライメン氏が私に書いてくれたように、「単なる模様や色彩のなかで、鱗翅目の目玉模様ほどその数と大きさにおいて不安定な形質はない」からだ。最初にこの問題に私の注意を向けてくれたのはウォレス氏であるが、彼は、わが国にふつうなジャノメチョウ（*Hipparchia Janira*）の一連の標本で、単純な小さい黒い点から優美な色合いの目玉模様に至るまで、数々の連続的段階を示していることを私に見せてくれた。南アフリカのチョウの一種（*Cyllo Leda*, Linn）は、これと同じ科に属するが、目玉模様はさらに変異に富んでいる。ある標本では（図52、A）、翅の上面の広い部分が黒くなっており、そこに不規則な白い模様があるが、この状態から、ほとんど完全な目玉模様と呼べるもの（A¹）に至るまでのすべての連続的段階をたどることができる。そして、それは、不規則な形の色のしみが収縮していくことによって形成されるのである。他の一連の標本では、ごく小さな白い斑点が、ほとんど目に見えないほどの黒い線で取り巻かれるようになり（B）、それが完全に対称で大きな目玉模様（B¹）になるまでが見て取れる[45]。このような例では、完全な目玉模様が発達するまでに、変異と淘汰がそれほど長く続く必要はない。

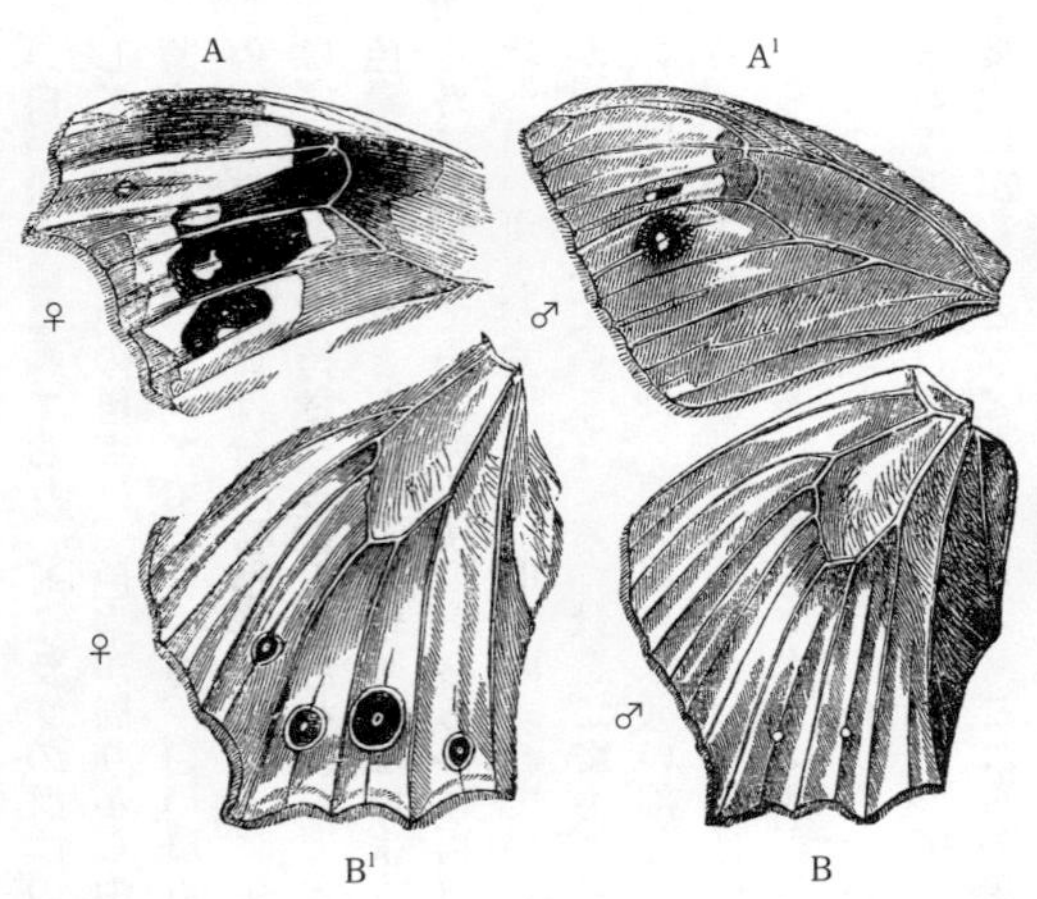

図52　トライメン氏の図より、*Cyllo Leda*の目玉模様のさまざまな違いを示す
A：モーリシャス産の標本　B：ジャワ産の標本
A¹：ナタール産の標本の前翅上面
B¹：モーリシャス産の標本の後翅上面

　鳥や他の多くの動物について近縁な種類を比較してみると、円形の斑点は、縞模様が途切れて収縮することによってつくられていることが多いようである。ジュケイでは、雌が持っているかすかな白い線が雄の美し

い白い斑点になっており、[46] セイランの雌雄の間にも似たようなことが観察できる。そうだとしても、濃い色の斑点は、色素が周りから中心に向かって引っ張られていく過程で、周りが薄くなることによってでき、一方、白い斑点は、色素が中心から外に向かって引っ張られるので、外側が濃い部分に蓄積されることによってつくられるという考えの方が、見かけからはずっと強く支持されるように思われる。どちらにせよ、これで目玉模様ができるだろう。色素は、常にほとんど一定の量しかないようだが、それが中心に向かって集中するか中心から外に向かって出ていくか、どちらかに再分配されるようだ。ふつうのホロホロチョウの羽は、白い斑点が濃い部分で取り囲まれているよい例である。そして、白い斑点が大きくてたがいに近づいているところではどこでも、それを取り巻く濃い部分は合流している。セイランの同じ翼の羽では、濃い斑点は薄い部分で、薄い斑点は濃い部分で囲まれているのがわかる。このように、最も単純な形の目玉模様の形成は、簡単な出来事だったと思われる。それから先に、多くの多色の部分で次々に囲まれた、もっと複雑な目玉模様がどのような段階を経てつくられたのか、私には何もわからない。しかし、色の違う羽を持ったニワトリから生まれてきた雑種は色分けされた羽を持っていることや、多くの鱗翅目の目玉模様はきわめて変異に富むことなどを考えると、これらの美しい装飾がつくられるのは、それほど高度に複雑な過程ではなく、組織の性質がほんのわずか連続的に変異していることで十分なのだろう。

第二次性徴の連続性

連続性を示す性質は、われわれにとって重要である。なぜなら、それらは、たとえ高度に複雑な装飾であっても、小さな連続的段階を経て獲得され得るということを示しているからだ。現存のどんな雄の鳥であっても、それがその素晴らしい色彩その他の装飾を獲得するに至った実際の各段階を発見するには、彼らの絶滅した祖先に続く長い系統を調べねばならないだろうが、それは明らかに不可能である。しかしながら、十分に大きな分類群を採り、それに属するすべての種を比較することによって、ふつうは何らかの手がかりを得ることができる。なぜなら、それらのなかには、たとえ部分的にであったとしても、祖先の形質を残しているものがあるからだ。連続性の驚くべき例を示すために、さまざまな分類群についての詳細を長々と述べるよりは、例えばクジャクのような、非常にはっきりした性質を持つものを一つか二つあげ、これらの鳥がこれほどまでに美しい装飾を得るに至った諸段階について、何らかの光を当てられるものかどうかを検討することにしよう。クジャクは、尾羽自体は長くないが、その上尾筒が極端に伸びているのがきわめて特徴的である。これら上尾筒の羽の羽枝は、そのほとんど全長にわたって、ばらばらになるかなくなってしまっているかのどちらかであるが、そういうことは、多くの種の羽でも起こっており、また、いくつかの家禽のニワトリやハトの品種にも見られる。羽軸の先端に向かうところでは、羽枝が癒合して円盤状の目玉模様を形成し、これは間違いなく世界で最も美しいものの一つである。この目玉模様は、真ん中に刻み目のある、濃い、輝く青い中心部の周りを、濃い緑の部分が取り巻き、その周りを幅の広い銅色の部分が取り巻いて、さらにそれが、輝きの色調が微妙に異なる狭い五つのゾーンで取り囲まれて形成されている。この目玉模様に関する、ある一つの些細な形質は注目に値するだろう。それは、同心円状のゾーンの一部分に、羽枝から小羽枝が多かれ少なかれなくなっている部分があることだ。そのために目玉の一部をほとんど透明なゾーンが取り巻くことになり、それによって目玉は完璧なできばえに見えるようになる。しかし、私は以前、シャモの品種の一つの頸羽に、これとまったく同じような変異があることを記しておいた[47]。その例では、金属光沢を持った先端と「羽の下部との間は、対称な形をした透明な部分で分けられており、そこには小羽枝が生えていない」。クジャクの目玉の濃い青の中心部の下縁は、羽軸のところで深く刻み目がついている。図53からわかるように、それを取り巻く部分にも、同じ場所に刻み目または途切れがある。このような刻み目は、インドクジャクとマクジャク（*Pavo cristatus, P. muticus*）に共通しており、これは特に注目すべきことのように私には思えた。それは、このことが目玉模様の発達に関連していると思われたからなのだが、私は、長い間その意味を考えつくことができなかった。

もしも漸進的進化の原理を認めるならば、上尾筒が驚くほど長く伸びたクジャクと、上尾筒が短いふつうの鳥との間には、さまざまな中間段階にある多くの種が以前存在したはずである。そして、クジャクの素晴らしい目玉模様と、他の鳥のもっと単純な目玉や単なる色のついた斑点との間にも、中間段階があったはずだ。それは、クジャクの持つ他のすべての形質にも当てはまるだろう。では、キジ科のさまざまな近縁種で、いまだに存在している連続

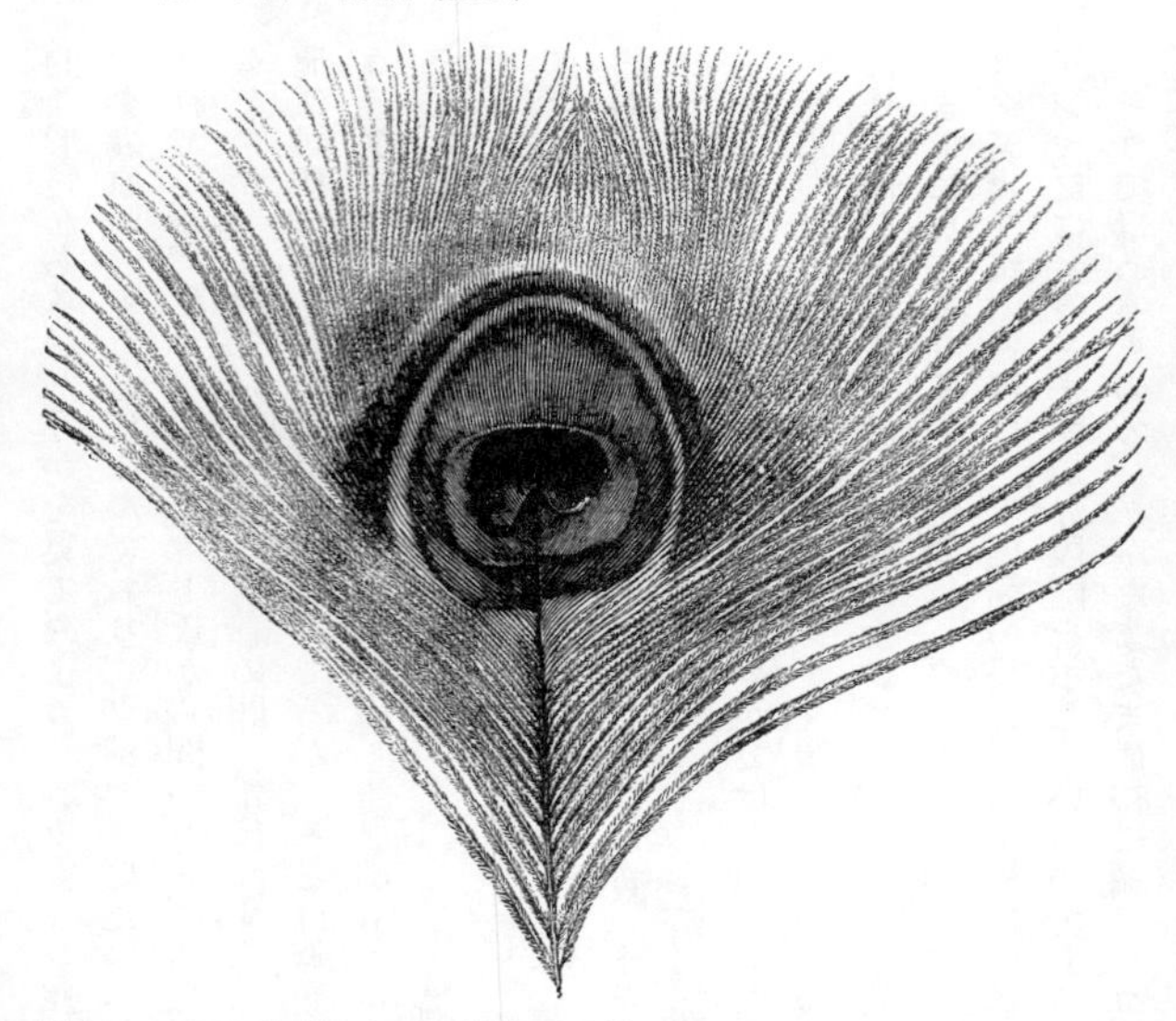

図53　フォード氏によって注意深く描かれたクジャクの羽
透明なゾーンは円盤上端のすぐ外側の白いゾーンとして描かれている

的な形質があるかどうかを見てみよう。コクジャク属（Polyplectron）の種や亜種は、クジャクの原産地の近くに住んでおり、クジャクにたいへんよく似ているので、コクジャクと呼ばれている。私がバートレット氏から聞いたところによると、彼らは、声もいくつかの習性もクジャクに似ているそうだ。春の間、雄は、すでに述べたように、比較的地味な雌の前で飛び回り、尾と翼の羽を広げて立てるが、そこは無数の目玉模様で飾られている。ここでもう一度頁をめくって、コクジャクの挿し絵（図51）を見てほしい。パラワンコクジャク（*P. Napoleonis*）[*20]では、目玉は尾羽にしかなく、背中は濃いメタリックブルーなので、この点ではこの種はマクジャクに近い。*P. Hardwickii*[*21]は、奇妙な頭飾りを持っているが、それはクジャクのそれとよく似ている。コクジャク属のいくつかの種の翼と尾にある目玉模様は、円形か卵形で、美しい金属光沢の緑がかった青、または緑がかった紫の円盤が黒い縁で囲まれている。コクジャク（*P. chinquis*）[*22]では、この縁が茶色に変わり、その周りがクリーム色になっているので、目玉は、鮮やかではないが異なる色調の、いくつかの同心円状のゾーンで囲まれることになる。コクジャク類のもう一つの非常に変わった特徴は、上尾筒が異様に長く伸びていることだ。種によっては、上尾筒の長さが、尾の長さの半分、または三分の二までになっている。上尾筒は、クジャクと同様に目玉模様で飾られている。このように、コクジャク属の各種は、上尾筒の長さ、目玉模様の構造、その他の特徴において、明らかにクジャクに至るさまざまな段階を示しているのである。

そうではあるものの、私がたまたま最初に調べたコクジャク属の一種のおかげで、私はこ

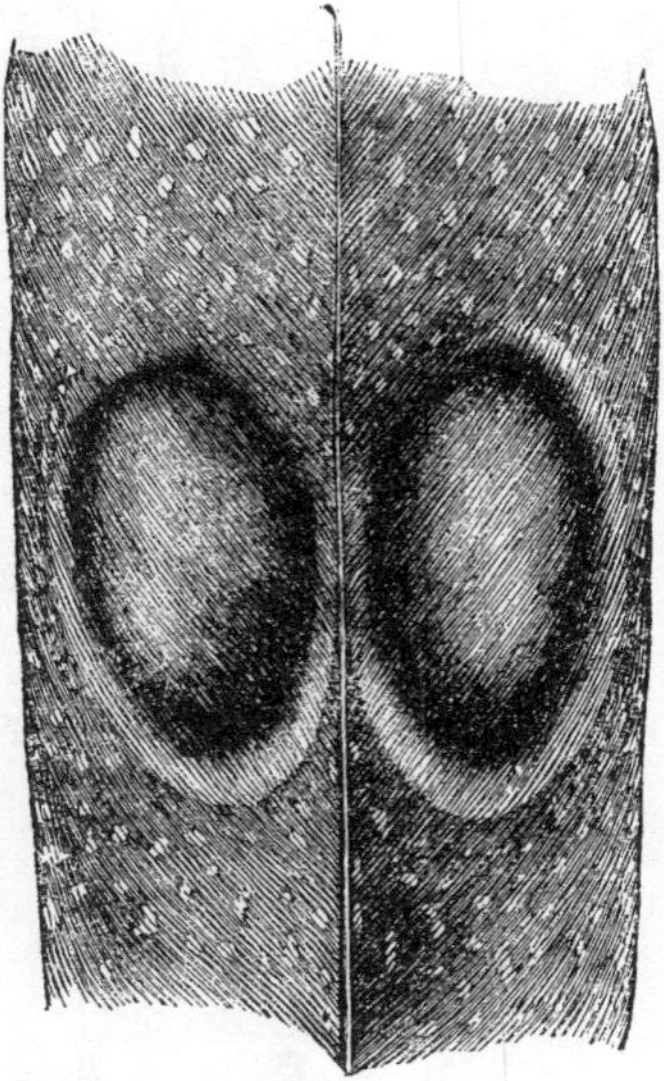

図54　コクジャクの上尾筒の一部
二つの目玉模様を持つ

の探求をもう少しで放棄するところだった。その種は、クジャクでは何の飾りもついていない真の尾羽に目玉模様がついていたばかりでなく、すべての羽についている目玉模様が、クジャクのものとは本質的にまったく異なっていたのである。それらは、一枚の羽に、羽軸の両側に一つずつ、二つの目玉がついていたのだ（図54）。そこで私は、クジャクの祖先は、コクジャクとはおよそ似ていなかったに違いないと結論したのだった。ところが、調査を続けていくうちに、いくつかの種では、二つの目玉が非常に接近して並んでいて、*P. Hardwickii* ではそれらがたがいに触れるようになり、この種やエボシコクジャク（*Polyplectron* *malaccense.* 図55）では、実際に癒合するようになるということがわかったのである。真ん中の部分だけで癒合するのであるから、上と下には刻み目が残ることになり、それを取り巻く色の違うゾーンにも刻み目ができることになるのだ。こうして、上尾筒に目玉が一つできることになるのだが、まだ、それがもともと二つの目玉からできたものであることは明白に見て取れる。これらの癒合した目玉は、刻み目が上と下の両方にあり、下部だけではないという点で、クジャクの単一の目玉とは異なる。しかし、この違いを説明するのは難しくはない。コクジャク属のいくつかの種では、二つの卵形をした目玉模様がたがいに並んでいる。他の種（例えばコクジャク）では、一方の端に向かうところで癒合している。さて、そこで、二つの目玉が一部だけで一緒になると、刻み目は、一緒になっている部分よりも、まだ離れている部分の方で深くなるのは明らかである。そして、二つが完全に一緒になればなるほど、一緒になっている部分の刻み目は浅くなり、ついにはほとんど見えなくなってしまうだろう。[*23]

クジャクの二種とも、尾羽に目玉模様はまったくないが、このことは、長い上尾筒によって尾羽がおおわれ、隠されていることと関連しているに違いない。この点では、クジャクはコクジャク属とは非常に異なる。後者の多くの種では、尾羽は、上尾筒にあるものより大きな目玉模様で飾られている。そこで私は、コクジャク属の種のなかに、尾羽の目玉模様が消える傾向にあるものが存在するかどうかを探索するため、コクジャク属の多くの種の尾羽を注意深く調べてみた。すると、たいへん満足なことに、それは存在したのである。パラワンコクジャク（*P. Napoleonis*）の尾の真ん中の羽には、羽軸の両側に二つの完全に発達した目玉がある。しかし、もっと外側の羽になるほど内側の目玉の形があいまいになり、一番外側の羽では、単なる影か痕跡になってしまっている。さらに、エボシコクジャク（*P. malaccense*）では、上尾筒の二つの目玉模様はすでに見たように癒合しているが、上尾筒の羽は異常に長く、尾羽の三分の二ほどに達しており、その点ではクジャクの上尾筒に似ている。さて、この種では、真ん中の二本の尾羽だけが美しい色の目玉で飾られており、他のすべての羽では、内側の目玉模様が完全に消えてしまっている。その結果、コクジャク属のこの種の上尾筒と尾羽とは、それに対応するクジャクの羽に、その構造と装飾の点でずっと近づいているのである。

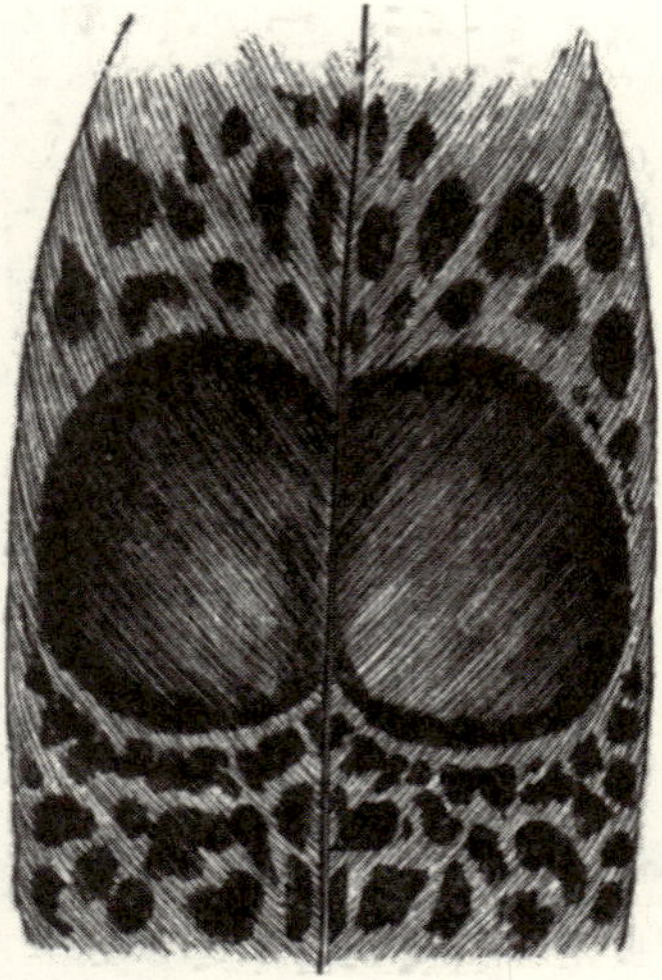

図55　エボシコクジャクの上尾筒の一部
二つの目玉模様を持つ

そこで、漸進性の原理によって、クジャクの素晴らしい飾り羽が段階的に獲得されたことについては、これ以上何もつけ加える必要はないだろう。われわれは、巨大な上尾筒のそれぞれが一つの目玉で飾られた現在のクジャクと、何らかの色の斑点で飾られただけの短い上尾筒を持ったふつうのキジ科の鳥のちょうど中間に位置するような生物を、クジャクの祖先として思い浮かべることができる。そして、次に、立てたり広げたりすることのできる上尾筒が、二つの半分癒合した目玉模様で飾られているような鳥を思い浮かべることができるが、その上尾筒は尾羽を隠すほど長くなっており、尾羽の目玉模様はすでに半分失われているとしよう。それがまさに、コクジャクなのだ。二種のクジャクの両方において、中央の円盤およびその周囲のゾーンに刻み目があることは、明らかにこの見解を支持しており、これ以外に、この構造を説明することはできないように私には思われる。コクジャクの雄は確かに美しい鳥だが、私が前にロンドン動物園で見たところによると、少し離れたところから見ると、やはりクジャクの雄にはかなわない。クジャクの祖先の多くの雌は、先祖代々長く続く間、この一段とすぐれた美を評価してきたに違いない。なぜなら、彼女たちは、無意識のうちに最も美しい雄を選び続けることによって、クジャクの雄を、最も美しい鳥に仕立て上げたからである。

セイラン

調べてみるのによい、もう一つの素晴らしい例は、セイランの翼の羽にある目玉模様である。セイランの目玉模様は、驚くべき色調で色づけされているので、くぼみにはまったボールのように見えるのだが、その結果、ふつうの目玉模様とは非常に異なっている。多くの熟練した画家たちがこの鳥の目玉模様を賞賛してきたが、誰もこれが偶然の産物、色素の原子が偶然に集まってできたものとは思わないだろう。これらの装飾は、多くの連続的な変異に対する淘汰を通して形成されてきたに違いないのであり、そのどの一つの変異においても、もとからくぼみにはまったボールのような効果を狙っていたわけではなかったというのは、信じられないことのように思われる。それは、ラファエロの描くマドンナ像の一つが、何人もの若い画家たちによって偶然に塗られた絵の具の中から次々に一つずつ選択することででてきあがったのであって、その中の誰も、そもそも人間の姿を描こうなどとは思っていなかったというようなものである。この目玉模様がどのようにして発達してきたのかを見いだすために、われわれは長い祖先の系列を見ることはできないし、さまざまな近縁な形態のものを見ることもできない。そのようなものは存在しないからだ。しかし、幸運なことに、この問題の手がかりとしては、翼の何枚かの羽を見るだけで十分である。そして、それらは、単なる斑点から最終的なボールとくぼみの目玉に至るまで、連続的に変化していくのが可能であることを証明している。

目玉模様のある翼の羽は、濃い色の縞、または濃い色の斑点の列でおおわれており、それぞれの縞や列は、羽軸の外側から目玉に対して斜めに走っている。斑点は、ふつうはそれが載っている列を横切る線に沿って長くなっている。それらはしばしば癒合するが、列に沿って癒合すれば、それは縦の縞をつくることになり、横向きに癒合すれば、隣どうしの列の斑点が癒合して、横向きの縞をつくることになる。斑点がさらに細かい斑点に分解しながら、依然として元通りの列に並んでいることもある。

まず最初に、完全なくぼみにはまったボール状の目玉を記述するのがよいだろう。これは、色の明暗のついた部分を非常に濃い黒の円形の輪が取り囲んでいるため、ボールにそっくりに見えるようにつくられている。ここにあげた挿し絵は、フォード氏（Mr. Ford）が素晴らしく描いたものを版画にしたものだが、木版画では、元の絵に表された非常に繊細な明暗の差をうまく再現できない。周りを囲む輪は、ほとんど常に、円の上部の、ボールの中にある白い部分の右上で少しだけ途切れているが（図56を見よ）、円の基部の右手でも途切れることがある。これらのわずかな途切れは、重要な意味を持っている。輪は、ここに描かれているように羽をまっすぐ立てたとき、左上の隅に当たるところで常に太くなり、輪郭がぼやけている。この太くなったところの下には、ボールの表面にほとんど真っ白の斜めの白い斑点があり、その下は薄い鉛色を帯びて、それが黄褐色になり、ボールの下部に向かってほとんどわからないくらい徐々に濃い茶色へと変化していく。凸面に光が当たっているように見える驚くほどの効果を演出しているのは、この明暗の変化なのだ。ボールを一つだけ調べてみると、下部はより茶色い色調になっており、あまりはっきりしない曲がった斜めの線で上部と分けられ、上部はより黄褐色が強くなっていることがわかる。この斜めの線は、白い斑点の長軸と直角に走っており、実は、明から暗への連続する変化全体の方向とも直角になっている。この色調の微妙な違いを木版画に表すことはもちろんできないが、それはボールの完璧な明暗の変化を少しも乱すことはない[48]。特に、それぞれの目玉が、濃い色の縞、または濃い色の斑点の列と、明らかに連動して並べられていることに注意せねばならない。というのは、縞も斑点の列も、同じ羽の中に入りまじって両方存在するからだ。すなわち、図56では、縞Aは目玉aに向かって走り、縞Bは目玉bに向かって走り、縞Cは上部が途切れ、木版画には描かれていない次の目玉に向かって走っている。縞Dはその下に向かい、EとFも同様である。最後に、いくつかの目玉模様どうしは、不規則な形をした黒い斑点でおおわれた薄い色の地でたがいに隔てられている。

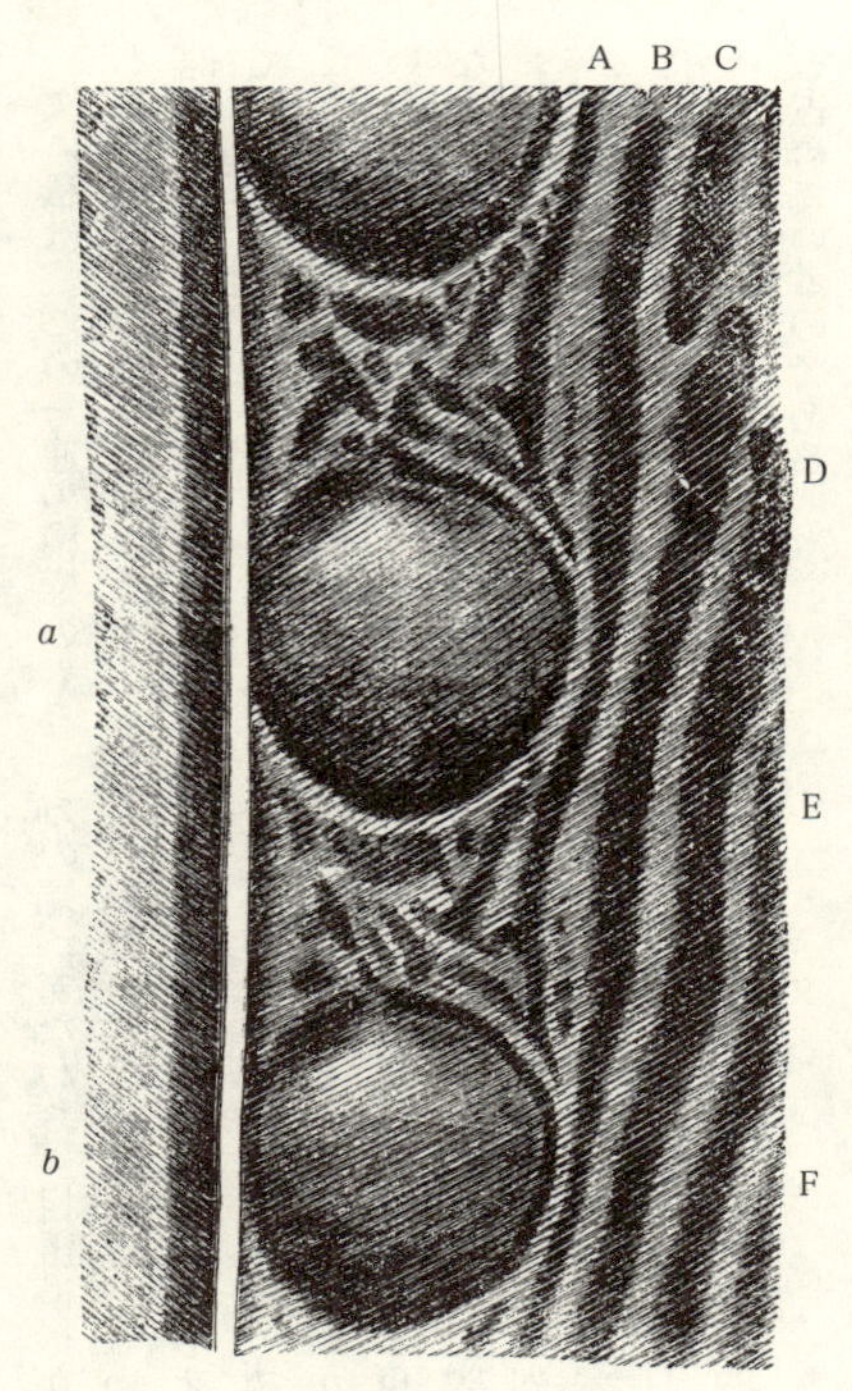

図56　セイランの次列風切の一部
a, bは完全な目玉模様、A, B, Cなどは目玉模様へと斜め下方に走る濃い色の線

次に私は、この一連の模様のもう一方の端、すなわち、目玉模様が最初に現れるきざしのあるものについて記述しよう。からだに一番近いところにある、短い次列風切（図57）は、他の羽と同様、斜めになった縦長の、どちらかというと不規則な形をした斑点の列で飾られている。（最も下の列を除いて）下の五つの列のなかで最も下部の斑点、最も羽軸に近いところの斑点は、同じ列の他の斑点よりわずかに大きく、横方向に向かってわずかに広がっている。これはまた、その上部が鈍い黄褐色の影で縁取りされている点でも、他の斑点とは異なる。しかし、この斑点は、多くの鳥の羽に見られる斑点よりも見栄えがするということはまったくなく、すぐにも見逃してしまいそうなものだ。それぞれの列における、その一つ上の斑点は、同じ列のその上にあるすべての斑点と何ら違いはないが、これから見ていくように、次の一連の羽においては、大きく変容することになる。この羽での、より大きな斑点は、より長い風切り羽上で完全な目玉模様が占めているのと、相対的にはまったく同じ位置を占めているのである。

これに続く二、三枚の次列風切を見ていくと、前述の下部の斑点の一つと、同じ列のそのすぐ上の斑点とがともに、まったくわからないくらいのわずかな連続的変化によって、目玉とはとても呼べないような奇妙な装飾模様へと変化していく跡をたどることができる。この奇妙な飾りを呼ぶ適当な名称がないので、「楕円装飾」と呼ぶことにしよう。これらは挿絵（図58）に見られる通りである。ここには、通常の形をした黒い斑点による、いくつかの斜めの列A、B、C、Dなど（文字入りの図を参照）が見られる。それぞれの斑点の列は下に向かって走り、楕円装飾の一つとつながっているが、それは、図56で示したように、それぞれの縞が下に走って一つのくぼみにはまったボールの目玉模様につながっているのとまったく同じである。どれか一つの列、例えばBを見てみると、一番下の斑点（*b*）は、上のものより太く、ずっと長くなっており、左の端がとがって上に向かって曲がっている。この黒い斑点の上部は、明暗の色合いの豊富な広い部分ではっきりと縁取りされており、それは、

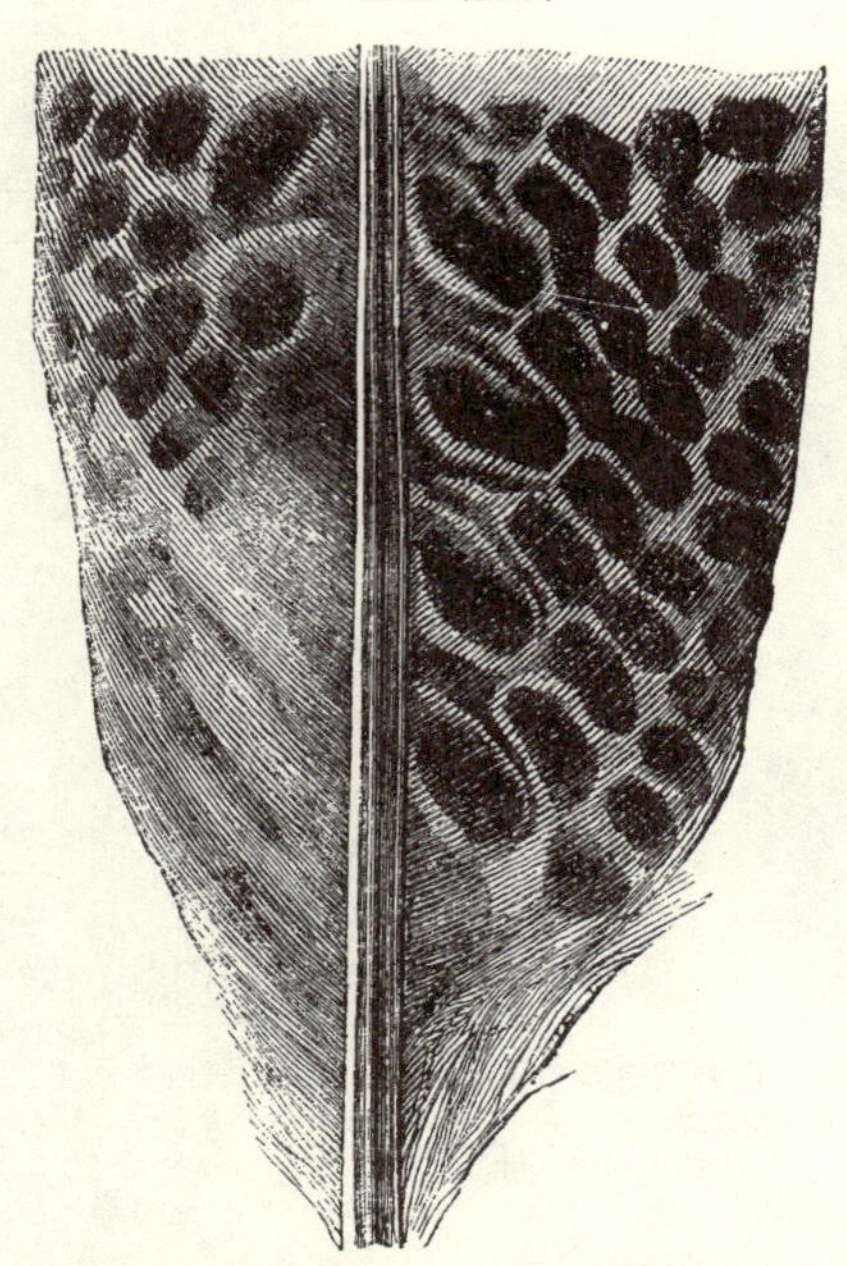

図57　次列風切のうち、からだに最も近い羽根の基部

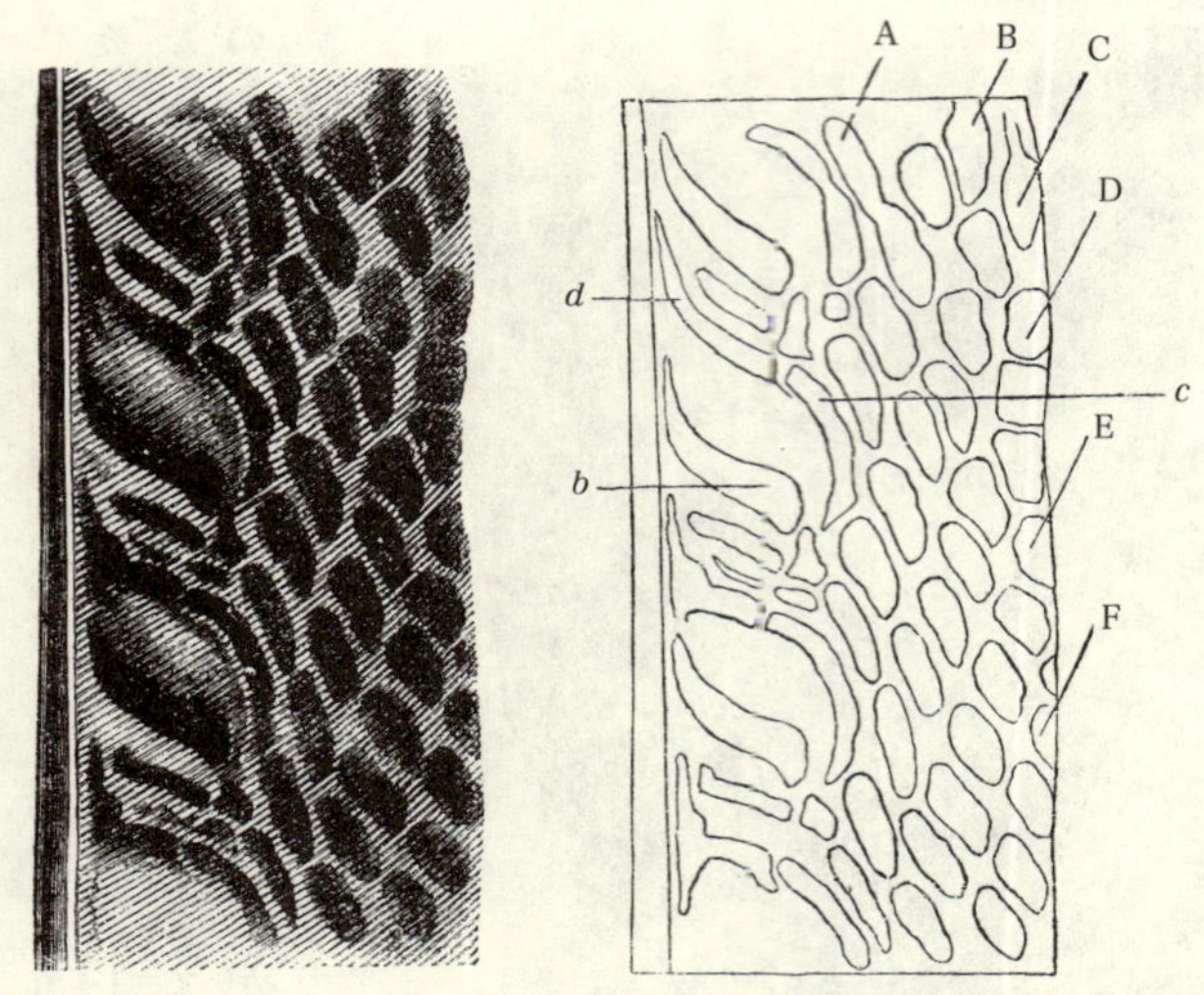

図58　からだに近い次列風切の羽根の一部。いわゆる楕円装飾を示す。線画は説明文との対照のためのもの

A, B, Cなど：下方に走る点。楕円装飾をなす

b：Bの系列の一番下の点もしくは印

c：*b*に続く点または印

d：Bの系列で、*c*の点が伸長してちぎれたと思われるもの

狭い茶色のゾーンから始まって、やがてオレンジ色になり、さらに薄い鉛色になって、羽軸に近いところではずっと色が薄くなっている。この斑点は、前の段落で記述したより大きな斑点（図57）に、どこから見ても対応しているが、それよりもよく発達し、より明るい色合いになっている。この斑点（b）の右上には、それと同じように明るい色合いとともに、長くて狭い黒い印（c）があるが、これはアーチ型に少し下に曲がって（b）に向き合うようになっている。これも、下の方は黄褐色の狭い帯で縁取られている。cの左上には、同じ斜めの方向にではあるが、常にそれよりもいくらかはっきりとした別の黒い印（d）がある。この印は、ふつうは三角形に似た不規則な形をしているが、図の中で示したものは、異常に細長く規則的である。これは、印（c）を横向きにばらして長くしたもののように見える。というのは、それに続く上の斑点にも、同じように長くした形跡が見られるためにそう思うのだが、確信は持てない。これらb、c、dの三つの印は、それらを分かつ明るい色調の部分と一緒になって、楕円装飾と呼べるものを形成している。これらの装飾は、羽軸と平行の線に沿って並んでおり、くぼみにはまったボールの目玉と対応する位置にあることは明らかだ。オレンジ色と鉛色が、黒い斑点ではっきりと対照的にきわだっている、その極度に優美な外見を、挿し絵で十分に表すことはできない。

　このような楕円装飾の一つから、完全なくぼみにはまったボールの目玉に至るまでの間には、完全な連続性が見られるので、どこから後者の名称を使ってよいかは、ほとんど決められないくらいである。図58は、単純な斑点と完全な目玉のちょうど中間に位置するものだが、これと一緒にもう一つの挿し絵を添えられなかったのを非常に残念に思っている。楕円装飾から目玉に至る道筋は、下の方の黒い点（b）と、特にその上の（c）が伸びて、反対方向に大きく曲がり、それと同時に不規則な三角形または狭い形の印（d）が縮まることによって、この三つの模様がついに癒合して不規則な楕円の輪になることなのである。この輪がだんだんに、より丸く規則的になり、同時に直径が増していく。これら三つの伸びた斑点が癒合した部分の痕跡、特に上の二つの斑点の癒合の痕跡は、最も完璧な目玉の多くのものにさえ、いまだに見て取ることができる。図56に見られるように、目玉の上部の黒い輪が途切れていることは、すでに指摘した通りである。不規則な三角形または細長い形の（d）は、それが縮んで丸くなれば、完璧なくぼみにはまったボールの左上にある輪の太い部分になることは明らかだ。輪の下部は、他の部分に比べて必ず少し厚くなっているが（図56を見よ）、それは、楕円装飾（b）が元々、その上の印（c）より厚かったことに起因するに違いない。癒合と変形の過程のすべての段階は、このように追うことができる。そして、目玉模様の中のボールを取り囲んでいる黒い輪は、楕円装飾の黒い三つの印b、c、dが変形して一緒になってできたものに違いない。隣どうしの目玉模様の間にある不規則なジグザグの黒い模様（図56を見よ）は、楕円装飾どうしの間の、似たような、しかしもう少し規則的な印が、単にばらばらになることによって生じたと考えられる。

これに続く、くぼみにはまったボールの目玉模様の色づけの各段階も、同じくらいはっきりとたどることができる。楕円装飾の下部の黒い印を取り巻いている、茶色、オレンジ色、薄い鉛色の狭いゾーンは、徐々にたがいに柔らかく混ざり合うようになり、左上の隅の色の薄い部分はどんどん色が薄くなって、とうとうほとんど真っ白になってしまう。しかし、最も完璧なくぼみにはまったボールの目玉模様においてさえ、ボールの上部と下部との間に、明暗の差ではないが、色調のわずかな差を見いだすことができる（先に、特に記述した通りである）。その分け目の線は斜めで、楕円装飾の鮮やかな色調のかげりの方向と同じである。このように、くぼみにはまったボールの目玉模様のどの細部に関しても、それが楕円装飾から徐々に変化していったものであることを示せるが、楕円装飾もまた同様に、二つのありふれた斑点がだんだんに癒合してできたもので、下の方の斑点（図57）の上方には鈍い黄褐色の明暗のかげりがあったというように、少しずつ変化していった各段階をたどることができる。

完全なくぼみにはまったボールの目玉模様を持っている、より長い次列風切の先端には、奇妙な装飾がついている（図59）。斜めに走る長い縞が上方で突然終わり、たがいに混ざり合って、ここから上の部分の羽は全部（a）、黒い輪で囲まれた白い点が濃い色の地の中にちりばめられた模様になっているのだ。一番上の目玉（b）に属する斜めの縞も、非常に短い不規則な形の黒い模様になってしまっており、その基部はいつも通り横に曲がっている。この縞がこのように上部で突然なくなっているので、それに先立つことから、一番上の目玉模様には、なぜ輪の上部の太くなったところが欠けているのかがわかる。なぜなら、前に述べたように、この太くなった部分は、同じ列の一つ上にある斑点が長く伸びてちぎれたもの

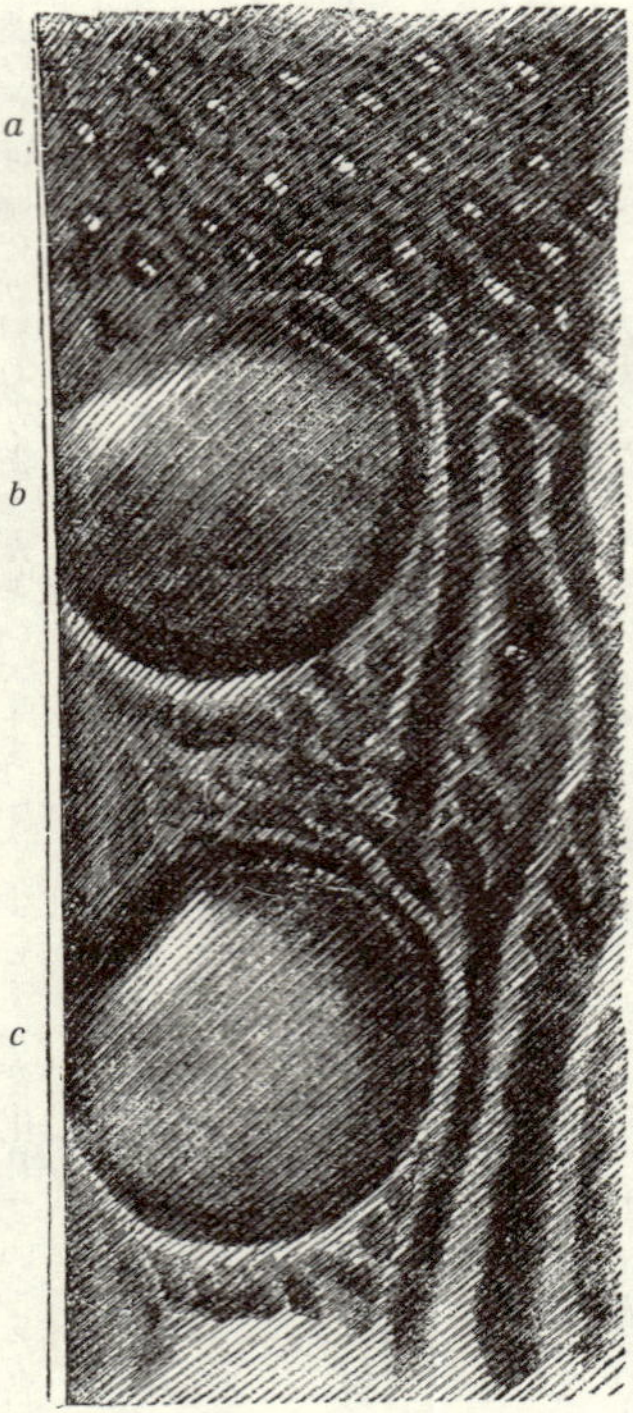

図59　完全なくぼみにはまったボールの目玉模様を示す、次列風切の一部
a：装飾になった上部
b：一番上の、完全ではないくぼみにはまったボールの目玉模様（目玉模様の頂部の白い印にある影は、この図では少し濃すぎる）
c：完全な目玉模様

からできているようだからだ。一番上の目玉は、輪の上部の太くなったところを欠いているので、他の点では完璧であるにもかかわらず、上部が斜めに切り落とされてしまったかのように見える。セイランの羽衣が、今われわれが見ている通りの姿で創造されたと信じている人は、一番上の目玉模様が不完全であることをどう説明するべきか、困惑するに違いないと私は思う。さらに、からだから最も遠い次列風切では、すべての目玉模様が他の羽のものより小さく不完全で、先ほど述べたように、外を取り巻く黒い輪の上部が欠けている、ということもつけ加えておこう。この不完全さは、この羽にある斑点は、通常のものよりも、癒合

して縞になる傾向が少なく、それとは反対に、しばしばちぎれてもっと小さくなっているので、それぞれの目玉に向かって二本か三本の縞が走ることになるという事実と関連しているようだ。

このように、はじめはまったく独立している二つのありふれた斑点から、くぼみにはまったボールの驚くべき装飾ができるまで、完全に連続していることを示すことができるとわかった。これらの羽のいくつかを私に譲ってくださったグールド氏は、連続性が完全であることにはまったく賛成している。同じ一羽の鳥の羽の間に見られるさまざまな発達の段階を見ても、それが、その鳥の絶滅した祖先のたどった段階であることを必ずしも意味しないというのは確かである。しかし、それらは、実際に起こった各段階について何らかの手がかりを与えてくれるし、少なくとも連続的な変化が可能であることを証明している。セイランの雄が雌の前でどれほど注意深く自分の羽を誇示するかを考え、雌の鳥がより魅力的な雄を好む可能性があることを示す多くの事実を考慮すると、性淘汰のはたらきを認める人なら誰でも、少しばかり黄褐色の明暗のついた単純な黒い斑点が、隣どうし接近して変形し、色もわずかに変わることによって、楕円装飾と呼ばれるものになったのだということを疑わないだろう。この楕円装飾を私は多くの人に見せてみたが、誰もがこれを素晴らしいと言い、なかにはくぼみにはまったボールの目玉模様より美しいかもしれないと言う人もいた。次列風切が性淘汰によって長くなり、楕円装飾の直径が増すにつれて、その色はそれほど鮮やかではなくなっていったようだ。そうなると、装飾性は、模様と明暗のかげりを精巧化することによってなしとげられねばならず、その過程が続いた結果、最終的なくぼみにはまったボールの素晴らしい目玉模様ができたのだろう。セイランの羽の装飾の現在の状況とその起源は、このようにして理解でき、これ以外には理解できないだろうと私には思われる。

漸進性の原理によって理解できることや、変異の法則についてわれわれが知っていることと、われわれの知っている多くの家禽で生じた変化、そして最後に、若鳥の未成熟な羽衣が持っている特徴（これからこれについてもっと詳しく述べる）から、ときにはかなりの自信を持って、雄がその素晴らしい羽衣やさまざまな装飾を獲得するにあたって経過したであろうと考えられる各段階を示せることもあるが、多くの場合、われわれはまだ闇の中にいる。グールド氏は数年前、私に、シロエンビハチドリ（*Urosticte benjamini*）は、雌雄が奇妙に異なるのでたいへん特徴的だと教えてくれた。雄は、素晴らしい喉斑のほかに黒緑色の尾羽を持ち、その中央の四枚の先端が白くなっている。雌では、ほとんどの近縁な種と同様、尾羽の外側の三本ずつの先端が白くなっているので、雄は中央の四本、雌は外側の合計六本が白い先端で飾られていることになる。この例が奇妙なのは、ハチドリの多くでは、雌雄の尾羽の色は非常に異なるにもかかわらず、グールド氏は、シロエンビハチドリ以外に、雄の中央四本の羽の先端が白いものをまったく知らないということである。

アーガイル公爵はこの例について、性淘汰は無視して「自然淘汰の法則によって、このような特殊な変異をどう説明できるだろうか？」とコメントしている。彼の答えは、「何もできない」というものであり、私も彼にまったく賛成である。しかし、性淘汰については、それほど自信を持って言い切ることができるだろうか？　ハチドリの尾羽があれほどさまざまな方法で異なるのを見れば、なぜ中央の四本の羽が、この種においてだけこのように変異し、そこに白い先端がつくことになってはいけないのだろうか？　変異は連続的だったのかもしれないし、最近ボゴタの近くで発見されたハチドリの例のように、いくらか突然に生じたものなのかもしれない。この鳥では、一部の個体だけが、「尾の中央の羽の先端が美しい緑色になっている」のである。私は、シロエンビハチドリの雌で、尾の中央の四枚の羽のうち、外側の二枚の先端に、きわめて小さい、または痕跡的な白い点があるのを見いだしたが、この種では、羽衣にある種の変化が起こりつつあることの印なのかもしれない。雄の尾の中央の羽の白さには変異があるだろうと仮定すると、そのような変異に性淘汰がはたらくことには何の不思議もない。尾の先端が白いことは、白い耳羽とともに、アーガイル公爵(Duke of Argyll)の言うように[49]雄の美しさを確かに増強している。そして、スズドリの雄が雪のように白いことから推測されるように、他の鳥でも白い色は好まれているようだ。R・ヘロン卿の記述を忘れてはならない。すなわち、彼のクジャクの雌たちは、まだらの雄への接近を阻まれたときには、他のどの雄ともつがいになるのを拒み、その年は一羽もひなをかえさなかったのである。また、シロエンビハチドリの尾羽の変異が特別に装飾として選択されてきたというのも、おかしなことではない。なぜなら、その科のなかでこれと最も近縁な属であるテリオハチドリ属(Metallura)は、それらの羽の美しさによって命名されているからである。グールド氏（Mr. Gould）は、シロエンビハチドリの奇妙な羽衣について記述してから、「さまざまな装飾や変異が、それ自体で目的であることを、私は少しも疑っていない」[50]とつけ加えている。このことが認められるなら、最も優美で目新しい装飾で飾られた雄は、通常の存続のための争いにおいてではなく、他の雄との競争において有利にたち、その結果、彼らの新しく獲得した美を受け継ぐ子どもたちをより多く残したのだということが理解できるだろう。

原注

（1）ノルドマン（Nordmann）は（'Bull. Soc. Imp. des Nat.' Moscou, 1861, tome 34, p. 264）、アムールランドにおけるバルツェンについて記述している。彼は、そこには一〇〇羽以上の雄が集まっていると推定しているが、雌は周りの茂みに隠れているので、数えることができなかった。彼らのたてる音は、クロライチョウやライチョウのものとは異なる。

（2）上にあげたライチョウ類の集合については、ブレーム（Brehm）の 'Thierleben,' Bd. 4, S. 350 を参照。また、L・ロイド（L. Lloyd）の 'The Game Birds and Wild Fowl of Sweden and Norway,' 1867, pp. 19, 78. リチャードソン（Richardson）の 'Fauna Bor. Americana,' Birds, p. 362. 他の鳥の集合に関する引用文献は先にあげた通り。フウチョウ類については、ウォレス（Wallace）の 'Annals and Mag. of Nat. Hist.,' Vol. 20, 1857, p. 412. シギについては、ロイドの ibid., p. 221.

（3）T・W・ウッド氏（Mr. T. W. Wood）の 'The Student,' April, 1879, p. 125 に引用されている。

（4）Gould（グールド）, 'Handbook to the Birds of Australia,' Vol. 1, pp. 300, 308, 448, 451. 上に述べられているライチョウについては、ロイド（Lloyd）の ibid., p. 129 を参照。

（5）カササギについては、ジェンナー（Jenner）の'Phil. Transact.,' 1824, p. 21. Macgillivray（マクギリヴレイ）, 'Hist. of British Birds,' Vol. 1, p. 570. Thompson（トムソン）, 'Annals and Mag. of Nat. Hist.,' Vol. 8, 1842, p. 494.

（6）ハヤブサについては、トムソン（Thompson）の'The Nat. Hist. of Ireland: Birds,' Vol. 1, 1849, p. 39を見よ。フクロウ、スズメ、ウズラについては、ホワイト（White）の'Nat. Hist. of Selborne,' edition of 1825, Vol. 1, p. 139を参照。シロビタイジョウビタキについては、ロードン（Loudon）の'Mag. of Nat. Hist.,' Vol. 7, 1834, p. 245を参照。ブレーム（Brehm）も（'Thierleben,' Bd. 4, S. 991）、一日のうちに三回配偶したと思われる鳥のことを記述している。

（7）季節の早いうちに、雄のウズラの一団がいることについては、White（ホワイト）, 'Nat. Hist. of Selborne,' 1825, Vol. 1, p. 140を参照。私も、そのことを別の機会に聞いたことがある。ある種の鳥で、生殖器が未発達の状態にあることについては、ジェンナー（Jenner）の'Phil. Transact.,' 1824を見よ。三羽で住んでいる鳥に関しては、ホシムクドリとオウムについてはジェンナー・ウィアー氏、ウズラについてはフォックス氏による。ハシボソガラスについては、'Field,' 1868, p. 415. 季節が過ぎたあとも雄の鳥がさえずりを続けることについては、L・ジェニンズ師（Rev. L. Jenyns）の'Observations in Natural History,' 1846, p. 87を参照。

（8）O・W・フォレスター師（Rev. O. W. Forester）による確かな観察として、F・O・モリス師（Rev. F. O. Morris）が次のような例をあげている（'The Times,' August 6, 1868）。「猟場管理人が、今年ここで、中に五羽のひなのいるワシの巣を見つけた。彼は、そのうちの四羽を獲って殺したが、一羽は、親鳥を殺すためのおとりにするように、羽を切って残しておいた。次の日、このひなに給餌している間に親鳥は両方とも撃ち殺されたので、彼は、これで仕事は片づいたと考えた。翌日来てみると、思いやりのある二羽のワシが巣におり、みなしごを引き取るつもりでいた。この二羽も彼は殺して、巣を離れた。あとで戻ってみると、さらに別の二羽が同じような思いやりを見せて座っているのが発見された。彼は、その一方を殺し、もう一方も撃ったが発見できなかった。それ以上は、実りのない試みをしようとする鳥は来なかった」。

(9) 例えば、ヤーレル氏（Mr. Yarrell）は（'Hist. of British Birds,' Vol. 3, 1845, p. 585）、あるカモメが小鳥を与えられたが、それを呑み込むことができなかったときのことを述べている。「カモメはしばしじっとしていたが、急に理解したかのように、まっしぐらに水のところまで走っていき、羽がすっかり濡れるまで小鳥を水につけると、すぐにひと呑みにしてしまった。それ以来、彼は同じようなことがあるといつもそうしている」。

(10) 'A Tour in Sutherlandshire,' Vol. 1, 1849, p. 185.

(11) C・バクストン（C. Buxton）の "Acclimatization of Parrots," 'Annals and Mag. of Nat. Hist.,' November, 1868, p. 381.

(12) 'The Zoologist,' 1847-1848, p. 1602.

(13) 野生のカモに関するヒューイット（Hewitt）の記録は、'The Journal of Horticulture,' January, 1863, p. 39. 野生のシチメンチョウに関しては、オーデュボン（Audubon）の 'Ornith. Biography,' Vol. 1, p. 14. マネシツグミに関しては、ibid., Vol. 1, p. 110.

(14) 'Ibis,' Vol. 2, 1860, p. 344.

(15) ハチドリの飾られた巣については、Gould（グールド）, 'An Introduction to the Trochilidae,' 1861, p. 19. アズマヤドリに関しては、Gould, 'Handbook to the Birds of Australia,' 1865, Vol. 1, pp. 444-464. ラムゼイ（Ramsay）の 'Ibis,' 1867, p. 456.

(16) 'Hist. British Birds,' Vol. 2, p. 92.

(17) 'Zoologist,' 1853-1854, p. 3946.

(18) Waterton（ウォータートン）, 'Essays on Nat. Hist.,' 2nd series, pp. 42, 117. 次の記述については、ロードン (Loudon) のヒドリガモに関する論文 'Mag. of Nat. Hist.,' Vol. 9, p. 616; L・ロイド (L. Lloyd) の 'Scandinavian Adventures,' Vol. 2, 1854, p. 452; ディクソン (Dixon) の 'Ornamental and Domestic Poultry,' p. 137; Hewitt（ヒューイット）, 'Journal of Horticulture,' January 13, 1863, p. 40; Bechstein（ベックシュタイン）, 'Stubenvögel,' 1840, S. 230.

(19) Audubon（オーデュボン）, 'Ornitholog. Biography,' Vol. 1, pp. 191, 349; Vol. 2, pp. 42, 275; Vol. 3, p. 2.

(20) 'Rare and Prize Poultry,' 1854, p. 27.

(21)『飼育栽培下における動植物の変異』第二巻、一〇三頁。

(22) Boitard and Corbié（ボワタールとコルビエ）, 'Les Pigeons,' 1824, p. 12. プロスパー・ルーカス (Prosper Lucas) も ('Traité de l'Héréd. Nat.,' tome 2, 1850, p. 296)、ハトでほとんど同じような事実を観察している。

(23) 'Die Taubenzucht,' 1824, S. 86.

(24) 'Ornithological Biography,' Vol. 1, p. 13.

(25) 'Proc. Zool. Soc.,' 1835, p. 54. スクレイター氏は、コウライキジを別種に分類し、*Pavo nigripennis* と命名している。

(26) Rudolphi（ルドルフィ）, 'Beyträge zur Anthropologie,' 1812, S. 184.

(27) 'Die Darwin'sche Theorie und ihre Stellung zu Moral und Religion,' 1869, S. 59.

(28) クジャクの雌に関しては、R・ヘロン卿 (Sir R. Heron) の 'Proc. Zoolog. Soc.,' 1835, p. 54 と、E・S・ディクソン師 (Rev. E. S. Dixon) の 'Ornamental and Domestic Poultry,' 1848, p. 8 を参照。シチメンチョウについては、オーデュボン (Audubon) の ibid., p. 4. キバシオオライチョウについて

は、Lloyd（ロイド）, 'The Game Birds and Wild Fowl of Sweden and Norway,' 1867, p. 23.

(29) テーゲットマイヤー（Tegetmeier）の 'The Poultry Book,' 1866, p. 165 に引用されているヒューイット氏（Mr. Hewitt）。

(30) ロイド（Lloyd）の 'The Game Birds and Wild Fowl of Sweden and Norway,' p. 345 に引用。

(31) ブラシウス博士（Dr. Blasius）によれば（'Ibis,' Vol. 3, 1861, p. 297）、ヨーロッパで繁殖する鳥で、確実な種と見なされているものは四二五種あり、その他に、独立した種としばしば見なされるものが、あと六〇ある。後者のうち、本当に種として分類すべきだとブラシウスが疑っているものは一〇のみで、あとの五〇は最も近縁なものと統合されるべきだと考えている。しかし、このことは、ヨーロッパの鳥のいくつかには相当な変異があることを示している。いくつかの北アメリカの鳥が、それに対応するヨーロッパの種とは別個の独立した種であるかどうかも、博物学者の間で解決のついていない問題である。

(32)『種の起源』第五版、一八六九年、一〇四頁。私はかねてより、奇形と呼んでよいような、稀で、非常にはっきりした構造的逸脱は、自然淘汰で保存されることはほとんどなく、たとえ非常に有利な変異であったとしても、それが残されるかどうかは、大いに偶然によると考えてきた。また、私は、単なる個体変異が非常に重要だと認識してきたので、人が、最も望ましいと思う個体を繁殖させることにより、特にある系統の形質を変容させようという意図がなくても行ってしまう無意識の淘汰の重要性をこれほど強く主張してきたのである。しかし、これまでに読んだ総説のなかで最も有用だったものの一つである 'The North British Review' (March, 1867, p. 289) のすぐれた論文を読むまで、たった一個体に起こった変異は、それがどんなに顕著なものであるかどうかにかかわらず、保存される確率がいかに低いかを本当に認識してはいなかった。

(33) 'An Introduction to the Trochilidae,' p. 102.

(34) Gould（グールド）, 'Handbook to the Birds of Australia,' Vol. 2, pp. 32, 68.

（35）　Audubon（オーデュボン），'Ornitholog. Biography,' 1838, Vol. 4, p. 389.
（36）　Jerdon（ジャードン），'The Birds of India,' Vol. 1, p. 108; ブライス氏（Mr. Blyth）の'Land and Water,' 1868, p. 381.
（37）　Graba（グラバ），'Tagebuch, geführt auf einer Reise nach Färö,' 1830, S. 51-54. Macgillivray（マクギリヴレイ），'Hist. of British Birds,' Vol. 3, p. 745, 'Ibis,' Vol. 5, 1863, p. 469.
（38）　Graba（グラバ），ibid., S. 54. Macgillivray（マクギリヴレイ），ibid., Vol. 5, p. 327.
（39）　『飼育栽培下における動植物の変異』第二巻、九二頁。
（40）　これらの点については、『飼育栽培下における動植物の変異』第一巻、二五三頁、第二巻、七三、七五頁を参照。
（41）　例えば、Podica や Gallicrex の虹彩について、'Ibis,' Vol. 2, 1860, p. 206; Vol. 5, 1863, p. 426 を参照。
（42）　ジャードン（Jerdon）の'The Birds of India,' Vol. 1, pp. 243-245 も参照。
（43）　『ビーグル号航海記』一八四一年、六頁。
（44）　Monck pigeon の変種については、ベックシュタイン（Bechstein）の'Naturgeschichte Deutschlands,' Bd. 4, 1795, S. 31.
（45）　この木版画は、美しい原図から彫られたもので、トライメン氏（Mr. Trimen）のご厚意による。また、彼の'Rhopalocera Africae Australis,' p. 186 に載せられた、このチョウの羽の色彩と形における驚くべき変異の大きさについても参照のこと。鱗翅目の目玉模様の起源に関する、H・H・ヒギンス師（Rev. H. H. Higgins）の興味深い論文（'Quarterly Journal of Science,' July, 1868, p. 325）も参照。
（46）　Jerdon（ジャードン），'The Birds of India,' Vol. 3, p. 517.
（47）　『飼育栽培下における動植物の変異』第一巻、二五四頁。

(48)　セイランが翼の羽を扇のように広げて見せるときには、からだに最も近い部分を他の部分よりもまっすぐに立てるので、その効果を十分に発揮するためには、くぼみにはまったボールの目玉模様の影のつきかたは、羽ごとに光との関係で少しずつ異なるべきである。経験を積んだ画家の目を持っているT・W・ウッド氏（Mr. T. W. Wood）は（'Field,' Newspaper, May 28, 1870, p. 457）、まさにその通りだと述べている。しかし、二つの剝製（よりよい比較のため、そのうちの一つの羽をグールド氏から分けてもらった）を注意深く見比べてみたが、私にはそのような完全な色調は見て取れなかったし、私が見せた人も、誰もそれを見いだすことはできなかった。

(49)　'The Reign of law,' 1867, p. 247.

(50)　'An Introduction to the Trochilidae,' 1861, p. 110.

訳注

＊1　原文 "Solitary snipe" はアオシギで、現在の学名は *Gallinago solitaria* であるが、これはヨーロッパには分布していない。しかし、ダーウィンが引用しているのはロイドの *Game Birds of Sweeden* であるから、ヨーロッパに分布する鳥に違いない。だとすると、Snipe, Jack snipe, Great snipe しかない。学名から、ここで述べられているのは Great snipe、和名ではヨーロッパジシギ（*Gallinago nedia*）である。

＊2　現在の学名は *Menura novaehollandiae*.

＊3　現在の学名は *Pica pica*.

＊4　現在の学名は *Asio flammens*.

＊5　現在の学名は *Phoenicurus phoenicurus*.

＊6　現在の学名は *Anas acuta*.

＊7　現在の学名は *Tadorna tadorna*.

＊8　現在の属名は *Carduelis* とされる。

＊9　現在の学名は *Branta canadensis*.

＊10　現在の学名は *Euplectes progne*.

＊11　動物の雌が実際に配偶者の雄を選んでいることは、ダーウィン以後、長い間立証されなかった。一九八一年に、雌の選り好みが存在することを最初に確実に立証した研究が発表されたが、その対象が、このコクホウジャクである。繁殖期に伸びる雄の尾羽に操作を加えたところ、雌たちは、尾を長くされた雄を好んだのである。

＊12　現在の学名は *Clangula hyemalis*.

＊13　ダーウィンは、雌による選り好みが生じるためには、雌に雄の美を理解する審美眼がなければならず、また、雌が特定の雄に対して強い愛情や嫌悪の情を抱くことができねばならないと考えていたので、何とかして鳥類の雌がそうであることを示そうとしている。雌による選り好みの存在が、長い間受け入れられなかった原因の一つは、この議論の展開にあった。しかし、現在では、審美眼その他を仮定しなくても、選り好みは生じることがわかっており、むしろ雌が選り好みをすることによってどのような適応的有利さがあるのか、どのような進化的プロセスによって雌の選り好みと雄の性的形質が進化していくのかについて、数理モデル、実証研究の両面からさかんに研究されている。

＊14　現在の学名は *Piranga olivacea*.

＊15　現在の学名は *Pernis ptilorhynchus*.

＊16　現在の学名は *Uria aalge*.

＊17　現在ではセイタカコウ属の学名は、ふつう *Ephippiorhynchus* が用いられる。

＊18　サカツラガンのくちばしにこぶはない。ガチョウとの雑種（第一四章、「特定の雄に対する雌の選り

好み」に前出）のことか。

＊19　第一章の訳注＊7参照。主に、現代の言葉でいうところの狩猟採集民を指している。

＊20　現在の学名は *Polyplectron emphaum.*

＊21　現在では使われていない学名。何を指しているのかは不詳。記述からエボシコクジャクとも思われるが、本書ではエボシコクジャクには *P. malaccense* の学名があてられている。

＊22　現在の学名は *Polyplectron bicalcaratum.*

＊23　現在の学名は *P. malacense.*

第一五章　鳥類（続き）

なぜ、ある種では雄だけが鮮やかな色彩をしており、他の種では両性がともにそうであるのかについての議論－さまざまな構造や鮮やかな色彩の羽衣に関する、性に限定された遺伝について－色彩と関連した営巣－冬の間に婚姻色がなくなること

本章では、なぜ多くの鳥では雌も雄と同じような装飾を身につけてはいないのか、なぜその他の多くの鳥では両性がまったく、またはほとんど同じように飾られているのかについて考察する。これに続く章では、なぜいくつかの稀な例では、雌が雄よりも顕著な色彩をしているのかを検討することにしよう。『種の起源』において私は、[1]クジャクの雄のような長い羽があったなら、抱卵中の雌には邪魔であろうし、キバシオオライチョウの雄のように目立つ黒い色をしていたなら、抱卵中の雌にとっては危険であろうから、その結果として、このような形質が雄から雌の子に受け継がれることは、自然淘汰によって止められるだろうと簡単に述べておいた。私はいまでも、いくつかの少ない例ではそうだったかもしれないと考えているが、私が集めることのできた

すべての事実を十分に吟味したあとでは、雌雄が異なるときには、世代を経ての変異の遺伝は、最初にその変異が現れた方の性の個体にのみ伝わるようにはじめから限定されていたのだという考えに傾いてきている。私の考えが世に出てから、性的な色彩については、ウォレス氏（Mr. Wallace）がいくつかのたいへん興味深い論文の中で論じている。[2]彼は、ほとんどすべての場合において、変異は最初は両性に同等に伝えられたのだが、雌は、抱卵中に遭遇する危険のために雄のような目立つ色彩を身につけることを免れたと考えている。

この見解を採るためには、最初は両性に同等に伝わっていた形質の遺伝が、のちに淘汰のはたらきによって一方の性のみへの遺伝に限定されるようになるのかという難しい問題について、長々と議論せねばならない。性淘汰に関して暫定的に述べた章で示したように、どちらか一方の性だけに発達が限られている形質は、常に他方の性にも潜在的に存在することを覚えておかねばならない。この問題がどれほど難しいか、架空の例で考えてみると助けになるだろう。いま、ハトの愛好家が、雄だけが薄い青色で、雌はもとのスレート色を保持しているような品種をつくろうとしたとしよう。ハトでは、すべての形質はたいてい両性に同等に伝えられるので、愛好家は、この遺伝様式を性に限定された遺伝様式へと変更させねばならない。彼ができることといえば、すべての雄のなかから最も薄い青色をした雄を選ぶことを辛抱強く続けることしかないが、これを長いこと続け、薄い青色が強く遺伝されたり、しばしば再発現したりするのであれば、このような過程を経て出てくる自然の結果は、系統全体を薄青色にしてしまうことだろう。しかし、この愛好家は雌をスレート色のままにしておきたいので、何世代も何世代も、薄青い雄をスレート色の雌と交配させることにこだわり続けるに違いない。その結果、一般的には、まだらの雑種ができることになるだろうが、原始的なスレート色が非常に強く伝わる傾向があるため、急速に薄青色が完全に失われてしまうことの方が起こりやすいだろう。しかしながら、続く各世代で薄青の雄とスレート色の雌とが必ずいくらか出現し、それらどうしを常に交配させたなら、スレートの雌は、その父親も祖父も曾祖父も青い鳥だったのだから、こういう表現を使ってよいなら、どんどん青い血〔貴族のこと〕になっていくだろう。そういう状況であれば（といっても、それが可能だということを示す事実を私はまったく知らないが）、スレート色の雌は薄青を潜在的に持つ力が非常に強くなるため、雄の子どもは青くなるが、雌の子どもはスレート色のままであるというところまで行くかもしれない。そうなれば、両性が常に違う色であるような品種をつくりたいという愛好家の望みはかなったことになる。

この例では、薄青という望ましい形質は、雌のなかに潜在的な形で存在するからこそ、雄の子にその色が損なわれずに出てこられるということが非常に重要であること、またはそれが必須であることは、次のように考えればよく理解できるだろう。ヤマドリの雄の尾羽の長さは三七インチ〔約九五センチメートル〕だが、雌のそれはたった八インチ〔約二〇センチメートル〕である。コウライキジの雄の尾羽はおよそ二〇インチ〔約五〇センチメートル〕だが、雌のそれは一二インチ〔約三〇センチメートル〕である。さて、もしも、短い尾を持ったヤマドリの雌を、コウライキジの雄と交配させると、雑種の雄の子は、純粋のコウライキジの雄の子よりずっと長い尾を持って生まれてくるに違いない。一方、ヤマドリの雌の二倍近くも長い尾を持ったコウライキジの雌をヤマドリの雄と交配させると、その雑種の雄の子は、純粋なヤマドリの雄の子よりずっと短い尾を持つことになるだろう。[3]

われわれの愛好家は、薄青色の雄と、色の変わらない雌との新しい品種を確実につくるためには、何世代にもわたって雄を選択し続けていかねばならず、しかもどの薄青さの段階でも雄の青い色は雄に限定され、雌には潜在的に隠されていなければならなかった。これは非常に困難な仕事に違いなく、それが試みられたことはないが、できないことはないかもしれない。主要な障害は、スレート色の雌に青い子を生み出す潜在的傾向がはじめから存在せず、そのような雌とたびたび交配させる必要があることから、すぐにも青い色が完全に失われてしまうことであろう。

一方、青さの程度において一羽か二羽の雄がほんのわずか異なり、その変異がはじめから雄にのみ伝えられるように限定されていたならば、そのような雄を単純に選んでふつうの雌と交配させていけばよいので、望むような新しい品種をつくり出すのは簡単なことに違いない。雄だけに黒い縞のあるベルギーのハトの品種があるので、[4] 実際にそれに似た例は存在する。ニワトリでは、色の変異が雄だけに限定されて遺伝することは始終起こっている。このような遺伝様式が優勢であるときでさえ、その後の段階における変異のいくつかが雌にも伝えられ、そのような雌がほんの少しだけ雄に似るようになることは起こり得るのであり、事実、ある種の品種ではそうである。さらにまた、続く変異のすべてではなくても多くが両性に伝えられ、雌が非常に雄に似るようになることもある。ハトのパウターの雄の嗉嚢（そのう）が雌のそれよりもほんの少し大きく、伝書バトの雄の肉垂れが雌のそれよりもほんの少し大きいのがこの理由によることは間違いないだろう。なぜなら、愛好家はどちらかの性の方を強く選択してきたわけではなく、これらの形質が雌よりも雄の方に強く現れることを望んでいたわけでもないが、両種ともにそうなっているからである。

雌のみに新しい色彩が出るような品種をつくろうとしても、まったく同じ過程が必要であり、同じ困難が伴うに違いない。

最後に、われわれの愛好家が、雌雄の色がたがいに異なり、さらに雌雄ともにもとの品種とも色の異なる新しい品種をつくろうとしたとしよう。これはたいへんに難しいだろうが、はじめから、両性ともに自分の性のみに限られた変異を持っていれば簡単であるに違いない。このことはニワトリで見られる。筆模様のあるハンブルグ種は、雌雄がたがいに大きく異なり、両性ともに、原種のセキショクヤケイ（*Gallus bankiva*）とも異なる。そして現在では、持続的な人為淘汰によって、雄と雌のそれぞれ異なる形質が素晴らしい状態で安定に保たれているが、雌雄それぞれに特徴的な形質が自分の性だけの遺伝に限定されていなかったなら、このようなことは不可能だったろう。スペイン種は、もっと奇妙な例である。雄は巨大な鶏冠を持っているが、雌も祖先種の雌に比べれば数倍も大きな鶏冠を持っているので、それが獲得されるに至るまでに蓄積されてきた変異のいくつかは雌にも伝えられてきたようだ。しかし雌の鶏冠は、ある一点で雄のそれとは非常に異なる。それは垂れ下がる傾向があるのだ。そこで近年愛好家が、常にそうなっているようにしたいと考えたが、それはすぐに達成されたのである。ここで、鶏冠の垂れ下がりは性に限定されて遺伝するに違いない。そうでなければ、雄の鶏冠がぴんと立つという形質が失われることになり、そんなことは愛好家が大いに嫌うだろうからだ。一方、雄の鶏冠がぴんと立っていることも、雄にのみ限定された遺伝であるに違いない。そうでなければ、雌の鶏冠が垂れ下がることはないだろうからである。

ここまでに述べた事実から、もしも無限に近い時間を使えたとしても、淘汰によってある一つの遺伝形式を他の遺伝形式に変えることは、まったく不可能ではないにしても、極端に難しく複雑なプロセスであることがわかるだろう。それゆえ、それぞれの例についてはっきりした証拠がない限り、野生の種でこのようなことがしばしば起こってきたとは、私には認めがたい。一方、はじめからどちらかの性に限定された遺伝様式のもとで変異が存在したなら、次々と変異を重ねることによって、雄の鳥の色彩やその他の形質を雌とは非常に違ったものにしていくことは、少しも困難ではないはずだ。その場合、雌はまったく変わらないか、少しだけ変わるか、または保護のために特別に変容するかのどれかだろう。[*1]

鮮やかな色は、他の雄との競争において役に立つので、それが同性のみに限定されて遺伝するものであろうがなかろうが、そのような色彩は淘汰で残されていくだろう。その結果、雌も雄のような色の鮮やかさを多かれ少なかれ持つことになると考えられ、また、このようなことは多くの鳥で生じている。それぞれの変異がすべて両性に同等に伝えられたなら、雌は雄と区別がつかなくなるに違いないが、このこともまた、多くの鳥類で起こっている。しかしながら、多くの地上性の鳥がそうであるように、もしも地味な色合いが抱卵中の雌の安全にとって非常に重要であるなら、色の鮮やかさが変異している雌、つまり、雄からの遺伝によって鮮やかさが顕著になったような雌は、遅かれ早かれ死滅してしまったに違いない。しかし、雄が自分の美しさを雌の子にもずっと伝えていく傾向は、遺伝様式が変化することによって取り除かれねばならないだろうが、先に論じたように、これはたいへん困難なことである。同じ遺伝様式がずっと続くと仮定すれば、長期にわたって、より鮮やかな色をした雌が常に取り除かれていく結果は、雄が常により地味な雌と交配することになるため、雄の鮮やかさ自体が薄れるか、失われてしまう可能性の方がずっと高い。これ以外にあり得るすべての結果を取り上げるのは退屈なことだろう。しかし私は、第八章で示したように、もしも雌だけに限定された鮮やかさの変異が生じ、そして、それが雌にとって少しも不利なことではなく、その結果除かれていくことがなかったとしても、それが特に淘汰上有利になることはないという点に読者の注意を喚起しておきたい。なぜなら、たいていの場合、雄はどんな雌でも受け入れるので、より魅力的な雌を選ぶということがないからである。その結果、そのような変異は失われやすく、品種の形質には何の影響も与えないだろう。そしてこのことが、ふつうは雄よりも雌の方が鮮やかではないことに一役買っているのだろう。

いま述べた第八章では、ある特定の年齢になると現れ、その年齢のときにのみ現れるように遺伝する形質の例をあげたが、まだまだ多くの例をつけ加えることができる。そこではまた、生活史のあとの方になって出現する変異は、それが最初に出現した性にのみ伝達されるのがふつうであるが、生活史の早いうちに現れる変異は両性に伝達される傾向があることも述べた。しかし、性に限定された遺伝のすべての例が、このように説明されるわけではない。さらに、もしも雄の鳥が若いうちに鮮やかな色を身につけるような変異を起こしたとしても、繁殖が始まり、他の雄との競争にさらされるようになる前には、そのような色彩は何の役にも立たないに違いないこともすでに示した。しかし、地上に住んでいて、地味な色でより守られねばならないような種では、鮮やかな色をしていることの危険は、おとなの雄でよりも、若くて未経験な雄における方がずっと大きいだろう。その結果、若いうちに色に鮮やかな変異を起こすような雄はずっと死にやすくなり、自然淘汰によって取り除かれてしまっただろう。一方、ほとんど成体になったときにそのような変異を起こした雄は、少しはよけいな危険にさらされるようになるとしても生存するに違いなく、性淘汰で有利になることを通じて、同じような子を増やしていくことができるだろう。変異が起こる時期と変異の遺伝の様式との間には関連があるという原理のもとで、鮮やかな色をした若い雄が死んでしまい、そのような成体の雄が求愛において成功するということによって、多くの鳥類において雄のみが鮮やかな色彩を獲得し、それを雄の子のみに伝えるということが説明できるかもしれない。しかし私は、遺伝の様式に対する年齢の影響が、多くの鳥に見られる雌雄の間の鮮やかさの大きな違いを生み出している、唯一の間接的な原因だと主張するつもりは毛頭ない。

雌雄の色彩が異なるすべての鳥において、雄だけが性淘汰によって変容し、雌は、性淘汰のはたらきに関する限りは、まったく、またはほんの少ししか変化せずに残されてきたのか、それとも、雌の方が保護のために特別に自然淘汰によって変化してきたのかというのは、興味深い問題である。私はそれについてかなり長く論じようと思う。この問題が本来持っている重要性以上に長く扱うことになるかもしれないが、それは、これに伴うさまざまな枝葉の問題も、一緒に都合よく論じることができるからである。

色彩に関する問題、もっと厳密に言うと、ウォレス氏の結論に関連した問題に入る前に、雌雄の間の他の違いについて、同様の視点から論じておくのが有効かと思う。昔、ドイツには、雌鳥もけづめを持っているニワトリの品種があった[5]。彼女たちはよく卵を産んだが、けづめで巣を壊してしまうことがあまりにも多かったので、自分の卵を抱卵させるわけにはいかなかったのである。そこで、私は、野生のキジ科において、雌がけづめを持つと巣を壊すことになるという理由で自然淘汰がはたらいた結果、雌のけづめの発達が抑えられたのではないかと思ったことがあった。翼に生えた爪の場合には、営巣に悪い影響を与えることはないと考えられ、事実それは雌にも雄と同じくらいよく発達していることがしばしばあるということは、この考えをさらに裏づけるもののように思えた。ただし、少なからぬ例において、翼に生えた爪も雄の方が雌よりもいくらか大きい。雄の足にけづめがある場合、雌はほとんど常にその痕跡を残しており、それは Gallus 属の種では、単なる鱗にすぎない場合もある。そこで、雌ももともとはよく発達したけづめを備えていたのだが、それが不使用や自然淘汰のはたらきによって失われたのだと論じることができるかもしれない。しかし、もしもこれが認められるなら、それは他の数えきれないほどの形質にも拡張されねばならないだろう。そして、けづめを持っている現生種の祖先の雌は、昔は非常にやっかいで危険な付属物をみなが持っていたことになる。

ケヅメシャコ属（Gallopedrix）、Acomus属そしてマクジャク（*Pavo muticus*）[*2]のようないくつかの属や種では、雌も雄と同様によく発達したけづめを備えている。この事実から、彼らはその近縁種とは異なり、けづめを持っていても害にならないようなタイプの巣をつくるのであり、そのためにけづめを捨てる必要がなかったと推論するべきなのだろうか？それとも、これらの種の雌たちは、特別に防御のためにけづめを必要としたのだと推論するべきだろうか？　これらよりずっとありそうな答えは、雌にけづめがあったりなかったりするのは、自然淘汰とは関係なく、その種に優先的な遺伝の様式の違いによってもたらされているというものである。けづめが痕跡的になっている多くの種の雌では、雄にけづめを発達させた変異のいくつかが雄の生活史の早いうちに生じ、その結果として雌にも伝えられたと考えてもよいだろう。雌が完全に発達したけづめを持っているような、非常に稀な例では、すべての変異が雌にも伝わったのであり、そのあとで、彼女たちは巣を乱さないような習性を徐々に獲得したのだと結論できるだろう。

発声器官や、さまざまな音を発生させるように変形した羽は、それを使おうとする本能とともに雌雄でしばしば異なっているが、同じである場合もある。この差異は、雄はこのような器官や本能を獲得したが、そのようなものを持つと捕食者に見つけられる危険が増すということから、雌はそれらを受け継がなかったからだと説明されるのだろうか？　このことは、春になると、何百という鳥がその美しい歌声で国じゅうを楽しませ、別にそれで害を得ているわけでもないらしいことを考えると、私にはあり得ないことのように思われる。[6]　発声のためや楽器としての器官[*3]は、求愛の時期の雄だけにとって特別に役立つものなので、それらは性淘汰を通じて発達し、それが雄のみによって使われ続け、その遺伝ははじめから雄のみに限定されていたため、続く変異は雄の子のみに伝えられたと考える方がずっと確かな結論であろう。

これと類似の例は、いくらでもあげることができる。例えば、頭部の羽は、ふつうは雄の方が雌よりも長いが、ときには両性で同じ長さであることもあり、ときには雌にはまったくないこともある。これらの変異は、同じ一つの鳥類分類群のなかで見られることもある。雌雄の間のこのような違いを、雌が少しばかり短い冠を持っていた方が有利だったので、自然淘汰によってそれがどんどん短くなったり、まったくなくなったりしたのだと説明するのは困難だろう。しかし、もっと自然淘汰が当てはまりそうな例、すなわち、尾の長さを取り上げてみよう。クジャクの雄の長い上尾筒は、雌にとっては、抱卵したり、ひなの世話をしたりするときに不便であるばかりか、危険でもあるに違いない。そこで、雌の尾が長くなることに対して自然淘汰の歯止めがかかっていたということに関して、先験的な不可能性は少しも存在しない。しかし、さまざまなキジ科の雌はどれも地上に巣をつくるので、クジャクの雌と同じくらい危険にさらされているに違いないが、かなりの長さの尾を持っている。コトドリ（*Menura superba*）では、雄ばかりでなく雌も長い尾を持っており、こんな大きな鳥にしては珍しく、ドーム状の巣をつくる。博物学者たちは、雌がそんな長い尾を持ちながらどうやって抱卵するのかと疑問に思ってきたが、今では以下のことが知られている。[7] 雌は、「頭から先に巣に入り、ときには尾を自分の背中の上にかぶせることもあるが、ふつうは尾をからだの横に束ねて、くるりと振り向く。そこで、尾は横に曲がってしまうことになり、その度合いで、その雌がどれほど長く巣についていたかがかなりよくわかるくらいだ」。オーストラリアのシラオラケットカワセミ（*Tanysiptera sylvia*）では、両性ともに尾の中央の羽が非常に長く伸びている。雌は穴の中に巣をつくるが、R・B・シャープ氏（Mr. R. B. Sharpe）に聞いたところによると、営巣中にこれらの羽はずいぶんとしわになってしまうのだそうだ。

これら二つの例では、非常に長い尾羽は雌にとってある程度不便であるに違いなく、どちらの種においても雌の尾羽の方が雄よりも少しは短いので、その十分な発達は自然淘汰によって止められているのだと論じることもできるだろう。これらの例から判断するに、クジャクの雌の尾の発達に、それが本当に不便になったり危険になったりするほど長くなったときに初めて歯止めがかかってきたのであれば、雌たちはいま実際に持っているよりずっと長い尾を持っていてよいはずだと考えられる。なぜなら、彼女たちの尾は、からだの大きさに比べて、他の多くのキジ類の雌ほどにも長くはないし、シチメンチョウの雌より長いこともないからである。また、考えておかねばならないのは、クジャクの雌の尾羽が危険なほど長くなり、その結果として尾の発達に歯止めがかかったという考えを採るなら、雌たちは常に雄の子にはたらきかけることによって、クジャクの雄が今のような大きな飾り羽を獲得するのを阻止したはずであるということだ。それゆえ、クジャクの雄の尾が長く、雌の尾が短いことは、最初から雄の変異は雄の子にしか伝えられなかったという、変異の性質に必然的に由来する結果だと推論してよいだろう。

さまざまなキジ類の尾の長さについても、ほとんど同じ結論に達することになる。アオミミキジ（*Crossoptilon auritum*）では、雄と雌の尾の長さは一六インチか一七インチ〔約四〇～四三センチメートル〕で同じである。コウライキジでは、雄の尾羽はおよそ二〇インチ〔約五〇センチメートル〕、雌のそれは一二インチ〔約三〇センチメートル〕である。ヤマドリでは、雄が三七インチ〔約九〇センチメートル〕であるのに対し、雌はたったの八インチ〔約二〇センチメートル〕である。最後に、オナガキジでは、ときには雄の尾が七二インチ〔約一・八メートル〕にもなることがあるが、雌のそれは一六インチ〔約四〇センチメートル〕である。このように、いくつかの種では、雄の尾の長さとは無関係に、雌の尾の長さにたいへんな変異があるのだが、このことは遺伝の法則によるとする方がずっとよく説明できると私には思われる。つまり、尾が長いことが、ある種の雌にとっては非常に不利であり、他の種の雌にとってはそれほど不利ではなかったために自然淘汰がはたらいたというよりも、変異が最初から多少なりとも雄のみへの伝達に限られていたということの方が、ずっとあり得るように思われるのである。

さて、ここで、鳥の性的な色彩に関するウォレス氏の議論を考察することにしよう。彼は、もともと性淘汰によって雄に獲得された鮮やかな色彩は、すべてまたはほとんどの例で、自然淘汰によって雌への伝達が阻まれない限り、雌にも伝えられたはずだと考えている。このことを示すような多くの例は、爬虫類、両生類、魚類、鱗翅目であげられているということを、ここで読者のために述べておこう。ウォレス氏がそう考える主な理由は、[8]それがすべてではないが、次の章で検討するように、両性がともに鮮やかな目立つ色で飾られている種では、巣は、そこで抱卵している鳥を隠すようにつくられているが、雌雄の色彩に顕著な差が見られるときには、雄の色彩が派手で雌が地味であり、巣は、抱卵している鳥がよく見えるような開けたところにさらされているということにある。この偶然の一致は、それに関する限りでは、開けた巣で抱卵する雌は特別に保護のために変容してきたという考えを確かに支持している。ウォレス氏は、当然ながら彼の二つの法則には例外が存在することを認めているが、問題なのは、例外があまりにも多いため、法則自体が無効にならないかどうかである。

まず第一に、ドーム型の巣は、開けたところにつくられた小さな巣よりも、特に木の上を渡り歩く肉食性の動物に見つかりやすいというアーガイル公爵（Duke of Argyll）の指摘には、[9]十分な真実がある。また、開けた地上に巣をつくる鳥の多くでは、雌と同様に雄も抱卵してひなに給餌するということも忘れてはならない。例えば、合衆国の最も美しい鳥の一つである、雄が朱色で雌が明るい緑褐色のアオボウシインコ（*Pyranga aestiva*）でもそうだ[10]。さて、開けた巣についているときに、鮮やかな色が特別に危険であるなら、これらの種の雄は、たいへんな不利をこうむってきたに違いない。しかしながら、鮮やかな色彩をしていることは、競争者を打ち負かすために雄にとって何よりも重要であるので、いくらかの危険がつきまとっても、それを補って余りあるのではないだろうか？

ウォレス氏は、オウチュウ（Dicrurus）、コウライウグイス、ヤイロチョウのなかまでは、雌が目立つ色をしているにもかかわらず、開けた場所に巣をつくることを認めている。しかし、彼は、最初のグループは非常に攻撃的なので自分の身を守ることができるだろうし、第二のグループは開けた巣を細心の注意を払って隠すのだと主張している。しかし、これは一般的に当てはまることではないだろう[11]。また、第三のグループでは、雌のからだで鮮やかな色をしているのは、主にからだの下面だと述べている。これらの例のほかに、ハトという大きな科の全体はほとんど常に美しく、ときには目を見張るような色彩をしており、捕食性の鳥にしばしば襲われるので有名だが、彼らはこの法則の重大な例外である。すなわち、ハトは常に開けたところに目立つ巣をつくるからである。もう一つの大きなグループであるハチドリは、すべての種が開けたところに巣をつくるが、そのなかの最も豪華な色彩の種は、雌雄が類似している。そして、そのほとんどでは、雌は、雄ほどではないにしても、たいへん美しく飾られている。さらに、美しく飾られた雌のハチドリは、その緑の色合いによって捕食を免れていると主張することもできない。なぜなら、彼女たちのなかには、羽の上面が赤、青、その他の色で飾られているものがあるからだ[12]。

穴を掘ったりドーム状の巣をつくったりする鳥に関しては、隠れること以外にも、ウォレス氏があげているように、例えば雨露をしのぐこと、より暖かいこと、暑い国では太陽光線から守られることなどの利点がある[13]。したがって、両性とも地味な色合いをしている鳥の多くが隠れた巣をつくるといっても、彼の見解に対する重大な反論にならないのは確かである[14]。例えば、インドやアフリカのサイチョウ属（*Buceros*）は、営巣期間中は雄が雌を異常な熱心さで守る。というのは、雌が抱卵している木の穴を雄が小さな穴を残してふさいでしまい、そこを通して雄が雌に餌を運ぶのだ[15]。このようにして、雌は、抱卵の期間中ずっと閉じ込められてしまうのである。それでも、サイチョウの雌は、同じような大きさの、開けたところに巣をつくる他の多くの鳥に比べて、特別に派手な色彩をしているわけではない。ウォレス氏の見解に対するもっと重大な反論は、彼自身が認めているように、雄が鮮やかな色彩をして、雌が地味な色をしているにもかかわらず、雌がドーム状の巣で抱卵する種があることである。オーストラリアのツチスドリ属（Grallinae）、同国のオーストラリアムシクイ属（Maluridae）、タイヨウチョウ属（Nectariniae）、そしてオーストラリアのミツスイ属（Meliphagidae）の数種がそうである[16]。

英国の鳥を見てみると、雌の色彩と雌がつくる巣の性質との間には特別の一般的な関係はないことがわかる。英国の鳥のおよそ四〇種が（自分で身を守ることのできる大型種は除く）、川岸、岩、木などの穴に巣をつくったり、ドーム状の巣をつくったりする。ゴシキヒワ、ウソ、クロウタドリなどの雌を標準的な雌の目立ち具合とし、このくらいでは抱卵中の雌にとってそれほど危険ではないと仮定すると、先の四〇種の鳥のうちたった一二種の雌だけが危険なほど目立つと考えられ、あとの二八種はそれほど目立つわけではない(17)。さらに、両性の間の違いが非常に顕著であるかどうかと、巣がどのような特徴を持っているかということの間にも、緊密な関係はまったく見られない。すなわち、イエスズメ（*Passer domesticus*）の雄は雌と非常に異なり、雄のスズメ（*P. montanus*）は雌とほとんど変わらないにもかかわらず、両種ともよく隠された巣をつくる。ごくふつうに見られるハイイロヒタキ（*Muscicapa grisola*）*4は雌雄の区別がほとんどつかず、マダラヒタキ（*M. luctuosa*）*5は雌雄が非常に異なるが、両者はともに穴に巣をつくる。クロウタドリ（*Turdus merula*）の雌は雄と非常に違うが、クビワツグミ（*T. torquatus*）の雌は雄とそれほど違わない。そして、ふつうのワキアカツグミ（*T. musicus*）*6では、雌雄はほとんどまったく同じである。それにもかかわらず、これらすべては開けた場所に巣をつくるのだ。一方、それほど遠い関係でもないムナジロカワガラス（*Cinclus aquaticus*）はドーム状の巣をつくるが、クビワツグミと同じくらい雌雄は異なる。クロライチョウとアカライチョウ（*Tetrao tetrix, T. scoticus*）は、両者とも、同じくらいよく隠された場所に開けた巣をつくるが、クロライチョウでは雌雄が非常に異なるが、他方はほとんど変わらない。

　以上のような反論にもかかわらず、ウォレス氏の素晴らしい論文を読んだあとでは、世界の鳥を見て、雌が目立つ色彩をしている種の多くは（この場合、稀な例外を除いて、雄も同じように目立つ色彩をしている)、保護のために隠れた巣をつくるというのは、その通りだと私は思う。ウォレス氏は、その法則がなりたっているグループの例を数多くあげているが[18]、ここでは、カワセミ、オオハシ、キヌバネドリ、オオガシラ(Capitonidae)、エボシドリ(Musophagae)[*7]、キツツキ、そしてオウムといった、よく知られたグループをあげておけば十分であろう。ウォレス氏は、これらのグループでは、雄がその鮮やかな色彩を徐々に性淘汰によって獲得するにつれて、それが雌にも伝えられたが、彼らの巣はすでに十分に保護されていたので、雌の色彩が自然淘汰によって取り除かれることはなかったと考えている。この見解によれば、彼らの現在の営巣の様式は、彼らが現在の色彩を獲得するよりも前に獲得されていたことになる。しかし、私には、これらのほとんどの場合において、雌が雄の色彩を受け継ぐことによってだんだん鮮やかな色になっていくにつれ、彼らは徐々に本能を変えるように迫られ(彼らがもとは開けた場所に巣をつくっていたと仮定すると)、ドーム状の巣をつくったり、隠れた場所に巣をつくったりするようになったのだと考える方が、あり得ることのように思われる。例えば、北アメリカと南アメリカでは同じ種が異なる巣をつくることを示したオーデュボン(Audubon)の論文[19]を読むと、鳥が(この言葉の厳密な意味において)まったく偶然に習性を変えることによって、または本能の自発的な変異に対する自然淘汰のはたらきを通じて、営巣習性が簡単に変わるということを認めることには、何の困難もないように思われるのである。

雌の鮮やかな色彩と営巣習性との間の関係をこのように解釈することは、それがなりたつ限りにおいては、サハラ砂漠での類似の例から、ある程度それを支持する証拠があるといえる。サハラでは、他のほとんどの砂漠地帯と同様、さまざまな鳥や多くの他の動物が、彼らを取り巻く環境の色合いに合うように驚くほどの色彩の適応を遂げている。それにもかかわらず、トリストラム師から聞いたところによると、ここにも例外があるようだ。例えば、イソヒヨドリ（*Monticola cyanea*）[*8]の雄は鮮やかな青で非常に目立ち、雌も茶色と白の斑点のある羽だが、同じくらいよく目立つ。サバクヒタキ属（Dromolaea）[*9]の二つの種では、両性ともに光沢のある黒である。そこで、これら三種の鳥は、その色彩によって保護されることはほとんどないと言えるのだが、彼らは危険が迫ると地面の穴や岩の割れ目に身を隠す習性を持っているため、生き残ることに成功している。

雌が目立つ色をしており、隠れたところに巣をつくるという、先に特定したグループの鳥に関していえば、それぞれ個々の種が、その営巣の本能を特別に変容させたと仮定する必要はない。ただ、それぞれのグループの初期の祖先が、徐々にドーム状または隠された巣をつくるように変わり、のちにこの本能を、鮮やかな色彩とともに子孫に伝えたと考えればよい。この結論は、それを信用してよいものなら、たいへん興味深い。つまり、性淘汰と、両性に同等またはほとんど同等に伝わる遺伝とが一緒になって、あるグループの鳥全体の営巣習性を間接的に決めていることになるからだ。

ウォレス氏によれば、隠れたところに巣をつくるので雌が守られているため、自然淘汰によって雌の鮮やかな色彩が取り除かれなかったとされるようなグループでさえ、雄はしばしば雌とはわずかに異なり、ときには大きく異なる。これは重要な事実である。というのは、色彩のそのような差異は、特にそれがほんのわずかであれば、雌にとって保護の役割を果たしているとはとても主張できないので、それは雄間の変異の遺伝が最初から雄のみに限定されていたという原理で説明されるべきだからである。すなわち、素晴らしい色をしたキヌバネドリ属のすべての種は、穴に巣をつくる。グールド氏（Mr. Gould）[20]は、そのうちの二五種について雌雄両方の図を描いているが、一つの半ば例外的なケースを除くすべてにおいて、雌雄の色彩は、ある場合にはわずかに異なり、また別の場合には顕著に異なる。雌もたいへん美しいのだが、雄の方が常にもっと美しい。カワセミ属のすべての種は穴に巣をつくり、その大部分は雌雄が同等に美しい。ここまでは、ウォレス氏の法則はよくあてはまっている。しかし、オーストラリアの種のなかには、雌が雄よりも鮮やかでないものがあり、非常に美しい色をした一種では、雌雄があまりにも異なるので、初めは異なる種だと思われていたくらいである。[21]このグループについて特に研究を行ったR・B・シャープ氏は、雄の胸に黒い帯のあるアメリカのヤマセミ属[*10]（Ceryle）のいくつかの種を私に見せてくれた。さらに、カザリショウビン属（Carcineutes）では、雌雄の差異が顕著である。雄は背側が鈍い青色に黒の縞で、腹側は一部が淡黄褐色、頭部には赤い部分がある。雌は、背側が赤茶色に黒の縞、腹側は白地に黒の斑点である。これは、同じ特徴的なタイプの性的な色彩が、しばしば近縁な種に共通の特徴として見られるということを示すおもしろい事実である。すなわち、ワライカワセミ属（Dacelo）の三種では、雄の尾羽が鈍い青に黒の縞であるが、雌のそれは茶色に黒っぽいバンドがあるという点でのみ雌雄が異なっている。つまり、ここで雌雄の尾に見られる色の違いは、カザリショウビン属の雌雄の背側全体で見られる違いとまったく同じなのである。

オウムも同様に穴に巣をつくるが、ここでも類似の例を見ることができる。ほとんどの種では、雌雄はともに美しい色をしていて区別がつかないが、少なからぬ種で、雄の方が雌よりもっと鮮やかであり、かなり異なるものもある。すなわち、キンショウジョウインコ（*Aprosmictus scapulatus*）[*11]の雄は、他の非常にはっきりした違いのほかに、腹側の全部が深紅であるが、雌は、喉と胸が赤みがかった緑色である。ヒムネキキョウインコ（*Euphema splendida*）[*12]でも、似たような違いが見られる。顔面や覆翼羽は、雌の方が雄よりも薄い青である。[(22)]シジュウカラ科（Parinae）も隠れた巣をつくるが、私たちになじみ深いアオガラ（*Parus caeruleus*）の雌は、雄より「ずっと色が鮮やかでない」[(23)]。インドに住む素晴らしいサルタンガラでは、その差はもっと顕著である。

さらに、キツツキの大きなグループでも、雌雄はふつうはほとんど同じであるが[(24)]、アカハラコガネゲラ（*Megapicus validus*）[*13]では、雄の頭部、首、胸はすべて深紅であるのに対して、雌は薄茶色である。キツツキのいくつかの種では、雄の頭が鮮やかな赤であるのに対して雌は地味なので、私は、雌が巣をつくっている木の穴から頭を出したとき、この赤い色は雌をよく目立たせるので危険であり、その結果、ウォレス氏が考える通りに除かれてしまったのではないかと考えた。この見解は、*Indopicus carlotta* についてマレルブ（Malherb）

が述べていることによって、さらに補強される。すなわち、この種の若い雌は、若い雄と同様に頭部に小さな赤い部分があるのだが、おとなになるにつれて雌ではそれが消えてしまうのに対し、雄のそれはどんどん鮮やかになっていくのである。それにもかかわらず、以下のことを考えると、この見解は非常にあり得そうもないように思われる。つまり、雄も同じように抱卵するので[25]、雌と同じくらいの危険にさらされていると考えられること、多くの種では、雌雄の頭部の赤さは同等であり、他のいくつかの種では頭の赤さの違いがあまりにもわずかなので、その違いが危険に対する効果に関して意味があるとはとても思われないこと、そして最後に、雌雄の頭の色はその他の点でもわずかに違うことが多いこと、などである。

一般的法則としては、雌雄が似通っているグループの内部で、雌雄の色にわずかな差や連続した差があるような上記の例はすべて、ドーム状の巣をつくったり、隠れた場所に巣をつくったりする種類である。しかし、同じような連続的な差は、一般的法則として雌雄が似通っているにもかかわらず、開けた場所に巣をつくる種類についても同様に見られる。先に、オーストラリアのオウムの例をあげたので、詳細は省いて、今度はオーストラリアのハトを例にあげようと思う[26]。これらすべての例では、雌雄の羽衣の間のわずかな違いが、ときどき起こる大きな違いと一般的な性質において同じであるということは、注目に値すると言えよう。そのよい例は、すでにあげた、尾のみ、または羽衣の背側全部が雌雄で同様に異なるカワセミ属の二種である。オウムやハトでも似たような例が見られる。同種の雄と雌の間の色彩の違いは、その同じ分類群に属する異なる種間の色彩の違いと、その性質において同じである。つまり、雌雄がふつうは同じであるようなグループで雄が雌と顕著に異なる場合には、雄はまったく新しいやり方で飾られているわけではない。そこで、同じグループのなかでは、雌雄が似ている場合に両性がともに持っている特別の色、雄が雌とわずかに、またはかなり異なる場合に雄が持っている色は、同じ一般的原因がはたらくことによって決められてきたのではないかと考えることができるが、それこそが性淘汰である。

雌雄の間の色彩の違いがほんのわずかであるときには、すでに述べたように、それが雌にとって保護の役に立っているとはとても考えられない。しかしながら、それが役に立っていると仮定するなら、それは現在移行中の例と考えられるかもしれない。しかし、多くの種が、ある時点で同時に変化を起こしている途中にあるとは考えにくい。それゆえ、雄とほんのわずかしか色彩の違わない数多くの雌たちが、今、一斉に保護のために地味な色になりつつあるところだとはとても考えるわけにはいかない。もしも、もう少し顕著な違いを考えたとしても、例えば、ズアオアトリの雌の頭、ウソの雌の胸の赤さ、アオカワラヒワの雌の緑、キクイタダキの雌の冠などがすべて、保護のために徐々にその美しさをゆっくりと失っていったということがあり得るだろうか？　私には、そうは思えない。隠れたところに巣をつくり、両性の違いがもっと少ないものに関しては、さらにそうは思えない。一方、雌雄の間の色の差は、それが大きいにせよ小さいにせよ、性淘汰によって雄に獲得された変異は、最初から多かれ少なかれ雌への遺伝が限られていたからだということで、大部分の説明がつくであろう。その限定の程度が種ごとに異なっていることは、遺伝の法則を研究してきた人々には少しも驚くべきことではないはずだ。遺伝は非常に複雑なので、無知なわれわれの目からみると、そのはたらきは非常に気まぐれに見える[27]。

私が調べた限りでは、かなりたくさんの種を擁する大きなグループにおいて、すべての種で雌雄が同等に美しく飾られているものは非常に少ない。しかし、スクレイター氏に聞いたところでは、エボシドリ科（Musophagae）はそうであるらしい。また、そのような大きなグループで、それに属するすべての種において、雌雄の色彩が大きく異なるものもほとんどないだろう。ウォレス氏が教えてくれたところによると、南アメリカのカザリドリ科（Cotingidae）は、そのような例の最もよいものであるということだが、その中で雄の胸に鮮やかな赤がある種では、雌も胸にいくらか赤い部分を持っている。そのほかの種でも、雌は、雄の持っている鮮やかな緑その他の色彩のいくらかを示している。それはともかく、いくつかのグループにおいては、その全体で雌雄が似通っているものと似通っていないものが、いくつかはあることになる。これは、遺伝の法則が非常に気まぐれであることを考えると、少しばかり驚くべきことだ。しかし、近縁な種間では似たような遺伝の法則がはたらくというのは、驚くべきことではないだろう。家禽のニワトリには、数多くの品種や変種が生み出されてきたが、これらではふつう雌雄の色彩は異なる。そこで、ある変種で雌雄が似ているると、それは注目すべきことだと思われてきた。一方、家禽のハトも多くのさまざまな品種や変種が生み出されてきたが、これらでは、稀な例外を除いて雌雄はまったく同じである。それゆえ、キジ科とハト科でまた新たな種を家畜化したなら、そのどちらの場合でも、異なる遺伝の様式にしたがって、雌雄が同じであるものと雌雄が異なるものとが生まれるだろうと予測しても、早計ではないに違いない。同様に、同じ自然のグループ内では、一般に同じような遺伝の様式が優勢を占めるものである。もちろん、これにはたいへんな例外も存在し、同じ科または同じ属を取ってみても、雌雄が同じものもあれば雌雄が大きく異なるものもある。スズメ、ヒタキ、ツグミ、ライチョウなど、同じ属に属するものについては、いくつかの例をすでにあげた。キジ科ではほとんどすべての種で雄と雌は非常に異なるが、アオミミキジ（*Crossoptilon auritum*）では、雌雄はきわめてよく似ている。ガンのなかまであるコバシガン属（Chloephaga）の二種では、からだの大きさを除けば、雌雄はほとんど区別がつかないが、その他の二種では両性はたいへん異なるので、容易に別種と見間違われるほどである[28]。

　雌が、生活史のあとになってから雄に固有の形質を獲得し、最終的には雄とほとんど見分けがつかないくらいになる例は、遺伝の法則によるとしか説明ができないだろう。ここでは、保護色はほとんど何の役割も果たしていない。ブライス氏が教えてくれたところによると、ズグロコウライウグイス（*Oriolus melanocephalus*）[*14]やそれに近縁な種の雌は、繁殖するのに十分なほど成長したばかりのときには羽の色が雄とは非常に異なるが、二度か三度目の換羽が終わると、くちばしがほんの少し緑色がかっていることを除けば、ほとんど雄と変わりがなくなる。ヒメヨシゴイ（Ardetta）[*15]では、同氏によると、「雄は最初の換羽が終わると最終的な装いを身につけるが、雌は、三度か四度の換羽を経なければ、そうはならない。その間、雌は中間的な装いであるが、最終的には雄と同じになる」。ハヤブサ（*Falco peregrinus*）の雌もまた、その青い羽の色を獲得するのは、雄よりも遅い。スウィンホウ氏は、オウチュウ（*Dicrurus macrocercus*）では、雄はまだひなのうちにその柔らかい茶色の羽を落とし、濃い緑がかった黒一色になるが、雌は、長い間腋羽（わきばね）に白い縞と斑点を残しており、最初の三年間は、雄とまったく同じ黒一色にはならないと述べている。鋭い観察家である同氏は、また、中国のヘラサギ属（Platalea）の雌は、二年目の春には一年目の雄と似ており、雄がずっと早くから身につけているおとなの羽衣を雌が獲得するのは、少なくとも三年目の春以降であるらしいと指摘している。*Bombycilla carolinensis*〔レンジャク属〕の雌は、雄とほとんど違わないが、風切り羽を飾っている、赤い封蠟のビーズがつながったような突起は、雌には雄ほど早い時期からは発達しない。オオホンセイインコ（*Palaeornis Javanicus*）の雄の上顎は、非常に若いうちからサンゴ色であるが、雌では、ブライス氏が飼育下の鳥と野生との両方で観察したところによると、はじめは黒で、少なくとも一歳にならないと赤くはならず、そこで初めて雌雄が同じ色合いになるという。野生のシチメンチョウは、最終的には両性ともに胸にとげのような羽の房を持つことになるが、二歳の鳥では、雄の房は四インチ〔約一〇センチメートル〕もあるが、雌ではほとんど目につかないくらいである。しかし、雌も四歳になると四、五インチ〔約一〇〜一三センチメートル〕の長さの房を持つようになる。[29]

これらの例では、雌は、正常な発達の過程で最終的に雄と同じようになるのであって、病気の雌や年老いた雌が雄の形質を示すようになる場合や、完全な繁殖力を備えた雌が、若いときに、何らかの原因によって雄の形質を変異として受け継ぐような場合[*16]と混同してはならない(30)。しかし、これらの例はすべてたがいに共通しているところが多いので、パンゲネシスの仮説によるジェミュールに起因するのかもしれない。すなわち、雄のからだの各部に由来するジェミュールが、雌のなかにも存在するが潜在的に隠れており、雌を構成している組織の選好性にわずかな変化が起こることに反応して発達してくるのかもしれない[*17]。

一年のうちの季節に対応した羽衣の変化について、一言つけ足しておかねばならない。先に述べた理由により、コサギやゴイサギその他の鳥の、夏だけにしか発達しない優美な羽毛、長く伸びた羽、冠などは、たとえ両性がともに持っているものであっても、求愛のためだけの装飾であることは疑う余地がないだろう。そこで雌は、冬の間よりも、抱卵の時期の方が目立つ姿をすることになるが、ゴイサギやコサギなどの鳥は、自分で身を守ることができるに違いない。しかしながら、飾り羽は冬には邪魔であろうし、まったく使い道がないことは確かなので、冬の間はいらない装飾を落とすということのために、年に二回換羽するという習性が、徐々に自然淘汰によって獲得されたと考えることもできよう。しかし、この説明は、冬羽と夏羽の色彩がほとんど変わらないような、多くの渉禽類にまで拡張することはできない。両性、または雄のみが、繁殖期の間に非常に目立つようになる無防備な種や、フキナガシヨタカやテンニンチョウ属（Vidua）のように、この時期に雄があまりにも長く翼や尾羽を伸ばすので、飛行が妨げられるほどである種では、ことさらこのような装飾を捨て去るために、二回目の換羽が獲得されたのだと、まずは考えられるに違いない。しかしながら、フウチョウ、セイラン、クジャクのような鳥は、冬の間にも飾り羽を落とすことはないということを思い出さねばならない。*18 そして、少なくともキジ科においては、これらの鳥が年二回の換羽を行うのを不可能にしている何らかの制限要因があると主張することはできない。なぜなら、ライチョウは年に三回も換羽するからである。(31) そこで、冬の間に装飾的な羽を落としたり、鮮やかな色合いを失ったりする多くの鳥がこの習性を獲得したのは、そうしないと何らかの不便や危険をこうむったからだという考えは、疑わしいと見なければならない。

それゆえ私は、年二回の換羽という習性は、ほとんど、またはすべての例において、もっと暖かい冬の羽を身につけるためなどの、何か特別な目的のためにまず獲得され、そののち、夏の間に生じる羽の色における変異が性淘汰によって蓄積され、その子に、その同じ時期に現れるように伝えられたのだと結論したい。このような変異が両性に伝えられるか、雄のみにしか伝えられないかは、その種に優勢な遺伝の様式に依存しているのである。この説明の方が、これらの種はどれももともとは冬にも飾り羽を維持していたが、そうするのが不都合であったり、危険であったりするために、自然淘汰によってそれを失うにいたったという考えよりもあり得そうに思われる。

本章では、武器、鮮やかな色彩、さまざまな装飾などが現在雄だけに限定されているのは、形質が両性に同等に伝えられる傾向が、自然淘汰によって雄のみに伝えられるように変えられたからであるという考えは支持することができないということを示そうと試みた。多くの鳥の雌が持っている色彩は、最初から雌のみに伝えられるような遺伝様式であった変異が保護色として保存されているのだという考えも、同様に疑わしい。しかし、このことに関するこれ以上の議論は、次章で、若い鳥と成体の鳥との羽衣の違いを扱うまで残しておいた方がよいだろう。

原注

（1）第四版、一八六六年、二四一頁。
（2）'Westminster Review,' July, 1867, 'Journal of Travel,' Vol. 1, 1868, p. 73.
（3）テンミンク（Temminck）は、ヤマドリの雌の尾はたった六インチしかないと、'Planches coloriées,' Vol. 5, 1838, pp. 487, 488で述べている。上にあげた計測値は、スクレイター氏が私のために測ってくれたものである。コウライキジについては、マクギリヴレイ（Macgillivray）の'Hist. of Brit. Birds,' Vol. 1, 118-121を参照。
（4）Dr. Chapuis（シャピュイ博士）, 'Le Pigeon Voyageur Belge,' 1865, p. 87.
（5）Bechstein（ベックシュタイン）, 'Naturgesch. Deutschlands,' 1793, Bd. 3, S. 339.
（6）しかし、デインズ・バーリントン（Daines Barrington）は（'Phil. Transact.,' 1773, p. 164）、雌の鳥がほとんど鳴かないのは、巣についているときに鳴くと危険だからだと考えている。彼はまた、雌の羽衣の色彩が雄より地味なことも、同じようにして説明できるとつけ加えている。

（7）Mr. Ramsay（ラムゼイ氏）, 'Proc. Zoolog. Soc.,' 1868, p. 50.
（8）'The Journal of Travel,' edited by A. Murray（A・マレー）, Vol. 1, 1868, p. 78.
（9）'The Journal of Travel,' edited by A. Murray, Vol. 1, 1868, p. 281.
（10）Audubon（オーデュボン）, 'Orinithological Biography,' Vol. 1, p. 233.
（11）Jerdon（ジャードン）, 'The Birds of India,' Vol. 2, p. 108. グールド（Gould）の 'Handbook to the Birds of Australia,' Vol. 1, p. 463.
（12）例えば、ツバメハチドリ（*Eupetomena macroura*）の雌の頭部と尾は濃い青で、腰は赤っぽい。*Lampornis porphyrurus* の雌は、背面が黒緑色で、目とくちばしの間と、喉の両側が深紅である。オウギハチドリ（*Eulampis jugularis*）の雌は、頭のてっぺんと背中が緑だが、腰と尾は深紅である。雌が非常に目立つ種類は、このほかにもたくさんあげることができる。この科に関するグールド氏の素晴らしい業績を参照。
（13）サルヴァン氏（Mr. Salvin）は、グアテマラで、太陽がよく輝いているたいへん暑い日には、涼しくて曇りまたは雨の日よりも、ハチドリは巣から出たがらないことを発見した（'Ibis,' 1864, p. 375）。
（14）地味な色をした鳥が隠れた巣をつくる例として、グールド（Gould）の 'Handbook to the Birds of Australia,' Vol. 1, pp. 340, 362, 365, 383, 387, 389, 391, 414 に記述されている、オーストラリアの八つの属をあげることができる。
（15）Jerdon（ジャードン）, 'The Birds of India,' Vol. 1, p. 244.
（16）この後者の種の巣づくりと色に関しては、グールド（Gould）の 'Handbook,' &c., Vol. 1, pp. 504, 527 を参照。
（17）この問題に関して、私は、マクギリヴレイ（Macgillivray）の 'British Birds' で調べてみた。いくつかの例では、巣がどれほど隠されているか、また、雌がどれほど目立つかということについて疑問が残るだろうが、次にあげる鳥はすべて、穴の中またはドーム状の巣に卵を産み、上に述べた基準で言えば、目立つ色とはとても考えられない。スズメ属（Passer）の二種、ムクドリ属（Sturnus）は雌が雄よりずっと鮮やかでない、カワガラス属（Cinclus）、*Motacilla boarula*（?）〔キセキレイの同義語?〕、コマドリ属（Erithacus）（?）、Fruticolaの二種、ノビタキ属（Saxicola）、Ruticillaの二種、ズグロムシクイ属（Sylvia）の三種、シジュウカラ属（Parus）の三種、Mecistura、Anorthura、キバシリ属（Certhia）、ゴジュウカラ属（Sitta）、Yunx、サメビタキ属（Muscicapa）の二種、ツバメ属（Hirundo）の三種、そしてCypselusである。以下の一二の鳥の雌は、同じ基準に照らして目立つと言えるかもしれない。バライロムクドリ属（Pastor）、ハクセキレイ（*Motacilla alba*）、シジュウカラ（*Parus major*）、アオガラ（*Parus caeruleus*）、ヤツガシラ属（Upupa）、アオゲラ属（Picus）の四種、ニシブッポウソウ属（Coracias）、カワセミ属（Alcedo）、そしてハチクイ属（Merops）。

（18）'Journal of Travel,' edited by A. Murray（A・マレー）, Vol. 1, p. 78.
（19）'Ornithological Biography'の中の多くの記述を参照。また、エウゲニオ・ベットーニ（Eugenio Bettoni）による、イタリアの鳥の巣づくりに関する奇妙な観察も参照のこと（'Atti della Società Italiana,' Vol. 11, 1869, p. 487）。
（20）彼の'A Monograph of the Trogonidae,' 1st editionを参照。
（21）それは、Cyanalcyonである。グールド（Gould）の'Handbook to the Birds of Australia,' Vol. 1, p. 133. pp. 130, 136も参照。
（22）オーストラリアのオウムには、両性間の色彩の差に完全な連続性が見られる。グールド（Gould）の'Handbook,' &c., Vol. 2, pp. 14-102を参照。
（23）マクギリヴレイ（Macgillivray）の'British Birds,' Vol. 2, p. 433. ジャードン（Jerdon）の'The Birds of India,' Vol. 2, p. 282.

(24) 次にあげる事実のすべては、マレルブ氏 (M. Malherbe) の素晴らしい 'Monographie des Picidées,' 1861 から採った。
(25) Audubon (オーデュボン), 'Ornithological Biography,' Vol. 2, p. 75. 'Ibis,' Vol. 1, p. 268 も参照。
(26) Gould (グールド), 'Handbook to the Birds of Australia,' Vol. 2, pp. 109-149.
(27) この問題に関しては、私の著作『飼育栽培下における動植物の変異』第二巻、第一二章を参照のこと。
(28) 'Ibis,' Vol. 6, 1864, p. 122.
(29) ヒメヨシゴイに関しては、ブライス氏 (Mr. Blyth) の訳によるキュヴィエ (Cuvier) の 'Le Règne Animal,' footnote, p. 159 を参照。ハヤブサについては、チャールスワース (Charlesworth) の 'Mag. of Nat. Hist.,' Vol. 1, 1837, p. 304 におけるブライス氏の論文。*Dicrurus* については、'Ibis,' 1863, p. 44. *Platalea* については、'Ibis,' Vol. 6, 1864, p. 366. *Bombycilla* については、オーデュボン (Audubon) の 'Ornitholog. Biography,' Vol. 1, p. 229 を参照。オオホンセイインコについては、ジャードン (Jerdon) の 'The Birds of India,' Vol. 1, p. 263 も参照。野生のシチメンチョウについては、オーデュボンの ibid., Vol. 1, p. 15. 私がジャッジ・カトンから聞いたところによると、イリノイでは雌はごくたまに顔の羽が生えるということだ。
(30) ブライス氏 (Mr. Blyth) は (キュヴィエ (Cuvier) の 'Le Règne Animal', Translation, p. 158)、モズ属 (Lanius)、Ruticilla、Linaria、マガモ属 (Anas) などでさまざまな例を記録している。オーデュボン (Audubon) も、*Tyranga aestiva* で同じような例を記録している ('Ornith. Biog.,' Vol. 5, p. 519)。
(31) グールド (Gould) の 'The Birds of Great Britain' 参照。

訳注

＊1　遺伝の様式について。雄だけに見られるさまざまな形質の多くは、性ホルモンの支配下にあり、雄だけにしか出現しない。鳥の雄の性的形質のなかには、雄のホルモンであるテストステロン支配下にあるのではなく、雌のホルモンであるエストロゲン不在下で発現するものもあるので、そのような形質は、雌が年老いたり病気になったりしてエストロゲンが不足すると雄と同じように発現する。一方、多くの形質を支配する遺伝子は、性染色体ではなく常染色体上にあるので、遺伝相関によって、雄にも雌にも、多かれ少なかれ同じように出現する。雄のみが目立つ色彩をしている場合、それが性淘汰によって進化してきたことは多くの種で示されているが、雌雄が似たような色彩をしている種でなぜそうなっているのかは、前者の場合よりもよくわかっていない。後者の例では、①一夫一妻で両性の子育てへの貢献が同じ程度であり、両性に強い自然淘汰がはたらいていて、雄には性淘汰が弱くしかはたらいていない場合、②性淘汰によって雄に獲得された形質が、遺伝相関によって両性に伝えられている場合、③両性に同じような性淘汰がはたらいている場合、④集団営巣する鳥のように、性の区別がはっきりしない方が競争で有利と考えられる場合などが、その説明としてあげられている。また、ダーウィンは、一方の性に限定されていた形質が、自然淘汰によって両性に伝えられるようになったり、その逆の場合のように、遺伝様式そのものが淘汰によって変えられることはないと主張しているが、それは、たとえゆっくりとではあってもあり得ることが今では確かめられている。

＊2　現在は使われていない属名。現在はコシアカキジ属（*Lophura*）とされている。

＊3　鳥のさえずりには、確かに捕食者に気づかれる危険が伴っている。鳥に限らず、昆虫やカエルでも同じである。近年の研究によると、このような音声は、その生物の生息環境では最も音源の定位がしにくい周波数になっていることが明らかとなってきた。

＊4　現在の学名は *Muscicapa striata*.

＊5　現在の学名は *Ficedula hypoleuca*.
＊6　現在の学名は *Turdus iliacus*.
＊7　属名 Musophagae は、現在では *Tauraco* とされている。
＊8　現在の学名は *Monticola solitarius*.
＊9　属名 Dromolaea は、現在では *Oenanthe* とされている。
＊10　現在の学名は *Loced*.
＊11　現在の学名は *Alisterus scapularis*.
＊12　現在の学名は *Neophema splendida*.
＊13　現在の学名は *Reinwardtipicus validus*.
＊14　現在の学名は *Oriolus xanthornus*.
＊15　現在では使われていない属名。
＊16　本章の訳注＊1参照。
＊17　鳥の雄が目立つ色彩をしており、雌が地味な色をしている場合に関する、ウォレスの説明とダーウィンの説明について、ここに述べられているように、二人の間には、この問題に関して長い意見の対立があった。雌が開けた場所で抱卵する種類が地味な色彩をしているのは確かであり、雌にかかった自然淘汰のために雌が地味な色彩を身につけたというウォレスの説明は、少なくとも一部の種類では正しい。また、先に述べたように、雄と雌への形質の遺伝様式そのものが、淘汰によって変化することもあり得る。しかしウォレスは、雄の目立つ色彩をうまく説明できなかった。こちらについては、ダーウィンの性淘汰の説明が、多くの場合で証明されている。
＊18　クジャクが冬の間に羽を落とさないというのは誤りである。繁殖期が終わると同時に、雄のクジャクの長い上尾筒は抜け落ち、翌年の繁殖期の開始前に、新しい羽が生えそろう。

第一六章　鳥類（続き）

両性の成鳥の羽衣の形質と関連した未成熟個体の羽衣－六つのカテゴリーの分類－近縁な種または代表種の雄どうしの性的な差異－雌が雄の形質を獲得すること－成鳥の冬羽と夏羽に関連した若い個体の羽衣－世界の鳥類の美の増進について－保護色－目立つ色をした鳥－新奇性がもてはやされること－鳥類に関する四つの章のまとめ

さて、ここで、形質の遺伝がある特定の年齢に限られていることと、その性淘汰との関連を論じなければならない。年齢に対応した遺伝があることとその重要性については、すでに十分に論じたので、ここでさらに論じる必要はないだろう。幼鳥と成鳥の羽衣の違いのすべてを支配している、どちらかというと複雑な法則やさまざまな例の分類について、私の知る限りのことを述べる前に、少しばかり暫定的な指摘をしておいた方がよいと思う。

子どもの色彩が成体のそれとは異なるすべての動物において、子どもの色彩に、われわれが見る限り、何らかの特別な役割が見いだせない場合には、それらは一般に、さまざまな胚の構造と同じく、初期の祖先の形質が若い個体に残されている例だと考えられるだろう。しかし、自信を持ってこの見解を維持できるのは、いくつかの種の子どもがたがいによく似ており、同様に同じグループに属する他種の成体にも似ているときのみである。なぜなら、後者の事実こそが、そのような状態がかつてあり得たことの生きた証拠だからだ。ライオンとピューマの子どもは、はっきりしない縞や斑点の列の模様を持っており、多くの近縁な種で、子どももおとなも似たような模様を持っているので、漸進的な種の進化を信じている博物学者は誰も、ライオンとピューマの祖先の動物には縞模様があって、子どもはそのような縞模様を保持しているのだということを疑わないだろう。それは、黒ネコの仔ネコには縞模様があるが、おとなになると縞などはまったくなくなってしまうのと同じである。多くの種類のシカは、おとなには斑点がないが、子どものときには白い斑点でおおわれている。しかし、少数の種では、おとなも斑点を持っている。同様に、イノシシ科（Suidae）の全体と、それとは少し遠い関係にあるバクのような動物では、子どもは縦の濃い縞でおおわれているが、この形質は絶滅した祖先から受け継がれたもので、現在は子どものみに保持されているのだろうと考えられる。これらすべての例では、おとなは時間とともに色彩が変化したが、子どもはほとんど変わらずにそれをとどめているのであり、それは対応する年齢に現れる遺伝の原理によってなされているのである。

この同じ原理は、幼鳥がたがいに類似しているが、それぞれ自種の成鳥とは異なっているような、さまざまなグループに属する多くの鳥に当てはまる。キジ科のほとんどすべての種と、ダチョウなどのそれとは少し遠縁なグループの幼鳥は、縦縞の綿毛でおおわれている。

しかし、この形質はあまりにも古くまで遡るので、ここでの考察とはほとんど関係がない。イスカ属（Loxia）の幼鳥は、はじめは他のフィンチ類と同じようなまっすぐなくちばしを持っており、彼らの羽衣に細い縞模様があることもあって、彼らは成鳥のベニヒワや雌のマヒワに似ている。またゴシキヒワやアオカワラヒワその他の近縁な種の幼鳥にも似ている。ホオジロ[*1]属（Emberiza）の多くの種類の幼鳥はたがいに似ており、ハタホオジロ（*E. miliaria*）の成鳥にも似ている。大きな分類群であるヒバリのなかまのほとんどの種の幼鳥は胸に斑点があり、それは多くの種では一生にわたって保持されるが、例えばコマツグミ（*Turdus migratorius*）などではすっかり失われている。また、多くのヒバリでは、背側の羽にも最初の換羽の前には斑点があり、この形質はいくつかの東方の種では一生にわたって保持されている。モズ属（Lanius）のなかまの多く、キツツキの一部、そしてキンバト（*Chalcophaps Indicus*）では、幼鳥の下面に横縞があり、それと近縁な種または属のなかには、成鳥が同じような縞模様を持っているものがある。たがいに近縁な、素晴らしい色彩をしたミドリカッコウ属（Chrysococcyx）のなかまは、成鳥どうしではたがいに色が大きく異なるが、幼鳥どうしは区別がつかない。コブガモ（*Sarkidiornis melanonotus*）の幼鳥の羽衣は、近縁な属であるリュウキュウガモ属（Dendrocygna）の成鳥に似ている。[(1)] 同じようなことは、いくつかのサギ類についてもあげることができる。クロライチョウ（*Tetrao tetrix*）の幼鳥は、アカライチョウ（*T. scoticus*）などの、他の種の幼鳥または成鳥に似ている。最後に、この問題を詳しく研究してきたブライス氏が正しく指摘している通り、多くの種の本来の類似性は幼鳥の羽衣に最もよく表されている。そして、すべての生物において、たがいどうしがどれほど似通っているかは、その共通祖先からの由来によるのだから、このことは、幼鳥の羽衣はその種の昔の、または祖先の状態をほぼ正確に表しているという考えを強く支持するものと言えよう。

さまざまな目に属する鳥の幼鳥が、このようにして、その遠い祖先の羽衣をかいま見せてくれるのだが、地味な色の鳥にも派手な色の鳥にも、幼鳥が親と非常によく似ているものもたくさんある。そのような種では、異なる種に属する幼鳥どうしが自種の親よりもたがいによく似ることはあり得ないし、近縁種の成鳥に強く類似することもない。そこで、一群の種の全体において幼鳥と成鳥が同じ一般的な模様で彩られているので、祖先も同じような色模様をしていたのだろうと推定される場合を除き、これらの種では祖先種の羽衣についてはほとんど何もわからないということになる。

ここで、両性または片方の性のみにおいて、幼鳥と成鳥の羽衣が異なるものと似ているものを分類し、それを支配している法則について考えてみることにしよう。このような法則について最初に明快に述べたのはキュヴィエ（Cuvier）であるが、それ以後知識が増えたので、少しばかりの修正と追加が必要である。さまざまなところからの情報をもとに、この極度に複雑な問題が許す限りの範囲において、私はそれを試みてみたが、この問題については、誰か有能な鳥類学者がもっと詳しい論文にする必要があろう。それぞれの法則がどれほど当てはまるかを確かめるために、私は次の四つの偉大な研究をもとに事実を分類してみた。その四つとは、英国の鳥に関するマクギリヴレイの研究、北アメリカの鳥に関するオーデュボンの研究、インドの鳥に関するジャードンの研究、そしてオーストラリアの鳥に関するグールドの研究である。ここで私は、第一に、いくつかの分類または法則はたがいに連続しているということと、第二に、幼鳥が成鳥と似ていると言った場合には、それらがまったく同一であるという意味ではないということが前提だと述べておこう。幼鳥の色彩はほとんど常に成鳥ほどには鮮やかでなく、羽は柔らかく、形も異なるものである。

事例の分類、または法則

I　成鳥の雄が成鳥の雌より美しかったり目立つ色彩だったりする場合、両性の幼鳥の最初の羽衣は、成鳥の雄よりは雌の方にずっとよく似ている。ニワトリやクジャクがその例である。さもなければ、成鳥の雌に類似している。

II　稀ではあるが、ときどき起こるように、成鳥の雌の方が成鳥の雄より目立つ場合、両性の幼鳥の最初の羽衣は、成鳥の雄に類似している。そういう場合もときどきある。

III　成鳥の雄と成鳥の雌が類似している場合、両性の幼鳥の最初の羽衣は、どれとも異なる独自のものである。ヨーロッパコマドリがその例である。

IV　成鳥の雄と成鳥の雌が類似している場合、両性の幼鳥の最初の羽衣は、成鳥のそれに類似している。カワセミ、多くのオウム、カラス、ヨーロッパカヤクグリなどがその例である。

Ⅴ　両性の成鳥がはっきりと異なる冬羽と夏羽を持っている場合、雄と雌が異なるかどうかにかかわらず、幼鳥は、両性の冬羽に似ている。または、非常に稀ではあるが、夏羽に似ていたり、雌だけに似ていたりすることもある。また、幼鳥が中間的な性質を示すこともある。また、幼鳥が、成鳥の冬羽とも夏羽とも非常に異なる場合もある。

Ⅵ　少数の例では、幼鳥の最初の羽衣は性によって異なり、幼鳥の雄は成鳥の雄に、幼鳥の雌は成鳥の雌に、どちらかというと類似している。

第Ⅰ群

この群では、両性の幼鳥は、程度の差はあれ成鳥の雌に似ているが、成鳥の雄は、成鳥の雌とはしばしば非常に異なる。これについては、どの目からも数多くの例をあげることができるが、ごくふつうに見られるキジ、カモ、イエスズメを思い浮かべれば十分であろう。この群に属するさまざまな例は、連続的に他のものにつながっている。すなわち、両性の成鳥がほんのわずか異なり、幼鳥が成鳥からほんのわずか異なっているだけなので、このカテゴリーに含めてよいのか、それとも第Ⅲまたは第Ⅳのカテゴリーに入るのかがはっきりしない場合もある。それと同様に、両性の幼鳥がきわめて類似しているのではなく、第Ⅵのカテゴリーのようにわずかに異なるだけのこともある。しかし、このような移行的な例は数のうえでは少なく、このカテゴリーにぴったり当てはまる例に比べると、少なくともそれほど顕著に存在するわけではない。

この法則の強さは、一般的に言って、両性も幼鳥もみなたがいによく似ているグループにおいてよく示されている。なぜなら、そのようなグループの中にあって、雄が雌と異なっている種類がある場合には、幼鳥は両性ともに成鳥の雌に似ているからである。(2) ある種のオウム、カワセミ、ハトなどがその例である。この事実は、次のような奇妙な例にもっとはっきり表されている。すなわち、ミミグロセンニョハチドリ（*Heliothrix auricula*）*2 の雄は、雌と違って素晴らしい喉斑と耳羽を持っているが、雌は雄よりずっと長い尾を持っているのが非常に特徴的である。さて、この鳥の幼鳥は、両性ともに（胸に青銅色の斑点があることを除き）尾の長さも含めて何から何まで成鳥の雌にそっくりである。そこで、この鳥の雄は、成熟とともに尾が短くなっていくのだが、これは最も異常な事態だといえよう。(3) また、雄のカワアイサ（*Mergus merganser*）は、雌よりも色が派手で、肩羽および次列風切が雌よりもずっと長いのだが、私の知る限りでは他のどんな鳥とも異なり、成鳥の雄の冠羽は、雌より幅は広いものの長さがずっと短いのである。雄の冠羽は一インチ〔約二・五センチメートル〕強しかないが、雌のそれは二インチ半〔約六・四センチメートル〕にも達する。この種の幼鳥は、両性ともにすべての点で雌に似ているので、幼鳥の冠羽は成鳥の雄より幅は狭いが、ずっと長くなっているのである。(4)

幼鳥と雌がたがいによく似ていて、雄がその両方と異なるときには、最も明らかな結論は、雄のみが変容したということである。センニョハチドリ属（Heliothrix）やアイサ属

(Mergus) のような異常な例においてさえ、もともとは両性ともに、前者ではずっと長い尾、後者ではずっと長い冠羽を備えていたのであり、それが何か不明の理由で成鳥の雄においてのみ部分的に失われることになり、その小さくなった形質が、雄の子の対応する成熟年齢において現れるように伝わったのだと考えられる。異なる地域に生息する近縁な種に関してブライス氏 (Mr. Blyth) が記録しているいくつかの興味深い事実は、(5) 雄と雌、および幼鳥との間の違いに関する限り、このカテゴリーでは雄のみが変容したという考えを強く支持するものである。すなわち、これら、各地域の代表種の雄のいくつかでは、成鳥の雄はある程度変化してきたためにたがいを区別できるが、雌や幼鳥はまったく区別することができない。ということは、彼らはまったく変化してこなかったのだ。インドのヒタキのなかまラケットカワセミ属[*3] (Tanysiptera)、ミヤマハッカン (Gallophasis)、そしてミヤマテッケイ属 (Arboricola) などがこの例である。(Thamnobia)、タイヨウチョウ属 (Nectarinia)、モズサンショウクイ属 (Tephrodornis)、

これといくらか似たような例は、次のようなものだ。すなわち、夏羽と冬羽がはっきりと異なるが雄と雌はほとんど同じであるような鳥で、非常に近縁な種どうしの中には、夏羽または婚姻羽ではたがいを区別できるが、冬羽や幼鳥ではまったく区別がつかないものがある。たがいに近縁なインドのセキレイ属 (Motacillae) のなかまがその例である。スウィンホウ氏が私に教えてくれたところによると、(6) 三つの別々の大陸の代表的なサギの仲間であるアカガシラサギ属 (Ardeola) の三種は、夏羽で飾られているときには「たがいにまったく

異なる」が、冬羽ではほとんど、またはまったくと言っていいほど区別がつかない。また、この三種の幼鳥の羽衣は、その成鳥の冬羽にそっくりである。この例をますます興味深いものにしている事実は、アカガシラサギ属の他の二つの種では、両性ともに、冬でも夏でも、先の三種の冬羽や幼鳥の羽とほとんど同じ羽衣を持っていることである。そしてこの羽衣は、いくつかの異なる種で、異なる年齢や季節のものに共通しているので、おそらくこの属の祖先の様子を表しているのだろう。これらすべての例では、婚姻羽はもともとは繁殖期に雄のみによって獲得され、その対応する季節に両性の成鳥に伝えられたものが変容してきたが、冬羽や幼鳥の羽衣は、そのまま変化せずに残されたと考えてよいだろう。

そこで、これら後者の場合には両性の冬羽が、前者の場合には成鳥の雌と幼鳥の羽衣が、なぜまったく影響を受けなかったのかという疑問が、当然生じてくることだろう。各分布地を代表する近縁種は、ほとんど常にいくらか異なる条件にさらされてきているものだが、雌も幼鳥も同じようにこれらの条件にさらされていながら何の影響も受けていないことを見れば、雄のみが変化してきた理由が、これらの条件の違いにあるとはとても考えられない。淘汰を通して限りない変異が蓄積されてきたことに比べると、生活条件の直接的な影響というものがいかに重要でないかを示すという点では、多くの鳥類の雄と雌がかくも驚くほどの相違を見せていることほど、それを如実に示す事実は自然界にほかにないだろう。つまり、雄も雌もともに同じ餌を食べ、同じ気候にさらされてきたことは間違いないのである。それでも、時間がたてば新しい条件が何らかの直接的な影響を及ぼすということを、まったく考えから除こうというわけではない。このことは、淘汰を通じて蓄積されてきたものに比べると重要さが低いと考えるだけである。しかしながら、代表種が形成される前には必ず、種が新しい地域に移住したに違いないが、そのとき、彼らはほとんど確実に異なる条件にさらされることになるので、広く見られる類似から判断すれば、彼らはある程度の幅を持った変異をくぐり抜けることになろう。そうだとすると、それによって新しい色調やその他の違いが生じ、そこに性淘汰がはたらいて、そのような変異が蓄積されていくことになるだろう。性淘汰とは、雌の好みや賞賛という、とりわけ変動しやすい要素に依存しているからである。そして、性淘汰は常にはたらいているので、（人が意図せずに行った淘汰の結果、家畜動物に何が起きたかについてわれわれが知っていることから判断すれば）異なる地域に住んでおり、交雑することがなく、したがって新たに獲得された形質を交換しあうこともないような動物たちが、十分に長い時間を経たあとにも異なったものに変わらなかったとしたら、驚くべきことであろう。これらの指摘は、雄だけに限られているものも両性に共通のものも含めて、婚姻羽や夏羽にも同様に当てはまるものである。

先述の近縁な種の雌どうしは、その幼鳥とともにたがいにほとんど違わず、雄だけが区別がつくのだが、それでもほとんどの例では、同じ属に属する種の雌どうしは、たがいに明らかに異なるのがふつうである。しかし、その違いが、雄どうしの違いほど大きいことはめったにない。このことは、キジ科の全体にはっきり見て取ることができる。例えば、コウライキジとキジの雌、そして特にキンケイとギンケイの雌、ハッカンとヤケイの雌は、色彩がたがいによく似ているが、雄はたいへん異なっている。カザリドリ科（Cotingidae）、アトリ科（Fringillidae）のほとんどの雌や、その他多くの科でもそうである。しかしながら、いくつかの鳥は、説明のつかない奇妙な例外を提供してくれる。例えば、オオフウチョウ（*Paradisea apoda*）の雌とコフウチョウ（*P. papuana*）[*4]の雌は、それぞれの雄どうしよりも大きく異なる。[(7)]後者の種の雌は腹部が真っ白だが、オオフウチョウの雌の腹部は茶色である。さらにまた、ニュートン教授（Professor Newton）から聞いたところによると、モーリシャス島とブルボン島に生息する代表種であるモズ（Oxynotus）の二種[*5]の雄は、[(8)]たがいの色彩がほとんど変わらないが、雌はたいへん異なるということである。ブルボンの種の雌は、初めて見たときには、「モーリシャスの種の幼鳥と間違えられる」ことがあるので、この雌は幼鳥の羽衣の一部を保持しているように見える。これらの違いは、狩猟鳥の品種において、人為的な淘汰とは無関係に、雄どうしはほとんど区別がつかないのに雌だけが非常に異なることが、何か説明のつかない理由によって生じるのと同様の例なのかもしれない。[(9)]

私は、近縁な種の雄どうしの違いの大部分を、主に性淘汰で説明しているわけだが、すべての通常の例において雌どうしが異なることは、どうやって説明できるのだろうか？　ここでは、異なる属に属する種を考える必要はない。なぜなら、この場合には、異なる生息地への適応や他の作用がはたらくだろうからである。同じ属に属する種の雌どうしの差異に関しては、さまざまな大きなグループを調べてみたところ、性淘汰によって雄が獲得した形質が、多かれ少なかれ雌にも移行したことが、その主な原因だと私には思われる。英国のフィンチのいくつかでは、両性はほんの少ししか違わないか、大いに異なるかのどちらかである。アオカワラヒワ、ズアオアトリ、ゴシキヒワ、ウソ、イスカ、スズメなどの雌どうしを比べると、彼女たちがたがいに異なる点は、自種の雄と部分的に似ている部分においてであることがわかる。そして、雄の色彩を決めているものは性淘汰であると結論してかまわないだろう。キジ科の多くの種では、クジャク、キジ、ニワトリなどのように雌雄が極端に大きく異なるが、それ以外の種には、雄から雌へ、形質が部分的に、または完全に移行しているものもある。コクジャク属のいくつかの種の雌は、主にその尾に、自種の雄の持つ素晴らしい目玉模様を少し地味な状態で保持している。ヨーロッパヤマウズラの雌が雄と違うのは、胸の赤い斑が雄より小さいという点のみであり、シチメンチョウの雌が雄と違うのはその色がずっと地味だというだけである。ホロホロチョウでは、雌雄はまったく区別がつかない。この鳥の独特ではあるが単調な斑点模様の羽衣が、性淘汰によって雄に獲得され、それがのちに両性に伝えられるようになったというのは、まったくあり得ないことではない。なぜなら、この羽衣は、ジュケイの雄だけが持っている、さらに美しい斑点のある羽衣と本質的に異なるところがないからである。

いくつかの例では、雄から雌への形質の移行ははるかな昔に生じたように見え、雄はそれ以後もかなりの変容を遂げたが、その間に獲得した形質は雌には移行しなかったと思われるものがあることに注意しておかねばならない。例えば、クロライチョウ（*Tetrao tetrix*）の雌と幼鳥は、アカライチョウ（*T. Scoticus*）の両性および幼鳥とよく似ている。そこでクロライイチョウは、両性ともにほとんど同じ色合いをした、アカライチョウのような祖先種から進化してきたと推測されるだろう。アカライチョウは両性ともに、他のどの時期よりも繁殖期において縞がはっきりしており、また雄は、赤と茶色の色合いがより強いことで雌とは少しだけ異なるので⑩、雄の羽衣は、少なくともある程度は性淘汰の影響を受けていると結論できるだろう。もしそうならばさらに、クロライチョウの雌の雄とよく似た羽衣は、過去のある時期に同様にしてつくり出されたと推測できるかもしれない。しかしこの時期以降に、雄のクロライチョウはその美しい黒い羽衣と、切れ込みが入って外側に曲がった尾とを獲得しているのである。しかし、これらの形質は、雌の尾羽にかすかに曲がった切れ込みがあるという以外、雌にはまったく移行していない。

そこで、近縁だが異なる種に属する雌たちは、過去または近年において雄が性淘汰によって獲得した形質をさまざまな程度の移行によって受け継ぐことにより、さまざまな程度でたがいに異なるようになったのだと結論してよいだろう。しかし、鮮やかな色彩はそうでない色合いよりずっと稀にしか移行しないということには、特別の注意を払う必要がある。例えば、オガワコマドリ（*Cyanecula suecica*）[*6]の雄は、濃い青の胸に小さな赤い三角の斑がある。さて、これとほとんど同じ形の斑紋が雌にも移行しているのだが、真ん中が赤ではなく黄褐色であり、その周りを取り囲んでいるのは青ではなく、まだらの羽である。キジ科には、たくさんの似たような例がある。すなわち、ヨーロッパヤマウズラ、ウズラ、ホロホロチョウなど、雄の羽衣の色彩の多くが雌にも移行している種の中に、鮮やかな色彩をしているものは一つもない。このことは、一般的に雄が雌よりもずっと鮮やかであるキジのなかまにもよく示されており、アオミミキジ（*Crossoptilon auritum*）とカンムリキジ（*Phasianus Wallichii*）では両性がよく似ているが、両方とも地味である。この二種のキジで、もしも雄の羽衣のどこかが鮮やかな色彩をしていたなら、それは雌に移行することはなかったに違いないとまで考えることもできるだろう。これらの事実は、営巣の時期に大きな危険にさらされる種では、雄から雌への鮮やかな色彩の移行には自然淘汰による歯止めがかかるとするウォレス氏の見解を強く支持するものである。しかしながら、先に述べた別の説明も可能であることを忘れてはならない。すなわち、まだ若くて未経験であるうちに変異して鮮やかな色彩になった雄は大きな危険にさらされることになり、だいたいが死滅することになったが、一方、成熟してもっと慎重な雄が同様に変異した場合には、生存することができただけでなく、他の雄との競争にも有利になっただろう。さて、生活史のあとの方で生じた変異は同性のみに伝えられる傾向があるので、この場合の非常に鮮やかな色彩は、雌に伝えられることはなかっただろう。一方、アオミミキジやカンムリキジが持っているような、それほど顕著でない装飾は、危険ではなかっただろうから、それらが若いうちに現れたとしたら、一般的に両性に伝えられることになったに違いない。

雄から雌への形質の部分的な移行の効果に加えて、近縁な種の雌どうしの間に見られる相違のいくつかは、生活条件の直接的な影響がはたらいたものと考えられるだろう[11]。雄では、そのようなはたらきは、ふつうは性淘汰によって獲得された鮮やかな色彩によっておおい隠されてしまうものだが、雌ではそうではない。家禽に見られるような羽衣の限りない多様性のそれぞれは、もちろん何らかのはっきりした原因によるものであり、自然でもっと均一な条件のもとでは、それが害を及ぼすものでない限り、遅かれ早かれ、ある一つの色合いが全体を占めることになるに違いない。同じ種に属している多くの個体が自由に交雑するとなれば、どのような色彩の変化も、結局はすべての個体に共通の形質になってしまうだろう。

多くの種の鳥で、雄も雌も保護色のためにその色彩を適応させていることは誰も疑わないだろうし、いくつかの種では雌だけがそのようにして色彩を変容させてきたということも可能である。前章で示したように、ある一つの遺伝の様式を淘汰によって他の様式に変えることは困難、または不可能であるとしても、はじめから雌のみの遺伝に限られていた変異の蓄積を通して、雄の色彩とは独立に、雌の色彩を周りの環境に合うように適応させることには、何の困難もなかったに違いない。もしも変異がそのように限られていなかったなら、雄の鮮やかな色合いは減少するか、なくなるかしてしまっただろう。では、多くの種において、雌のみがこのようにして変容してきたのかというと、現在のところ、それは非常に疑わしい。私は、ウォレス氏に十分賛成することができればと望んでいる。そうすれば、いくつかの困難が解消するからだ。雌にとって保護のためにはまったく役立っていないような変異は、単にそれが淘汰で拾い上げられないからでも、交配が自由に起こるからでも、それが雄に移行したときに雄にとって悪い影響があるからでもなく、あっという間に消されてしまったことだろう。こうして、雌の羽衣は一定の形質に保たれたはずである。また、多くの種に見られる、両性ともに持つ地味な色合いが保護色のために獲得され、保持されてきたということを認めることができさえすれば、大いなる安堵であるに違いない。例えば、ヨーロッパカヤクグリ（*Accentor modularis*）[*7]やミソサザイ（*Troglodytes vulgaris*）[*8]のような種では、性淘汰がはたらいているという十分な証拠は得られていない[*9]。しかしながら、われわれにとって地味に見える色は、ある種の鳥の雌にとっても魅力的ではないと結論するには慎重であらねばならない。ふつうのイエスズメのように、雄が雌と非常に異なるが、少しも派手な色はしていない例を思い起こすべきである。開けた地上に住んでいるキジ科の鳥の多くが、その色彩の少なくとも一部を保護色として獲得したことは、おそらく誰も反対しないだろう。彼らがどのように巧みに身を隠しているかは、誰もが知っている。ライチョウは、夏羽も冬羽も保護色になっているが、それが替わる時期に、多くの捕食性の鳥の犠牲になることはよく知られている。しかし、例えば、クロライチョウとアカライチョウの雌の間の違いのようなほんのわずかな差異が、保護の役に立っていると信じられるだろうか？　現在のような色彩をしているヨーロッパヤマウズラは、ウズラのような色をしているよりも、よく保護されているのだろうか？　コウライキジとキジとキンケイの雌の間のわずかな違いは、保護の役に立っているのだろうか？　それとも、たがいに取り替わってもまったく害のないものなのだろうか？　ウォレス氏は、東洋のいくつかのキジ科の鳥の習性を観察し、このようなわずかな差異が役に立っていると考えている。私としては、納得できないと言うほかない。

以前、雌の鳥があまり派手でないことの説明として、私が保護色の原理にずっと重きを置いていたとき、次のような考えが浮かんだことがあった。すなわち、両性も幼鳥も、もともとは同じように派手な色彩をしていたが、のちに、雌は抱卵のときに遭遇する危険から、幼鳥は未経験であることによる危険から、保護色として地味な色を獲得することになったというものである。しかし、この考えを支持する証拠は一つもなく、また、それはあり得そうもないことである。今、想像の中で、過去において雌とその子どもを危険にさらし、それ以後の世代で子孫を変容させることによって、その危険から逃れさせねばならないとしてみよう。われわれはまた、淘汰の漸進的なプロセスによって、雌と子どもたちとをほとんど同じ色合いと模様にさせ、同じ性の生活史の同じ時期にそれを遺伝させねばならない。また、雌と幼鳥が、その変容の過程の各段階で、雄と同じように鮮やかな色になる傾向を共有していたと仮定するなら、幼鳥も同じような変化をこうむることなしに雌だけが地味な色に変わることが決してなかったというのも奇妙な事実である。というのは、私が調べた範囲では、雌は地味だが子どもは派手という種は一つもないからである。しかしながら、それに対する部分的な例外は、ある種のキツツキの幼鳥であろう。彼らの「頭の上部全体は赤い色をしている」が、のちに、両性の成鳥では、それが単なる赤い輪になるか、雌ではまったく消えてしまうからである。[12]

最後に、このカテゴリーについての最もあり得そうな説明は、鮮やかな色彩や他の装飾的形質におけるさまざまな変異は、雄の生活史のあとの方で生じたもののみが保存され、これらの変異のほとんどまたはすべては、それが生活史のあとの方で生じたために、はじめから雄の子のみに伝えられたとするものであろう。雌や幼鳥に生じたどんな鮮やかな変異も、彼らにとっては何の役にも立たないので、それが淘汰で選択されることはなかっただろう。さらにそれが危険なものであれば、すぐにも除去されてしまっただろう。このようにして雌と幼鳥は変わらずに残ったか、あるいは、もっと頻繁に生じた事態としては、雄に起こった変異のいくらかを受け継ぐことによって部分的に変容してきたことだろう。両性ともに、長い間自分たちがさらされている生活条件から直接の影響を受けてきたに違いない。しかし、他の要因による変容をあまり受けていない雌の方が、その影響を強く受けることになるだろう。これらやその他の変化はすべて、多くの個体が自由に交配することによって、誰もが身につけるものとなったはずである。いくつかの例、特に地上性の鳥では、雌と幼鳥は、雄とは独立に保護色のために変化し、同じ地味な色彩を身につけるようになったと考えることもできるかもしれない。

第Ⅱ群　成鳥の雌が成鳥の雄よりも目立つときには、両性の幼鳥の最初の羽衣は、成鳥の雄に似ている

このカテゴリーは、雌の方が雄よりも派手な色彩をしていたり目立ったりしており、知られている限りでは、幼鳥が成鳥の雌ではなく雄に似ているので、前者のカテゴリーのまったく逆になっている。しかし、雄と雌の間の差異は、前者の場合の多くの種類のように大きいことは決してなく、その数も比較的稀である。雄の方がより地味な色彩をしていることと、雄が抱卵の仕事をすることとの間に特別な関係があることを最初に指摘したのはウォレス氏（Mr. Wallace）であるが、彼は、地味な色彩が獲得されるのは営巣の時期における保護の必要のためであるという主張に対する決定的な検証として、この点に非常に重きを置いている。(13) それとは異なる考えの方が、より正しいように私には思われる。このような例は興味をそそるものであり、数が少ないので、私が調べることのできたすべての例を手短かに説明することにしよう。

ウズラに似た鳥であるミフウズラ属（Turnix）の一部では、どれも雌の方が雄より大きい（オーストラリアの一種では、およそ二倍の大きさである）が、これはキジ科の鳥としては異常なことである。[*10] ほとんどの種では、雌の方が雄よりも目立つ色彩をしていて美しいが、(14) 両性が類似している種もいくつかある。インドのミフウズラ（*Turnix taigoor*）[*11] の雄は、「首と喉に黒い部分がなく、羽衣全体が雌よりも薄く、はっきりしていない」。雌の方が雄より声が大きいようで、確かに雄よりけんか好きである。そこで、闘鶏のように現地人が飼っているのは、雄ではなく雌の方である。イギリスの鳥類捕獲人が、わなのそばに雄をおとりとして置き、雄の競争意識を刺激して雄を捕まえようとするのと同様に、インドではこのミフウズラの雌がおとりに使われている。雌は、このようなおとりを見せられるとすぐに「大きな声で鳴き始め、それは遠くからでも聞こえる。そして、声の届く範囲にいるすべての雌がその場にかけつけ、かごに入った雌とけんかを始める」。このようなやり方で、一日のうちに一二〜二〇羽もの雌を捕まえることができるが、それらはすべて繁殖状態にある雌である。雌は、卵を産んだあとには雌どうしで集まり、雄に抱卵を任せるのだと現地人は主張している。スウィンホウ氏が中国で行った観察は[15]、この話を支持するものであり、彼らの主張に疑義をさしはさむ理由は何もない。ブライス氏は、幼鳥は雄も雌も成鳥の雄に似ていると考えている。

タマシギ属（Rhynchaea）の三種[*12]の雌は、「雄よりもからだが大きいばかりでなく、色彩も豊富である[16]」。気管の構造が雄と雌で異なる他のすべての鳥では、雄の方が雌よりも複雑でよく発達しているが、*Rhynchaea Australis* では、単純なのが雄の方であり、雌の気管は肺に入る前に四つのはっきりした渦巻きをつくっている[17]。このように、この種の雌は、雄に特徴的な形質を備えているのである。ブライス氏が多くの標本で確かめたところによると、*R. Australis* と非常に近縁で、足の指が短いことを除いてほとんどそれと区別がつかないような *R. Bengalensis* では、気管は両性ともに渦巻いていない。これは、第二次性徴はごく近縁なタイプの間でも大きく異なることがしばしばあるという法則のよい例だが、差が雌に現れるのは非常に稀である。*R. Bengalensis* の両性の幼鳥の最初の羽衣は、成鳥の雄に似ているといわれている[18]。スウィンホウ氏（Mr. Swinhoe）[19]は、夏が終わる前に、雌たちがミフウズラと同様の集団をつくっているのを見ているので、この種でも抱卵の仕事は雄が請け負っていると考えるに足る根拠がある。

ハイイロヒレアシシギ（*Phalaropus fulicarius*）とアカエリヒレアシシギ（*P.*

図60　タマシギ（ブレームより）

hyperboreus）の雌は雄より大きく、夏羽は「雄よりもずっと美しく飾られている」。しかし、両性の間の色彩の差は顕著というにはほど遠い。ハイイロヒレアシシギは、スティーンストルップ教授（Professor Steenstrup）によると、繁殖期の雄の胸の羽の状態からわかるように、抱卵の仕事は雄だけが行う。コバシチドリ（*Eudromias morinellus*）の雌は雄より大きく、腹面が赤と黒で胸に白い半月形の部分があり、目の上の線が雄よりずっとくっきりしている。雄は少なくとも抱卵の仕事に参加するが、雌もひなの世話はする。[20]この種では、年二回の換羽があるために比較が困難なので、幼鳥は成鳥の雌より雄に似ているのかどうか、私はまだ調べられずにいる。

では次に、ダチョウのなかまを見てみよう。ヒクイドリ（*Casuarius galeatus*）の雄は、からだが小さく、肉垂れも頭部の裸の皮膚もずっと色彩が地味なので、誰もが雌だと思うに違いない。そして、私がバートレット氏から聞いたところによると、ロンドン動物園では、抱卵してひなの世話をするのは確かに雄のみであるということだ。[21]T・W・ウッド氏（Mr. T. W. Wood）によると、[22]繁殖期の雌は最もけんか好きの性格をあらわにし、肉垂れは大きくなって、非常に鮮やかな色になる。エミュの一種（*Dromoeus irroratus*）*13でも、雌は雄よりずっと大きい。雌には小さな冠羽があるが、それ以外では雄と雌は区別がつかない。しかしながら、雌は「ずっと大きな力を持っているようで、怒ったときや興奮したときには、シチメンチョウの雄のように首や胸の羽を立てる。ふつうは、雌の方が勇敢でけんかっ早い。雌は、特に夜間、小さな銅鑼（どら）を鳴らすような深いブーンというううつろな声を出す。雄はからだのつくりがきゃしゃでおとなしく、怒ったときに押し殺したようなきしり声を出すだけで、鳴かない」。雄は、抱卵の仕事のすべてを請け負うだけでなく、母親からもひなを守らねばならない。「なぜなら、雌は、自分の子どもの姿を見つけるや否や大いに興奮し、父親の抵抗をものともせずに、一所懸命になってひなたちを殺そうとするからである。その後の何ヵ月もの間、両親を一緒にするのは危険である。なぜなら、暴力的なけんかが起こるに決まっており、たいていは雌が勝つからである」(23)。それゆえ、このエミュでは、子の世話と抱卵の本能ばかりでなく、両性の道徳的性質においても完全な逆転が見られることになる。雌が野蛮でけんか好きでやかましく、雄がやさしくて気立てがよいのだ。アフリカのダチョウでは、事態は非常に異なる。雄の方が雌よりも少しばかり大きいし、雌よりコントラストのはっきりした色彩をしている。それにもかかわらず、雄だけが抱卵の義務のすべてを果たすのである(24)*14。

誰が抱卵するのかについては何もわかっていないが、雌の方が雄より目立つ色彩をしている他の少数の種について、もう少し詳しく述べておこう。フォークランド諸島のチマンゴカラカラ（*Milvago leucurus*）*15は、私が解剖してみたところ、くちばしの蠟膜と脚がオレンジ色をしていて色彩が非常にはっきりした個体はすべて雌であることがわかり、非常に驚いたものである。羽衣が地味で灰色の脚をしたものは、雄か幼鳥だったのだ。オーストラリアのベニマユキノボリ（*Climacteris erythrops*）の雌は、「喉に美しく輝く赤褐色の斑紋がある点で雄とは異なり、雄のその部分はまったく地味である」。最後に、オーストラリアのヨタ力は、「雌の方が常に雄より大きく、色彩も鮮やかである。一方、雄は、初列風切に雌よりくっきりした二つの白点を持っている」[25]。

このように、雌の鳥の方が雄より目立つ色彩をしており、幼鳥の未成熟羽衣が、成鳥の雌ではなく雄に似ているようなこのカテゴリーは、数は少ないがさまざまな目に分布していることがわかる。両性間の差異は、第一のカテゴリーで見られたものとは比べものにならないほど小さいので、その差異の原因が何であれ、このカテゴリーで雌にはたらいてきた要因は、前者のカテゴリーで雄にはたらいてきたものより力が弱いか、またはそれほど持続的ではなかったのだろう。ウォレス氏は、雄の色彩が地味になったのは抱卵の時期の保護のためだと考えているが、これらの例で見られる両性間の差異は、どれもこの考えが正しいと認められるほど十分大きなものではない。いくつかの例では、雌の鮮やかな色彩は腹面に限られており、雄がもしもそのような色彩をしていたとしても、卵の上に座っているときに何の危険にさらされることもないと考えられる。また、雄は雌より少しだけ地味な色彩をしているばかりでなく、大きさも小さく、力も弱いということも心にとめておくべきである。さらに、彼らは母性本能を獲得しているばかりでなく、雌よりけんか好きではなく、声も大きくない。そして一例では、発声器官も単純化している。このように、本能、習性、性格、色彩、大きさ、そしていくつかの形態構造において、両性の間のまったくの逆転が起こっているのだ。

そこでこのカテゴリーに属する雄は、ふつうは雄に特有である性質をある程度失ってしまったのだと仮定すると、彼らはもはや雌を積極的に探すことはしなくなったのだろうと考えられる。または、雌の方が雄よりもずっと数が多くなってしまったのだと仮定することもできる。実際、インドのミフウズラでは、雌の方が「雄よりもずっとよく見つかる」[26]。そうだとすると、このカテゴリーでは、雌が雄に求愛されるのではなく、雌が雄に求愛するようになったのだと考えるのは不可能ではないだろう。このことはすでに、クジャク、シチメンチョウ、ある種のライチョウで見たように、いくつかの鳥類ではある程度あてはまっている。ほとんどの鳥類の雄が見せる習性をもとに考えれば、ミフウズラやエミュの雌のからだのサイズが大きく、力が強く、非常にけんか好きであることは、他の雌を排除して雄を獲得するためであることに間違いはないだろう。そして、そう考えると、すべては明らかになるのだ。雄たちは、最も鮮やかな色彩その他の飾りを持っている雌や、最も声の大きい雌を、最も魅力的と感じて惹きつけられると考えられる。そうすると、性淘汰がすぐにはたらいて雌の魅力は徐々に増していくことになり、雄と子どもはほんの少ししか変容せずに残されることになるだろう。

第Ⅲ群　成鳥の雄が成鳥の雌と似ており、両性の幼鳥は、彼ら独自の特徴的な羽衣を持っている

このカテゴリーの両性は、成鳥ではたがいに似通っているが、幼鳥とは異なる。これは多くの種類の鳥に当てはまる。ヨーロッパコマドリの雄は雌とほとんど区別がつかないが、幼鳥はくすんだオリーヴ色と茶色に斑点のある羽衣なので、非常に異なっている。素晴らしい色をしたショウジョウトキは、両性がよく似ているが、幼鳥は茶色である。そして、その朱色は両性に共通ではあるものの、性的な形質であることは確かだ。鮮やかな色彩をした鳥の雄がしばしばそうであるのと同様、彼らを閉じ込めておくと、その色彩は十分に発達しないからである。ゴイサギのなかまの多くでは、幼鳥は成鳥と大きく異なり、夏羽は両性に共通だったとしても、はっきりと婚姻の形質を表している。若いハクチョウは灰色だが、成鳥になると純白になる。しかし、これ以上例をあげるのは無駄というものだろう。幼鳥と成鳥のこのような違いは、先の二つのカテゴリーにおけるのと同様、幼鳥は先祖の羽衣の状態を保持しているが、両性の成鳥では新しい変化が起きてきたために生じたかのように見える。成鳥が鮮やかな色彩をしている場合、ショウジョウトキや多くのサギ類についていま述べたようなことや、第一のカテゴリーの種とのアナロジーから、そのような色彩は、成熟に達するころの雄が性淘汰によって獲得したものだと結論してよいだろう。しかし、先の二つのカテゴリーにおけるものとは異なり、その色彩の移行は、同じ年齢に限られてはいるものの、同じ性に限られてはいない。その結果、成熟した雄と雌はたがいに似ているが、幼鳥とは異なることになる。

第Ⅳ群　成鳥の雄が成鳥の雌と似ており、両性の幼鳥の最初の羽衣は成鳥に似ている

このカテゴリーでは、幼鳥と両性の成鳥とは、鮮やかな色彩であれ地味であれ、たがいによく似ている。このような例は、先のカテゴリーのものより多くあるのではないかと私は思う。イギリスでは、カワセミ、キツツキの一部、カケス、カササギ、カラス、そして、ヨーロッパカヤクグリやミソサザイのような多くの地味な色をした小鳥がその例である。しかし、成鳥と幼鳥の羽衣の類似は決して完全ではなく、両者が異なるものまでの変化は連続的だ。すなわち、ある種のカワセミのなかまでは、幼鳥は成鳥よりも色が地味であるばかりでなく、腹面の羽の多くに茶色の縁取りがある。[27] それは、おそらく先祖の状態だったのだろう。同じ分類群に属する種であっても、例えばオーストラリアのヒラオインコ属（Platycercus）のように、同じ属の内部においてさえ、ある種の幼鳥は成鳥とよく似ているが、別の種の幼鳥はたがいによく似通った両性の成鳥と非常に異なることがある。[28] カケスは、両性も幼鳥もたがいによく似ているが、カナダカケス（*Perisoreus canadensis*）の幼鳥は、その親とあまりにもかけ離れているので、別種として記載されていたほどだ。[29] 先に進む前に、ここで、本カテゴリーと次の二つのカテゴリーでは、事実があまりにも錯綜しており、結論もあまりにも疑わしい点が多いので、この問題に特別な興味がない読者は、これらを飛ばして読み進む方がよいと述べておこう。

本カテゴリーに含まれる鳥類の多くが持っている、鮮やかで目立つ色彩は、保護のためにはまったくと言っていいほど役立っていないだろう。そこでそれらは、はじめに性淘汰によって雄に獲得され、それがのちに雌と子どもに伝えられたものと考えられる。しかしながら、雄がより魅力的な雌を選んできたのだとも考えられ、それらが両性の子どもに伝えられたなら、雌がより魅力的な雄を選ぶことによって起こる結果と同じ結果が生みだされることになっただろう。しかし、こちらの道筋は、両性がよく似通っているこのカテゴリーの鳥では、たとえ起こったとしてもごく稀にしか起こらなかったと考えてよい証拠がいくつかある。というのは、次々と生じてくる変異のうちのごく少数でも両性に同等に伝わることがなかったなら、雌の方が雄よりも少しばかり美しくなったはずである。ところが、自然界では、それとまったく逆のことが起こっているのだ。両性が類似している大きな分類群のほとんどすべてにおいて、雄の方が雌より少しばかり美しい色をしている種がいくつか含まれている。雌はより美しい雄を選んできたが、雄もまた同様により美しい雌を選んできたということもあり得る。しかし、一方の性の方が他方の性より相手を探すのに熱心であることを考えると、この二重の淘汰のプロセスがはたらいてきたというのは疑わしく、それが一方の性だけにはたらく淘汰より有効だったとは考えにくい。それゆえ、本カテゴリーでは、装飾的な形質に関する限り、性淘汰は動物界全体を通じて一般的にはたらいている通りの法則に従って、すなわち、雄にはたらいてきたと考えるのが妥当であろう。そして、そうやってゆっくり獲得された色彩が、両性の子どもに対して同等に、またはほとんど同等に伝えられたのだと考えられるだろう。

次の点、すなわち、続く変異がほぼ成熟に達した雄に最初に現れたのか、それともまだかなり若い時期に現れたのかという点は、より疑わしい。いずれの場合でも、性淘汰は雄が雌の所有をめぐってたがいに競争せねばならないときにはたらいたに違いなく、どちらの場合でも、そうやって獲得された形質は両性のすべての年齢に伝えられている。しかし、このような形質が成鳥の雄によって獲得されたのであれば、最初はそれは成鳥にしか伝えられなかっただろうから、のちになって子にも伝えられるようになったに違いない。対応する年齢における遺伝の法則が当てはまらない場合、子どもはしばしばその形質を、両親に生じたのよりも早い時期に受け継ぐことになることはよく知られている。[30]それと思われる例は、野生の鳥でも観察されている。例えば、ブライス氏は、アカオオハシモズ（*Lanius rufus*）[*16]とハシグロアビ（*Colymbus glacialis*）で、非常に珍しいことに、幼鳥のうちから両親と同じ羽衣を持っている標本を見たことがある。[31]また、コブハクチョウ（*Cygnus olor*）は、一八ヵ月または二年たたないとその薄黒い羽根を落とさないが、F・フォレル博士（Dr. F. Forel）は、四羽の同腹のひなのうちの元気な三羽が初めから真っ白だったのを記録している。このひなたちのくちばしと足の色は両親と同じだったので、彼らはアルビノではない。[32]

本カテゴリーにおいて、両性と幼鳥が似るようになった上記の三つの様式について、スズメ目に属する奇妙な例をあげて説明しておくのがよいかと思う。イエスズメ（*P. domesticus*）の雄は、雌とも幼鳥とも非常に異なる。[33]雌と幼鳥はたがいによく似ており、これらはまた、パレスチナのウスイロイワスズメ（*P. brachydactylus*）や、他の近縁種の両性と幼鳥にもそれぞれたいへんよく似ている。そこで、イエスズメの雌と幼鳥は、おおたこの属の祖先の羽衣を示していると考えてよいだろう。さて、スズメ（*P. montanus*）では、両性も幼鳥もイエスズメの雄によく似ているので、彼らはどれもがその祖先型の典型的な色から離れ、同じように変化してきたことになる。この説明としては、第一にスズメの祖先の雄がほとんど成熟に達したころにある変異を獲得したか、第二にまだ若いうちに獲得したかし、どちらの場合においてもその変異を雌と子どもの両方に伝えたことで生じたというものである。または、第三の可能性として、雄は成熟してから変異を獲得し、それが両性の成鳥に伝わったが、対応する年齢における遺伝の法則が当てはまらなかったため、のちに幼鳥にも伝えられたということも考えられる。

本カテゴリーの例において、これら三つの様式のうちのどれが主にはたらいてきたのかを決めることは不可能である。雄が若いときに変異を獲得し、それが両性の子に伝えられたとする考えが、最も可能性が高いだろう。ここでつけ加えておくが、私は多くの論文に当たって、鳥では変異が起こる時期とそれが一方の性または両性に伝えられることとの間にはどのくらい一般的な関係があるのかを調べてみたのだが、はっきりしたことはほとんどわからなかった。よく引用される二つの法則（つまり、生活史のあとになってから生じる変異は同じ性にのみ伝えられるが、早い時期に生じる変異は両性に伝えられるというもの）は、第Ⅰ、[34]第Ⅱ、第Ⅳのカテゴリーにはよく当てはまっているように見えるが、第Ⅲのカテゴリーには当てはまらず、第Ⅴの一部[35]および第Ⅵの小さなカテゴリーにも当てはまっていない。しかし、私が判断する限りでは、これらの法則は、鳥類の相当多くの種に当てはまっていると言えそうである。そうだとしても、そうでないとしても、第八章にあげた事実から、変異が現れる時期は遺伝の様式を決めるうえで一つの重要な要素であるということは結論できるだろう。

鳥では、変異の時期が早いか遅いかをどのような基準で決めたらよいのか、寿命を考慮したうえでの年齢なのか、繁殖力があるかないかなのか、通り抜けた換羽の回数なのか、これは難しい問題である。換羽の回数は、たとえ同じ科のなかであっても非常に異なり、その理由がよくわからない場合が多い。鳥のなかには、あまりにも早くに換羽するので、最初の風切り羽が生え揃うより前に、からだの羽がすっかり抜け落ちてしまうものもあるが、これが祖先の状態だったとはとても考えられない。換羽の時期が早められると、成鳥の羽衣の色彩が最初に現れた年齢は、実際より早いかのように見えるに違いない。このことは、鳥類愛好家が、鳥の性別をはっきりさせるためにウソのひなの胸の羽や若いキンケイの頭や頸の羽を少しむしり取ってしまうときによくあらわされている。[36] そうすると、雄であれば、むしられた部分にはすぐに色のついた羽が生えてくるのである。実際の寿命はほんの少数の鳥でしか知られていないので、これを基準に使うことはほとんどできない。そして、繁殖力が獲得される時期という点では、いくつかの鳥は、まだ未成熟の羽衣を残したままのうちに繁殖を開始することがあるというのは、驚くべきことである。[37]

鳥が未成熟の羽衣を残したままで繁殖を開始するということは、私が考えているように、雄の装飾的な色彩や羽衣などが獲得されるに当たっては性淘汰が重要な役割を果たし、両性に同等に伝わる遺伝によってそれが多くの種類の雌にも伝わったという考えとは対立するように見える。若くてあまり装飾を持っていない雄が、成熟してもっと美しい雄と同じくらい雌を惹きつけられるのであれば、この反論は正しいだろう。しかし、そう信じるに足る証拠は一つもない。オーデュボンは、アフリカトキコウ（*Ibis tantalus*）の未成熟雄が繁殖するのは非常に稀な出来事だと述べており、スウィンホウ氏も、コウライウグイスの未成熟雄について同様に述べている[38]。どんな種類の鳥でも、未成熟な羽衣の若鳥が成鳥よりも配偶者の獲得に有利だなどということがあれば、未成熟の羽衣をなるべく長く身につけている雄が繁栄することになろうから、成鳥の雄の羽衣は早晩消えてなくなり、究極的にその種の形質が変化することだろう[39]。一方、幼鳥が配偶相手の雌を獲得することがまったくできなければ、早くから繁殖を開始しようとする習性は、無駄で力の浪費になるので、遅かれ早かれ消える運命となるだろう。

　鳥の中には、完全に成熟してからも、年とともに羽衣の美しさが増していくものもある。クジャクの上尾筒やサンショクサギなどのサギのなかまの冠毛や羽衣がその例である[40]。しかし、これらの羽が発達し続けるのは、時間がたってもさらに有利な変異に淘汰がかかっているからなのかは大いに疑わしく、単に発達が続いているだけなのかもしれない。ほとんどの魚は、健康で食物が豊富にある限り、毎年体が大きくなり続けるが、鳥の羽にも同じような法則がはたらいているのかもしれない。

第Ｖ群　雄と雌が異なるかどうかにかかわらず、両性の成鳥が冬羽と夏羽の二つの羽衣を持っているとき、幼鳥は、両性の成鳥の冬羽に似る。または、ずっと稀ではあるが、夏

羽に似る。または、雌のみに似る。あるいは、幼鳥が中間的な形質を持つこともある。

さらにまた、幼鳥は、成鳥のそれぞれの季節的羽衣とも大きく異なることもある

このカテゴリーに含まれる例は、まったくもって錯綜している。これらは、性、年齢、一年のなかの季節という三つの異なる要素に多かれ少なかれ限定された遺伝の様式によるので、複雑であっても不思議はないだろう。いくつかの例では、ある一つの種に属する個体が、五つもの異なる羽衣の段階を経る。雄が、雌と夏羽の羽衣のみで異なる種類では、またはもっと稀な例で、両方の季節の羽衣とも異なる種類では、[41] 幼鳥はふつう雌に似ている。[42] 北アメリカのオウゴンヒワと呼ばれている鳥がそうであるし、オーストラリアの素晴らしく美しいマルリもそうであるようだ。両性が、夏羽と冬羽の両方とも類似しているような種では、幼鳥は第一に成鳥の冬羽に似ているが、第二にもっと稀な例として夏羽に似ている。第三に、幼鳥はその二つの状態の中間的な形質を示すこともある。第四に、どの季節の成鳥とも非常に異なることもある。この四つのうち最初の例は、インドのアマサギの亜種（*Buphus coromandus*）[*17] である。この種の両性の幼鳥と成鳥は、冬の間は白いが、夏になると成鳥は金色がかった黄色になる。インドのスキハシコウ（*Anastomus oscitans*）も同様な例だが、色は逆転している。両性の成鳥と幼鳥は、冬の間は灰色と黒だが、夏になると成鳥のみ白くなる。[43] 第二の場合の例としては、オオハシウミガラス（*Alca torda*）があげられる。幼鳥の初期の羽衣は、成鳥の夏羽と同じような色をしている。また、北アメリカのミヤマシトド（*Fringilla leucophrys*）[*18] では、かえったばかりのひなのときから頭に繊細な白い縞があるが、これは、幼鳥でも成鳥でも、冬羽では失われてしまう。[44]　幼鳥が成鳥の夏羽と冬羽の中間的な形質を持っている第三の場合に関しては、多くの渉禽類がそうであるとヤーレル（Yarrell）が主張している。[45]　最後に、幼鳥が両性の成鳥の夏羽、冬羽の双方と非常に異なる場合の例としては、幼鳥だけが白い色をしている、インドや北アメリカのサギのなかまをあげることができるだろう。

これらの複雑な例については、ほんの少ししか述べないことにする。幼鳥が、成鳥の雌の夏羽に似ている場合や、両性の成鳥の冬羽に似ている場合が、第Ⅰ群や第Ⅲ群としてあげたカテゴリーのものと異なるのは、その形質はもともと繁殖期の雄によって獲得され、それが対応する季節に限って伝えられているという点のみである。成鳥が二つの異なる冬羽と夏羽を持ち、幼鳥がその両方とももと異なる場合には、事態はもっと理解が困難である。幼鳥が祖先の状態を保持している可能性はあると認めてよいだろう。成鳥の夏羽、または婚姻羽は、性淘汰によって獲得されたのだと説明できるだろうが、成鳥の冬羽が異なることは、どのように説明したらよいのだろうか？　もしも、すべての場合にわたって、この羽衣は保護色の役目を果たしていると認めることができるなら、それが獲得されたことには簡単に説明がつくに違いない。しかし、それを認めるのに十分な理由はないようだ。冬と夏では生活条件が大きく異なるので、それが直接羽衣に影響を与えているのではないかと示唆することもできるだろう。これは、いくらかの影響は及ぼしているだろうが、夏羽と冬羽は非常に異なることもあり、それほどの差がこのような理由で生じるとは、私は自信を持って言うことはできない。もっとありそうな説明は、祖先型の羽衣が、夏羽の持っている形質の移行によって多少の変容を遂げ、それが成鳥の冬羽として保持されているというものである。最後に、本カテゴリーに属するすべての例では、成鳥の雄が獲得した形質が、年齢、季節、性によって、さまざまに限定されて遺伝することから生じているように見えるが、このように錯綜した例を、これ以上追求してもあまり意味はないだろう。

第VI群　幼鳥の最初の羽衣は、性によって異なる。幼鳥の雄は、どちらかというと成鳥の雄に似ており、幼鳥の雌は、どちらかというと成鳥の雌に似ている

このカテゴリーは、さまざまな分類群で見られるものの、数は多くない。それでも、経験がわれわれにその反対のことを教えてくれていなければ、幼鳥が自分と同性の成鳥にはじめからある程度は似ており、だんだん類似が強くなってくるというのは、最も自然なことに見えるだろう。ズグロムシクイ（*Sylvia atricapilla*）の成鳥の雄は頭が黒いが、雌の頭は赤褐色である。そして、ブライス氏が教えてくれたところによると、幼鳥は両性ともに、ひなのころからこの特徴で区別できるのだそうだ。ツグミの科では、驚くほど多くの似たような例が見つかっている。クロウタドリ（*Turdus merula*）の雄は、巣についているころから雌と区別できるが、それは、からだの羽のように早くは抜け替わらない主要な風切り羽が、二回目の換羽のときまで茶色い色を残しているからである。(46) ネコマネドリ（*Turdus polyglottos*）*19 の雄と雌はほとんど違わないが、それでも、ごく若い時期から、雄の方がより純粋な白に近いので雌と区別することができる。(47) カオグロヒヨドリ（*Oroecetes erythrogastra*）[*20] とイソヒヨドリ（*Petrocincla cyanea*）[*21] の雄は、羽衣の大部分が美しい青い色をしているが、雌は茶色である。そして、両種とも、雄のひなの翼と尾羽の縁は青い色をしているが、雌のそれは茶色で縁取られている。(48) つまり、クロウタドリの幼鳥では、他の羽よりもあとになって成熟した形質が現れて黒くなるその同じ羽が、この二種では他の羽に先立って青くなっているのだ。このような例についての最もありそうな説明は、第Ⅰ群で起こったこととは異なり、雄が獲得した形質は、最初にその形質が獲得されたときよりも早い時期に雄の子に伝えられているということなのだろう。なぜなら、彼らがごく若いうちに変異していたのであれば、それらの形質はすべて両性の子に伝わっていたに違いないからである。(49)

フキナガシハチドリ（*Aithurus polytmus*）[*22] の雄は、黒と緑の素晴らしい色をしており、尾羽のうちの二本がたいへん長く伸びている。雌はふつうの長さの尾を持ち、色は地味である。さて、雄の幼鳥は、一般的な法則にのっとって成鳥の雌に似るのではなく、最初から成鳥の雄と同じような色に変わり始め、すぐに尾が長くなってくる。このことを教えてくれたのはグールド氏であるが、彼は、未発表の次のようなさらに驚くべき例も教えてくれた。Eustephanus 属の二種のハチドリ[*23] は、両種とも非常に美しい色をしており、ファン・フェルナンデス諸島の小さな島に住んでいて、長い間別種だと思われてきた。ところが、最近になって、からだが濃い栗茶色で頭が金赤色のものは雄であり、もう一方の、緑と白の繊細なまだらで、メタリックグリーンの頭をしたものは雌であることがわかった。さて、幼鳥は、最初からそれぞれの性の成鳥の羽衣に似ており、その類似はだんだん増していくのである。

前と同様に幼鳥の羽衣を手引きとして考えるなら、この最後の例では、両性はそれぞれ独立に美しくなったのであり、どちらか一方の性がその美しさを他方の性に移行させたのではないように思われる。雄は、その鮮やかな色彩を、第一のカテゴリーのクジャクやキジと同様に、性淘汰を通じて獲得したように見える。そして、雌は、第二のカテゴリーのタマシギ属やミフウズラ属の雌と同様の道筋でその色彩を獲得したようだ。しかし、こんなことが、同種の雄と雌で同時期にどうやって生じることができたのかは、非常に理解が困難である。サルヴァン氏は、第八章で見たように、ハチドリのなかまには雄の数が雌の数を大きく上回るものがあり、一方、同じ地域に住んでいる他の種では雌の数が雄の数を上回ることがあると述べている。そこで、ファン・フェルナンデスの種は、過去のどこかの時期に相当な長期にわたって雄の数が雌の数を上回ったが、他の時期には、相当な長期にわたって、今度は雌の数が雄の数を上回ったことがあると想定すれば、両性ともにより鮮やかな色彩をした個体を選ぶという性淘汰を通じて、ある時期は雄が、また別の時期は雌が美しくなっていったと理解できるかもしれない。そして、両性ともに、その変異を、ふつうより早い時期に子に伝えたのだろう。これが正しい説明だと主張するつもりはない。しかし、この例はあまりにも珍しいので、何らかの指摘をせずに済ますわけにはいかないのである。

以上、六つのすべてのカテゴリーについて豊富な例を見てきたが、幼鳥の羽衣と一方の性または両性の成鳥の羽衣との間には、密接な関係があることがわかる。これらの関係は、一方の性――ほとんどの場合、それは雄である――が、変異と性淘汰によって鮮やかな色彩その他の装飾を獲得し、それが、これまでに知られている遺伝の法則に従ってさまざまな方法で移行するという原理で、かなりうまく説明することができる。ときには、同じ分類群に属する種の間でさえ、なぜ変異が生活史のさまざまに異なる時期に生じたのかは、われわれにはわからない。しかし、遺伝の様式に関しては、それを決めている一つの重要な原因は、変異が最初に現れたときの年齢であるように思われる。

対応する年齢における遺伝の原理と、若いときに雄に生じた色彩の変異は、それが淘汰で拾われるどころか、危険であるために除かれてしまうのがふつうであるのに対して、繁殖年齢に近くなったあたりで生じた同様の変異は保存されることから、幼鳥の羽衣はほとんど変化せずに保持されるのだろうと考えられる。そこで、現生種の祖先がどのような色をしていたかについて、ここからいくらかの洞察を得ることができる。先の六つのカテゴリーのなかの五つに属する多数の種では、一方または両方の性の成鳥が、少なくとも繁殖期の間は鮮やかな色彩をしているが、幼鳥はどれも、成鳥のように鮮やかな色ではないか、きわめて地味な色をしている。私が知る限りでは、地味な色をした種類であるのに幼鳥だけが派手な色彩であるものや、幼鳥も派手な色彩である種で、幼鳥の方が成鳥より派手であるような種類は一つも存在しない。しかし、幼鳥と成鳥が類似している四つめのカテゴリーでは、多くの種が（全部ではないが）鮮やかな色彩をしており、分類群の全体がそうであることもあるので、その場合、彼らの祖先もそのように派手な色彩をしていたのだろうと推論できる。この例外を除き、世界の鳥を見渡すと、われわれが幼鳥の羽衣から部分的に再構成できる大昔の時代から今までに、彼らはその美を大幅に増してきたように思われる。

羽衣の色彩と保護色との関係について

私は、雌のみが地味な色彩をしているときには、ほとんどの場合それが保護色という特別な目的のために獲得されてきたとするウォレス氏の考えには賛成できないと考えているように見えるだろう。しかしながら、先にも述べたように、多くの鳥の両性が、この目的のために色彩を変化させてきたことに疑いはない。そうやって彼らは敵の目から逃れてきたのだし、他の場合には、フクロウが羽を柔らかくしてその飛行を聞き取られないようにしているのと同様、獲物に見つからずに近づけるようになっている。ウォレス氏（Mr. Wallace）は、[50]「ある分類群全体の主な色彩が緑であるような鳥は、一年じゅう葉を落とすことのない熱帯の森林に来て初めて見ることができる」と述べている。試したことのある人なら誰も、葉の茂った木の中でオウムを見つけるのがどんなに難しいかを認めるだろう。それにもかかわらず、多くのオウムは、赤、青、オレンジなどの色で飾られており、それらはほとんど保護の役には立っていない。キツツキはもっぱら林の中にいるが、緑色をした種のほかに、黒や、黒と白の種がたくさんある。そして、すべての種は、同じような危険にさらされているに違いない。それゆえ、森林性の鳥が目立つ色彩を獲得したのは性淘汰によってであるが、緑色の色調は、他の色よりも保護色として、自然淘汰上、有利だったに違いない。

　地上性の鳥に関しては、彼らの色彩が、彼らを取りまく地表面に似ていることは誰もが認めるところである。ヨーロッパヤマウズラ、タシギ、ヤマシギ、チドリのなかま、ヒバリ、ヨタカなどが地面にうずくまっているときに、彼らを見つけるのはどんなに難しいことか。砂漠に住んでいる動物は、最も素晴らしい例を提供してくれるが、それは、何もない地面には身を隠すところがまったくなく、小さな四足獣、爬虫類、鳥類はどれもが身の安全を色彩だけに頼っているからである。トリストラム氏（Mr. Tristram）が指摘しているように[51]、サハラに生息している動物はすべて、その「麦わら色、または砂色」の色彩によって守られている。私が南アメリカで見た砂漠の鳥を思い出してみると、英国のほとんどの地上性の鳥と同様に、そういう場合には、両性は一般に類似しているように思われた。そこで、サハラの鳥たちについてトリストラム氏に尋ねたところ、彼は親切にも次のような情報を送ってくれた。サハラには、明らかに保護色と思われる羽衣の色彩を持った鳥が一五属二六種おり、その色彩が驚くべきなのは、それぞれ、他の場所に生息している同属の鳥とは非常に異なっていることである。この二六種のうち一三種では、雄と雌は同じような色彩をしている。しかし、これらの種は、どこでも雌雄が似通っている属に属しているので、砂漠に生息する鳥の両性が、特に同じような保護色を身につけるかどうかということに関しては、何も語ってくれない。残りの一三種のうち三種は、ふつうは雌雄がたがいに異なるような属であるにもかかわらず、雌雄は類似している。残りの一〇種では、雄は雌と異なるが、違いは主に腹面に限られており、鳥が地面にうずくまったときには隠されて見えない部分である。頭と背中は、雌雄とも同じような砂色をしている。このように、この一〇種では、両性の背面は、保護のための自然淘汰がはたらくことで似たような色彩になっているが、雄の腹面だけが、装飾のために性淘汰によって多様化しているのである。この場合、両性とも同等に保護されているので、雌が雄親の色彩を受け継ぐのを阻止するものは何もないと考えられる。そこで、先に説明したような、性に限定された遺伝の様式を考慮せねばならないことになる。

世界のどこでも、昆虫を食べるのに適した柔らかいくちばしを持った鳥、それも特にアシ原や草原に住んでいるものは、地味な色彩をしている。彼らの色彩がもっと派手であったなら、たちまち敵に見つかってしまっただろうことには、何の疑いもない。しかし、私の判断する限りでは、地味な色彩が特別に保護色として獲得されたのかどうかは疑わしい。このような地味な色彩が、装飾のために獲得されたというのは、さらに考えがたいだろう。しかしながら、雄の鳥は、たとえ地味であっても雌とは非常に異なることが多いことを覚えておかねばならない。ふつうのスズメがその代表であるが、このことから、そのような色彩も、魅力的であることから性淘汰を通じて獲得されたと考えられるのである。昆虫食の鳥の多くは鳴禽でもある。そして、最もすぐれた歌い手は鮮やかな色彩で飾られていることはほとんどないという、前章で行った議論を忘れてはならない。一般的法則として、雌の鳥は美しい歌声か美しい色彩のどちらかで配偶相手を選び、その両方の魅力を組み合わせて使うことはないらしい。コシギ、ヤマシギ、ヨタカなど、まさに保護のための色彩であることが明白な種であっても、われわれの趣味に照らして、非常に洗練された模様や色調を持っているものである。このような種では、保護と装飾の双方に、自然淘汰と性淘汰がともにはたらいたのだと結論できるだろう。どんな鳥でも、異性を惹きつけるための魅力を何ら身につけていないものがあるかどうかは疑わしい。両性ともあまりにも地味な色彩をしているので、性淘汰がはたらいていると仮定するのは早急だと思われ、しかもそのような色彩が保護色として役立っていることを示す直接の証拠がない場合には、その原因はまったくわからないとするのが最良であろうが、生活条件の直接の影響と考えることもできるだろう。

多くの鳥の両性は、鮮やかとは呼べないとしても、黒、白、縞などの目立つ色彩をしているが、このような色彩もおそらく性淘汰の結果だと考えられる。クロウタドリ、キバシオオライチョウ、クロライチョウ、クロガモ（Oidemia）[*24]や、カタカケフウチョウ（*Lophorina atra*）[*25]においてさえ、雄のみが真っ黒であり、雌は茶色かまだらである。そして、これらの種では、黒い色は性淘汰で選ばれた形質だとしか考えられない。それゆえ、カラス、ある種のオーストラリアのオウム、コウノトリ、コクチョウ、多くの海鳥などで、両性が完全に真っ黒であったり部分的に黒かったりするのも、性淘汰によって獲得されたもので、それが両性に伝わったというのも、あながちあり得ないことではないだろう。なぜなら、真っ黒であることが保護の役に立つとはとうてい思われないからだ。雄だけが黒である鳥や、両性が黒であるような鳥のいくつかでは、くちばしや頭の周りの皮膚は鮮やかな色をしていることがあり、その対比が彼らの美しさを一層際立たせている。このことは、クロウタドリの雄の鮮やかな黄色のくちばしや、クロライチョウやキバシオオライチョウの目の上の赤い皮膚、クロガモの雄のさまざまな鮮やかな色をしたくちばし、ベニバシガラス（*Corvus graculus*, Linn）[*26]、コクチョウ、ナベコウの赤いくちばしなどに見て取ることができる。このことから私は、オオハシのくちばしが異様に大きいのは性淘汰のせいであって、そのくちばしの多様な色彩の縞模様を誇示することで発達してきたのだということも、まったくあり得ないことではないと考えるようになった。[52] くちばしのつけ根や目の周りの裸の皮膚も、しばしば鮮やかな色彩で彩られているが、グールド氏はある種について、[53] くちばしの色は「繁殖期に最も美しく鮮やかであることに間違いはない」と述べている。オオハシの巨大なくちばしは、多孔質組織になっていることでできるだけ軽くなってはいるものの、その色彩を誇示することは、われわれから見れば重要でもないと見誤っているだけで、セイランや他の鳥たちの雄が飛ぶ妨げになるほど大きな尾羽を持っているのと同様、そのくちばしも重荷になっていることは間違いないだろう。

多くの種で雄のみが黒で、雌は地味な色をしているのと同様に、南アメリカのスズドリ（*Chasmorhynchus*）[*27]、南極のガン（*Bernicla antarctica*）、ギンケイなどのいくつかの例では、雄のみが真っ白、または部分的に白く、雌は茶色か、何か地味なまだらをしている。それゆえ、先と同様の原理に基づいて、白いオーストラリアのオウム、美しい羽飾りを持ったいくつかのコサギ類、トキの一種、カモメ、アジサシなど多くの種の両性は、彼らの多かれ少なかれ完璧に白い羽衣を、性淘汰によって獲得したと考えられるだろう。雪の降る地域に住んでいる種は、もちろん、これとは異なる説明のもとに入れねばならない。ここにあげたいくつかの鳥の羽衣は、両性とも、成鳥になって初めて現れるものである。このことは、ある種のカツオドリ、ネッタイチョウなどや、ハクガン（*Anser hyperboreus*）[*28]でも同様である。ハクガンは、雪が降っていないときに「荒れ地」で繁殖し、冬は南方に渡りをするので、成鳥の純白の羽衣が保護の役に立っていると考える理由はまったくない。先に述べた *Anastomus oscitans* では、その白い羽衣は夏羽だけに発達するので、それが婚姻羽であることのさらによい証拠となるだろう。幼鳥の羽衣と成鳥の冬羽は、灰色と黒である。カモメ（Larus）の多くでは、頭と首は夏には真っ白になるが、冬の間や幼鳥のときは灰色またはまだらである。一方、アビ属（Gavia）のなかまや、小型のカモメやアジサシ（Sterna）では、まったく逆のことが起こっている。すなわち、幼鳥の最初の年や、成鳥の冬羽の頭部が、真っ白であるか、または繁殖期の色彩よりずっと薄くなっているのである。この後者の例は、性淘汰のはたらきがどれほど気まぐれであるかの、また別の例証になっていると言えよう[54]。

水鳥の方が、地上の鳥に比べてずっと頻繁に白い羽衣を獲得していることの原因は、おそらく、彼らのからだが大きく、飛翔力が強いために、身を守ったり捕食者から逃れたりする能力にすぐれているためか、そのような危険にさらされることが少ないことによるのだろう。その結果、彼らの間での性淘汰は、保護のためという目的によってそれほど干渉されることはなかった。疑いもなく、開けた大洋の上を飛翔する鳥にとっては、真っ白であったり真っ黒であったりすることによって目立つ方が、雄も雌もたがいをずっと容易に見つけられるに違いない。そこで、このような色彩は、地上性の鳥の鳴き声と同様の目的を果たしているのだろう。白または黒の鳥は、海に浮いていたり、海岸に打ち上げられていたりする死骸を見つけてそれに向かって急降下していくときには、遠くからでも見えるので、同種や他種の個体を、餌のあるところへと導くだろう。しかし、このことは最初に見つけた鳥にとっては不利になるので、最も白い、または最も黒い個体が、もっと色のついている個体より多くの食料を確保できたとは考えられない。そこで、このような目立つ色彩が、この目的のために自然淘汰によって獲得されたとはとても考えられない[55]。

性淘汰は、好みといったような変動しやすい要素に支配されているので、なぜ同じ分類群に属する、生活の習性もほとんど同じであるような鳥類の間に、オウム、コウノトリ、トキ、コクチョウ、ハクチョウ、アジサシ、ミズナギドリなどの例に見られるように、真っ白な種類、ほとんど白い種類、真っ黒な種類、ほとんど黒い種類が混在するのかが理解できるだろう。白黒まだらの動物も、同じ分類群の中に生じることがある。例えば、クロエリハクチョウ、アジサシのなかま、カササギなどがその例である。どんなものでも非常に多くの標本を並べ、連続的に変化する色つきの板を並べてみると、雄と雌とが異なるときには、雄は色の薄い部分では雌よりいっそう白に近くなり、いろいろな濃い色のついた部分では雌よりいっそう色が濃くなる傾向が見て取れるので、鳥では色彩の強いコントラストが好まれていると結論できるだろう。

さらに、雌の鳥は、われわれが流行を追うのと同じように、単なる新奇性を好んだり、変化のための変化を好んだりすることがあるようだ。アーガイル公爵（Duke of Argyll）は、[56]「私はますます、多様性、単なる多様性が、自然の大きな目的だと認めねばならないと思うようになった」と書いているが、ほんの少しの間でも彼の足跡をたどることができるというのは、私にとってはこれまでにない喜びである。公爵が、「自然」という言葉で何を意味しているのか、もっとはっきり説明してくれればと願うばかりである。それは、造物主が、自分の楽しみのために自然界を多様につくったということなのか、それとも、人間の楽しみのためにそうつくったということなのだろうか？　前者の指摘は十分な崇敬の念を欠き、後者の指摘は、これもまたその確率が低いように私には思われる。鳥自身における趣味の気まぐれさの方が、より適切な説明であろう。例えば、ある種のオウムの雄はばら色の首輪を持っており、雌は「輝くエメラルド色の狭い首輪を持っている」という点で異なっていたり、雄は、「黄色い半分の喉輪が胸の前にある」代わりに、黒い首輪を持っていて、青紫の頭の代わりに薄いばら色の頭を持っているというように、[57]雄は雌とは異なるが、少なくともわれわれの趣味で判断する限り、雌よりも美しいとはとても言えない場合もある。非常に多くの鳥の雄は、長く伸びた尾羽や長く伸びた冠毛を主な装飾として持っているので、先に述べたような、ある種のハチドリの雄が短い尾を持っていることやカワアイサの雄の冠毛が雌より短いことは、われわれ自身の服装において、反対方向の変化がしばしば好まれることを髣髴とさせるものがある。

ゴイサギのなかまのいくつかの種は、色彩における新奇性が、単にその新奇性のために好まれるようであることの、さらに奇妙な例を提供してくれる。アフリカクロサギ（*Ardea asha*）の幼鳥は白いが、成鳥は濃いスレート色である。そして、それと近縁な *Buphus coromandus* では、幼鳥のみならず成鳥の冬羽も白で、繁殖期になるとそれが濃い金茶色に変わる。この二種の幼鳥が、それと同じ科に属するいくつかの種とともに特別に色が真っ白になるように変化し[58]、敵に見つかりやすくなったと考えるのは論外である。また、これら二種のうちの一種の成鳥が、冬に雪がまったく降らないような地域において、冬羽が白くなるようにわざわざ変化したというのも考えにくい。一方、色の白さは、多くの鳥において、性的装飾として獲得されたと考えられる理由がある。それゆえ、アフリカクロサギと Buphus の祖先は、婚姻のために白い羽衣を獲得し、その色彩を子どもに伝えたので、幼鳥も成鳥も現生のコサギ類のいくつかに見られるように白くなった時期があったが、その後、白い色は幼鳥では保持されたが、成鳥ではもっと濃い色彩に変わってしまった、と結論することができるだろう。しかし、さらに遠い過去に遡り、この二つの種のさらに古い祖先を見ることができるなら、おそらく成鳥は濃い色をしていたに違いない。私がそう推論するのは、若いうちには色が濃いが、成鳥になると色が白くなる多くの鳥類とのアナロジーからであり、特に、アフリカクロサギとはまったく正反対に、若いうちは色が濃くて成鳥になると白くなる *Ardea gularis* の例に基づいているのだが、この鳥では、幼鳥が先祖の羽衣を保持していると考えられる。それゆえ、アフリカクロサギ、Buphus、またそれと近縁ないくつかの種の祖先型の成長は、長い系統の歴史のなかで、以下のような色彩の変化を通り抜けたと思われる。すなわち、最初は暗い色調だったが、次に純白になり、そして第三に、さらなる流行の変化によって（そのような言葉を使ってよいとすれば）、彼らの現在のスレート色、赤、金褐色などの色合いが生じたのだろう。このような連続的な変化は、鳥が新奇性のために新奇性を好むという原理以外では理解のしようがないのである。

鳥に関する四つの章のまとめ

ほとんどの鳥の雄は、繁殖期には非常にけんか好きであり、特に競争者と闘うために適応した武器を備えている種類もある。しかし、最もけんか好きで最もよい武器を備えた雄も、その成功を、競争者を排除したり殺したりする能力のみに頼っているのではなく、雌を魅了する特別の手段にも依存しているのである。それは、歌声であることでも、奇妙な鳴き声をあげることでもあり、楽器を使った音楽演奏でもあるが、そのために、雄の発声器官や一部の羽の構造は、雌とは異なっている。いろいろな音を出すための奇妙な手段が実にさまざまに発達していることから、これは求愛のための重要な手段であるに違いないと考えられる。多くの鳥は、地上や空中や、ときにはそのために用意された場所で、雌を惹きつけるための愛の踊りやアクロバットを演じる。しかし、さまざまな種類の装飾、最も鮮やかな色彩、肉垂れや鶏冠、美しい飾り羽、長く伸びた羽、冠毛などが、最もよく見られる手段である。単なる新奇性が魅力としてはたらいていると思われる場合もある。雄の装飾は、敵に見つかる危険を増したり、競争者との闘いの力が弱まったりというような損失を伴ってさえ獲得されていることが少なからずあるので、雄にとっては非常に重要なものであるに違いない。非常に多くの種の雄は、性成熟に達するまでは装飾を身につけないし、繁殖期にだけそれを身につけたり、繁殖期にだけ色が鮮やかになったりする種もある。装飾的な付属物のなかには、求愛行動の最中に大きくなったり、ふくれあがったり、鮮やかな色になったりするものもある。雄は、自分の魅力を繊細な注意を払って、最高の効果を伴うように誇示するが、それは雌の前で行われる。求愛は、ときには非常に長くかかることもあり、多くの雄と雌が決められた場所に集まることもある。雌が雄の美しさに無関心であるとすれば、雄たちの素晴らしい装飾も華々しさも誇示も、すべて無用だと認めることになるが、それはあり得ないことである。鳥類は、高い識別能力を持っており、美に対する好みを持っていることを示す例もいくつかある。さらに雌は、しばしば、ある特定の雄を特に好んだり嫌ったりすることも示されている。

雌が、より美しい雄を好んだり、無意識のうちにそのような雄によって最も興奮させられたりすることを認めるなら、雄は、ゆっくりと、しかし確実に、性淘汰によってどんどん美しくなっていくだろう。主に変化を遂げていったのがこちらの方の性であるということは、雄と雌が異なるほとんどすべての属において、雄どうしの方が雌どうしより異なっているという事実から推論できる。このことは、いくつかのたがいに近縁な代表種において、雌どうしはほとんどたがいに区別がつかないが、雄どうしははっきり異なるということによく表されている。野生の鳥たちの間には、性淘汰がはたらくのに十分と考えられるほどの個体差が存在する。しかし、すでに見たように、鳥にはもっと顕著な変異もときどき生じ、それはごく頻繁にくり返し現れるので、それが雌を惹きつける役に立つのであれば、すぐにでも固定されたに違いない。最初にどのような変化が起こり、最終的にどんな結果がもたらされるかは、変異の法則に大きく支配されている。近縁な種の雄どうしの間に見られる連続性は、どのような道筋を経て来たかを示すものであり、クジャクの尾羽にある、へこみのついた目玉模様や、セイランの素晴らしい陰影で彩られた目玉模様で見られるように、ある形質がどのようにしてでき上がったかの興味深い説明を提供してくれる。多くの鳥の雄の鮮やかな色、鶏冠、美しい羽飾りなどが、保護のために獲得されたのでないことは明らかで、実際、それらはしばしば危険に導く。それらが生活条件の直接的、限定的な影響によるのでないことは、雌も同じ条件にさらされてきていながら、しばしば雄と非常に異なるのを見れば明らかであろう。条件が変化し、それがかなり長い間にわたってはたらいてきたために、両性に対していくらかの限定的な影響を及ぼしたということはあるだろうが、それによるもっと重要な帰結は、変異の幅が大きくなる傾向や、個体差がより増幅されることであり、そのような差異はまた、性淘汰がはたらくための最良の土台になったことだろう。

遺伝の法則は、淘汰とは独立に、雄が装飾としてや、さまざまな音を発生させるためや、たがいに闘うために獲得した形質が、雄のみに伝えられるのか、両性に伝えられるのか、一年のある時期にだけ季節的に伝えられるのか、一生にわたって伝えられるのかを決めているようである。なぜさまざまな形質が、あるときにはあるやり方で伝わり、他の場合には他のやり方で伝わるのかは、ほとんどの場合わかっていない。しかし、変異が生じる時期は、しばしばそれを決める要因になっているようである。すべての形質を両性がともに受け継ぐ場合には、両性は必然的にたがいに似ることになるが、以後に連続して起こった変異は、それぞれが異なる様式で伝えられるかもしれないので、同じ属に属する種どうしの間でさえ、雌雄がほとんど同じものからまったく異なるものまで、ありとあらゆる連続した段階が見られることになる。似たような生活習慣を持っている多くの近縁な種では、雄は主に性淘汰によってたがいに異なるようになったが、雌は、雄がそのようにして獲得した形質を多かれ少なかれ受け継ぐことによって、たがいに異なるようになった。さらに、生活条件の限定的な影響は、雌では消されずに残るかもしれないが、雄では性淘汰によって蓄積される強い色合いや装飾によって、かき消されてしまうだろう。どのような影響を受けるにせよ、両性の個体は、多くの個体が自由に交配することによって、長期にわたってほぼ一定に保たれるだろう。

雄と雌の色彩が異なる種では、最初はいろいろな変異が両性に同等に伝わる傾向があったが、のちになって、雌が抱卵中にさらされる危険のために、雄の美しい色彩を受け継ぐのを阻止されたと考えることはできる。しかし、私の見る限り、一つの遺伝様式を自然淘汰によって別の遺伝様式に変えるのは、きわめて困難だと思われる。一方、変異が最初から同性の個体のみに伝えられるように限定されていたと考えれば、変異に淘汰がかかることによって、雄は美しいままにとどめておきながら、雌のみが地味な色を獲得することには、何の困難もないだろう。多くの種の雌が、実際にそのようなプロセスを経て変容してきたのかどうかは、いまのところわからない。形質の両性への平等な遺伝の法則を通して、雌も雄と同じように目立つ色彩になっている場合には、雌の本能が変化して、ドーム状の巣や隠された巣をつくるようになっている。

数は少ないが、ある奇妙な一群では、両性は完全に逆転しており、雌の方が雄よりもからだが大きく、力が強く、けんか好きで、色が美しい。彼女たちはまた非常に攻撃的で、最もけんか好きな種の雄どうしのように、雌どうしがけんかする。彼女たちが、たがいに競争者を排除しあい、自分たちの鮮やかな色彩や他の装飾を見せつけて雄を魅了するということを常習的にやっているのなら、そして、実際にそうであるように見受けられるが、性淘汰と、性に限定された遺伝とによって、雌はだんだんとより美しくなるが、雄はほとんどまたはまったく変化せずに残されることになるだろう。

対応する年齢における遺伝の法則ははたらいているが、性に限定された遺伝は生じていない場合には、両親が生活史の遅くに変異を起こせば子どもはその影響を受けないが、両性の成鳥が変化することになるだろう。生活史の遅くにも常に変異が起こることは、ニワトリその他の鳥でよく知られている。もしも、この両方の遺伝の法則がはたらき、どちらかの性が生活史の遅くに変異した場合には、その性だけが変容し、他方の性と子どもはその影響を受けないだろう。鮮やかな色彩や他の目立つ形質の変異が生活史の早いうちに生じたときには、そして、それがしばしば生じることはよく知られているが、繁殖の時期が到来するまでは、性淘汰の対象にはならないだろう。その結果、それが幼鳥にとって危険であれば、自然淘汰によって除去されてしまうに違いない。こう考えていくと、どうして、生活史の遅くに生じた変異はしばしば雄の装飾として保持されるが、雌と子どもは影響を受けずに残されるのでたがいに類似しているのかが理解できるだろう。夏羽と冬羽が異なる種類では、雄は、両シーズンとも、または夏だけ、雌と同じこともあれば違うこともあり、幼鳥と成鳥の類似の度合いとの関係はきわめて複雑である。そして、このような複雑さは、まずはじめに雄によって獲得された形質が、年齢、性、季節に限定されたさまざまな度合いで、どのように伝えられるかによって決められているように見える。

非常に多くの種の幼鳥が、色彩においても他の装飾においてもほとんど変化を受けていないので、そこから、彼らの祖先の羽衣がどんなものだったかについて、いくらかの判断を下すことができる。そして、鳥類全体を見渡すと、幼鳥の羽衣が間接的に見せてくれる祖先の時期の状態に比べると、現存する種はずっと美しくなってきたと推論できるだろう。多くの鳥類、特にほとんど地上で暮らしている種類が、保護のために地味な色をしていることは間違いない。いくつかの種では、外にさらされている背面の羽は両性ともそのような色をしているが、雄のみの腹面が性淘汰によってさまざまに飾られている。最後に、これらの四章で提示した事実から、闘いのための武器、音を発生させるための器官、多くの種類の装飾、鮮やかで目立つ色彩などは、一般に、変異と性淘汰を通じて雄に獲得されたものであり、いくつかの遺伝の法則のもと、さまざまなやり方で伝えられているが、雌と幼鳥は比較的変化を受けずに残されていると結論してよいだろう。[59]

原注

(1) ツグミ、モズ、キツツキに関しては、チャールスワース (Charlesworth) の 'Mag. of Nat. Hist.,' Vol. 1, 1837, p. 304 におけるブライス氏 (Mr. Blyth)。また、キュヴィエ (Cuvier) の 'Le Règne Animal,' Translation, p. 159, footnote を参照。Loxia の例は、ブライス氏の情報による。ツグミについては、オーデュボン (Audubon) の 'Ornith. Biography,' Vol. 2, p. 195 も参照。ミドリカッコウ属とキンバト属に関しては、ジャードン (Jerdon) の 'The Birds of India,' Vol. 3, p. 485 に引用されているブライス氏。コブガモ属に関しては、ブライスの 'Ibis,' 1867, p. 175.

(2) 例えば、グールド氏 (Mr. Gould) があげている ('Handbook to the Birds of Australia,' Vol. 1, p. 133) Cyanalcyon (カワセミの一種) では、若い雄はおとなの雌に似ているものの、それよりも鮮やかではない。ワライカワセミ属のいくつかの種では、雄の尾は青いが、雌の尾は茶色である。そして、R・B・シャープ氏が私に教えてくれたところによると、チャバラワライカワセミ (*D. Gaudichaud*) の若い雄の尾は、はじめは茶色だということである。グールド氏は (ibid., Vol. 2, pp. 14, 20, 37)、ある種のクロオウムとキンショウジョウインコの両性と若鳥でも、同じ法則が見られると記述している。ジャードン (Jerdon) も ('The Birds of India,' Vol. 1, p. 260)、*Palaeornis rosa* では、若鳥は雄よりも雌に似ていると述べている。オーデュボン (Audubon) ('Ornith. Biograph.,' Vol. 2, p. 475) による *Columba passerina* の両性の若鳥の記述も参照。

(3) この情報はグールド氏 (Mr. Gould) によるもので、彼は私にその標本を見せてくれた。彼の

'Introduction to the Trochilidae,' 1861, p. 120 も参照。

（4） Macgillivray（マクギリヴレイ），'Hist. of Brit. Birds,' Vol. 5, pp. 207-214.

（5） 彼の素晴らしい論文 'The Journal of the Asiatic Soc. of Bengal,' Vol. 19, 1850, p. 223 を参照。また、ジャードン（Jerdon）の 'The Birds of India,' Vol. 1, Introduction, p. xxix も参照。*Tanysiptera* に関しては、シュレーゲル教授がブライス氏に、おとなの雄を見ただけでいくつかの品種を同定することができると述べた。

（6） スウィンホウ氏（Mr. Swinhoe）の 'Ibis,' July, 1863, p. 131 も参照。その前の論文である、ブライス氏のノートからの概要つきの 'Ibis,' January, 1861, p. 52 も参照。

（7） Wallace（ウォレス），'The Malay Archipelago,' Vol. 2, 1869, p. 394.

（8） これらの種は、'Ibis,' 1866, p. 275 に、F・ポーレン氏（M. F. Pollen）によって図版とともに記述されている。

（9）『飼育栽培下における動植物の変異』第一巻、二五一頁。

（10） Macgillivray（マクギリヴレイ），'Hist. of Brit. Birds,' Vol. 1, pp. 172-174.

（11） この問題については、『飼育栽培下における動植物の変異』の第二三章を参照のこと。

（12） Audubon（オーデュボン），'Ornith. Biography,' Vol. 1, p. 193. Macgillivray（マクギリヴレイ），'Hist. of Brit. Birds,' Vol. 3, p. 85. また、前にあげた *Indopicus carlotta* の例も参照。

（13） 'Westminster Review,' July, 1867 と、A. Murray（A・マレー）による 'The Journal of Travel,' 1868, p. 83.

（14） オーストラリアの種に関しては、グールド（Gould）の 'Handbook,' Vol. 2, pp. 178, 180, 186, 188 を参照。大英博物館所蔵の、オーストラリアの Plain wanderer（*Pedionomus torquatus*）の標本は、同じような性差を示していると言えよう。

(15) Jerdon（ジャードン）, 'The Birds of India,' Vol. 3, p. 596. Mr. Swinhoe（スウィンホウ氏）, 'Ibis,' 1865, p. 542; 1866, pp. 131, 405.

(16) Jerdon（ジャードン）, 'The Birds of India,' Vol. 3, p. 677.

(17) Gould（グールド）, 'Handbook to the Birds of Australia,' Vol. 2, p. 275.

(18) 'The Indian Field,' September, 1858, p. 3.

(19) 'Ibis,' 1866, p. 298.

(20) これらのいくつかの記述については、グールド氏（Mr. Gould）の'Birds of Great Britain'を参照のこと。ニュートン教授は、彼自身や他の人々の観察から、上記の種類の雄は、抱卵の仕事の全体または大部分を引き受けており、「子どもたちに危険が迫ったときには、雌よりもずっと献身的にふるまう」ことを昔から確信していたと私に述べた。彼が私に教えてくれたところによると、*Limosa lapponica* や、雌の方が雄より大きくて鮮やかな色彩をしているいくつかの渉禽類でも、同じである。

(21) セラムの原住民は（Wallace（ウォレス）, 'The Malay Archipelago,' Vol. 2, p. 150）、雄と雌は交替で抱卵すると述べているが、この主張は、バートレット氏が考えているように、雌が産卵のために巣を訪れていることを示しているのだろう。

(22) 'Student,' April, 1870, p. 124.

(23) 飼育下におけるこの鳥の習性に関する素晴らしい論文は、A・W・ベネット氏（Mr. A. W. Bennett）による'Land and Water,' May, 1868, p. 233.

(24) *Struthiones* の抱卵に関しては、スクレイター氏（Mr. Sclater）の'Proc. Zoo. Soc.,' June 9, 1863 を参照。

(25) チマンゴカラカラについては、'The Zoology of the Voyage of the "Beagle",' 1841, p. 16 を参照。ベニマユキノボリとヒゲナシヨタカ（*Eurostopodus*）については、グールド（Gould）の'Handbook to

the Birds of Australia,' Vol. 1, pp. 602, 97. クロアカツクシガモ（*Tadorna variegata*）は、きわめて例外的である。雌の頭部は純白で、背中は雄のそれよりも赤い。雄の頭部は濃い赤銅色で、背中は薄く縁取りされたスレート色なので、雄の方がどちらかと言うより美しいと考えられる。雄は、雌より大きくてけんか好きであり、抱卵はしない。そこで、すべての点でこの鳥は、先の第I群に分類されるものである。ところが、スクレイター氏（Mr. Sclater）は（'Proc. Zool. Soc.,' 1866, p. 150）、両性の若鳥がおよそ三ヵ月のころ、色の濃い頭部と首が、おとなの雌によりも雄に似ていることを観察して非常に驚いた。そこで、この例では、雄と若鳥が祖先の羽衣を保持したのに対して、雌が変容したのだろう。

(26) Jerdon（ジャードン）, 'The Birds of India,' Vol. 3, p. 598.

(27) Jerdon, 'The Birds of India,' Vol. 1, pp. 222, 228. グールド（Gould）の 'Handbook to the Birds of Australia,' Vol. 1, pp. 124, 130.

(28) Gould, ibid., Vol. 2, pp. 37, 46, 56.

(29) Audubon（オーデュボン）, 'Ornith. Biography,' Vol. 2, p. 55.

(30) 『飼育栽培下における動植物の変異』第二巻、七九頁。

(31) Charlesworth（チャールスワース）, 'Mag. of Nat. Hist.,' Vol. 1, 1837, pp. 305, 306.

(32) 'Bulletin de la Soc. Vaudoise des Sc. Nat.,' Vol. 5, 1869, p. 132. ヤーレルのポーランドハクチョウ（*Cygnus immutabilis*）の若鳥は常に白であるが、これは、スクレイター氏によると、家禽のコブハクチョウ（*Cygnus olor*）の変種にすぎないとのことである。

(33) この属に関する情報は、ブライス氏による。パレスチナのスズメは、Petronia 下属に属する。

(34) 例えば、*Tanagra aestiva* と *Fringilla cyanea* の雄は、完全に美しい羽衣になるまでに三年かかる（オーデュボン（Audubon）の 'Ornith. Biography,' Vol. 1, pp. 233, 280, 378）。シノリガモも三年かかる（ibid., Vol. 3, p. 614）。ジェンナー・ウィアー氏に聞いたところによると、キンケイの雄は、生後三ヵ月で雌と区別することができるが、翌年の九月にならないと完全に美しい羽は揃わないということだ。

(35) 例えば、アフリカトキコウ (*Ibis tantalus*〔現在の学名は *Mycteria ibis*〕) とアメリカシロヅル (*Grus Americanus*) は、完全な羽衣を獲得するまでに四年かかり、フラミンゴは数年、サンショクサギ (*Ardea Ludoviciana*〔現在の学名は *Egretta tricolor*〕) は二年かかる。オーデュボン (Audubon) の ibid., Vol. 1, p. 221; Vol. 3, pp. 133, 139, 211 を参照。

(36) チャールスワース (Charlesworth) の'Mag. of Nat. Hist.,' Vol. 1, 1837, p. 300 におけるブライス氏 (Mr. Blyth)。キンケイについては、バートレット氏が教えてくれた。

(37) 私は、オーデュボン (Audubon) の'Ornith. Biography'で、以下のような例を見つけた。"The American Redstart" (*Muscicapa ruticilla*. Vol. 1, p. 203)。アフリカトキコウは、完全に成熟するまでに四年かかるが、ときには二年目から繁殖する (Vol. 3, p. 133)。アメリカシロヅルも同様で、完全なおとなの羽衣を獲得する前から繁殖を開始することがある (Vol. 3, p. 211)。ヒメアカクロサギ (*Ardea caerulea*〔現在の学名は *Egretta caerulea*〕) のおとなは青で、若鳥は白だが、繁殖期には、白い鳥、まだらの鳥、おとなの青い鳥のすべてが繁殖しているのが見られる (Vol. 4, p. 58)。しかし、ブライス氏 (Mr. Blyth) によると、同じ年齢でも青い個体と白い個体とが見られるので、いくつかのゴイサギの種類には二型あるようだ。シノリガモ (*Anas histrionica*〔現在の学名は *Histrionicus histrionicus*〕) は完全な羽衣を獲得するまでに三年かかるが、多くの個体は二年目から繁殖する (Vol. 3, p. 614)。ハクトウワシ (*Falco leucocephalus*. Vol. 3, p. 210〔現在の学名は *Haliaeetus leucocephalu*〕) も同様に、未成熟のときから繁殖する。コウライウグイスのなかま (ブライス氏とスウィンホウ氏 (Mr. Blyth and Mr. Swinhoe) による'Ibis,' July, 1863, p. 68) も同様に完全な羽衣を獲得する前から繁殖する。

(38) 注 (37) を参照。

(39) まったく異なる綱に属する他の動物でも、完全におとなの形質を獲得する前に繁殖を始めるのがふつうであったり、ときどきそうすることのできるものはいくつかある。サケの若い雄は、そのような種類である。両生類の中には、幼生の構造を備えたまま繁殖するものが知られている。フリッツ・ミュラー（Fritz Müller）は（'Facts and Arguments for Darwin,' English translation, 1869, p. 79）、甲殻類の中の端脚類のなかまには、若いうちから性的に成熟するものがあると述べているが、それらには完全に発達した把握器がないので、未成熟のうちに繁殖を開始しているのだと私は思う。これらの事実はすべて、種の形質が大きく変容していく一つの過程を示していて、たいへん興味深い。これは、コープ氏（Mr. Cope）が「属の形質の遅延と促進」と呼んでいるものと合致するのかもしれないが、私は、このすぐれた博物学者の考えが完全には理解できない。コープ氏の 'Proc. of Acad. Nat. Sc. of Philadelphia,' October, 1868 掲載の論文 "On the Origin of Genera" を参照。

（40）クジャクについては、Jerdon（ジャードン）, 'The Birds of India,' Vol. 3, p. 507. サンショクサギについては、Audubon（オーデュボン）, ibid., Vol. 3, p. 139.

（41）この顕著な例に関しては、アカアシシギ属（Tringa）などについて、マクギリヴレイ（Macgillivray）の 'Hist. of Brit. Birds,' Vol. 4, pp. 229, 271. エリマキシギについてはp. 172. ハジロコチドリ（*Charadrius hiaticula*）についてはp. 118. *Charadrius pluvialis*〔アメリカムナグロのことか〕についてはp. 94.

（42）北アメリカのオウゴンヒワ（*Fringilla tristis*）については、オーデュボン（Audubon）の 'Ornith. Biography,' Vol. 1, p. 172. マルリについては、グールド（Gould）の 'Handbook to the Birds of Australia,' Vol. 1, p. 318.

（43）Buphus に関する情報は、ブライス氏（Mr. Blyth）による。ジャードン（Jerdon）の 'The Birds of India,' Vol. 3, p. 749 も参照。スキハシコウについては、ブライスの 'Ibis,' 1867, p. 173.

（44）オオハシウミガラスについては、Macgillivray（マクギリヴレイ）, 'Hist. of Brit. Birds,' Vol. 5, p.

347. ミヤマシトドについては、オーデュボン（Audubon）の ibid., Vol. 2, p. 89. この先、いくつかのサギ類の若鳥は白いということを述べる。
(45) 'Hist. British Birds,' Vol. 2, 1839, p. 159.
(46) チャールスワース（Charlesworth）の 'Mag. of Nat. Hist.,' Vol. 1, 1837, p. 362 におけるブライス氏（Mr. Blyth）、および、彼が私に教えてくれた情報による。
(47) Audubon（オーデュボン）, 'Ornith. Biography,' Vol. 1, p. 113.
(48) Mr. C. A. Wright（C・A・ライト氏）, 'Ibis,' Vol. 6, 1864, p. 65. Jerdon（ジャードン）, 'The Birds of India,' Vol. 1, p. 515.
(49) 以下の例をつけ加えておこう。若い雄の *Tanagra rubra* は、若い雌と区別することができる（Audubon（オーデュボン）, 'Ornith. Biography,' Vol. 4, p. 392）、インドのアオゴジュウカラ（*Dendrophila frontalis*）のひなでもそうである（Jerdon（ジャードン）, 'The Birds of India,' Vol. 1, p. 389）。ブライス氏は、ヨーロッパノビタキ（*Saxicola rubicola*）も、かなり若いうちから両性が区別できると教えてくれた。
(50) 'Westminster Review,' July, 1867, p. 5.
(51) 'Ibis,' 1859, Vol. 1, p. 429 など。
(52) オオハシのくちばしの異様な大きさについて、さらにその鮮やかな色彩については、これまで満足のいく説明はなされていない。ベイツ氏（Mr. Bates）は（'The Naturalist on the River Amazons,' Vol. 2, 1863, p. 341）、彼らはそのくちばしで、枝の先端になっている果実をつまんだり、他の研究者が述べているように、他の鳥の巣から卵やひなを取り出したりすると述べている。しかし、ベイツ氏も、「くちばしは、これらの目的に使うためには、とても完全な形をしているとは言えない」と認めている。幅も深さと長さも非常に大きいくちばしは、単に把握のための器官として役立っているというだけでは理解できない。

(53) *Ramphastos carinatus.* グールド（Gould）の'A Monograph of the Ramphastidae.'

(54) カモメ、アビ、アジサシについては、マクギリヴレイ（Macgillivray）の'Hist. of Brit. Birds,' Vol. 5, pp. 515, 584, 626. *Anastomus* については、Mr. Blyth（ブライス氏），'Ibis,' 1867, p. 173.

(55) 海鳥が大洋の上を飛ぶように、高地を広く遠くまで飛ぶハゲワシでは、全体に白である種が三、四種あるが、他の種はみな黒であるということに注目するべきである。この事実は、これらの目立つ色彩は、繁殖期にたがいを見つけやすくするためであるという考えを支持するものである。

(56) 'The Journal of Travel,' edited by A. Murray（A・マレー），Vol. 1, 1868, p. 286.

(57) Palaeornis の属については、ジャードン（Jerdon）の'The Birds of India,' Vol. 1, pp. 258-260.

(58) 合衆国のアカクロサギ（*Ardea rufescens*〔現在の学名は *Egretta rufescens*〕）とヒメアカクロサギ（*Ardea coerulea*〔現在の学名は *Egretta caerulea*〕）の若鳥は同様に白いが、おとなは名前が示すような色をしている。オーデュボン（Audubon）は（'Ornith. Biography,' Vol. 3, p. 416; Vol. 4, p. 58）、この羽衣の顕著な変化は、「分類学者たちを大いに困らせるだろう」という考えを楽しんでいるようだ。

(59) 鳥に関するこの四章と、以下の哺乳類に関する二章を、注意深く読んでくれたスクレイター氏に感謝したい。おかげで、私は、種名を間違えたり、この偉大な博物学者が誤りだと考えるような事実をあげたりする間違いを犯すことから救われた。しかし、もちろん、さまざまな著者から私が引用した記述の正確さに関しては、すべて私の責任である。

訳注

＊1　現在の学名は *E. calandra*.

＊2　現在の学名は *Heliothrix aurita*. *H. a. auriculata* は南アマゾンの亜種。

＊3　ミヤマテッケイ属は、現在では *Arborophila* とされる。

＊4　現在の学名は *Paradisaea minor*.

＊5　モーリシャスオオサンショウクイとレユニオンオオサンショウクイのことと思われる。

＊6　現在の学名は *Erithacus suecicus*.

＊7　現在の学名は *Prunella modularis*.

＊8　現在の学名は *Troglodytes troglodytes*.

＊9　ヨーロッパカヤクグリのような地味な鳥で、配偶をめぐる競争関係がどのように複雑にはたらいているのかについては、N. B. Davies, *Dunnock Behaviour and Social Evolution*, Oxford University Press, 1992が詳細を明らかにしている。ダーウィンには、このような両性ともに地味な鳥の配偶システムがどれほど興味深いものであるか、おそらく想像もつかなかっただろう。

＊10　現在の分類では、キジ科はキジ目に属するが、ミフウズラは、ツル目ミフウズラ亜目ミフウズラ科に属する。ミフウズラとキジが特に近縁ということはない。

＊11　現在の学名は *Turnix suscitator*.

＊12　タマシギ属（*Rostratula*）は、アフリカ、オーストラリア、インドに分布するが、現在では、どれもが一種に属するとされ、タマシギ（*R. benghalensis*）と命名されている。

＊13　現在では *Dromaius novaehollandiae*. オーストラリア本土のほか、タスマニア、キング島、カンガルー島に別種または亜種が住んでいたらしいが、現在では絶滅し、オーストラリア本土に生息する上記の種しか残っていない。

＊14　ダチョウは、雌雄がともに抱卵し、主に昼間は雌が、夜間は雄が巣にすわる。雄だけが抱卵の義務のすべてを果たすという記述は誤りである。
＊15　現在の学名は *Milvago chimango*.
＊16　現在の学名は *Schetba rufa*.
＊17　現在の学名は *Bubulcus ibis coromandus*.
＊18　現在の学名は *Zonotrichia leucophrys*.
＊19　現在の学名は *Mimus polyglotos*.
＊20　現在の学名は *Monticola rufiventris*.
＊21　現在の学名は *Monticola solitarius*.
＊22　現在の学名は *Trochilus polytmus*.
＊23　フェルナンデスベニイタダキハチドリのこと。現在の学名は *Sephanoides fernandensis*.
＊24　現在の学名は *Melanitta*.
＊25　現在の学名は *Lophorina superba*.
＊26　現在の学名は *Pyrrhocorax graculus*.
＊27　属名 Chasmorhynchus は、現在では Procnias とされている。
＊28　現在の学名は *Anser caerulescens*.

第一七章　哺乳類の第二次性徴

闘いの法則－雄に限定された特別の武器－雌には武器がない理由－両性が持っているが、もともとは雄によって獲得された武器－そのような武器の他の効用－それらの重要性の高さ－雄のからだが大きいこと－防御の手段－四足獣の配偶においてどちらかの性が見せる好み

哺乳類では、雄は、自分の魅力を誇示することよりもずっと多く、闘いの法則によって雌を獲得するようである。闘いのための特別な武器を備えていない、最も臆病な動物であっても、愛の季節になると激しい闘いをくり広げる。二匹のノウサギの雄は、どちらかが死ぬまで闘うのが観察されているし、モグラの雄どうしもしばしば闘い、致命的な結果を招くこともある。リスの雄は「頻繁に闘争を行い、たがいにひどく傷つくこともある」。ビーバーの雄も同じで、「傷跡のない皮膚はないくらいだ[1]」。私は、同様の事実を、パタゴニアのグァナコの皮で見たことがある。また、一度などは、何頭かのグァナコがあまりにも闘いに夢中になっていたので、私のすぐそばを恐れげもなく通り抜けたくらいであった。リヴィングストンは、南アフリカの動物の雄たちのほとんどすべては、以前の闘いで受けた傷跡を残してい

ると述べている。

闘いの法則は、地上性の哺乳類だけでなく、水生の哺乳類でも広く見られる。繁殖期になると、アザラシの雄たちが歯や爪を使ってどれほど必死になって闘うかは有名な話であり、彼らの皮もまた、しばしば多くの傷跡を残している。マッコウクジラはこの季節にはたいへん嫉妬深く、闘争のときには、「たがいに顎を咬み合わせて横に転がり、相手をねじろうとする」。そこで、かれらの下顎に異常がよく見られるのは、このような闘争が原因だと考えている博物学者もいる[2]。

闘いのための特別な武器を備えている動物の雄はすべて、激しい闘いに従事することがよく知られている。雄ジカの勇気と必死の闘争については、しばしば記述されている。世界の各地から、角が解けないほどしっかり絡み合ってしまった二頭の雄の骨が発見されているが、勝者も敗者も、どれほど惨めな状態でともに死んでいったことだろう[3]。繁殖期のゾウの雄ほど危険な動物はどこにもいない。タンカーヴィル伯爵 (Earl Tankerville) は、チリンガム公園で、巨大な *Bos primigenius* の小型化した子孫であるが、勇気の点では少しもひけをとらない野牛の雄たちの闘いを見たときのことを、目に浮かぶように再現してくれた。一八六一年のこと、数頭の雄が支配権をめぐって闘った。そして、若い二頭の雄が一緒になって、年老いたハーレムのリーダー雄を攻撃し、彼を破ってけがを負わせた。そこで管理人たちは、このリーダーは近くの林の中で横たわって死を待っているのだろうと考えていた。ところが、数日後に、若い雄のうちの一頭が単独で林に近づいていったところ、復讐に奮い立った「闘争の王者」が林の中から出てきて、あっという間にその挑戦者を殺してしまった。彼はゆっくりと群れに戻り、以後長い間、その地位は揺るがなかったということだ。B・J・サリヴァン提督（Admiral Sir B. J. Sulivan）は、フォークランド諸島に住んでいる間に、イギリスの若駒を輸入したときのことを話してくれた。彼は、雄を一頭と雌を八頭輸入し、ポート・ウィリアムの近くの丘に放しておいた。この丘には、二頭の雄の野生馬がいて、それぞれ数頭の雌を連れていた。「そして、この雄たちは、闘うことなしにたがいどうしが近づくことはまったくなかったと言ってよい。二頭とも、イギリスの雄とそれぞれ単独で闘い、彼の雌馬を引き離そうとしたが、できなかった。ある日、彼らは二頭で一緒にやってきて、彼を攻撃した。馬の世話をしていた大尉がこれを目撃し、その場に駆けつけたところ、一頭の野生馬がイギリスの馬を攻撃し、もう一頭が雌たちを追い回していて、すでにそのうちの四頭を他から引き離していた。大尉は、この群れ全体を囲いに追い込むことによって事態を収拾したが、それは野生馬が絶対に雌馬から離れようとしなかったからである」。

食肉目、食虫目、齧歯目など、ふだんの生活の目的のためにすでに切ったり裂いたりする歯を備えているような動物の雄は、特に競争者との闘いのために適応した武器を持っていることはほとんどない。他の多くの動物では、事態は非常に異なる。このことは、シカやレイヨウのなかまの雌には角がないのに、雄は角を持っていることに見て取ることができる。多くの動物では、雄の上顎、下顎、または両方の犬歯が雌より大きい。または、雌は犬歯を欠くか、痕跡的に隠されている場合もある。レイヨウの一部、ジャコウジカ、ラクダ、ウマ、イノシシ、多くの類人猿、アザラシ、そしてセイウチが、このような例である。セイウチの雌のなかには、牙をまったく欠く個体もある。[4] インドゾウの雄とジュゴンの雄では、上顎の切歯が強力な武器になっている。[5] イッカクの雄では、上顎の歯の一本だけが発達して、あの有名ならせん状にねじれた「角」と呼ばれるものになっており、それはときには九〜一〇フィート〔約二・七〜三メートル〕にも達する。雄は、これを使ってたがいに闘うと考えられている。というのは、「角が折れていない個体が見つかることは非常に稀であり、ときには折れたところに他の角の先が埋まっているものもある」[6] からだ。これと頭の反対側にある歯は、雄ではおよそ一〇インチ〔約二五センチメートル〕ほどの痕跡となって顎の中に埋まっている。しかし、その両方の歯がよく発達していて、二本の角を持っているイッカクの雄は、決して珍しい存在ではない。雌では、両方の歯とも痕跡的になっている。マッコウクジラの雄は、雌より大きな頭を持っているが、それは彼らが水中で闘いをくり広げるときの役に立っているに違いない。最後に、カモノハシのおとなの雄は、驚くべき付属物を備えている。それは、前肢にあるけづめのようなもので、毒ヘビの毒牙によく似ている。それが何に使われているのかはわからないが、攻撃用の武器だと考えてよいだろう。[7] 雌では、それは単なる痕跡程度にしか見られない。

雌が持っていない武器を雄が持っているときには、それが雄どうしの闘いに使われており、性淘汰で獲得されたことに疑いの余地はないだろう。少なくともほとんどの例では、雌がそのような武器を持っていないのは、それが無用で無駄であったり、何らかの危険を伴うために、それらを持つことを免れているのだとは考えにくい。それどころか、多くの動物の雄がときどきするように、それらはさまざまな用途に使うことができ、特に敵から身を守るために使えるので、雌にはこれほど貧弱にしか発達していなかったり、まったくなかったりするのは、驚くべきことである。シカの雌が毎年その季節が来るたびに大きな枝分かれした角を生やしたり、ゾウの雌が巨大な牙を生やしたりすることが、雌にとって何の役にも立たないのであれば、それが生命力の大いなる無駄使いであることには何の不思議もない。その結果、これらの器官の大きさに変異があれば、そこには自然淘汰がはたらいてその発達を阻止するだろうし、雌の子に対する遺伝が限られていれば、性淘汰を通してそれが雄に発達するのを邪魔することもないだろう。しかし、このように考えたときには、一部のレイヨウの雌が角を持っていることや、多くの哺乳類の雌に、雄よりほんのわずかしか小さくない牙があることを、どうやって説明したらよいのだろうか？　これらのほとんどの例では、その説明は遺伝の法則の中にあると私は考えている。

すべてのシカのなかまで、トナカイだけが雌も角を持っている。雌の角は雄のそれよりもいくらか小さく、厚さが薄く、枝分かれも少ないが、それはそれで、雌にとって何らかの役に立っているのではないかと当然考えられるだろう。しかし、その反対であることを示す証拠がいくつかある。雌は、角が十分に発達する九月から、冬を越して五月に子どもを産むまでの間、ずっと角を保持し続ける。ところが、雄はそれよりずっと早く、一一月の終わりごろまでには角を落としてしまうのだ。雄と雌はともに同じ生活の要求を持ち、習性も同じなので、雄が冬場に角を落とすのだから、雌が角を持っている期間の大部分である冬の間に、それが雌にとって何らかの役目を果たしているとはとても考えにくい。また、トナカイの雌は、その角をシカ全体の祖先から受け継いだのだとも考えにくい。なぜなら、この地球上のどこでも、角を持っている種類のほとんどが雄だけしか持っていないので、この分類群全体において、これこそが祖先の状態だったと考えられるからである。そこで角は、いろいろな種が共通祖先から分かれたあとのどこかの時点で、雌にも受け継がれるようになったと考えられるのだが、それは雌にとって特別の利益があったためではないだろう。(8)

トナカイでは、角は異常なほど早い時期から発達することが知られているが、その原因が何であるのかはわかっていない。しかしながら、その結果として、角が両性に伝えられるようになっているらしい。パンゲネシスの仮説を応用すれば、雄の前頭の組織、または角のジェミュールがほんのわずか変化したことが、その早期の発達を促したのだと理解できる。そして、両性の幼獣は繁殖前にはほとんど同じ構造をしているので、角が早い時期に雄に発達すれば、両性にも同等に発達する傾向が現れるだろう。この見解を支持するものとして、角は常に雌を通じて遺伝するものであり、年取った雌や病気の雌に見られるように、(9)雌にも角を発達させる潜在的能力はあるということに注意しておくべきである。さらに、他の種のシカの雌には、通常状態として、またはときとして、痕跡的な角を発達させるものがある。例えば、ジャコウアンテロープ（*Cervulus moschatus*）[*1]の雌は、「角の代わりに、先がこぶ状になった、硬い房状のものを持っている」し、「雌のワピチ（*Cervus Canadensis*）のほとんどの標本には、角があるはずの場所に、とがった骨の突起が見られる」[10]。このような事柄を考慮すると、雌のトナカイがかなりよく発達した角を持っていることは、雄が最初にそれを他の雄と闘うための武器として獲得し、続いて何か未知の理由から、その雄における発達が非常に早い時期に始まるようになって、その結果、両性に伝えられるようになったと結論できるだろう。

では、袋角を持った反芻動物に目を転じることにしよう。レイヨウでは、雌が角をまったく持っていないものから始まって、プロングホーン（*Antilocapra Americana*）のように、雌の角があまりにも小さいので痕跡器官としか呼べないようなものがあり、雄よりも確実に小さく、薄く、ときには形も異なるが、かなりよく発達した角を持っているものを経て[11]、最後に、両性とも同じ大きさの角を持つものまで、きれいな連続性を見ることができる。トナカイと同様に、レイヨウでも、角が発達してくる時期と、それが一方または両方の性に遺伝するかどうかとの間には関係がある。そこで、ある種の雌が角を持っているかいないか、ある種ではそれがよりよく発達しているかいないかは、それが何かの役に立っているからではなく、その種で広く見られる遺伝の様式に依存するのだと考えられるだろう。ある一つの属に限ってみても、両性ともに角を持っているものもあれば、雄のみが持っているものもあるということは、この見解を裏づけるものである。パンパスジカ（*Antilope bezoartica*）[*2]の雌は、通常は角をまったく持っていないが、ブライス氏は角を持っている雌を少なくとも三頭は見ており、それらは特に年老いた雌や病気の雌というわけではなかったというのは驚くべき事実である。この種の雄は、たがいにほとんど平行し、まっすぐ後ろに向かった、螺旋状に巻いた長い角を持っている。雌では、それが存在するときには、螺旋状ではなく、平たく広がって先が前を向いているので、形が非常に異なっている。ブライス氏が私に教えてくれたところによると、去勢した雄では、角は雌のものと同じような奇妙な形になるが、雌のものより長くて厚いというのは、さらに興味深い事実である。これらすべての例において、雄と雌の角の違い、およびふつうの雄と去勢した雄との違いは、雄の形質がどれほど完全に雌にも伝わるかということや、この種の祖先がどのような状態にあったかということなど、おそらく多くの要因に依存しているのだろう。そして、一部は、角に行く栄養が異なることにもよるのだろう。それは、家禽のニワトリのけづめを鶏冠やからだの他の部分に埋め込むと、栄養の受け方が違うことから、さまざまな異常な形態が現れるのと同様の現象であろう。

野生のヤギやヒツジのすべての種では、雄は雌より角が大きく、いくつかの種では雌はまったく角を欠いている。[12] いくつかの家畜のヒツジやヤギの品種では、雄のみが角を持っている。そして、そのような家畜ヒツジの一例である、ギニア海岸に住む種では、ウィンウッド・リード氏（Mr. Winwood Reade）が私に教えてくれたところによると、去勢した雄には角が生えないそうなので、これは重要な事実である。つまり、この例では、角はシカの角と同じような影響の下にあると言える。両性とも角を持っている北ウェールズの品種のように、雌が角をしばしば失ってしまいやすい品種もある。この同じヒツジの品種では、仔ヒツジの産まれる時期に特別にこのことに注目して調べてくれた人の信頼するに足る証言によれば、産まれたばかりのときから、雄の角は雌のそれよりも発達しているということである。ジャコウウシ（*Ovibos moschatus*）の成体では、雄の角は雌より大きく、雌では左右の角の基底部は接触していない。[13]通常の家畜ウシについてブライス氏（Mr. Blyth）は、「野生のウシ科のほとんどでは、雄の方が雌より角が長くて厚く、バンテン（*Bos sondaicus*）[*3]の雌では角は驚くほど小さく、かなりうしろに曲がっている。家畜ウシのいろいろな品種では、こぶのあるものもないものも、雄の角は短くて厚いが、雌と子どもではもっと長くて薄い。そして、インドの水牛の雄の角は短くて厚いが、雌のそれはもっと長くてきゃしゃなのである。野生のガウール（*B. gaurus*）では、ほとんどの場合、雄の角は、雌のそれより長くて厚い」[14]と述べている。そこで、袋角を持つ反芻動物のほとんどでは、雄の角は雌のものより長いか、より強くつくられていることになる。ここでつけ加えておくなら、シロサイ（*Rhinoceros simus*）[*4]では、雌の角は雄より長いが、力は弱いのがふつうである。そして、他のいくつかの種のサイでは、雌の角の方が短いということだ。[15]このようなさまざまな事実から、角はどれも、両性に同等に発達している場合においてさえ、はじめは他の雄を制覇するために雄によって獲得されたものであり、それが、両性に同等な遺伝の様式の力との関係で、多かれ少なかれ雌にも受け継がれたのだと結論してよいだろう。

　異なる種または品種に属するゾウの牙は、反芻動物の角とほとんど同じように雌雄で異なっている。インドとマラッカでは、雄のみが十分に発達した牙を持っている。セイロンのゾウは、ほとんどの博物学者たちは別の品種だと考えており、他の博物学者たちは別種と考えているが、「牙を持っているものは一〇〇頭に一頭もなく、それは必ず雄である」[16]。アフリカゾウはまったく異なることは確かで、雌もよく発達した大きな牙を持っているが、雄ほど大きくはない。このように、いくつかのゾウの種や品種で牙が異なること、野生のトナカイに見られるようにシカの角には大きな変異があること、パンパスジカの雌がときおり角を持っていること、イッカクの雄がときには二本の角を持っていること、そしてセイウチの雌のなかには牙をまったく持たない個体もあることなどは、すべて、第二次性徴がどれほど極端に変異に富むものであるか、近縁な種間でもどれほど極端に変化するかを如実に物語っているのである。

すべての例において、牙や角は、もともとは性的な武器として発達したように見受けられるが、それらはしばしば別の用途にも使われている。ゾウは、その牙をトラを攻撃するのに使う。ブルース（Bruce）によれば、ゾウは、木が簡単に倒れるようになるまで、牙で木に切れ目を入れ、同様にしてヤシの木からでんぷん質の髄を抽出するということである。アフリカゾウは、いつも同じ側の牙を使って、地面が自分の重みに耐えられるかどうかを探る。ウシの雄は角で自分の群れを守り、スウェーデンのヘラジカは、ロイドによれば、その大きな角の一撃でオオカミを殺すこともできる。同様の例は、いくつもあげることができる。いろいろな動物が角を二次的な用途に使うことのなかで最も奇妙なのは、ハットン大尉[17]（Captain Hutton）が観察したヒマラヤの野生のヤギ（*Capra aegagrus*）によるものだろう。雄は、たまたま事故で高みから落ちたとき、頭を内側に曲げ、その大きな角から先に着地して衝撃を和らげるというのである。アイベックスもこれと同じことをすると言われている。雌の角は小さいので、そのような用途に使うことはできないが、雌は性質がおとなしいので、角をこのような奇妙な楯に使わなくてもすむようである。

　どの動物の雄も、自分の武器をそれぞれ独特なやり方で使う。ヒツジの雄は、たがいに走って角の基底部をたいへんな力でぶつけあうが、私は一度、非常に強靭な男性が、まるで子どものように軽々と突き飛ばされてしまうのを見たことがある。ヤギと、例えばアフガニスタンのアジアムフロン（*Ovis cycloceros*）[*5]のようなある種[18]のヒツジは、後肢で立ち上がってぶつかり合うばかりでなく、「鎌のような形をした角の前部をサーベルのように使って相手に切りつける。アジアムフロンの雄が、乱暴者として知られていた大きな家畜ヒツジの雄を襲ったときには、常に敵に素早く接近し、頭を素早く後ろに引いて相手の顔と鼻に切りつけ、一撃が返される前に下がるという新しい闘争の方法を採用することで、相手を征服したのであった」。ペンブルックシャーでは、数世代もの間、野生状態で跳ね回っていた集団のリーダーである雄のヤギが、一回の闘いで数頭の雄を殺したことが知られている。このヤギは、端から端までの幅が三九インチ〔約一メートル〕もあるような、巨大な角を持っていた。ふつうの家畜の雄ウシは、誰もが知っているように、敵を突き刺して放り投げるものだ。しかし、イタリアの野牛は、角を使うことは決してしないが、その代わりにカーヴした額で対戦相手に非常に大きな打撃を与え、倒れた敵をひざで押しつぶすのだそうだ。家畜ウシはこのような本能を備えていない[19]。そこで、野牛の鼻先に食いついたイヌは、すぐにも押しつぶされてしまう。しかし、イタリアの野牛は長い間にわたって家畜化されてきているので、その祖先種も同じような形の角を持っていたかどうかはまったくわからないということを覚えておく必要があるだろう。バートレット氏は、アフリカスイギュウ（*Bubalus caffer*）[*6]の雌が同種の雄と一緒に囲いに入れられたとき、彼女は彼を攻撃したが、彼も彼女を同じくらい強く押し返したと教えてくれた。しかし、バートレット氏にとって明らかだったのは、この雄がもしも威厳をもって寛容の精神を見せなかったなら、その巨大な角で横から一撃することによって、簡単に彼女を殺すことができたろうということである。キリンの毛におおわれた角は、雄の方が雌より長いが、雄はそれを奇妙な用途に使う。つまり、雄は、頭がほとんど逆さまになるほど、その長い首をどちらか一方に曲げ、力を込めて振るので、その一撃で堅い板も半分に曲げられてしまったのを私は見たことがある。

レイヨウのなかまでは、その奇妙な形をした角をいったいどのように使っているのか、想像するのが困難な場合がある。すなわち、スプリングボック（*Ant. euchore*）[*7]は、どちらかというと短い、上を向いた角を持っており、そのとがった先端は、ほとんど直角に曲がってたがいに向きあっている。バートレット氏は、彼らがその角をどのように使うのかはわからないが、敵の顔のどちら側にも、恐ろしい傷を負わせることができるだろうと考えている。アラビアオリクス（*Oryx leucoryx*. 図61）のわずかに曲がった角は、後ろに向かって非常に長く伸びているので、その先端は、背中の真ん中を通り越してほとんど平行の線を描

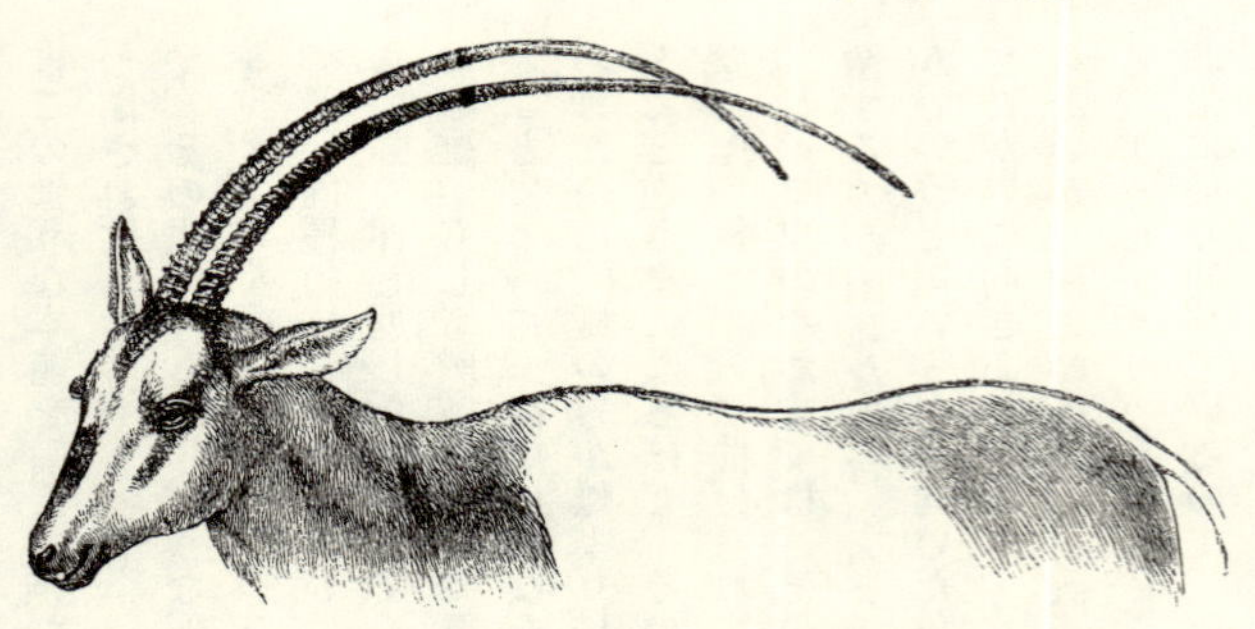

図61　アラビアオリクスの雄（ノウズレイ動物園より）

いている。そこで、この角は、闘いにはまったく向いていないように見えるのである。しかし、この種の二頭の雄が闘いに臨むときには、膝を折って頭を前肢の間にはさむので、角はほとんど完全に平行に、前上方を向いて立つことになると、バートレット氏が教えてくれた。そこで、対戦者たちはゆっくりと相手に向かって歩み寄り、反り返った先端を相手のからだに突き立てようとする。どちらかがそれに成功すると、すぐに立ち上がり、同時に頭を上に上げようとするので、敵対者を傷つけ、突き刺したりすることさえできるに違いない。しかし、両者とも、できる限りこの作戦から身を守るために常に膝を折っている。これらのレイヨウの一種が、このように角を使ってライオンに立ち向かったことが記録されている。それでも、彼らは、角の先端を前方に持ってくるために、頭を前肢の間に入れねばならないので、他の動物から攻撃されたときには、非常に不利になるに違いない。それゆえ、角が今のような長さと奇妙な位置にあるようになったのは、捕食者から身を守るためだったとは考えにくい。しかし、遠い過去のオリクスの祖先の雄は、ほんの少し後ろに曲がったある程度の長さの角を獲得するやいなや、現在雄たちがやっているように、競争者の雄との闘いでは頭を下げざるを得なかったに違いない。そして、膝をつく行動は、初めはときどきしか見られなかったが、だんだんいつもそうするようになったと考えられないことはないだろう。この場合、最も長い角を持っていた雄が、より短い角を持った雄よりずっと有利だったことは確かであり、角の長さは性淘汰を通して徐々に長くなり、現在見られるような極端な長さと位置にまでなったものと考えられる。

多くの種類の雄ジカの角が枝分かれしていることは、奇妙で説明が難しい。というのは、いくつにも枝分かれしているよりも、一本のまっすぐな角の方が、ずっと深刻な傷を負わせることができるからである。フィリップ・エガートン卿（Sir Philip Egerton）の博物館には、三〇インチ〔約七五センチメートル〕の長さで「枝が一五以上もある」アカシカの角がある。モリッツブルクには、一六九九年にフリードリヒ一世が撃ったアカシカの角がまだ保存されているが、左右それぞれが三三本という驚くべき数の枝に分かれている。[20] リチャードソン（Richardson）は、野生のトナカイで二九本の枝を持ったものを記録している。[21] 角の枝分かれの様子と、特にシカがときどき前肢で蹴りあって闘うことから、バイイ氏（M. Bailly）は、シカの角は彼らにとって役に立つどころか害をもたらすばかりだという結論に達してしまった！　しかしこの著者は、競争者の雄どうしの互角の激戦を見落としているのだ。私は枝角の効用についてよく理解できなかったので、長年にわたってアカシカの行動を注意深く観察してきたコリンゼイのマクニール氏（Mr. McNeil）に問い合わせてみた。彼は、いくつかの枝は使われるのを見たことがないが、一番根元の枝は少しばかり下を向いているので、額を守る役に立っており、同様に攻撃にも使われると言っていた。フィリップ・エガートン卿も、アカシカとダマジカの両方について、彼らが闘うときはたがいに向かって突然走り寄り、たがいの角を相手に向けてかみ合わせ、必死の闘いが続くのだと教えてくれた。どちらか一方が負け、後退しようとすると、勝者は一番下の枝角を敗者に突き立てようとする。そこで、上部の枝角は、主に、またはもっぱら、相手を押したりかわしたりすることに使われているようである。それはともかく、いくつかの種では、上部の枝角も攻撃の武器として使われている。カトン判事（Judge Caton）のオタワの公園で人がワピチ（*Cervus Canadensis*）に襲われ、数人が救助にかけつけたとき、雄ジカは「決して頭を地面から高く上げようとはしなかった。実際、彼は、次の突撃の前に周りを見渡すときに頭を一方に傾ける以外はずっと、顔をほとんど地面につけ、鼻を前肢の間に入れていた」。この姿勢を取ると、角の先端が完全に敵の方を向くことになる。「頭を回すときには、雄は頭を少し持ち上げたが、それは角があまりにも大きいので、頭を上げずに横に回すことはできないからだ。そうすると、反対側の角は地面についてしまった」。雄ジカはこのようにして、救助隊を徐々に一五〇〜二〇〇フィート〔約四五〜六〇メートル〕も後ろまで追いやり、襲われた人は死んでしまった。[22]

雄ジカの角は十分に有効な武器ではあるが、私は一本の角の方が枝角よりずっと危険に違いないと考えている。シカについて長い経験を備えたカトン判事も、この結論に賛成している。枝分かれした角は、競争相手の雄の攻撃から身を守るために非常に重要であるのは確かだが、たがいにかみ合って取れなくなってしまうこともあるので、その目的に完全に適応しているとは言えない。そこで、これは装飾としての役割も果たしているのではないかという考えが、私の心をかすめた。雄ジカの枝分かれした角や、ある種のレイヨウの、二本の溝のある竪琴形をした優美な角（図62）が、われわれの目から見て美しいことには、誰も疑義をさしはさまないだろう。そこで、角が、昔の騎士の飾り衣装と同様に、シカやレイヨウの外見に優美さをつけ加えているものであるなら、本来は闘いのためのものだとしても、この目的のために部分的に変容してきたと考えられるかもしれない。しかし、この考えを支持する証拠を私は何も持っていない。

　最近、合衆国の一地方で、シカの角が性淘汰と自然淘汰によって変わってきているように見えるという興味深い論文が発表[*8]された。アメリカのすぐれた学術誌のなかで[23]、著者は、オジロジカ（*Cervus Virginianus*）がたくさん生息しているアディロンダックの山中でこの二一年間ほどシカ狩りをしてきたと述べている。およそ一四年前、彼は初めて「スパイク角の雄ジカ」のことを聞いた。それらは年とともに数が増し、およそ五年前に彼自身でその一頭を撃ったことがあったが、以後どんどんそれを撃つ機会が増えてきている。「スパイク角は、ふつうのオジロジカの角とは非常に異なる。それは、ふつうの枝角より薄い一本だけの角で、長さも半分ほどしかない。それは、眉の上から前方に伸びて、先は鋭くとがってい

図62　グレイタークードゥー（*Strepsiceros Kudu.* アンドルー・スミス（Andrew Smith）の'Zoology of South Africa' より）

る。この角の持ち主は、ふつうの雄よりずっと有利である。濃い茂みや下生えの中をより速く駆け抜けて行けるばかりでなく（狩人なら誰でも知っている通り、大きな枝角を備えた雄ジカよりも、雌や子どもの方がずっと速く走ることができる）、スパイク角は、ふつうの枝角よりも武器として効果的である。この有利さのため、スパイク角の雄はふつうの雄を凌駕しつつあり、そのうちアディロンダックでは、スパイク角の雄ばかりになってしまうかもしれない。最初に現れたスパイク角の雄は、明らかに、自然界に偶然生まれた奇形だったに違いない。しかし、スパイク角は有利だったため、その奇形が広まることになった。その子孫も同様に有利だったため、この奇妙な形質は徐々に比率を高めていき、その生息地から通常の枝角を持ったシカを駆逐しつつあるのだろう」。

牙を備えた四足獣の雄は、それを角と同様にいろいろなやり方で使う。イノシシは、側面と上方に突き上げる。ジャコウジカは下方に攻撃するが、それは非常に効果的である[24]。セイウチは首がたいへん短く、不格好なからだをしているにもかかわらず、「上向き、下向き、横向き、どちらの方向にも同じくらい器用に攻撃できる[25]」。故ファルコナー博士（Dr. Falconer）から聞いたところによると、インドゾウは、自分の牙の位置と曲がり方によって、異なる攻撃をするそうである。牙が前方および上方を向いているときには、彼らはトラでさえ遠くまで放り投げることができ、三〇フィート〔約九メートル〕も投げ飛ばしたことがあると言われている。牙が短くて下を向いているときには、それでトラを素早く地面に押しつけようとする。そうすると、乗っている者はかごから放り出されてしまうので危険なのだそうだ[26]。

四足獣の雄で、競争者の雄と闘うために別々の目的に適応した二つの武器を備えているものは、ほとんどいない。しかし、ホエジカ（Cervulus）の雄は例外で、彼らは角と突出した犬歯の両方を持っている。しかし、以下のことから推測すると、一つの形態の武器は、時間とともにしばしば他方の形態の武器に取って代わられるようである。反芻動物では、角の発達と、いくらかでもよく発達した犬歯とは、逆の関係にあるのがふつうである。例えば、ラクダ、ファナコ、マメジカ、ジャコウジカには角がないが、十分に発達した犬歯がある。この歯は、「常に雌の方が雄より小さい」。ラクダ科の上顎には、真の犬歯のほかに、一組の犬歯型の切歯もある。[27]一方、シカやレイヨウの雄は角を持っているが、犬歯を持っていることはほとんどない。あるとすれば常に小さく、闘いの役に立っているとはとても思えないほどである。*Antilope montana* では、若い雄には犬歯が痕跡的に残っているが、[28]年齢とともに消えてしまう。そして雌は、どの年齢でも犬歯を持っていない。しかし、他のレイヨウやシカのなかには、雌がときおり痕跡的な犬歯を持つものがある。雄ウマは小さな犬歯を持っているが、雌ではまったく存在しないか、痕跡的であるのがふつうである。しかし、ウマの雄は切歯で咬みつき、ラクダやグァナコのように大きく口を開けることはしないので、犬歯を闘争に使うことはないようである。現在雄が不完全な状態の犬歯を持っており、雌は持っていないか、痕跡的な状態で持っている場合には、その種の初期の祖先の雄は十分に大きな犬歯を持っていて、それを部分的に雌にも伝えたと考えてよいだろう。そこで雄の犬歯が縮小したのは、新しい武器が発達してくることで（ウマではそうではないが）、闘争のやり方が変化したことから生じたのだろう。

牙と角は、それを発達させるために大量の栄養を必要とするので、その持ち主にとってきわめて重要なものであるに違いない。アジアのゾウ、厚い毛を持っていた絶滅したアジアのゾウの一種、そしてアフリカゾウの牙は、一本で、それぞれ一五〇ポンド、一六〇ポンド、一八〇ポンド〔それぞれ約六八キログラム、七二キログラム、八二キログラム〕もの重さがあり、もっと重いものを記録している著者もいる。[29] 季節的に角を新しくするシカでは、そのためにさらに大量の栄養が失われるに違いない。例えば、ムースの角は五〇～六〇ポンド〔約二三～二七キログラム〕もあり、絶滅したアイルランドヘラジカの角は六〇～七〇ポンド〔約二七～三二キログラム〕もあった。後者の頭蓋骨は、平均してたった五と四分の一ポンド〔約二・四キログラム〕しかないのである。ヒツジの角は季節的に生えかわるわけではないが、多くの飼育家の意見では、角の発達はかなりの損失をもたらしている。さらに、捕食者を逃れようとする雄ジカは、その競走で余分な重荷を背負わされているのであり、林の中を通過するときにはかなりスピードが遅くなる。例えば、端から端までで五フィート半〔約一・七メートル〕にもわたるような角を持ったムースは、ゆっくり歩くときには枯れ枝に触ったり折ったりしないように上手に歩いているが、オオカミの群れから走って逃げるときには、そのようにうまく障害をよけることはできない。「雄が走るときには鼻を高く上げ、角が水平に後ろに倒れるようにするが、この姿勢では地面がよく見えなくなってしまう」。[30] アイルランドヘラジカの角の端から端までは、実に八フィート〔約二・五メートル〕もあったのである！　袋角の状態のときには、それはたいへんダメージを受けやすいが、アカシカではそれがおよそ一二週ほど続く。そこでドイツでは、この時期の雄はふだんの習性を変えて、深い森を避け、若い林や丈の低い茂みに現れるようになる。[31] これらの事柄は、鳥の雄が、飛行に支障をきたすという損失をこうむってまで装飾的な羽を身につけていることや、他の装飾が競争者どうしの闘いで力をそぐことになっているのを思い起こさせる。[*9]

四足獣では、しばしば雄と雌でからだの大きさが異なるが、その場合には、常に雄の方が雌より大きく、力が強いと私は考えている。グールド氏から聞いたところによると、このことはオーストラリアの有袋類にもよく当てはまっており、雄は、ずいぶん年をとるまで成長を続けるようである。[*10] しかし、最も驚くべき例は、成体の雌が成体の雄の体重の六分の一にしか満たない[32]キタオットセイ（*Callorhinus ursinus*）であろう。ハンター（Hunter）が何年も前に指摘しているように[33]、雄の強大な首など、競争者の雄どうしの闘いで使われるからだの部分にはどこにも、雄の偉大な力がはっきりと表されている。四足獣の雄はまた、雌より勇気があってけんか好きである。これらの形質は、一部は、より強くて勇気のある雄が弱い雄に打ち勝つことが長く続いた結果、性淘汰を通して獲得されたことに疑いはない。また一部は、使用の効果の遺伝によるものだろう。力の強さ、からだの大きさ、勇気などの形質に、自発的に生じる変異にせよ使用の効果によるにせよ、次々と生じた変異は、それが蓄積することによって、現在の四足獣の雄が持っている形質が獲得されたのだが、それらの変異は生活史の遅い時期に現れたので、その結果、雄のみへの遺伝に限定されることになったと考えられる。

　この問題を考えるに当たって私は、スコッチディアハウンドに関する情報を知りたいと思った。この品種は、他のどんな品種よりも雄と雌のからだの大きさの差が大きく（ブラッドハウンドもかなり異なるが）、私の知る限りではどんな野生のイヌ科の動物よりもその差が大きいからである。そこで、イヌの飼育家として有名で、たくさんの自分のイヌたちの計測を行ってきたカップルズ氏（Mr. Cupples）に尋ねてみたところ、たいへん親切にも、さまざまな情報源から以下のような事実を集めてくれた。このイヌの立派な雄の肩高は、最低でも二八インチ〔約七〇センチメートル〕、最高で三三～三四インチ〔約八四～八六センチメートル〕にも達する。体重は、八〇ポンド〔約三六キログラム〕では小さい方で、一二〇ポンド〔約五五キログラム〕かそれ以上である。雌は、肩高が二三～二七インチ〔約五八～六九センチメートル〕で、ときには二八インチ〔約七一センチメートル〕にもなり、体重は、五〇～七〇ポンド〔約二三～三二キログラム〕、ときには八〇ポンド〔約三六キログラム〕である[34]。カップルズ氏は、九五～一〇〇ポンド〔約四三～四五キログラム〕が雄、七〇ポンド〔約三二キログラム〕が雌というのが標準的だろうと結論している。しかし、両性とも早い時期から重い体重を獲得していると考えられる証拠がある。カップルズ氏は、生後二週目の仔イヌの体重を測定したが、ある一腹の子では、四匹の雄の子の平均体重は二匹の雌の平均体重より六オンス半〔約一八五グラム〕重く、他の子たちでは、四匹の雄の子の平均は一匹の雌のそれを一オンス〔約二八グラム〕弱上回っていた。同じ雄たちが生後三週目になったときには、その雌よりも七オンス半〔約二一〇グラム〕も重く、六週目では一四オンス〔約四〇〇グラム〕も重くなった。イェルダースレイ・ハウスのライト氏は、カップルズ氏への手紙の中で、次のように述べている。「私は、数多くの仔イヌの大きさや体重を測定してきましたが、私の経験では、一般に、雄の仔イヌは、生後五、六ヵ月になるまで雌の仔イヌとほとんど違いがありません。それ以後、雄は成長を始め、体重でもからだの大きさでも雌を追い越すようになります。出生時と生後数週間は、雌の仔イヌの方が雄より大きいこともありますが、のちには必ず雄の方が大きくなります」。コリンゼイのマクニール氏は、「雄のイヌは生後二年くらいにならないと完全に大きくならないが、雌はずっと早く限度に達する」と結論している。カップルズ氏の経験では、雄のイヌは生後一二～一八ヵ月くらいまで身長が伸び続け、生後一八～二四ヵ月くらいまで体重が増え続けるが、雌は生後九～一四、一五ヵ月くらいで身長の伸びが止まり、生後一二～一五ヵ月で体重の増加も止まる。これらのさまざまな事実から、スコッチディアハウンドでは、雄と雌の間の大きさの違いが完全になるのは、生活史のむしろあとの方になってからであることがわかる。もっぱら獲物を追うのに使われているのは雄であるが、それは、マクニール氏によると、雌には完全に成長したシカを倒すのに十分な力と体重がないためである。カップルズ氏から聞いたところでは、古い伝説の中に現れる名前から判断すると、古代には雄は非常に賞賛されていたが、雌は、有名な雄の母親として名前が出てくるのみであるそうだ。このように、何世代にもわたって力強さ、大きさ、スピード、勇気などが試され、最良のものが繁殖させられてきたのは、雄である。しかしながら、雄はかなり時間がたってからでなければ完全な大きさにはならないので、すでに何度も出てきた法則にしたがって、その形質を雄の子にしか伝えなかったのだろう。スコッチディアハウンドの雄と雌の大きさがこれほど違うことは、こうして説明されると思われる。

四足獣のなかには、数は少ないが、雄が、他の雄からの攻撃に対する防御の手段としてのみ発達した器官やからだの部分を持っているものがある。すでに見たように、シカのなかには、枝角の上部の枝をもっぱら防御のために使うものがあるし、バートレット氏から聞いたところでは、オリクスは、あの長い優美に曲がった角で非常にうまく攻撃をかわすという。

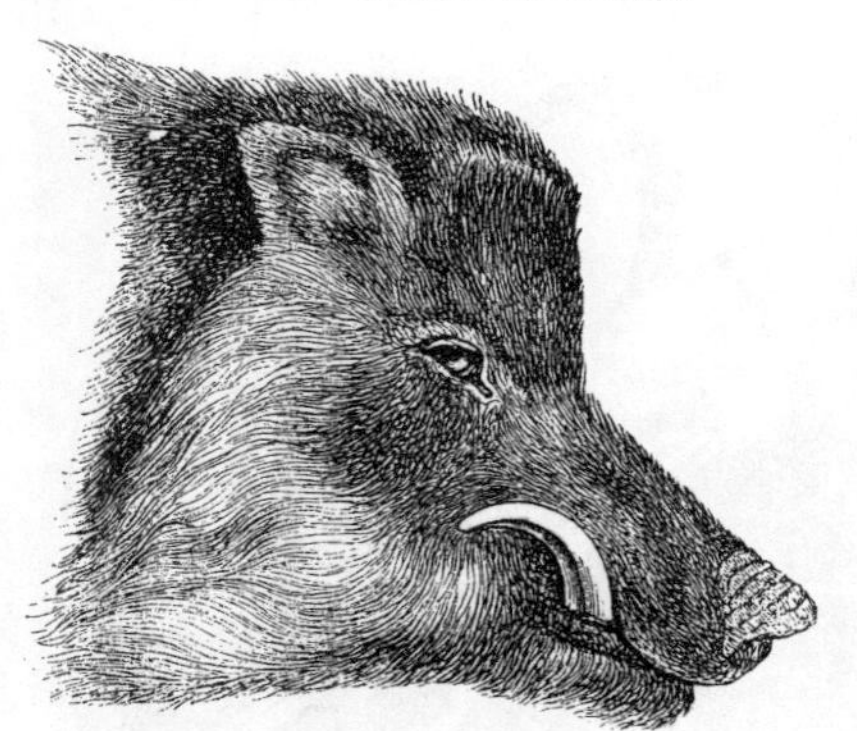

図63　成熟期のイノシシの頭部（ブレームより）

しかし、この角は、攻撃の器官としても使われている。同氏はまた、サイは相手の斜めからの攻撃を角でかわし、角はぶつかりあって、イノシシの牙と同じように大きな音をたてると述べている。野生のイノシシは非常に激しく闘うが、ブレームによると、致命傷を負うことはほとんどない。なぜなら、攻撃はたいてい、牙の上か、ドイツの狩猟家たちが「楯」と呼んでいる、肩をおおっている軟骨質の皮膚の上に落ちるからである。これは、特別に防御のために変化したからだの部分である。成熟のさかりの雄のイノシシ（図63）は、下顎の牙を攻撃に使うが、ブレームが指摘している通り、年を取ると

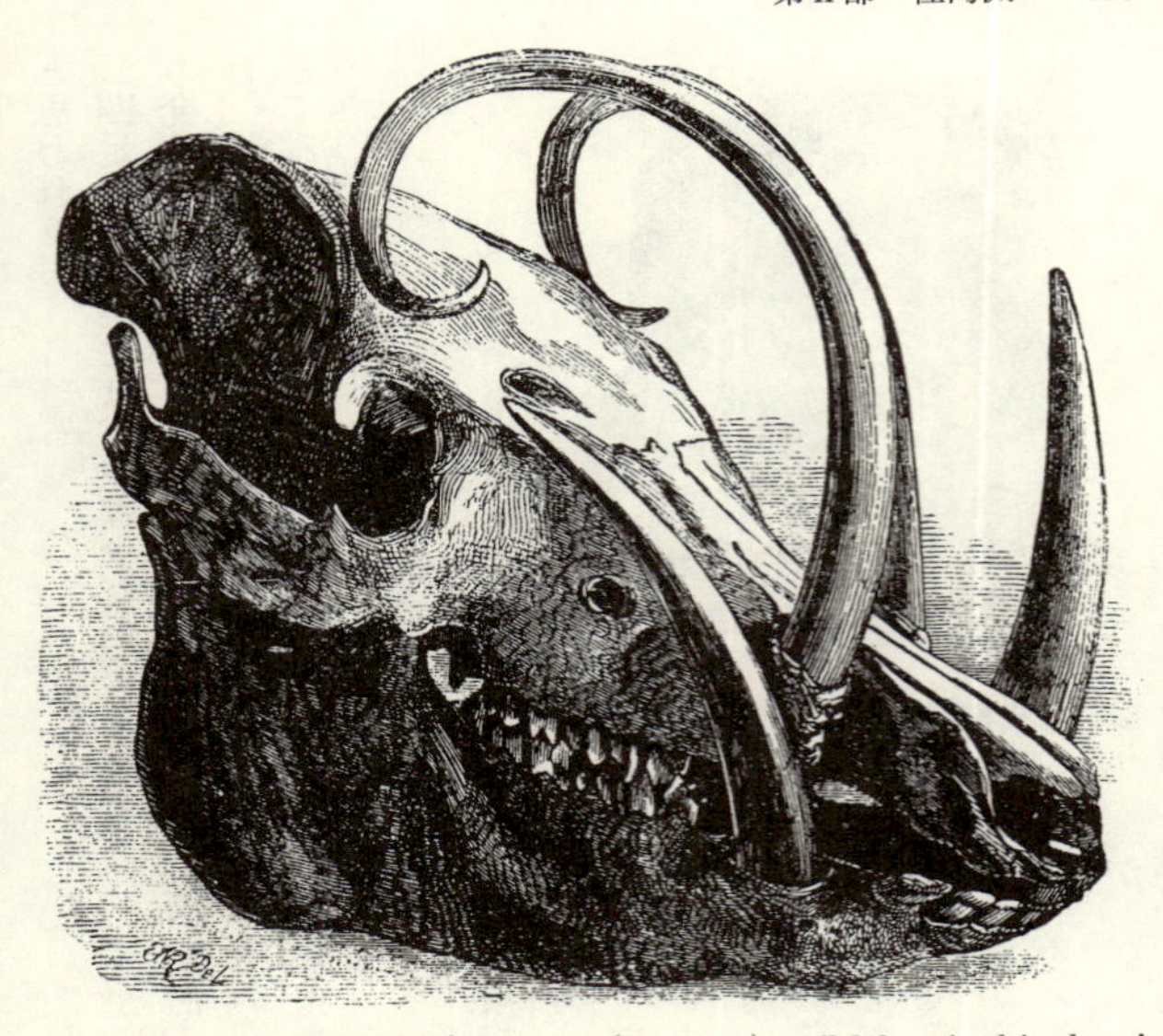

図64　バビルーサの頭骨（ウォレス（Wallace）の'Malay Archipelago'より）

図65　イボイノシシの頭部（'Proc. Zool. Soc.,' 1869より）（この図は雌の頭部であることがわかったが、それでも雄の特徴を縮小した形で示している）

ともにこの牙は鼻の上まで伸びて内側に曲がっていくので、攻撃のためにはもはや使えなくなってしまう。しかしながら、それでも防御の役には立つのかもしれず、もしかすると防御にはより適しているのかもしれない。攻撃の武器としての下顎の牙を失う代わりに、ほんの少し横を向いて生えている上顎の牙は、年とともにどんどん長くなり、どんどん上に曲がっていくので、それは攻撃の武器として使えるようになる。それはともかく、年取ったイノシシは、六、七歳になると、もう人にとって危険ではなくなる[35]。

セレベス島〔現在のスラウェシ島〕に住むバビルーサの完全に成熟した雄（図64）の下顎の牙は、ヨーロッパのイノシシと同様に、成熟のさかりの時期には恐ろしい武器であるが、上顎の牙はあまりにも長く、先が内側に曲がって額に触るほどなので、攻撃の武器としてはまったく役に立たない。それらは、歯というよりは角に近く、歯としては役に立たないことがあまりにも明白なので、昔はこれを枝にかけて頭を休めるのだと思われていたほどである。しかし、頭を少し横に向けたときには、この牙の曲がった面は、防御としては非常にすぐれている。年老いた雄では「あたかもそれを闘いに使ったかのように折れているのがふつうである」[36]のは、そのためなのかもしれない。そこで、バビルーサの上顎の牙は、成熟のさかりの時期にこのような形になり、防御のみの役割を果たしているという奇妙な例なのだろう。一方、ヨーロッパのイノシシでは、下顎と上顎の牙は、年を取ってからのみ多少同じような形になり、同様にもっぱら防御のために使われるようになる。

イボイノシシ（*Phacochoerus aethiopicus*. 図65）では、雄の上顎の牙は、最盛期には上に曲がり、先がとがっているので、恐ろしい武器としてはたらく。下顎の牙は上顎のものよりも鋭いが、長さが短いので、攻撃のための武器として使えるとは考えられない。しかしそれらは、上顎の牙の下にあってその根元をしっかり支えているので、上顎の牙を十分に補強しているに違いない。上顎の牙も下顎の牙も、防御のために特別に変形しているようには見えないが、防御のためにもある程度使われていることは間違いない。しかし、イボイノシシには、他の防御の手段がないわけではない。というのは、顔の両側の目の下の部分に、ごわごわしていてしかも柔軟な、軟骨質の楕円形のパッド（図65）があり、それが二、三インチ〔約五〜七・五センチメートル〕も顔の外側に向かって盛り上がっているからである。そして、バートレット氏と私が生きているイボイノシシを見たところでは、敵の牙で下から攻撃されたときには、このパッドが上方にめくれて、少しばかり飛び出しぎみの目を理想的に守る役割を果たすに違いないと思われた。バートレット氏によると、これらのイノシシが闘うときには、正面を向き合って立つのだということをつけ加えておこう。

最後に、アフリカのカワイノシシ（*Potamochoerus penicillatus*）[*11]は、顔の両側の目の下に、イボイノシシの柔軟なパッドと同じような、軟骨質の硬いこぶを持っている。それはまた、上顎の鼻孔の上に、二つの骨質の突起をも持っている。ロンドン動物園にいるこの種の雄が、最近イボイノシシのおりに入り込んだことがあった。彼らは一晩中闘い、翌日になって非常に消耗しているところを発見されたが、どちらも深い傷は負っていなかった。しかし、上記の突起やパッドは血だらけになっており、さんざん傷ついていたという事実は、この器官の果たしている役割に関する上記の推測を示すうえで、非常に重要な事実であろう。

ライオンのたてがみは、ライオンが出会う唯一の危険、すなわち他のライオンからの攻撃に対する効果的な防御となっている。A・スミス卿が教えてくれたように、雄たちは恐ろしい闘争をするので、若いライオンは年取ったライオンのそばには寄りつかない。一八五七年に、ブロムウィッチのトラがライオンのおりに入り込み、恐ろしい光景がくり広げられた。「ライオンのたてがみは、首と頭に重傷を負うのを防ぐ役には立ったが、とうとうトラがライオンの腹を裂き、数分ののちにライオンは死んだ」(37)。カナダオオヤマネコ（*Felis Canadensis*）[*12]の喉と顎の周りの幅広い襟巻き状の毛は、雄の方が雌よりもずっと長いが、それが防御の役に立っているのかどうか、私は知らない。アザラシの雄は、たがいに激しく闘うことでよく知られており、トド(38)（*Otaria jubata*）[*13]の雄は厚い蓑毛を持っているが、雌のそれは小さいか、まったくないかのどちらかである。喜望峰のヒヒ（*Cynocephalus porcarius*）[*14]の雄は、雌よりもずっと長い蓑毛と長い犬歯を持っている。雄の蓑毛は、おそらく防御の役割を果たしているのだろう。ロンドン動物園の飼育係に、私の目的をさとられないようにして、サルたちは、特に首の後ろをたがいに攻撃することがあるかどうかを聞いたところ、そういうことはないが、上記のヒヒだけはそうするという答えであった。エーレンベルグは、マントヒヒのおとなの雄の蓑毛は若いライオンのたてがみと同じものだと述べているが、マントヒヒでは、両性の若い個体とおとなの雌には蓑毛はほとんどない。

アメリカヤギュウの雄の巨大な蓑毛は、ほとんど地面に着くほどであり、雄の方が雌よりもずっと発達しているが、私は、これは雄どうしの恐ろしい闘いにおける防御の役割を果たしている可能性があると考えている。しかし、経験豊富な狩猟家がジャッジ・カトンに伝えたところによると、この考えを支持するようなことは一度も観察したことがないということだ。雄ウマのたてがみは、雌のそれよりも厚くて量も多い。そこで私は、何頭ものウマの世話をしてきた熟練した調教師や飼育家に尋ねてみたのだが、「彼らはたがいに相手の首に咬みつこうとする」と聞いて安心したものである。しかしながら、首の毛が防御の役割を果たしているからといって、それがもともと特にその目的のために発達してきたのだということにはならないだろう。しかし、ライオンのように、いくつかの例では確かにそうだと考えられる。マクニール氏は、アカシカ（*Cervus elaphus*）の雄の喉にある長い毛は、狩りのときに大いに防御としてはたらいていると教えてくれた。というのは、イヌはふつう喉に咬みついてシカを捕らえようとするからである。しかし、これらの毛が、この目的のために発達してきたとは考えにくい。そうだとしたら、雌や若い個体も同様に守られてしかるべきだと思われるからである。

四足獣のどちらかの性が配偶に際して示す好みについて

次章で雄と雌の間の音声、匂い、装飾に関する違いを述べる前に、両性は配偶に際して何らかの好みを見せるかどうかを検討しておくのが適当と思われる。雄どうしが優位性をめぐって闘う前またはあとに、雌は特定の雄を好むだろうか？　また雄は、一夫多妻でないとき、特定の雌を選ぶだろうか？　育種家の全体的な印象としては、雄はどんな雌でも受け入れるということである。雄の熱心さを考えれば、たいていの場合、それはおそらく正しいだろう。雌も一般にどんな雄でも受け入れるかどうかは、もっとずっと疑わしい。鳥に関する第一四章で、雌が配偶相手を選んでいるという、直接、間接の証拠をたくさん示したが、分類上も上位にあり、より高度な心的能力を備えた四足獣の雌が、何らかの選り好みをすることがほとんどないとしたら、奇妙なことと言えよう。雌は、自分の気に入らない雄や興奮させられない雄に求愛されたときには、ほとんどの例では逃げることができる。しばしば起こるように、数頭の雄に追いかけられたときには、雄どうしが闘っている間にそのうちの一頭と逃げ去ることができるし、しばらくの間だけ一緒にいることもできる。後者の例は、フィリップ・エガートン卿から聞いたところによると、スコットランドのアカシカの雌でしばしば観察されている[39]。

四足獣の雌が、野生状態で配偶関係に何らかの選り好みを見せているかどうかを詳しく知ることはほとんどできないだろう。キタオットセイ（*Callorhinus ursinus*）の求愛に関する、以下のような奇妙で詳細な観察は[40]、そのような珍しい機会に恵まれたブライアント大尉（Capt. Bryant）によるものである。「繁殖のために島に到着した雌たちの多くは、ある特定の雄のところに帰っていくのが好きなようで、しばしば集団繁殖地を見晴らす突き出た岩の上にのぼり、鳴いては、聞きなれた声を探すかのように耳を傾ける。それから、場所を変えて同じことを行う。……雌が岸辺に到着するやいなや、一番近くにいた雄が、雌鳥がひなに向かって出すような声を出しつつ、彼女に接近する。雄は雌にお辞儀をし、何とか雌と海の間に回り込んで、雌が逃げられないようにする。そうすると、雄の態度は変わり、大きな声で吠えたて、雌を自分のハーレムの中に囲い込む。これは、ハーレムの一番海側の列が満員になるまで続く。そして、順位の高い雄は、自分より幸運だった隣人の雄が気づかないときを見計らって、その雌たちを盗む。彼らは、母ネコが仔ネコをくわえていくように、他の雌の頭越しに雌を口でくわえて持っていくのだ。そして、自分のハーレムにそっと雌を下ろす。もっと順位の高い雄は、これをくり返して、場所が満員になるまで雌を集める。しばしば同じ雌の所有をめぐって二頭の雄が闘うことになるが、雄たちが両方で雌をくわえて引っ張るので、雌が彼らの歯でひどい裂き傷を負うこともある。場所がいっぱいになると、年取った雄は満足げに自分の家族を眺めて歩き回り、他の個体の邪魔をしている個体を叱りつけ、侵入者は誰でも追い払う。この見回りをするために、彼は常に余念がない」。

動物の自然状態における求愛に関しては、あまりに少ししか知られていないので、私は、家畜化した四足獣では配偶にあたってどれほどの好みの証拠があるものかを調べてみた。イヌについてはよく観察され、いろいろなことがわかっているので、一番よい観察対象である。多くの飼育家が、この点について強い意見を表明している。メイヒュー氏（Mr. Mayhew）は、次のように述べている。「雌は、たっぷりと愛情を捧げることができる。高等動物で他の場合でも知られているように、楽しい思い出は大いに彼女たちに影響を与えている。雌イヌは、常に愛情において慎み深いわけではなく、やくざな野良犬にも身を許してしまいがちだ。卑しい雑種と一緒に育てると、のちにどんなことがあっても引き離すことができないほど強い愛情が二匹の間にはぐくまれる。それはまさに情熱と呼べるものだが、それはロマンティックなどという以上に長続きするものだ」。[41] 主に小型犬を飼育してきたメイヒュー氏は、雌は大きな雄に強く惹かれると考えている。[41] 著名な獣医であるブレイン（Blaine）は、[42] 彼自身が飼っていた雌のパグはスパニエルにすっかり恋してしまい、セッターの雌は野良犬にすっかり入れ込んでしまったので、何週間もたったあとでなければ、どちらも自分と同じ品種の雄と交配することはなかったと述べている。レトリーバーとスパニエルの雌が、どちらもテリアの雄にすっかり惚れ込んでしまった、信用に足る例を、私も聞いたことがある。

カップルズ氏が、これは絶対に確かなことだと言って私に教えてくれたのだが、価値も高くて非常に賢いテリアの雌が、隣人のレトリーバーに恋をし、それがあまりにも激しかったので、しばしば彼女を彼から引き離さねばならなかったほどだったということだ。彼らが永久に引き離されたのち、この雌は、乳首にミルクの気配はくり返し見られたが、他の雄の求愛に応えることもなく、仔イヌを産むこともなかったので、飼い主は大いに後悔したということだ。カップルズ氏はまた、現在（一八六八年）彼の犬小屋にいるディアハウンドの雌は、過去三回子を産んでおり、常に、一緒に住んでいた四匹のディアハウンドの中で、最も大きくてハンサムな雄を選んだが、それは最も熱心な雄というわけではなかったと述べている。カップルズ氏は、雌はたいてい一緒に過ごしてよく知っている雄を好み、恥ずかしがり屋なので、最初に見知らぬ雄を見たときにはそれを嫌うことを観察している。反対に、雄は、どちらかというと見知らぬ雌を好むようだ。雄が雌を拒否することはめったにないようだが、著名なイヌの飼育家であるイエルダースレイ・ハウスのライト氏が私に教えてくれたところによると、そういう例もいくつかはあるそうだ。彼自身の飼っていたディアハウンドは、ある雌のマスチフにまったく関心を示さなかったので、別のディアハウンドの雌を連れてこなければならなかった。これ以上、さまざまな例をあげても無意味だろうから、多くのブラッドハウンドを注意深く育ててきたバー氏（Mr. Barr）が、ほとんどすべての場合において、異性はたがいに特定の相手に強く惹かれると述べていることだけをつけ加えておこう。最後に、カップルズ氏は、この問題についてさらに一年の観察を続けたのち、「繁殖するイヌたちが、たがいに強い好みを相手に対して抱き、その好みは、以前によく知っていたかどうかということと同時に、からだの大きさ、鮮やかな色彩、そして個性によってしばしば影響を受けているという私の過去の発言は、全面的に補強されることになりました」という手紙をくれた。

ウマに関しては、世界的に著名な競走馬の飼育家であるブレンカイロン氏（Mr. Blenkiron）が、雌に対する雄の好みは何とも気まぐれで、ある雌を拒否したかと思うと、他の雌を何らの明らかな理由もなく受け入れるので、常にいろいろと手練手管を弄さねばならないと述べている。例えば、有名なモナークは、グラジアトールの母にまったく興味を示さなかったので、トリックを使わなければならなかったそうである。需要の非常に高い高価な競走馬の雄が、なぜこれほど好みにうるさいのか、その理由の一部は理解できるだろう。ブレンカイロン氏は、雌が雄を拒否するのは見たことがないが、ライト氏の厩舎ではそういうことがあったので、雌を騙さねばならなかった。プロスパー・ルーカス（Prosper Lucas）は[43]、フランスの飼育家によるさまざまな発言を引用し、次のように述べている。「種馬は、ある雌に情熱を傾けると、他の雌をまったく省みなくなってしまうのがわかる」〔原文フランス語〕。彼はバエラン（Baëlen）を引用し、まったく同じことがウシでも起こると述べている。ホフバーグ（Hoffberg）は、ラップランドの家畜化されたトナカイについて、「雌は、からだが大きくて力の強い雄を受け入れる。若い雄たちにつきまとわれると、強い雄のところへ行き、その雄が若者たちを追い散らす[44]」〔原文ラテン語〕と述べている。たくさんのブタを飼ってきた牧師は、雌ブタは、ある雄を拒否したかと思うと、すぐに別の雄を受け入れるのだと教えてくれた。

これらの事実から、われわれの家畜動物のほとんどでは、特定の個体を嫌ったり好んだりすることがしばしば見られ、それは雄よりもずっと多く雌に見られることは間違いないと言ってよいだろう。そうだとすると、野生の四足獣の配偶が偶然に任されているとは、とても考えられない。雌は、ある特徴において他の雄よりもすぐれた特定の雄に惹かれ、より興奮させられるということの方が、ずっとありそうなことだ。しかし、それがどのような特徴なのかが確実にわかることはほとんどないだろう。

原注

(1) 二匹のノウサギの闘いについては、Waterton（ウォータートン）, 'Zoologist,' Vol. 1, 1843, p. 211. モグラに関しては、Bell（ベル）, 'Hist. of British Quadrupeds,' 1st edition, p. 100. リスに関しては、Audubon and Bachman（オーデュボンとバックマン）, 'The Viviparous Quadrupeds of N. America,' 1846, p. 269. ビーバーについては、Mr. A. H. Green（A・H・グリーン氏）, 'Journal of Lin. Soc. Zoolog.,' Vol. 10, 1869, p. 362.

(2) アザラシの闘争については、C・アボット大尉（Capt. C. Abbott）の 'Proc. Zool. Soc.,' 1868, p. 191. また、R・ブラウン氏（Mr. R. Brown）の ibid., 1868, p. 436; L. Lloyd（L・ロイド）, 'The Game Birds and Wild Fowl of Sweden and Norway,' 1867, p. 412; Pennant（ペンナント）も参照。マッコウクジラについては、J・H・トムソン氏（Mr. J. H. Thomson）の 'Proc. Zool. Soc.,' 1867, p. 246 を参

照。

（3）アカシカ（*Cervus elaphus*）の絡み合った角については、スクロープ（Scrope）（'The Art of Deer-Stalking,' p. 17）を見よ。リチャードソン（Richardson）は（'Fauna Bor. Americana,' 1829, p. 252）、ワピチ、ムース、トナカイでも、そのように角が絡み合うことがあると述べている。A・スミス卿は、喜望峰のヌーの二頭が同じような状態になっているのを見た。

（4）ラモント氏（Mr. Lamont）は（'Seasons with the Sea-Horses,' 1861, p. 143）、セイウチの雄の立派な牙は重さが四ポンドもあり、雌よりも長く、雌は重さが三ポンドだと述べている。雄は、激しく闘うのが記述されている。雌にときどき牙がないことについては、R・ブラウン氏（Mr. R. Brown）の'Proc. Zool. Soc.,' 1868, p. 429を参照。

（5）Owen（オーウェン）, 'Anatomy of Vertebrates,' Vol. 3, p. 283.

（6）Mr. R. Brown（R・ブラウン氏）, 'Proc. Zool. Soc.,' 1868, p. 553.

（7）マッコウクジラとカモノハシについては、オーウェン（Owen）の ibid., Vol. 3, pp. 638, 641.

（8）トナカイの角の構造と生えかわりに関しては、ホフバーグ（Hoffberg）の'Amoenitates Acad.,' Vol. 4, 1788, p. 149. アメリカの種または変種については、Richardson（リチャードソン）, 'Fauna Bor. Americana,' p. 241を参照。また、W・ロス・キング少佐（Major W. Ross King）の'The Sportsman and Naturalist in Canada,' 1866, p. 80も参照。

（9）Isidore Geoffroy St.-Hilaire（イシドール・ジョフロワ・サンティレール）, 'Essais de Zoolog. Générale,' 1841, p. 513. 角以外の雄の形質も、ときおり雌に伝えられることがある。ボナー氏（Mr. Boner）は、年取った雌のシャモアが、「雄のような頭部をしているばかりでなく、通常は雄にしか見られない、背中に沿った長い毛も持っている」のを報告している（'Chamois Hunting in the Mountains of Bavaria,' 1860, 2nd edition, p. 363）。

(10) ジャコウアンテロープについては、グレイ博士（Dr. Gray）の'Catalogue of the Specimens of Mammalia in British Museum,' Part 3, p. 220. ワピチについては、Hon. J. D. Caton（J・D・カトン閣下）, 'Ottawa Acad. of Nat. Sciences,' May, 1868, p. 9.

(11) 例えば、スプリングボック（*Ant. Euchore*）の雌の角は、他種の *Ant. Dorcas var. Corine* のものとよく似ている。デマレスト（Desmarest）の'Mammalogie,' p. 455を参照。

(12) Gray（グレイ）, 'Catalogue of the Mamm. Brit. Mus.,' Part 3, 1852, p. 160.

(13) Richardson（リチャードソン）, 'Fauna Bor. Americana,' p. 278.

(14) 'Land and Water,' 1867, p. 346.

(15) Sir Andrew Smith（アンドルー・スミス卿）, 'Zoology of S. Africa,' Pl. xix. Owen（オーウェン）, 'Anatomy of Vertebrates,' Vol. 3, p. 624.

(16) Sir J. Emerson Tennent（J・エマーソン・テネント卿）, 'Ceylon,' 1859, p. 274. マラッカについては、'Journal of Indian Archipelago,' Vol. 4, p. 357.

(17) 'Calcutta Journal of Nat. Hist.,' Vol. 2, 1843, p. 526.

(18) Mr. Blyth（ブライス氏）, 'Land and Water,' March, 1867, p. 134に、ハットン大尉（Capt. Hutton）その他の信用できる観察を引用。ペンブルックシャーの野生のヤギに関しては、'Field,' 1869, p. 150.

(19) M. E. M. Bailly（E・M・バイイ氏）, "Mémoire sur l'usage des Cornes," &c., 'Annal. des Sc. Nat.,' tome 2, 1824, p. 369.

(20) アカシカの角については、Owen（オーウェン）, 'A History of British Fossil Mammals,' 1846, p. 478. チャールズ・ボナー（Charles Boner）による'Forest Creatures,' 1861, pp. 62, 76. トナカイの角に関しては、Richardson（リチャードソン）, 'Fauna Bor. Americana,' 1829, p. 240.

（21）J・D・カトン閣下（Hon. J. D. Caton）は（'Ottawa Acad. of Nat. Sciences,' May, 1868, p. 9）、アメリカのシカは「誰が強いかがいったん決まり、群れの中で認められた」あとは前肢で闘うと述べている。Bailly（バイイ）, "Mémoire sur l'usage des Cornes," 'Annales des Sc. Nat.,' tome 2, 1824, p. 371.

（22）J・D・カトン閣下の前掲論文の付録に載せられた、最も興味深い記事を参照。

（23）'The American Naturalist,' December, 1869, p. 552.

（24）Pallas（パラス）, 'Spicilegia Zoologica,' Fasc. 13, 1779, p. 18.

（25）Lamont（ラモント）., 'Seasons with the Sea-Horses,' 1861, p. 141.

（26）牙の短いムークナー種のゾウが他のゾウを攻撃するときのやり方については、コルス（Corse）（'Philosoph. Transact.,' 1799, p. 212）も参照。

（27）Owen（オーウェン）, 'Anatomy of Vertebrates,' Vol. 3, p. 349.

（28）シカとレイヨウの犬歯については、リュッペル（Rüppell）（'Proc. Zoolog. Soc.,' January 12, 1836, p. 3）を参照。これには、マーティン氏（Mr. Martin）によるアメリカのシカの雌に関する記述もあり。おとなの雌ジカの犬歯については、ファルコナー（Falconer）（'Palaeont. Memoirs and Notes,' Vol. 1, 1868, p. 576）も参照。ジャコウジカの年老いた雄の犬歯は（Pallas（パラス）, 'Spic. Zoolog.,' Fasc. 13, 1779, p. 18）、ときには三インチほどまでも伸びるが、年老いた雌では半インチにも満たない痕跡的なものが歯茎の上に出ているだけである。

（29）Emerson Tennent（エマーソン・テネント）, 'Ceylon,' 1859, Vol. 2, p. 275; Owen（オーウェン）, 'British Fossil Mammals,' 1846, p. 245.

（30）Richardson（リチャードソン）, 'Fauna Bor. Americana.' ムースについてはpp. 236, 237. 角の幅については、'Land and Water,' 1869, p. 143. アイルランドヘラジカについては、Owen（オーウェン）,

'British Fossil Mammals,' pp. 447, 455 を参照。

(31) C. Boner（C・ボナー）, 'Forest Creatures,' 1861, p. 60.

(32) J・A・アレン氏（Mr. J. A. Allen）による非常に興味深い論文 'Bull. of Mus. Comp. Zoolog. of Cambridge, United States,' Vol. 2, No. 1, p. 82 を参照。注意深い観察者であるブライアント大尉が、計測値を確認した。

(33) 'Animal Economy,' p. 45.

(34) リチャードソン（Richardson）の 'Manual on the Dog,' p. 59 も参照。スコティッシュディアハウンドに関する貴重な情報は、この品種の雌雄の体格が非常に違うことに最初に着目したマクニール氏（Mr. McNeill）が、スクロープ（Scrope）の 'The Art of Deer-Stalking,' に掲載したもの。私は、カップルズ氏が、この有名な品種に関する詳しい論文を発表してくれることを望んでいる。

(35) Brehm（ブレーム）, 'Thierleben,' Bd. 2, S. 729-732.

(36) この動物に関するウォレス氏（Mr. Wallace）の興味深い観察（'Malay Archipelago,' Vol. 1, 1869, p. 435）を参照。

(37) 'The Times,' November 10, 1857. カナダのヤマネコに関しては、Audubon and Bachman（オーデュボンとバックマン）, 'The Viviparous Quadrupeds of N. America,' 1846, p. 139.

(38) トドについては、Dr. Murie（ミュリー博士）, 'Proc. Zoolog. Soc.,' 1869, p. 109. J・A・アレン氏（Mr. J. A. Allen）は、上に引用した論文（p. 75）の中で、雄の方が雌よりも長い首の毛を嚢毛と呼んでよいものかどうか、疑問を投げ掛けている。

(39) ボナー氏（Mr. Boner）は、ドイツのアカシカの習性に関する素晴らしい記述の中で（'Forest Creatures,' 1861, p. 81）、「雄ジカがある一頭の侵入者に対して闘っている間、他のシカが彼の聖域のハーレムに入り込み、一頭また一頭と戦利品をもっていってしまう」と述べている。アザラシでも、まったく同じことが起こる。J・A・アレン氏（Mr. J. A. Allen）の ibid., p. 100 を参照。

（40）Mr. J. A. Allen, 'Bull. Mus. Comp. Zoolog. of Cambridge, United States,' Vol. 2, No. 1, p. 99.

（41）E. Mayhew（E・メイヒュー）, 'Dogs: Their Management,' M. R. C. V. S., 2nd edition, 1864, pp. 187-192.

（42）アレクサンダー・ウォーカー（Alex. Walker）が 'On Intermarriage,' 1838, p. 276 の中で引用。p. 244 も参照のこと。

（43）'Traité de l'Heréd. Nat.,' tome 2, 1850, p. 296.

（44）'Amoenitates Acad.,' Vol. 4, 1788, p. 160.

訳注

*1　現在の学名は *Neotragus moschatus*.

*2　現在の学名は *Odocoileus bezoartica*.

*3　現在の学名は *Bos javanicus*.

*4　現在の学名は *Ceratotherium simus*.

*5　現在の学名は *Ovis orientalis*.

*6　現在の学名は *Syneros caffer*.

*7　現在の学名は *Antidorcas marsupialis*.

*8　現在の学名は *Odocoileus virginianus*.

*9　有蹄類の角や牙の機能については、ダーウィン以後、捕食者に対する攻撃や防御の武器であるか、競争者の雄どうしの闘いで使われる武器であるかについて、多くの種類でさまざまな研究が行われてきた。詳しい野外研究がなされたところでは、ダーウィンが考えた通り、角や牙にはさまざまな使い道があるも

の、同種の競争者の雄どうしの闘いにおいて、最も重要な役割を果たしていることが示されている。また、ダーウィンが指摘している通り、角は攻撃の武器だけでなく、相手の攻撃をかわす楯としての役割も同時に果たしている。シカのなかまで、雌も角を持っているのはトナカイだけである。ダーウィンがここで述べているように、雌のトナカイは、冬になって雄が角を落としたあとも角を残しているので、冬の餌場での個体間競争では、雌の方が優位になる。トナカイでは、冬場の食物競争が非常に激しいので、子育てのための栄養が必要な雌が、競争で有利になるようになっているのかもしれない。アフリカのレイヨウ類では、雌も角を持っている種類は大型の種に多く、雌が捕食者から子を守るために角を使うことが知られているが、雌の角の意味については、まだ不明なことが多い。

＊10　ダーウィンの推測に反して、哺乳類のなかにも、雄よりも雌の方がからだの大きい種類は、有蹄類、霊長類、翼手類、齧歯類などに見られる。これらの哺乳類は、雄がハーレムを守るタイプの配偶システムではないので、雄のからだが特に大きくなるような淘汰圧ははたらいていないと考えられる。そのうえ、雌の体重に対する子の相対的な体重が大きいなどの理由から、雌のからだが大きい方が子育てに有利であるようだ。

＊11　現在の学名は *Potomochoerus porcus.*

＊12　現在の学名は *Lynx canadensis.*

＊13　現在の学名は *Eumetopias jubatus.*

＊14　喜望峰にいるヒヒは、チャクマヒヒと呼ばれる亜種で、現在の学名は *Papio lynocephalus ursinus.*

第一八章　哺乳類の第二次性徴（続き）

声－アザラシの驚くべき性的特徴－臭い－毛の発達－毛と皮膚の色－雌の方が雄よりも装飾的である例外的な場合－性淘汰に起因する色彩と装飾－保護のために獲得された色－両性に共通ではあるが、性淘汰によって獲得された色彩－成体の四足獣で、斑点や縞模様が消えることについて－四手類の色彩と装飾について－まとめ

四足獣は、声を、危険を知らせる信号、ある集団に属する個体から個体への呼びかけ、見えなくなった子どもに対する母親からの呼びかけ、子どもから母親に対する保護の要求などのさまざまな目的に使っているが、このような用途に関してはここで考察する必要はない。ここで問題にするのは、ライオンの雄と雌、ウシの雄と雌のように、雄と雌の間での声の違いについてのみである。ほとんどすべての哺乳類の雄は、他のどんな季節よりも繁殖期に多く声を使い、キリンとヤマアラシに至っては、この季節以外はまったく声を出さないと言われている。[1]雄ジカの喉（咽頭と甲状腺）[2]は、繁殖期が始まるとともに周期的に大きくなるので、彼らの力強い鳴き声は、彼らにとって非常に重要なものだろうと思われる。しかし、そ

れが正しいかどうかはたいへん疑わしい。経験豊富な二人の観察家であるマクニール氏とP・エガートン卿から得た情報によると、三歳以下の若い雄ジカは、吠えたり唸ったりしないということだ。そして、成熟した個体は、繁殖期の始まりとともに吠えるようになるが、最初は雌を探して落ち着きなく歩き回りながら、ときどき軽く吠えるだけである。彼らが闘争する前には、大声の咆哮が長く続くが、実際に闘う間はまったく声を出さない。声を常習的に使うすべての種類の動物は、怒ったときや闘いに臨むときなど、何らかの強い感情のもとにあるときには、いろいろな声を出す。しかしそれは、単に神経が興奮しているため、人が怒りや苦悩のために歯ぎしりしたり、こぶしを固めたりするときのように、全身の筋肉が痙攣的に収縮するために起こることなのかもしれない。雄ジカが、咆哮によって、たがいに決死の闘いを挑んでいることに疑いの余地はない。しかし、この習性が性淘汰によってもたらされたのだとは考えにくい。つまり、最も大声で吠える雄が、闘争で最も勝ち残りやすかったということから、発声器官が周期的に大きくなるということが出てきたとは考えにくい。なぜなら、最も大きな声で吠えることのできる雄が、同時に、最も力が強く、最も強い武器を備え、最も勇気があるというのでなければ、声の弱い競争相手よりも有利になることはなかっただろうからである。さらに、声の弱い雄は、他の雄に挑戦することはあまりできないかもしれないが、声の大きい雄と同じように、確実に闘争の場に引き寄せられたことだろう。

ライオンの雄の咆哮は、敵を怖がらせることができるので、実際に役に立っている可能性がある。ライオンの雄が怒ったときには、たてがみを立て、本能的にできるだけ自分を恐ろしく見せようとする。しかし、雄ジカが吠えることは、たとえそれがこのようなやり方で役に立っているとしても、喉を周期的に大きくさせる力になるほど十分に重要だったとは考えにくい。著者のなかには、咆哮は雌を呼ぶための役に立っていると考えている人もいる。しかし、先にあげた著名な観察家たちは、雄ジカは雌を探すが雌は雄を探さないと私に教えてくれたが、他の四足獣の雄の習性について知られていることから考えれば、まさにその通りであろう。一方、雌が鳴くとすぐにでも数頭の雄がやって来ることは(3)、野蛮な国の狩人たちによく知られており、彼らは雌の声をまねる。雄が、その声によって雌を惹きつけたり興奮させたりすることができると考えるに足る証拠がありさえすれば、雄の発声器官が周期的に大きくなることは、性淘汰の原理によって獲得され、同性だけに、一年のある季節に限って遺伝されてきたのだと理解することができる。しかし、それを支持する証拠は得られていない。今のところ、雄ジカの大きな声は、求愛にも闘争にも、その他の意味でも、雄にとって何の役にも立っていないように思われる。しかし、愛、嫉妬、怒りなどの強い興奮のもとでしばしば声を出すことが、何世代にもわたって続いてきたとすると、ついには雄ジカその他の動物の雄の発声器官に対して遺伝的な効果を及ぼすことができるのではないだろうか？現在のわれわれの知識をもってすれば、それが最もあり得そうな見解であるように思われる。*1

ゴリラの雄は、オランウータンの雄と同様、おとなになると喉袋を持つようになり、とてつもなく大きな声を出す[4]。テナガザルは、サルのなかでも最もやかましいものに数えられており、スマトラのフクロテナガザル（*Hylobates syndactylus*）も喉袋を持っている。しかし、彼らを観察する機会に恵まれたブライス氏は、雄の方が雌よりもやかましいとは考えていない。つまり、このサルは、その声をたがいに呼びあうために使っているのだろう。例えばビーバーなど[5]、他のいくつかの四足獣では確かにそうである。もう一つのテナガザルの種であるアジールテナガザル（*H. agilis*）は、驚いたことに、完全に正しくオクターヴの音階を出すことができるので[6]、これは性的魅力となっているのだと考えてもおかしくないだろう。しかし、このことについては、次の章でもう一度立ち戻ることにしよう。アメリカのクロホエザル（*Mycetes caraya*）[*2]の雄の発声器官は、雌よりも三分の一ほど大きく、驚くほど強靭である。このサルは、気候が暖かいときには、朝と夕方、森中にこだまする大声を響かせる。このとてつもないコンサートを始めるのは雄であるが、雌も、声の力は弱いものの仲間に入ることもあり、しばしばこれが数時間も続く。素晴らしい観察家であるレンガー（Rengger）は[7]、どのような特別なきっかけでこのコンサートが始められるのかを見いだすことができなかった。彼は、多くの鳥と同様、彼らは自分の声が好きで、たがいに相手に打ち勝とうとしているのだと考えている。これらのサルたちの多くが、競争者に打ち勝って雌を魅了するために力強い声を獲得したのか、特に利益があるわけではないが、長く続いた使用の効果が遺伝することを通して獲得したのか、私にはわからない。しかし、少なくともアジールテナガザルでは、前者の考えが最もあり得るように見える。

　ここで私は、アザラシに見られるたいへん奇妙な性的特徴について触れておこうと思う。なぜなら、それらは、何人かの研究者によって、音声に影響を与えると考えられているからである。ゾウアザラシ（*Macrorhinus proboscideus*）[*3]の雄の鼻は、およそ三歳ごろから、繁殖期には非常に大きくなり、さらにはふくらませることができるようになる。そうなると、ときには一フィート〔約三〇センチメートル〕の長さになることもある。雌は一生のどの時期を取ってもそのようになることはなく、雌の声は雄とは異なる。雄の声は、野蛮で、しわがれたごろごろいう音で、非常に遠くからでも聞こえるが、これは、ふくらんだ鼻で増幅されるからだと考えられている。レッソンは、鼻のふくらみを、キジ科の雄の肉垂れが雌に求愛するときにふくらむのと同じものだとしている。別の近縁な種であるズキンアザラシ（*Cystophora cristata*）では、頭部が大きなフードまたは袋でおおわれている。これは、中を鼻中隔で支えられているが、鼻中隔はずっと後方にあって、七インチ〔約一八センチメートル〕もの高さの半月板になっている。フードには短い毛が生え、筋肉質である。これは、頭部全体よりも大きくなるほどふくらませることができるのだ！　繁殖期の雄どうしは、氷の上で激しい闘いをくり広げるが、彼らの咆哮は「あまりにも大きいので、四マイル〔約六・五キロメートル〕離れたところからでも聞こえると言われている」。人間に襲われると、彼らは同様に吠え、怒ったときには常にフードがふくらむ。博物学者のなかには、フードによって声が大きくなると考えている人もいるが、この特別な構造には、さまざまな他の機能も想定されてきた。Ｒ・ブラウン氏は、これは、あらゆるたぐいの事故に対する保護になっていると考えている。アザラシ猟師が長年にわたって信じていることの方が正しいとすれば、この考えは正しくないだろう。つまり、このフードまたは袋は、雌と子どもでは、非常に貧弱にしか発達していないのである。(8)

臭い

アメリカの悪名高いスカンクのように、いくつかの動物が発する強烈な臭いは、もっぱら防御の役割を果たしているようだ。トガリネズミ（Sorex）は、両性とも腹部に臭いの腺を持っており、鳥や捕食獣が彼らを嫌うのをみれば、その臭いが保護の役割を果たしていることは明らかだろう。それにもかかわらず、この腺は繁殖期の雄ではさらに大きくなる。多くの四足獣では、腺の大きさは雌雄で同じだが、(9) その用途はよく知られていない。他の種では、腺が雄のみに限られていたり、雄の方が雌よりもよく発達していたりし、ほとんどの場合、それは繁殖期により活発になる。繁殖期には、ゾウの雄の顔の両側にある腺は肥大し、強い麝香に似た臭いのする物質を分泌する。

ヤギの雄が悪臭を発することはよく知られており、ある種のシカの雄の臭いも驚くほど強くて長く残る。ラ・プラタの川岸で、私は、空気全体がパンパスジカ（*Cervus campestris*）[*4]の臭いで満たされているのを感じたことがある。それは、群れから風下に〇・五マイル〔約八〇〇メートル〕も離れたところだった。そして、私がその皮を包んで持って帰った絹のハンカチは、何度も洗濯して使ったにもかかわらず、一年七ヵ月たっても、開くたびにかすかな臭いがしたものだった。この動物は、一歳以上になるまでは臭いを発さず、若いうちに去勢されると一生臭いを出さない[10]。繁殖期の反芻動物がからだ全体から発するように思われる一般的な臭いのほかに、多くのシカ、レイヨウ、ヒツジ、ヤギは、さまざまなからだの部分、特に顔に特別な臭いの腺を持っている。俗に涙袋と呼ばれている眼下腺は、そのようなものの一つである。これらの腺は、半液状の臭いの強い物質を、ときには大量に分泌するので、私がレイヨウの一種で見たように、顔全体が汚れてしまうほどである。それは、「たいていは雄の方が雌よりも大きく、去勢すると発達が悪くなる」[11]。デマレストによると、コウジョウセンガゼル（*Antilope subgutturosa*）*5の雌にはまったくないということだ。そこで、これは繁殖の機能と何らかの関係があると考えることができるだろう。近縁な種には、それがあるときもあれば、ないときもある。シベリアジャコウジカ（*Moschus moschiferus*）のおとなの雄では、尾の周りの毛のない皮膚から臭いの強い液体が分泌されるが、おとなの雌と、二歳ごろまでの雄のこの部分には毛が生えていて、臭いがしない。本来の麝香の袋は、その位置からして雄だけに限られており、もう一つの臭い器官となっている。パラスによると、この後者の腺から分泌される物質は、繁殖期になっても、その濃度も変わらず、量も増加しないというのだが、これは驚くべきことだ。それはともかく、この博物学者は、この腺の存在が繁殖行動と何らかの結びつきを持っていることは認めている。しかし、彼は、その使用法については、不満足な推論しかあげていない[12]。ほとんどの場合、繁殖期には雄だけが強い臭いを発するが、これはおそらく、雌を惹きつけたり興奮させたりする役に立っているのだろう。この問題に関して、われわれは自分の好みで判断を下してはならない。なぜなら、ドブネズミはある種のエッセンシャル・オイルに惹かれ、ネコは吉草根に惹かれるが、それらはわれわれには少しもよい臭いとは感じられないものだからだ。また、イヌは死骸を食べはしないが、その臭いをかいで転がす。雄ジカの声について論じたところであげた理由によって、臭いは、遠くから雌を呼び寄せるためにあるという考えは退けられるだろう。長期間にわたる活発な使用は、この場合、音声器官においてのようにははたらいていないと考えられる。これほど大きくて複雑な腺が、袋の部分を反転させたり、開口部を開いたり閉じたりするための筋肉をも備えて発達しているのだから、発せられる臭いは雄にとって非常に重要であるに違いない。もしも、臭いの強い雄が雌を最も惹きつけることができ、その腺と臭いを徐々に完成させた子孫を残していったのなら、これらの器官は性淘汰によって発達してきたと考えるのが妥当であろう。

毛の発達

四足獣の雄では、しばしば首や肩の毛が雌よりもよく発達していることはすでに見たが、さらに多くの例をつけ加えることができる。これらは、雄にとって闘争のときの防御としてはたらいていることもあるが、ほとんどの場合において、毛がこの目的のために発達してきたのかどうかはたいへん疑わしい。細くて狭いたてがみが背中の全長を走っているような場合には、おそらくそうではないと考えてよいだろう。というのは、こんなたてがみではほとんど防御の役には立たないだろうし、背中はふつうに襲われる場所ではないからである。それにもかかわらず、このようなたてがみはときには雄のみに限られており、雌の方が発達が悪い場合もある。ブッシュバック（*Tragelaphus scriptus*. 図68を見よ）[13]とニルガイ（*Portax picta*）[*6]の二種のレイヨウが、その例である。ある種のシカや野生のヤギの雄のたてがみは、怒ったり怖がったりしているときには立つ。[14]しかし、これによって敵を怖がらせるためにたてがみが獲得されたのだとは、とても考えられないだろう。先にあげたレイヨウのニルガイは、喉に顕著な黒い毛の房があり、それは雄の方が雌よりもずっと大きい。北アフリカに住むバーバリーシープ（*Ammotragus tragelaphus*）[*7]はヒツジのなかまだが、首と前脚の上半分から極端に長い毛の房が生えているので、前脚がほとんど隠されて見えないくらいだ。この毛は雄の方が雌よりもずっとよく発達しているのだが、バートレット氏はそれが雄にとって何らかの役に立っているとは考えていない。

多くの種類の四足獣の雄は、雌よりも毛が多かったり、顔の特定の部分に性質の違う毛を持っていたりする。ウシでは、雄のみが額にカールした毛を持っている。[15]ヤギのたがいに近縁な三つの亜属では、雄だけがひげを持っており、ときにはそれは非常に大きい。他の二つの亜属では、両性ともひげを持っているが、家畜化されたヤギのいくつかの品種では、それは消えてしまっている。そして、タール属（Hemitragus）では、両性ともひげがない。アイベックスでは、ひげは夏の間は生えないが、他の季節でも非常に小さいので、痕跡的と言ってかまわないだろう。[16]サル類のなかには、オランウータンのように雄だけがひげを持って

図66　ヒゲサキの雄（ブレームより）

いるものもあれば、クロホエザルやヒゲサキ[*8]（*Pithecia satanas.* 図66）のように、雄の方が雌よりも大きなひげを持っているものもある。マカク属の何種かの頬ひげも[17]、すでに見たようにいくつかのヒヒの蓑毛も同様である。しかし、ほとんどのサルのなかまでは、顔や頭の周りのさまざまな毛の房は雄と雌とで同じである。

　ウシ科（Bovidae）の多くの種類、およびいくつかのレイヨウの雄では、首に胸垂（きょうすい）と呼ばれる大きな皮膚のひだがあるが、雌ではあまり発達していない。

　このような点における性差について、どんな結論を導きだすべきだろうか？　ヤギの雄のひげ、ウシの雄の胸垂、レイヨウの雄の背中に沿ったたてがみなどが、彼らにとって直接のありふれた役割を果たしていると考える人は誰もいないに違いない。ロンドン動物園の飼育係が私に教えてくれたところによると、多くのサル類は相手の喉を攻撃するというので、サキ属（Pithecia）やオランウータンの雄の巨大なひげは、雄どうしが闘うときに喉を守る役に立っているのかもしれない。しかし、これらのひげが発達してきた理由が、頰ひげ、口ひげ、その他の顔にある毛の房などが発達してきた理由とは、また別のものであるとはとても考えられず、後者が防御の役に立っていると考える人はいるまい。これらの毛や皮膚の付属物は、雄におけるまったく意味のない変異だと考えるべきなのだろうか？　それを完全に否定することはできない。なぜなら、多くの家畜化された四足獣では、野生のもとの種からの先祖返りで得たのとは明らかに異なる形質が、雄のみに現れたり、雄の方に強く現れたりすることがあるからだ。例えば、インドのゼブウシの雄の背中のこぶ、アブラオヒツジの雄の尾、いくつかのヒツジの品種の雄のアーチ型になった額、ヒツジのアフリカの品種の雄のたてがみ、ベルブラヤギの雄のみに見られる、たてがみ、後肢の長い毛、胸垂などが、その例である[18]。前記のヒツジのアフリカの品種では、雄のみがたてがみを持っているが、それは、ウィンウッド・リード氏から聞いたところによると、去勢された雄では発達してこないので、真の第二次性徴である。私が『飼育栽培下における動植物の変異』の中で示したように、たとえ半文明化した人々の間で飼われている動物においてさえ、何らかの人為淘汰の対象となって変異が蓄積してきたということはないと言い切るにはよほどの注意が必要であるが、それでも、いまここに示したような例では、人為淘汰の結果であるとは考えにくい。特に、形質が雄のみに限られていたり、雌よりも雄によく発達しているのだから、なおさらである。雄がたてがみを持ったアフリカのヤギの品種が、他のヒツジの品種と同じ原始的なヒツジの系統に由来していることがはっきりわかれば、また、雄がたてがみや胸垂などを持ったベルブラヤギが、他のヤギと同じ原種から由来したことがわかれば、そして、このような形質に対して淘汰がかからなかったことがわかれば、それらは単純な変異の一つであり、性に限定されて遺伝するものに違いない。

そうだとしたら、自然状態の動物で起こっている同様の形質についても、同じ説明を当てはめるのが妥当だろう。それにもかかわらず、バーバリーシープの雄の喉と前肢にある極度に発達した毛や、サキの雄の巨大なひげのような多くの例に対して、この説明が当てはまるとは私はどうしても納得できない。成熟したときに雌よりも雄の方が色が鮮やかであるレイヨウ、同様のサル類、顔の周りの毛が頭の他の部分とは異なる色をしており、さまざまな模様で繊細に飾られているようなサル類では、たてがみや毛の房は装飾として獲得されたのではないかと思われる。博物学者の中には、この考えに賛成する人もいることを私は知っている。もしもこの考えが正しいのなら、それらが性淘汰で獲得されたこと、少なくとも性淘汰によって変容させられてきたことに疑いの余地はないだろう。

毛および裸の皮膚の色

まずはじめに、四足獣で雄と雌の色が異なる場合について、私の知っているすべての例をあげておこう。有袋類は、グールド氏に聞いたところでは、雌雄はこの点ではほとんど変わらないということだ。しかし、大型のアカカンガルーは顕著な例外で、「雌では優美な青が優勢である部分が、雄では赤である」[19]。カイエンヌのヨツメオポッサム（*Didelphis opossum*）*9では、雌の方が雄よりも少し赤いと言われている。齧歯類では、グレイ博士（Dr. Gray）が、「特に熱帯地方に見られるアフリカのリスは、一年のうちのある季節において、他の季節よりも毛皮の色が明るく鮮やかであり、また、雄の毛皮の方が一般に雌のそれよりも鮮やかである」[20]と述べている。グレイ博士は、アフリカのリスは非常に色が鮮やかでそれぞれが異なるので、それによって種を分類することができると私に教えてくれた。ロシアの *Mus minutus* では、雌の方が雄よりも色が薄くて汚い。コウモリのなかにも、雌よりも雄の方が色が明るくて鮮やかなものがある[21]。

地上性の食肉目と食虫目にはどんな性差もほとんどなく、雄と雌の色はほとんど常にまったく同じである。しかしながら、オセロット（*Felis pardalis*）は例外で、雌の色は、雄に比べると「鮮やかでなく、その黄褐色は精彩がなく、白は純粋でなく、縞模様の幅は狭く、斑点の直径は小さい」[22]〔原文フランス語〕。それと近縁な *Felis mitis* の雌雄も異なるが、その違いはさらに小さく、全体の色調が雌の方が薄く、斑点の黒も濃くないという程度である。一方、アザラシなどの海生の食肉類では、雌雄の色が非常に異なることがあり、すでに見たように、そのほかにも顕著な性差を示すものが多い。例えば、南半球のオタリア

(*Otaria nigrescens*) の雄は、背中が濃い茶色であり、雌は雄よりも成体の色を早くに獲得するが、その色は灰色で、子どもは両性とも非常に深いチョコレート色である。北半球のタテゴトアザラシ (*Phoca groenlandica*) の雄は黄色みがかった灰色で、背中に奇妙なサドル形をした黒い模様があるが、雌はからだがずっと小さく、「鈍い白色、または麦わら色で、背中が黄色みがかっている」というように非常に色が異なる。子どもははじめは真っ白で、「氷の丘や雪とほとんど区別できないので、保護色になっている」[23]。

反芻動物では、色の性差が他のどんな目よりもよく生じている。このような差は、ネジヅノレイヨウ類では一般的である。例えば、ニルガイ (*Portax picta*) の雄は青灰色で、雌よりもずっと色が濃く、喉の白い四角のパッチ、距毛の白い斑紋、耳の黒い斑点などが、どれも雌よりもはっきりしている。この種では、たてがみと毛の房も雄の方がよく発達しているのは、すでに見た通りである。雌には角がない。ブライス氏から聞いたところでは、雄は毛が抜けかわることなしに繁殖期になると色が濃くなるということだ。若い雄は生後一二ヵ月ごろまでは若い雌と区別がつかない。また、同氏によると、この時期以前に去勢された雄は色も変わらないそうである。この最後の点は、性的な色彩の特徴として重要である。このことの重要性は、オジロジカの赤い夏の毛皮も青い冬の毛皮も、去勢によって何の影響も受けないという事実と合わせると[24]、さらに明らかであろう。ブッシュバック属 (Tragelaphus) に属する、美しい装飾で飾られた種のほとんどまたはすべてにおいて、雄の方が、角のない雌よりも色が濃く、たてがみの毛もよく発達している。例の素晴らしいレイヨウであるジャイアントエランドの雄は、雌よりもからだ全体が赤く、首の全体が黒く、この二色を分けている白い縞の幅が広い。ケープエランドの雄も、雌よりもほんの少し色が濃い(25)。

レイヨウの他のグループに属するインドのブラックバック（*A. bezoartica*）[*10]では、雄はほとんど真っ黒だが、角のない雌は黄褐色である。ブライス氏によると、この種の雄は、繁殖期になると色が変わること、それに対する去勢の影響、両性の子どもはたがいに区別がつかないことなどの点で、ニルガイ[*11]とまったく同じ現象を示しているということだ。セーブルアンテロープ（*Antilope niger*）の雄は黒で、雌と子どもは茶色である。*A. sing-sing* の雄は、角のない雌よりもずっと鮮やかな色をしているが、胸と腹は、より色が濃い。カーマハーテビースト（*A. caama*）[*12]の雄は、からだのいろいろな部分に黒い色があるが、雌では茶色である。オグロヌー（*A. gorgon*）[*13]では、「雄の色は雌とほとんど同じだが、雌よりも深くて明るい色調をしている」(26)。このほかにも、まだ例をあげることができる。

マレー半島にいるバンテン（*Bos sondiacus*）の雄はほとんど黒で、脚と臀部が白い。雌は明るい灰褐色だが、雄も三歳ごろまでは同じ色であり、その後、急激に色が変わる。去勢された雄は雌の色に戻る。雌のケマスヤギは色が薄く、ヤギの雌は、雄よりもからだ全体の色調が単一だと言われている。シカでは、色彩の性差はほとんどない。しかし、ジャッジ・カトンが教えてくれたところによると、ワピチ（*Cervus Canadensis*）の雄の首、腹、脚は、雌のそれよりもずっと色が濃いが、冬の間に色がだんだん薄くなって消えてしまうということだ。ところで、ジャッジ・カトンは、自分の庭にオジロジカの三つの異なる品種を飼っており、それらは少しずつ色が異なるが、違いはどれも冬の繁殖時の青い毛皮においてであった。そこで、この例は、以前の章で述べたような、近縁な代表種に属する鳥たちが、その婚姻羽だけで区別できる例と同じものであるかもしれない。(27)南アメリカの *Cervus paludosus* の雌には、両性の子どもと同様、鼻の黒い縞と胸の黒褐色の線がなく、これらは雄の特徴である。(28)最後に、アキシスジカのおとなの雄は非常に美しい色をしているが、ブライス氏によると、雄の方が雌よりも色がかなり濃く、去勢された雄はそのような色にはならないということである。

最後に検討せねばならない目は霊長目である。というのは、哺乳類で、このほかにもまだ色彩の性差があるグループを私は知らないからである。クロキツネザル（*Lemur macaco*）の雄は真っ黒で、雌は赤黄色だが、非常に変異に富む。(29)新世界のサルでは、クロホエザルの雌と子どもは灰黄色でたがいによく似ているが、二年目になると雄は赤褐色になり、三年目には腹を除いて黒くなって、四年目か五年目にはほとんど真っ黒になってしまう。アカホエザル（*Mycetes seniculus*）[*14]とノドジロオマキザル（*Cebus capucinus*）にも両性の間にきわめてはっきりした色の違いがあるが、前者の種では子どもは雌に似ており、後者の種でもそうだと私は考えている。シロガオサキ（*Pithecia leucocephala*）[*15]では、子どもは同様に雌に似ており、背面は灰褐色、腹面は赤錆色だが、おとなの雄は黒である。ケナガクモザル（*Ateles marginatus*）[*16]の顔の周りを取り巻く毛は、雄では黄色っぽい色をしているが、雌では白である。旧世界に目を向けると、フーロックテナガザル（*Hylobates hoolock*）の雄は常に黒で、眉の上だけが白いが、雌の色は白茶色から黒っぽいものまで変異に富む。しかし、真っ黒になることは決してない[30]。美しいダイアナモンキー（*Cercopithecus diana*）のおとなの雄の頭は真っ黒だが、雌のそれは濃い灰色である。雄では、腿の間の毛は優美な黄褐色だが、雌ではもっと薄い。同じくらい美しい、奇妙な口ひげを生やしたサルであるクチヒゲグエノン（*Cercopithecus cephus*）では、両性の違いは、雄の尾は栗色だが雌の尾は灰色である点のみである。しかし、バートレット氏が教えてくれたところによると、これらの色彩は、おとなの雄ではいっそうはっきりしてくるが、雌では子どものときから変わらないということだ。サロモン・ミュラー（Salomon Müller）による彩色画を見ると、*Semnopithecus chrysomelas* の雄はほとんど真っ黒だが、雌は薄い茶色である。パタスモンキー（*Cercopithecus cynosurus*）[*17]とベルベットモンキー（*C. griseo-viridis*）[*18]では、雄しか持っていないからだの一部が鮮やかな青または緑色をしており、臀部の毛のない皮膚が深紅であるのと強い対照をなしている。

最後にヒヒのなかまを見ると、マントヒヒ（*Cynocephalus hamadryas*）[*19]のおとなの雄は、大きな蓑毛を持っているばかりでなく、毛の色や尻だこの色でも、少しばかり雌と異なっている。ドリル（*Cynocephalus leucophaeus*）[*20]の雌と子どもは色がずっと薄く、おとなの雄よりも緑色が薄い。どんな哺乳類のなかまにも、マンドリル（*Cynocephalus mormon*）[*21]のおとなの雄ほど奇抜な模様で飾られた動物はいないだろう。おとなでは、顔は美しい青で、その縁と鼻の先は最も鮮やかな赤である。ある著者によると、顔には白い縞があり、部分的に黒味がかったところもあるそうだが、色は変異に富む。頭頂には冠毛があり、顎の下は黄色いひげでおおわれている。「腿の上部全体と、毛の生えていない臀部の広い皮膚とは、一様に最も鮮やかな赤で彩られており、そこに青が混じり合って、まったくもって美しいとしか言いようがない」[31]〔原文フランス語〕。彼らが興奮したときには、すべての毛のない部分の皮膚はますます鮮やかさを増す。何人かの著者が言葉をきわめてこの美しい色について述べており、最も美しい鳥のそれと比べている人もいる。もう一つの非常に奇妙な点は、大きな犬歯が完全に発達すると、両方の頰に、縦の深い溝が刻まれた巨大な骨の突起が形成され、その上の裸の皮膚が、先に描写したのとまったく同じ鮮やかな色になることである(図67)。おとなの雌と両性の子どもでは、このような突起はほとんど見られず、顔はほとんど黒で、ほんの少しだけ青味がかり、裸の皮膚はもっとずっとくすんだ色をしている。しかしながら、おとなの雌の鼻は定期的に赤くなる。

これまでにあげたすべての例では、雄の方が雌よりも濃く、または鮮やかな色をしており、両性の子どもとも大きく異なっている。しかし、いくつかの鳥では色の性質が雌雄で逆転していたように、アカゲザル(*Macacus rhesus*)[*22]ではまさにそうで、雌は尾の周りの毛のない広い部分が鮮やかな深紅であり、ロンドン動物園の飼育係に聞いたところによると、定期的に色が濃くなるそうだ。雌の顔もまた、薄い赤である。一方、おとなの雄と両性の子どもは、ロンドン動物園で私が見たところでは、臀部の裸の皮膚にも顔にも、赤い色の兆しはみじんもない。しかしながら、これまでに発表されたものによると、雄も、ときおり、また特定の季節には、赤い色を帯びることもあるようだ。このように、雄は雌よりも装飾的

図67　マンドリルの雄の頭部（ジェルヴェ（Gervais）の‘Hist. Nat. des Mammifères’より）

ではないが、からだの大きさは雌よりも大きく、犬歯がよく発達していて、頬ひげが長く、眼窩上隆起も発達しているので、雄の方が雌を凌駕するという通常のパターンには合致していると言える。

これで、哺乳類の雄と雌の間に存在する色の違いについて、私が知るすべての例を紹介した。雌の色は雄とそれほど大きくは違わず、保護の役に立つような色であることもないので、この原理で雌の色彩を説明することはできない。いくつか、おそらくは多くの例では、雌雄の違いは、一方の性に限定された変異がその性だけに受け継がれてきたのであり、特に有利であるからではなく、したがって淘汰がかかってきたのではないのだろう。このような例は、ネコの中には、雄は赤錆色だが雌は三毛であるものがあるように、家畜動物で見ることができる。同じようなことは、自然状態でも見られる。バートレット氏は、ジャガー、ヒョウ、クスクス、ウォンバットなどの多数の動物で、真っ黒な変異をたくさん見ているが、彼はそのほとんど、またはすべてが雄だと確信している。一方、オオカミ、キツネ、そしておそらくアメリカのリスでは、しばしば雌雄ともに黒い個体が生まれる。そこで、一つまたはそれ以上の哺乳類の雄が黒いのは、特にそれが先天的であるときには、淘汰のせいではなく、一つまたはそれ以上の変異がはじめから性に限定して起こり、それがその性にのみ伝えられたものである可能性が高い。それはともかくとして、右に述べたいくつかのサルやレイヨウなどの、多様で鮮やかで顕著な色彩は、そのようにして説明できるとはとても考えられない。これらの色は、ほとんどのふつうの変異のように生まれたときから雄に現れるのではなく、成熟に近づいてから初めて現れるということや、ふつうの変異とは違って、雄を去勢すると現れなくなったり、それ以後消えてしまったりするということに注意を払っておかねばならない。雄の四足獣が持っている、非常にはっきりした色彩や装飾的な形質は、他の雄との競争において有利になるので、性淘汰によって獲得されたものだとする方が、ずっとあり得そうな結論だと言えよう。この見解が正しいであろうことは、先にあげた例を詳細に調べてみればわかる通り、雌雄の間で色が異なるのは、それ以外の顕著な第二次性徴をも備えている哺乳類のグループにほとんど限られているという事実によって、さらに強められる。

このような第二次性徴も、同様に性淘汰のはたらきによるものである。

四足獣が色を識別するのは明らかである。S・ベイカー卿は、アフリカゾウとサイが、白いウマと灰色のウマに対してたいへんな怒りをもって攻撃をしかけたのを観察している。私は、別の著書で[32]、半野生のヒツジが、自分と同じ色の相手と配偶するのを好むらしいことと、ダマジカは、どんなに長い間一緒に暮らしていても、その異なる色が保たれることを示しておいた。もっと重要なのは、雌のシマウマは雄のロバの求愛にまったく応えようとしなかったが、それにペンキを塗って縞模様を描いたとたん、ジョン・ハンター（John Hunter）が述べているように、「彼女はたちまち彼を受け入れた。この奇妙な事実の中に、われわれは、単なる色彩が本能を呼び起こした例を見るのであり、その効果は何にも増して強かったのだ。しかし、雄には、そんな必要はなかった。雌が、彼といくらかでも似ていれば、興奮するには十分なのである」[33]。

はじめの方の章で私は、高等動物の心的能力は、人間、特に野蛮で下等な人種のそれと、程度においては非常に違うが、性質においてはほとんど変わらないということを示しておいた。そして、彼らの美に対する好みも、四手類のそれとそれほど大きくは変わらないように思われる。アフリカの黒人は、顔の皮膚に平行な稜線、「または瘢痕（はんこん）と呼ばれる、自然の表面から高く盛り上がったものをつくる。それは醜い変形であるが、彼らの間ではたいへんな個人的魅力と思われている」[34]。黒人や、世界中のさまざまな地域の野蛮人たちは、自分たちの顔に、赤、青、白、黒などの縞を描くので、アフリカのマンドリルの雄も、深い溝で刻まれ、鮮やかな色彩で彩られた顔を、雌に対して魅力的に見せるために獲得したかのようである。臀部が、顔よりも鮮やかに装飾的に飾られるというのは、われわれにとっては疑いもなくグロテスクな考えだが、これは実際、多くの鳥の尾が特別に美しく飾られていることと比べて特に奇妙というわけではないだろう。

哺乳類に関しては、現在のところ、雄が苦労して雌に自分の魅力を誇示するという証拠は得られていない。雄の鳥が洗練されたやり方でそれを見せるということが、雌が自分の前で誇示される装飾やその色彩を愛でることができ、それによって興奮させられるのだという考えを述べる際の最も強い論拠である。しかしながら、哺乳類と鳥類の間には、すべての第二次性徴に関して、すなわち、競争相手の雄と闘うための武器、装飾的な付属物、色彩といった点について、強い類似が存在する。両方の綱ともに、雄が雌と異なる場合、両性の子どもはたがいに似通っており、多くの場合、おとなの雌とも似ている。両方の綱とも、雄が雄に特有の形質を身につけるようになるのは、繁殖年齢に達する直前である。去勢されると、雄はそのような形質を表さなくなるか、持っていたものを失ってしまう。両方の綱とも、色彩の変化が季節的に起こることがあり、裸の皮膚の色彩は、求愛の最中には、より鮮やかになることがある。両方の綱とも、ほとんど常に雄の方が雌よりも鮮やかな色彩をしており、たてがみや冠毛などの付属物が大きい。いくつかの例外的な種では、両方の綱とも、雌の方が雄よりも高度に装飾的なことがある。多くの哺乳類と、少なくとも一種の鳥では、雄の方が雌よりも臭いが強い。両方の綱とも、雄の声の方が雌のそれよりも力強い。このような類似を考慮すれば、それが何であれ、哺乳類と鳥類には同じ原因による力がはたらいてきたことは間違いなく、装飾的な形質に関する限り、一方の性が他方の性のある特有の個体を好むことを長く続け、その子孫がより多くの子を残して、そのすぐれた魅力を後世に受け継いできたために生じた結果であると考えてさしつかえないように私には思われるのである。

装飾的な形質が、両性に同等に伝えられることについて

多くの鳥では、アナロジーから考えれば、もともとは雄によって獲得された装飾が、同等に、またはほとんど同等に、両性に伝えられていることがある。では、それがどれほど哺乳類にも当てはまるものかどうか、ここで検討してみることにしよう。かなり多くの種類、特に小型の種類において、両方の性とも性淘汰とは独立に、保護の役に立つような色彩をしている。しかしながら、私が判断する限りではその数は決して多くはなく、下等動物の大部分に比べるとその程度はかなり弱い。オーデュボンは、濁流の岸辺にじっとしているときには、ジャコウネズミはしばしば土の塊と見分けがつかないと述べている。類似はそれほど完璧なのだ。[35]ノウサギの色は、このような隠蔽色の代表と言えるだろう。それでも、この原理は、近縁な種類には当てはまっていない。すなわちウサギは、穴に向かって走るとき、立てた尾の裏側の白さで狩人に見つかってしまうが、それはすべての捕食者に対して同じであるに違いない。雪におおわれた地方に住む四足獣が、敵から身を守るためや獲物に見つからないようにするために白い色をしていることは、誰もが疑わないだろう。雪が地上をおおうことがあまりないような地域では、白い毛皮は不利になるだろう。その結果、世界の暑い地方では、白い色をした動物は非常に稀である。いくらか寒い地域に住んでいる四足獣の多くは、白い冬毛になることはなくても、冬の間は少しばかり色が薄くなるということは注目に値する。そしてこれこそは、彼らが長らくさらされてきた環境からの直接の結果であろう。パラス（Pallas）は、[36]シベリアではこのようなことが、オオカミ、二種のイタチ(Mustela)、家畜のウマ、アジアノロバ（*Equus hemionus*）、家畜ウシ、二種のレイヨウ、ジャコウジカ、ノロジカ、ヘラジカ、トナカイで起こっていると述べている。例えばノロジカの毛皮は、夏は赤く、冬は灰白色であるが、後者はおそらく、葉が落ちて雪と霜におおわれた茂みの中を歩くときの保護の助けになっているのだろう。上にあげた動物たちが、徐々に生息域を広げ、常に雪でおおわれている地域にまで広がるようになったなら、彼らの色の薄い冬毛は自然淘汰によってどんどん白くなり、ついには雪のように真っ白になることだろう。

多くの四足獣が、保護のために現在の色合いを身につけたことは認めねばならないが、それでも多くの種において、その目的のために獲得されたと考えるには、あまりにも色彩が顕著で配列が特徴的である。その例として、ある種のレイヨウを取り上げよう。喉の白い四角いパッチ、距毛の白い模様、耳の黒い丸い紋はすべて、ニルガイの雄において、雌よりもはっきりしている。ジャイアントエランドの色は、雄の方が雌よりも鮮やかで、横腹の細い白い線と肩の幅広の白い縞は、雄の方が雌よりもはっきりしている。奇妙な装飾を持ったブッシュバック（図68）でも、両性間には似たような違いがある。このようなことを見ると、これらの色彩とさまざまな斑紋は、少なくとも性淘汰によって強調されてきたと結論できるだろう。このような色彩や模様が、動物にとって何らかの直接的な日常の役に立っているとはとても考えられない。そして、それらが性淘汰によって強調されてきたことはほぼ確実なので、もともとその同じプロセスによって獲得され、それが部分的に雌にも伝えられてきたのだと考えられるだろう。もしもこの考えが認められるなら、他の多くのレイヨウたちが持っている独特な色彩や模様も、両性に共通であったとしても、同じようにして獲得され、伝えられてきたと考えてよいだろう。例えば、グレイタークードゥー（*Strepsiceros Kudu.*[*23] 図62）の両性には、横腹の後ろ半分に白く狭い縦縞があり、額には優美に曲がった白い模様がある。*Damalis* 属は、両性ともたいへん奇妙な色をしている。ボンテボック（*D. pygarga*）[*24]

図68　ブッシュバックの雄（ノーズレイ動物園より）

では、背中と首が赤紫色で、横腹はだんだん黒くなり、腹部は急に白くなって、臀部にも大きな白い部分がある。頭部には、大きな楕円形の白いマスクがあり、それには細い黒の縁取りがあって、それが目の下までをおおっている（図69）というように、さらに奇妙な色をしている。額には三つの白い線があり、耳にも白い部分がある。この種の子どもは、全体が黄褐色である。ブレスボック（*Damalis albifrons*）[*25]では、三つの白い線の代わりに一本のみで、耳全体が白いという点で、頭部の色彩が前者とは異なる。[(37)]すべての動物における性差を、私の能力の及ぶ限りで調べたあとでは、多くのレイヨウが見せる奇妙に配置された色彩は、たとえ両性に共通なものであっても、もともとは雄が性淘汰によって獲得したものであるという結論を私は退けることができない。

同じ結論は、おそらく、世界で最も美しい動物の一つであり、野生動物の売買をしている商人にもその色で雌雄を見分けることはできないという、トラにも当てはめることができるだろう。ウォレス氏（Mr. Wallace）は[(38)]、トラの縦縞模様は「竹の縦の幹にあまりにもよく溶け込んでいるので、獲物に近づくとき、完璧に身を隠す役に立っている」と述べている。しかし、私には、この考えは完全に満足のいくものではない。われわれは、トラの美が性淘汰によってもたらされたのではないかと示唆する、小さな証拠を持っている。というのは、ネコ科の二種において、同じような模様と色彩は、雄の方が雌よりも鮮やかだからである。シマウマは目立つ縞模様をしているが、南アフリカの平原で、縞模様は保護の役には立たない。バーチェル（Burchell）[(39)]は、その集団について、「彼らのなめらかな肋骨は太陽に輝

図69　ボンテボックの雄（ノーズレイ動物園より）

き、その毛皮の縞の鮮やかさと規則正しさは、比べるもののない美しい光景を描き出しており、おそらく、四足獣のなかのどれにもまさるだろう」と述べている。ウマのなかまのすべてにおいて雌雄は色彩が同じなので、ここには性淘汰の証拠はまったくない。それにもかかわらず、さまざまなレイヨウの横腹にある白と黒の縦縞が性淘汰によってつくり出されたと考えている者にとっては、王者のトラや美しいシマウマにも、おそらく同じ見解を適用するに違いない。

先の章で、子どもが親とほとんど同じ生息習性を見せるものでありながら、子どもの色彩が異なっているときには、彼らは、今は絶滅した先祖の色彩を残していると考えられるのを見てきた。ブタのなかまやバクのなかまでは、子どもはからだに縦縞を持っており、この二つの分類群の、現存する種類のどんなおとなとも異なる。多くのシカのなかまの子どもには優美な斑点があるが、親はそれらを持っていない。両性の個体が、どの年齢においても、一年を通じて、美しい斑点でおおわれているアキシスジカ（雄の方が、いくらか雌よりも濃い色をしている）から、おとなも子どもも斑点を持っていないものまで、すべての連続的な形態が存在する。この連続における、いくつかの段階をあとづけてみることにしよう。マンシュウジカ（*Cervus Mantchuricus*）[*26]は、一年中斑点を持っているが、私がロンドン動物園で見たところによると、斑点は、毛皮全体の色が明るい夏の間は、全体の色が濃くて角が十分に発達している冬の間よりもずっと色が明るい。ホッグジカ（*Hyelaphus porcinus*）[*27]の斑点は、毛皮が赤茶色である夏の間にずっと顕著であるが、毛皮が茶色になる冬にはまったく消えてしまう[(40)]。両種とも、子どもは鹿の子模様である。オジロジカでは、子どもにはそのような斑点があるが、ジャッジ・カトンから聞いたところによると、彼の庭園に住んでいるおとなのおよそ五％では、赤い夏の毛皮が青っぽい冬の毛皮に変わる時期に、何列もの斑点が横腹に一時的に現れるということである。その顕著さは変動するが、数は常に変わらないということであった。このような状態から、おとなが一年じゅう斑点をすっかりなくしてしまうまでは、ほんの数段階にすぎない。そして最後には、いくつかの種におけるように、すべての年齢の個体が斑点をなくしてしまったのだろう。このように完全な連続性が見られることや、特に非常に多くの種の仔ジカが鹿の子模様であることから、現生のシカ科のメンバーは、アキシスジカのように、どの個体もが一年じゅう斑点を持っていたような祖先の種から進化したのだと結論できるだろう。さらに古い祖先は、ミズマメジカ（*Hyemoschus aquaticus*）にいくらか似ていたに違いない。というのは、この動物には斑点があり、雄には角がない代わりに、いくつかのシカ類が痕跡的に残している犬歯を、大きな突出した形で持っているからである。これはまた、厚皮動物と反芻動物の中間を示す骨学的特徴を備えているので、以前はまったく異なると思われていたこの二つの系統をつなぐ、きわめて興味深い例を示してもいる[41]。

そこで、奇妙な困難が生じる。もしも、色のついた斑点や縞などが装飾として獲得されたと考えるなら、現存する多くの種類のシカが、もともとは斑点のある種類の子孫であるにもかかわらず、なぜ今は斑点を失ってしまい、現存する多くの種類のブタやバクが、もともとは縞のある種類の子孫であるにもかかわらず、なぜ今は縞を失ってしまうことになったのだろうか？　私は、この疑問に対して満足のいくように答えることはできない。現存する種の祖先は、成熟間近になってから斑点や縞を失ったので、子どもにはそれが残されており、対応する年齢における遺伝の法則にしたがって、続く世代でも、子どもには残されてきたと考えることができるかもしれない。開けた土地を彷徨しているライオンやピューマにとって、縞を失ったことは、獲物からよりよく身を隠せるようになるという点で、大きな利点だっただろう。そして、この目的を果たすもととなったいろいろな変異が、生活史の遅くになってから現れたのであれば、現在見られるように、子どもは縞を保持したに違いない。フリッツ・ミュラーは、シカ、ブタ、バクについて、これらの動物は、自然淘汰によって縞や斑点を失ったことにより、敵に見つかりにくくなったのではないか、第三紀に肉食動物の数が増し、大きさも大きくなったとき、彼らは、特にそうして身を守る必要があったのではないか、と私に示唆した。それは正しい説明なのかもしれないが、子どもも同じようにして守られていないのは不思議なことであるし、おとなが、一年の間のある時期に、部分的または完全に斑点を残している種もあるというのは、さらに不思議である。われわれは、家畜のロバに変異が起こって、赤茶色、灰色、または黒になったときには、理由はわからないが、肩の縞模様や、背骨の上の縞模様さえ消えてしまうことを知っている。[*28]月毛の種類を除き、ウマは、からだのどの部分にもほとんど縞を持っていないが、ウマの祖先は、脚、背中、そしておそらく肩に縞があったと考えるに足る理由がある。[42]それゆえ、現存のシカ、ブタ、バクで縞や斑点が消えてしまったのは、彼らの毛皮の色が全体的に変化したことによるのかもしれない。しかし、この変化が、性淘汰または自然淘汰によってもたらされたのか、生活条件の直接のはたらきによるものなのか、それとも、また別の未知の原因によるものなのかは決めることができない。スクレイター氏が行った観察は、縞模様が現れたり消えたりすることを制御している遺伝について、われわれがいかに無知であるかをよく物語っている。アジア大陸に住んでいるロバの種には縞がまったくなく、肩の交差する縞さえないが、アフリカに住んでいる種は、どれもはっきりとした縞を持っている。例外は、肩の交差した縞しか持っておらず、脚にはかすかな線があるだけのヌビアノロバ（*A. taeniops*）[*29]であるが、この種は、上エジプトとアビシニアの中間地域に住んでいるのである[(43)]。

四手類

結論に至る前に、霊長類の装飾的形質についてすでに述べたことに、いくつか補足をしておくのがよいだろう。ほとんどの種では雌雄の色は似ているが、すでに見たように、いくつかの種では雄と雌とが異なり、特に、毛のない皮膚や、口ひげ、頰ひげ、蓑毛などの発達において異なっている。多くの種は、非常に奇妙な色彩や美しい色彩で飾られ、きわめて特徴的でエレガントな冠毛を備えているので、これらの形質は、装飾のために獲得されたに違いないと考えざるを得ない。ここに載せた図（図70～74）は、いくつかの種において、顔や頭の毛がどのように配置されているかを示している。このような頭部の冠毛や、毛皮や皮膚に見られる強いコントラストの色彩などが、淘汰の助けなしに生じた単なる変異であるとはとても考えられない。さらに、これらの形質が何らかのありふれた役割を果たしているとも、とても考えられないだろう。そうだとすると、それらの形質が両性に対して、同等またはほとんど同等に伝えられているとしても、それらはおそらく性淘汰によって獲得されたと考え

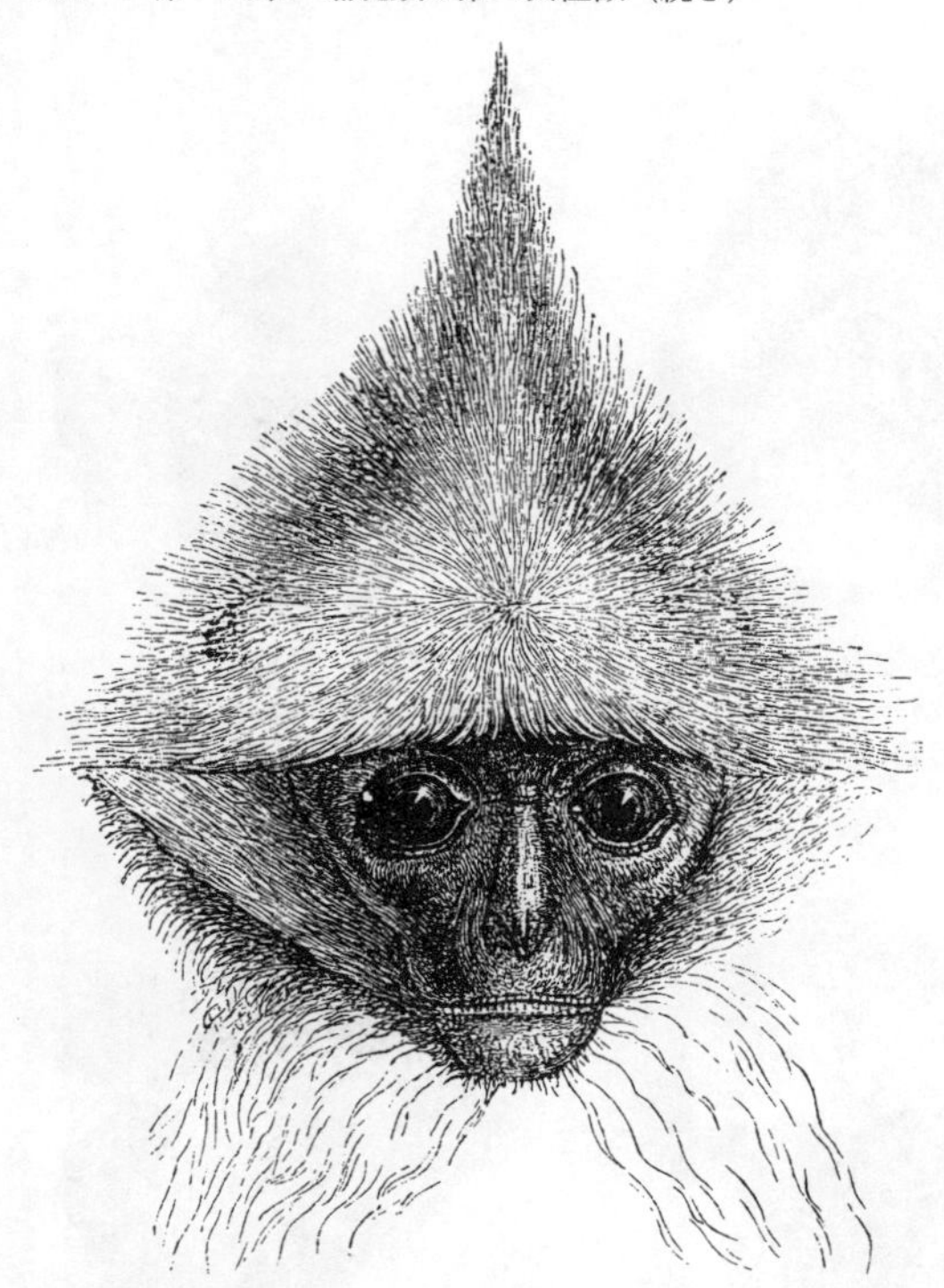

図70　クロイロリーフモンキー（*Semnopithecus rubicundus*）〔現在の学名は*Presbytis rubicunda*〕の頭部
この図と次の図（ジェルヴェ教授による）には、頭部の毛が奇妙な形に発達していることがよく示されている

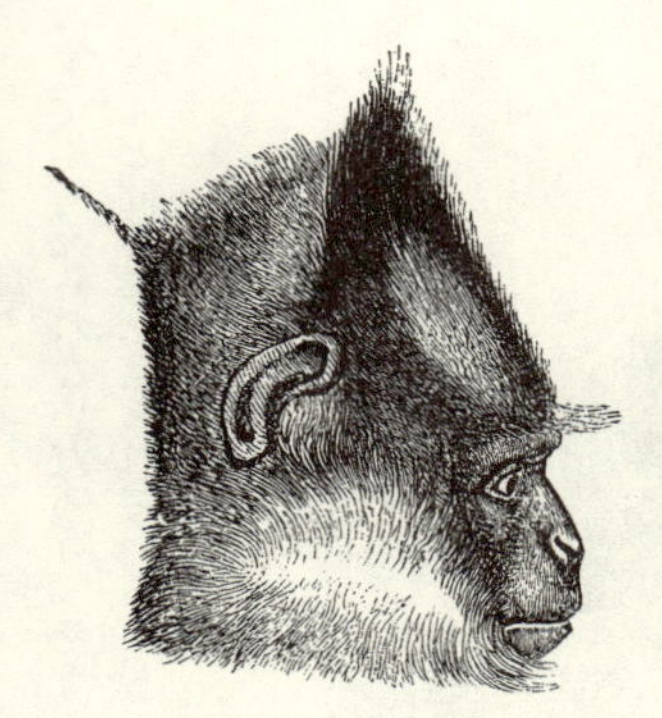

図71　スンダリーフモンキー(*Semnopithecus comatus*)〔現在の学名は*Presbytis comata*〕の頭部

図72　ノドジロオマキザル(*Cebus capucinus*)の頭部

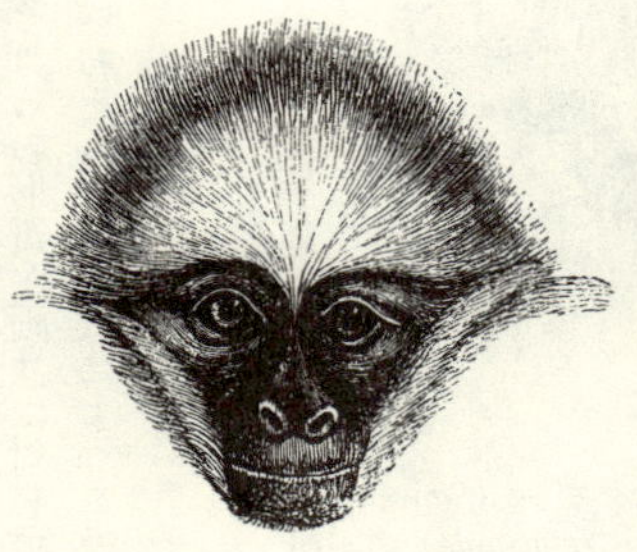

図73　ケナガクモザル(*Ateles marginatus*)〔現在の学名は*Ateles belzebuth*〕の頭部

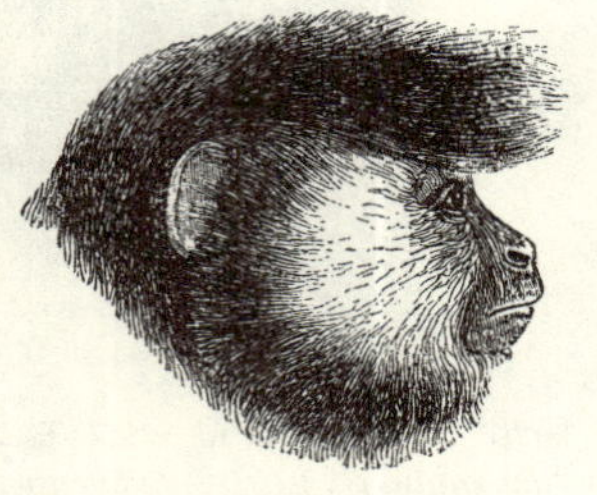

図74　ナキガオオマキザル(*Cebus vellerosus*)〔現在の学名は*Cebus nigrivittatus*〕の頭部

られる。四手類の多くについて、雄の方が雌よりもからだが大きくて力が強いことや、犬歯がよく発達していることなど、性淘汰のはたらきの証拠をさらにつけ加えることができる。

　いくつかの種では、両性とも非常に奇妙な色をしていることや、他の種では色がたいへん美しいことなどについては、いくつかの例をあげるだけで十分だろう。ショウハナジログエノン（*Cercopithecus petaurista.* 図75）の顔は黒く、ひげと頬ひげは白で、短く白い毛でおおわれた、輪郭のはっきりした白いスポットが鼻の上にある。そのため、このサルの顔[*30]はほとんど滑稽に見えるくらいだ。シロビタイリーフモンキー（*Semnopithecus frontalis*）も、同様に、顔は黒っぽく、長い黒いひげを持ち、額には青白い色をした裸の皮膚のスポットがある。*Macacus lasiotus* の顔は、汚れた肉色で、両側の頬にはっきりした赤いスポットがある。サバンナモンキー（*Cercocebus aethiops*[*31]）の外見は、顔が黒く、頬ひげと襟が白く、頭が栗色で、両眼の上まぶたに大きな白いスポットがあるので、グロテスクである。多くの種では、顎ひげ、頬ひげ、顔の周りの毛などが、頭部の他の部分とは異なる色彩をしており、異なる場合には、必ず顔の周りの毛の方が色が薄く、[(44)]真っ白や明るい黄色、ときには赤などの色をしている。南アメリカのシロウアカリ（*Brachyurus calvus*[*32]）の顔全体は「輝くような赤い色をしている」が、この色は、ほとんど完全に成熟するまで現れてこない。[(45)]毛の生えていない顔の皮膚の色は、種ごとに驚くほど異なる。それはしばしば茶色か肉色だが、一部は真っ白であり、最も色の黒い黒人種と同じくらい真っ黒の場合もある。ウアカリ属（Brachyurus[*33]）の顔の赤い色は、コーカサス人種の婦人が赤面したときの色よりも

図75　ショウハナジロゲエノン（ブレームより）

鮮やかである。蒙古人種の皮膚よりも鮮やかなオレンジ色である場合もあれば、いくつかの種では、紫や灰色がかった青のものもある。両性のおとなの顔が顕著な色で彩られている種について、バートレット氏が知る限りのすべての種では、子どものときにはそのような顔色をしていないか、薄い色をしている。このことは、一方の性のみにおいて、顔と臀部とが鮮やかな色をしているマンドリルとアカゲザルでも同様である。この後者の例では、この色が性淘汰でもたらされたことは、ほぼ間違いない。そこで、両性のおとなの顔の色が同じように彩られていたとしても、それらの種にも同様の説明を当てはめようと考えるのは、ごく自然だと思われる。

われわれの好みから言えば多くのサル類は美しいというにはほど遠いが、なかにはその優美な外見と美しい色がどこでも賞賛されている種類もある。アカアシドゥクモンキー（*Semnopithecus nemaeus*）[*34]は、奇妙な色をしてはいるが、オレンジ色がかった顔の周りを真っ白で長い頬ひげが取り囲み、まぶたの上には赤褐色の線があって、たいへんかわいらしいと記述されている。背中の毛は繊細な灰色で、腰に四角いパッチがあり、尾と前肢はすべて白である。胸には、栗色の胸飾りがある。サル類の美しさについてはあと二例だけあげることにするが、この二つを選んだ理由は、それらが色彩においてわずかな性差を示しており、両性がともに、その美しい外見を性淘汰によって獲得したと考えられるからである。クチヒゲゲエノン（*Cercopithecus cephus*）は、毛皮の全体がまだらな緑色で、喉が白い。雄の尾の先は栗色である。しかし、最も装飾的なのは顔であり、皮膚は主に青灰色で、目の下に黒っぽい影があり、唇の上は優美な青で、その下端に黒い口ひげがある。頬ひげはオレンジ色で、上部が黒く、それがバンドを形成して耳の後ろにまで達している。耳の後ろは、白い毛でおおわれている。ロンドン動物園で、私はしばしば、もう一種のサルであるダイアナモンキー（*Cercopithecus Diana.* 図76）を見た観客が、その美しさに感激するのを聞いたことがあるが、このサルはその名に恥じない。毛皮は全体に灰色だが、胸と前肢の内側は白い。背中の後半部には、鮮やかな栗色をした大きな三角形のパッチがある。雄では、大腿の内側と腹部が薄い赤褐色で、頭頂が黒である。顔と耳は漆黒で、眉の上に横に走る白い冠毛と長くてとがった白いひげに対して、鋭い対照をなしている。ひげの根元は黒い[46]。

これらのサルや、他の多くのサル類における美しさ、色彩の独特の配置、さらには頭部の毛の房や冠毛の多様でエレガントな配置を見ると、これらの形質は、装飾のためだけに、性淘汰によって獲得されたのだと考えざるを得ないのである。

まとめ

哺乳綱の全体を通じて、雌の所有をめぐる闘争の法則が広く支配しているようだ。ほとんどの博物学者は、雄のからだが大きく、力が強く、勇気があり、けんか好きなこと、攻撃のための特別な武器、そして防御のための特別の手段は、私が性淘汰と呼ぶ種類の淘汰によって獲得されたか、または変容させられてきたということを認めるだろう。これらは、存続のための一般的な争いにおいてすぐれていることによるのではなく、一方の性に属するある個

図76　ダイアナモンキー（ブレームより）

体が、他の個体との闘争に勝ち、勝たなかった個体よりも多くの子を残して、その性質を子孫に受け継がせたことで生じる淘汰である。その一方の性というのは、たいていは雄である。

これ以外にも、もっと平和的な闘争があり、それは、雄がさまざまな魅力によって雌を興奮させたり、惹きつけたりしようとする競争である。繁殖期の間に、雄が強力な臭いを出すことで雌を惹きつけようとし、臭いの腺が性淘汰によって獲得されることもある。同じような説明が声にも当てはまるかどうかは疑わしい。というのは、雄の発声器官は、成熟したあとには、愛、嫉妬、怒りなどの激しい興奮に伴って使われることから強化され、それが同性に伝えられたからかもしれないからだ。雄だけが持っていたり、雄において雌よりもよく発達していたりする、さまざまな冠毛、毛の房、蓑毛などは、ときには競争者の雄との闘争における防御の役割を果たしている場合もあるが、ほとんどの場合は単なる装飾だと考えられる。雄ジカの枝分かれした角や、ある種のレイヨウの雄の優雅な角も、攻撃や防御のための武器として役立ってはいるものの、部分的には装飾としての役割を果たすように変容してきたと考えられる理由がある。

雄の色が雌のそれと異なる場合には、一般的に雄の方が色が濃く、強いコントラストの色調を示す。哺乳類では、鳥類や他の多くの動物の雄でふつうに見られる、鮮やかな赤、青、黄色、緑などはない。しかし、ある種の四手類の毛のない皮膚は例外である。なぜなら、それらは奇妙な場所にあって、いくつかの種では非常に鮮やかな色をしているからだ。他の例では、雄の色は、淘汰とは関係のない単なる変異なのかもしれない。しかし、色が多様で強く表されている場合、成熟に近くなるまで発達してこない場合や、去勢されると失われるような場合には、それらが、装飾として性淘汰によって獲得され、完全にまたはほとんど、一方の性の個体にのみ伝えられてきたのだという結論は避けがたいだろう。両性がともに同じ色をしており、それが目立つ色であったり、奇妙な配置に並べられていたりし、保護の役に立っているという明らかな証拠がないときには、そして特にそれらが他の装飾的な付属物と一緒に存在する場合には、アナロジーによって、それらも性淘汰によって獲得されたが、両性に同等に受け継がれたのだという同じ結論が導かれるだろう。雄だけに限られているにせよ、両性に共通であるにせよ、目立って多様な色彩は、一般的な法則として、同じ分類群のなかでは、武器や装飾のはたらきをしている他の第二次性徴に伴っているということは、本章と前章で述べた多くの例を振り返ってみれば、明らかであろう。

色彩や他の装飾に関する限り、形質が両性に同等に伝えられる法則は、鳥類でよりも哺乳類においてずっと広く見られる。しかし、角や牙などの武器に関しては、雄のみに伝えられるか、または雄の方にずっとよく発達するようになっている。これは驚くべきことである。というのは、雄は、それらの武器をどんな種類の敵に対しても使うのがふつうなので、雌もそれを持っていれば、大いに役に立っただろうからである。雌がそれを持っていないのは、われわれの知る限りでは、そこではたらいている遺伝の様式によるのだろう。最後に、四足獣における同性個体間の闘いは、それが平和的なものであれ、激しいものであれ、ごく稀な例外を除いて、雄間に限られている。それゆえ、これらの形質は、闘ったり異性を惹きつけたりするための性淘汰が、雌どうしでよりもずっと広く雄どうしにはたらいたために変容を遂げてきたのだと考えられる[*35]。

原注

（1）Owen（オーウェン），'Anatomy of Vertebrates,' Vol. 3, p. 585.
（2）ibid., p. 595.
（3）例えば、ムースと野生トナカイの習性については、W・ロス・キング少佐（Major W. Ross King）の'The Sportsman and Naturalist in Canada,' 1866, pp. 53, 131を参照。
（4）Owen（オーウェン），'Anatomy of Vertebrates,' Vol. 3, p. 600.
（5）Mr. Green（グリーン氏），'Journal of Linn. Soc.,' Vol. 10, Zoology, 1869, p. 362.
（6）C. L. Martin（C・L・マーティン），'A General Introduction to the Nat. Hist. of Mamm. Animals,' 1841, p. 431.
（7）'Naturgeschichte der Säugethiere von Paraguay,' 1830, S. 15, 21.
（8）ゾウアザラシについては、レッソン（Lesson）の論文'Dict. Class. Hist. Nat.,' tome 13, p. 418を参照。*Cystophora*または*Stemmatopus*については、デケイ博士（Dr. Dekay）の'Annals of the Lyceum of Nat. Hist. New York,' Vol. 1, 1824, p. 94を参照。ペンナントも、アザラシ猟師たちから情報を集めている。最も詳しい論文は、雌の袋が痕跡的な状態であることを疑っている、ブラウン氏（Mr. Brown）によるものである（'Proc. Zoolog. Soc.,' 1868, p. 435）。
（9）ビーバーの海狸香（かいりこう）については、L・H・モーガン氏（Mr. L. H. Morgan）の最も興味深い著作'The

American Beaver,' 1868, p. 300を参照。パラス（Pallas）（'Spic. Zoolog.,' Fasc. 8, 1779, p. 23）は、哺乳類の臭腺について詳しく論じている。オーウェン（Owen）（'Anat. of Vertebrates,' Vol. 3, p. 634）も、ゾウとトガリネズミ（p. 763）を含む、これらの腺について述べている。

（10）Rengger（レンガー）, 'Naturgeschichte der Säugethiere von Paraguay,' 1830, S. 355. 彼はまた、発せられる臭いについて、奇妙な特徴を記述している。

（11）Owen（オーウェン）, 'Anatomy of Vertebrates,' Vol. 3, p. 632. 腺に関しては、ミュリー博士（Dr. Murie）の観察も参照（'Proc. Zoolog. Soc.,' 1870, p. 340）。*Antilope subgutturosa* に関しては、デマレスト（Desmarest）の 'Mammalogie,' 1820, p. 455.

（12）Pallas（パラス）, 'Spicilegia Zoolog.,' Fasc. 1, 1779, p. 24; Desmoulins（デムーラン）, 'Dict. Class. d'Hist. Nat.,' tome 3, p. 586.

（13）Dr. Gray（グレイ博士）, 'Gleanings from Menagerie at Knowsley,' Pl. 28.

（14）ワピチについては、Judge Caton（ジャッジ・カトン）, 'Transact. Ottawa Acad. of Nat. Sciences,' 1868, pp. 36, 40. *Capra aegagrus* については、Blyth（ブライス）, 'Land and Water,' 1867, p. 37.

（15）ハンター（Hunter）の 'Essays and Observations,' edited by Owen（オーウェン）, 1861, Vol. 1, p. 236.

（16）グレイ博士（Dr. Gray）の 'Cat. of the Specimens of Mammalia in British Museum,' Part 3, 1852, p. 144を参照。

（17）Rengger（レンガー）, 'Säugethiere,' &c., S. 14; Desmarest（デマレスト）, 'Mammalogie,' p. 66.

（18）これらの動物については、『飼育栽培下における動植物の変異』第一巻の関連の章、第二巻、七三頁を参照。半文明化した人々による人為淘汰については、第二巻、第二〇章を参照。ベルブラヤギについては、グレイ博士（Dr. Gray）の 'Catalogue,' ibid., p. 157.

(19) アカカンガルー (*Osphranter rufus*) については、Gould (グールド), 'Mammals of Australia,' Vol. 2, 1863. ヨツメオポッサムについては、デマレスト (Desmarest) の 'Mammalogie,' p. 256 を参照。
(20) 'Annals and Mag. Nat. Hist.,' November, 1867, p. 325. *Mus minutus* については、Desmarest (デマレスト), 'Mammalogie,' p. 304.
(21) J. A. Allen (J・A・アレン), 'Bulletin of Mus. Comp. Zoolog. of Cambridge, United States,' 1869, p. 207.
(22) Desmarest (デマレスト), 'Mammalogie,' 1820, p. 233. *Felis mitis* については、Rengger (レンガー), ibid., S. 194.
(23) オタリアに関しては、ミュリー博士 (Dr. Murie) の 'Proc. Zool. Soc.,' 1869, p. 108. タテゴトアザラシについては、R・ブラウン氏 (Mr. R. Brown) の ibid., 1868, p. 417 を参照。アザラシの色については、Desmarest (デマレスト), ibid., pp. 243, 249 も参照。
(24) Judge Caton (ジャッジ・カトン), 'Trans. Ottawa Acad. of Nat. Sciences,' 1868, p. 4.
(25) Dr. Gray (グレイ博士), 'Cat. of Mamm. in Brit. Mus.,' Part 3, 1852, pp. 134-142. また、Dr. Gray, 'Gleanings from the Menagerie at Knowsley' には、ジャイアントエランドの素晴らしい挿し絵あり。ブッシュバックに関する記述を参照。ケープエランド (*Oreas canna*) に関しては、アンドルー・スミス (Andrew Smith) の 'Zoology of S. Africa,' Pls. 41, 42. ロンドン動物園には、これらのレイヨウの多くが飼われている。
(26) セーブルアンテロープについては、'Proc. Zool. Soc.,' 1850, p. 133 を参照。色彩に同等の性差があるような近縁種については、S・ベイカー卿 (Sir S. Baker) の 'The Albert Nyanza,' 1866, Vol. 2, p. 327. *A. sing-sing* については、グレイ (Gray) の 'Cat. B. Mus.,' p. 100. カーマハーテビーストについては、Desmarest (デマレスト), 'Mammalogie,' p. 468. ヌーについては、アンドルー・スミス (Andrew

Smith）の ‘Zoology of S. Africa.’

（27）‘Ottawa Acad. of Nat. Sciences,’ May 21, 1868, pp. 3, 5.

（28）バンテンについては、S・ミュラー（S. Müller）の ‘Zoog. Indischen Archipel.,’ 1839-1844, Tab. 35. ブライス氏（Mr. Blyth）の ‘Land and Water,’ 1867, p. 476 に引用されているラフルズ（Raffles）も参照。ヤギについては、グレイ博士（Dr. Gray）の ‘Cat. Brit. Mus.,’ p. 146; Desmarest（デマレスト）, ‘Mammalogie,’ p. 482. *Cervus paludosus* については、Rengger（レンガー）, ibid., S. 345.

（29）Sclater（スクレイター）, ‘Proc. Zool. Soc.,’ 1866, p. 1. 同じことは、ポラン氏とヴァン・ダム氏によっても確認されている。

（30）クロホエザルに関しては、レンガー（Rengger）の ibid., S. 14 および、ブレーム（Brehm）の ‘Illustrirtes Thierleben,’ Bd. I, S. 96, 107. クモザルについては、Desmarest（デマレスト）, ‘Mammalogie,’ p. 75. テナガザルについては、ブライス（Blyth）の ‘Land and Water,’ 1867, p. 135. *Semnopithecus* については、S・ミュラー（S. Müller）の ‘Zoog. Indischen Archipel.,’ Tab. 10.

（31）Gervais（ジェルヴェ）, ‘Hist. Nat. des Mammifères,’ 1854, p. 103. 雄の頭骨の図が掲載されている。Desmarest（デマレスト）, ‘Mammalogie,’ p. 70; Geoffroy St.-Hilaire and F. Cuvier（ジョフロワ・サン＝ティレールとF・キュヴィエ）, ‘Hist. Nat. des Mamm.,’ 1824, tome I.

（32）『飼育栽培下における動植物の変異』第二巻、一八六八年、一〇二、一〇三頁。

（33）‘Essays and Observations by J. Hunter,’ edited by Owen（オーウェン）, 1861, Vol. I, p. 194.

（34）Sir S. Baker（S・ベイカー卿）, ‘The Nile Tributaries of Abyssinia,’ 1867.

（35）ジャコウネズミ（*Fiber zibethicus*）については、Audubon and Bachman（オーデュボンとバックマン）, ‘The Viviparous Quadrupeds of N. America,’ 1846, p. 109.

（36）‘Novae species Quadrupedum e Glirium ordine,’ 1778, p. 7. 私がノロジカと呼んでいるものは、

パラスの *Capreolus Sibiricus subecaudatus* である。

(37) A・スミス (A. Smith) の 'Zoology of S. Africa' とグレイ博士 (Dr. Gray) の 'Gleanings from the Menagerie at Knowsley' に掲載されている美しい図を参照。

(38) 'Westminster Review,' July 1, 1867, p. 5.

(39) 'Travels in the Interior of South Africa', 1824, Vol. 2, p. 315.

(40) Dr. Gray (グレイ博士), 'Gleanings from the Menagerie at Knowsley,' p. 64. セイロンのホッグジカに関して、ブライス氏 (Mr. Blyth) は ('Land and Water,' 1869, p. 42)、角の生えかわる季節には、ふつうのホッグジカよりも鮮やかな白い斑点があると述べている。

(41) Falconer and Cautley (ファルコナーとコートレイ), 'Proc. Geolog. Soc.,' 1843. ファルコナーの 'Pal. Memoirs,' Vol. 1, p. 196.

(42) 『飼育栽培下における動植物の変異』第一巻、一八六八年、六一―六四頁。

(43) 'Proc. Zool. Soc.,' 1862, p. 164. ハートマン博士 (Dr. Hartman) の 'Ann. d. Landw.,' Bd. 43, S. 222 も参照。

(44) 私はこのことをロンドン動物園で観察したが、多くの事例は、ジョフロワ・サン=ティレールとF・キュヴィエ (Geoffroy St.-Hilaire and F. Cuvier) による 'Hist. Nat. des Mammifères,' tome 1, 1824 の彩色図版に見ることができる。

(45) Bates (ベイツ), 'The Naturalist on the River Amazons,' 1863, Vol. 2, p. 310.

(46) 私は、ここにあげたサル類のほとんどをロンドン動物園で見た。アカアシドゥクモンキーの記述は、W・C・マーティン氏 (Mr. W. C. Martin) による 'Nat. Hist. of Mammalia,' 1841, p. 460. pp. 475, 523 も参照。

訳注

＊1　最近の研究からは、アカシカの雄の吠え声は、雄間の闘争にも雌への求愛にも役立っており、まさに性淘汰によって生じたことが示されている。吠え声の大きさや頻度は雄の健康状態を反映しており、声が大きく、鳴く頻度の高い雄ほど、雄間の闘争にも強く、繁殖成功度が高い。また、雄の吠え声は、ハーレムの中にいる雌の排卵を促すはたらきがあるので、いったん自分のハーレムに集めた雌との交尾を早める効果もある。

＊2　現在の学名は *Alouatta caraya*.

＊3　現在の学名は *Mirounga angustirostris*.

＊4　現在の学名は *Ozotoceros bezoarticus*.

＊5　現在の学名は *Gazella subgutturosa*.

＊6　現在の学名は *Boselaphus tragocamelus*. ニルガイは現在はニルガイ属とされ、ネジヅノレイヨウ属（アフリカに分布する、中〜大型のウシ科動物）には含めない。

＊7　現在の学名は *Ammotragus lervia*.

＊8　現在の学名は *Chiropotes satanas*.

＊9　現在の学名は *Philander opossum*.

＊10　現在の学名は *Antilope cervicapra*.

＊11　現在の学名は *Hippotragus nigar*.

＊12　現在の学名は *Alcelaphus buselaphus caama*.

＊13　現在の学名は *Connochaetes taurinus*.

＊14　現在の学名は *Alouatta seniculus*.

＊15　現在の学名は *Pithecia pithecia*.

＊16　現在の学名は *Ateles fusciceps*.
＊17　現在の学名は *Erythrocebus patas*.
＊18　現在の学名は *Cercopithecus aethiops*.
＊19　現在の学名は *Papio hamadryas*.
＊20　現在の学名は *Mandrillus leucophaeus*.
＊21　現在の学名は *Mandrillus shynx*.
＊22　現在の学名は *Macaca mulatta*.
＊23　現在の学名は *Tragelaphus strepsiceros*.
＊24　現在の学名は *Damaliscus dorcas dorcas*.
＊25　現在の学名は *Damaliscus dorcas phillipsi*.
＊26　ニホンジカ（*Cervus nippon*）の地理的変異。
＊27　現在の学名は *Cervus porcinus*.
＊28　白毛に濃褐色の毛が混ざった毛色。
＊29　アフリカノロバの亜種。現在の学名は *Equus africanus africanus*.
＊30　現在の学名は *Presbytis frontata*.
＊31　現在の学名は *Cercopithecus aethiops*.
＊32　現在の学名は *Cacajao calvus*.
＊33　現在の属名は *Cacajao*.
＊34　現在の学名は *Pygathrix nemaeus*.
＊35　哺乳類は、霊長類を除いて、主に視覚よりも嗅覚が発達した動物なので、鳥類よりもずっと色彩的な装飾は少なく、色彩による求愛誇示やそれに対する雌の選り好みも少ないはずである。また、多くの哺乳

類では、雄間の闘争はよく見られるが、雄の特定の形質に対する雌の選り好みが証明されたものは少ない。しかし、雄の年齢、雄の社会的順位、なわばりの質などに対する雌からの選り好みがあることは、いろいろな哺乳類で示されている。霊長類には、ここでダーウィンがあげているような、さまざまな装飾や色彩が見られるが、それらがどのような役割を果たしているかについては、あまりよくわかっていない。

第一九章　人間の第二次性徴

男性と女性の違い－違いの原因、および両性に共通なある種の形質－闘争の法則－心的能力の違い－そして声－人間の配偶関係を決めるに当たっての美の影響－未開人が装飾に対して払う注意－女性の美に関する彼らの考え－自然に存在する個性を強調する傾向

人間では、雌雄の間の差はほとんどの四手類よりも大きいが、例えばマンドリルのような種ほど大きくはない。男性は平均すると女性よりもかなり背が高く、体重が重く、力が強く、肩が四角く張っており、筋肉がよく発達している。筋肉の発達と眉の突出との間にある関係から、(1)男性の方が女性よりも眉上隆起がよく発達している。男性のからだ、特に顔面には、女性よりも毛が多く、声も異なっていて力強い。男性と女性の肌の色が少しばかり異なる部族もあるということだが、その真偽のほどについては私は知らない。ヨーロッパ人では、両性が同じように太陽にさらされたときに明らかになるように、おそらく女性の方が色が明るい。

男性の方が女性よりも勇気があり、けんか好きで、活気があり、発明の才能にも恵まれて

いる。男性の脳の絶対的な大きさは女性のそれよりも大きいが、からだの大きさに対して相対的に見ても女性よりも大きいのかどうかは、明確にされていないと私は思う。[*1] 女性の顔は男性よりも丸みを帯びており、顎と頭蓋の基部が小さく、からだの線も丸く、突出している部分もあり、骨盤の幅が広い。[2] しかし、この最後の形質は、第二次というよりは第一次性徴と見るべきであろう。女性は男性よりも早く成熟に達する。

他のすべての綱の動物と同様、人間においても、男性に特有の形質は、ほとんど完全に成熟するまでは現れず、去勢されると決してあらわれない。例えば、ひげは第二次性徴であり、男の子は早い時期から髪の毛はたくさん生えているにもかかわらず、ひげは生えていない。男性の形質が獲得されたのは、生活史の中で遅くに現れた変異の蓄積によるものと考えられ、それゆえ男性のみに伝えられたのだろう。おとなの雄と雌が異なっている多くの動物の子どもと同じように、人間の男の子と女の子もたがいによく似ており、おとなの男性よりもおとなの女性によく似ている。女性も、最終的にはいくつか女性に特有の形質を発達させるが、女性の頭蓋骨は男性のそれと子どものそれとの中間型だと言われている。[3] さらに、近縁関係にある異なる種の子どもどうしが、そのおとなどうしほどには異なっていないように、異なる人種に属する子どもたちもたがいによく似ている。子どもの頭骨には人種間の差を認めることはできないと考えている人さえいるくらいだ。[4] 皮膚の色に関しては、生まれたばかりの黒人の子どもは赤みがかった栗色をしているが、すぐに黒くなってくる。スーダンでは一年以内におとなと同様の黒い色になるが、エジプトでは三年ほどたたないとそうはならない。黒人の目ははじめは青く、髪の毛は黒というよりは栗色で、毛先が巻いているだけである。オーストラリア人の新生児の皮膚の色は黄褐色だが、のちに黒くなってくる。パラグアイのグアラニー族の新生児は黄白色だが、数週間もすると両親と同じような黄褐色になる。同じようなことは、アメリカの他の地域でも観察されている[(5)]。

私が、ここにあげたような、よく知られている人間の男女の違いについて特に並べ立てたのは、それらが四手類における違いと奇妙に同じだからである。四手類では、雌の方が雄よりも早く成熟に達する。少なくとも、このことは *Cebus azarae*[*2] では確かである[(6)]。ほとんどの種では雄の方が雌よりもからだが大きく、力がずっと強いが、それはゴリラに最もよく現れている。眉上隆起が突出しているという些細なことにおいても、雄のサルは雌と異なるが、それは人間にも当てはまっている[(7)]。ゴリラや他のいくつかのサル類では、おとなの雄の頭骨にははっきりした矢状隆起があるが、雌にはない。エッカー（Ecker）は、オーストラリア人種の男女に、その点における同様の差異の痕跡を発見している[(8)*3]。サル類では、声に性差があるときには、雄の声の方が力強い。サル類のなかには、雄がよく発達したひげを持っているが、雌にはないか、あまり発達していないものがあることは、すでに見た通りである。雌の方が雄よりも、顎ひげ、口ひげ、頬ひげが発達している霊長類は一つもない。ひげの色に関してさえ、四手類と人間との間には、奇妙な類似が見られる。つまり、人間においても、ひげの色が髪の毛の色と違うときには、常にひげの方が色が薄く、しばしば赤みがかっていると私は思う。このことはイギリスでは確かだが、この小さな点について、ロシアではどうであるかを見てきてくれたフッカー博士（Dr. Hooker）によると、そこでも例外ではないということだ。植物園のJ・スコット氏（Mr. J. Scott）は、親切にも、カルカッタで見られる多くの人種について観察し、その他インドの各地でも、シッキムの二つの人種、ボテアス、ヒンドゥー、ビルマ人、中国人について観察してくれた。これらの人種の多くは、顔にほとんど毛が生えていないが、彼は、顔の毛と髪の毛との間に差異があるときには必ず、ひげの方が色が薄いということを発見した。さて、サル類では、すでに述べたように、ひげは頭部の毛と非常に色が違うことがあり、そのような場合には常にひげの方が色が薄く、しばしば純白、黄色または赤である。[9]

からだ全体の体毛の量に関しては、どの人種でも、女性の方が男性よりも体毛が少なく、四手類のいくつかでは、からだの下面の毛は雌の方が雄よりも薄い。[10]最後に、雄のサルは、人間の男性と同様に雌よりも大胆で攻撃的である。彼らは群れを率い、群れが危険に遭遇したときには前面に出て闘う。このように、四手類と人間の性差には強い類似が見られることがわかる。しかしながら、ヒヒ、ゴリラ、オランウータンなど、いくつかの種類では、犬歯の大きさ、毛の発達とその色、特に毛の生えていない皮膚の部分の色に関して、人間におけるよりもずっと顕著な性差が見られる。

人間の第二次性徴は、同じ人種のなかでさえも非常に変異に富んでおり、いくつかの人種間では大きく異なる。これら二つの法則は、動物界全体によく当てはまっている。ノヴァラ号の船上で行われた素晴らしい観察によると、[11]オーストラリア人種の男性は、平均して女性よりも六五ミリメートルしか身長が高くないが、ジャワ人では平均して二一八ミリメートルも高い。そこで、ジャワ人での身長の性差は、オーストラリア人の三倍にもなる。身長、首の周囲と胸囲、背骨の長さと腕の長さなど、さまざまな人種について注意深く行われた多くの計測のほとんどすべては、男性の方が女性よりもずっと変異が大きいことを示している。このことは、少なくともこれらの形質に関する限り、人種が全体に共通の祖先から分岐して以来、主に変化を遂げてきたのは男性であることを示している。

ひげの発達とからだ全体の体毛の量とは、異なる人種に属する男性間で大きく異なり、同じ人種に属する異なる家族間でも異なることがある。われわれヨーロッパ人のなかにも、それは十分に見られる。マーティン（Martin）によると、[12] セント・キルダ島の男性は三〇歳を過ぎなければひげが生えず、それも非常に薄いものだということだ。ユーラシア大陸では、インドを越すあたりまでは毛深いひげが見られる。ただし、古代にディオドロスが指摘しているように、[13] セイロンの原住民にはしばしばひげがない。インドの先では、シャム人、マレー人、カルマック人、中国人、日本人にひげは見られないが、日本列島の北の端の島に住んでいるアイヌ人は、[14] 世界でも最も毛深い人種の一つである。黒人では、ひげは非常に少ないか存在せず、彼らには頬ひげは生えない。そして、両性とも、からだにはほとんど産毛が生えていない。[15] 一方、マレー諸島のパプア人は黒人とほとんど同じくらい黒い皮膚をしているが、よく発達したひげを持っている。[16] 太平洋のフィジー諸島の住民は大きなもじゃもじゃしたひげを生やしているが、そこからほんの少ししか離れていないトンガやサモア諸島の住民にはひげがない。しかし、これらの人々は異なる人種に属しているのである。エリス諸島〔現在のツヴァルー〕の住人はすべて同じ人種に属しているにもかかわらず、ヌネマヤという一つの島々の住人だけが「男性が素晴らしいひげを生やしている」が、他の島々では「彼らのひげは、ほんの一ダースほどの毛がまばらに生えているのがふつうである」[17]。

アメリカ大陸の全体を通じて、特に老齢になったときには、男性にはひげがないと言ってもよいが、ほとんどすべての部族において、顔に少量の短い毛が生えてくる。北アメリカの部族に関して、カトラン（Catlin）は、二〇人中一八人の男性にはまったくひげと呼べるようなものはないと推定しているが、思春期にひげを抜いておかなかったような男性のなかには、ときどき、一、二インチ〔約二・五〜五センチメートル〕ほどの長さの柔らかいひげを持っている者がいる。パラグアイのグアラニー族は小さなひげを生やしており、体毛もいくらか発達している点で、周囲のすべての部族と異なる。しかし、彼らも頬ひげは生やしていない[18]。この問題について特に研究したD・フォーブス氏（Mr. D. Forbes）から聞いたところによると、コルディレラのアイマラ族とキチュア族は驚くほど体毛が少ないが、それでも、年をとると顎に少しばかり毛が生えてくるということだ。これら二つの部族の男性では、ヨーロッパ人ならたくさん毛が生えているからだの部分にほとんど毛がなく、女性にはその対応する部分にまったく生えていない。しかし、両性とも髪の毛は豊富にあり、ときには地面に届くまで伸びることもある。このことは、いくつかの北アメリカの部族にも同様に当てはまっている。髪の毛の量と全体的なからだの形とでは、アメリカの原住民たちは、他のほとんどの人種と比べて雌雄の差が小さい[19]。このことは、例えばチンパンジーではゴリラやオランウータンほどには雌雄差が大きくないように、いくつかのサル類で見られることと類似している[20]。

これまでの章で、哺乳類、鳥類、魚類、昆虫その他において、もともとは性淘汰によって雄のみが獲得したと考えるのに十分な理由のある形質が、両性にも伝えられることがあるのを見てきた。この同じ遺伝様式が、人間にも広く当てはまっているように見受けられるので、男性のみに見られる形質と、それ以外の、両性にともに見られる形質との両方を考察していけば、これ以上の無用なくり返しは必要ないであろう。

闘争の法則

例えばオーストラリア人のような未開な人間の集団では、同じ部族に属する個人の間でも、異なる部族間でも、女性が常に争いの原因となっている。疑いもなく、古代においてもそうであった。「ヘレネより以前から、女ほど忌まわしい争いの原因はない」〔原文ラテン語〕。北アメリカのインディアンでは、競争はシステムに取り込まれている。すぐれた観察家であるハーン（Hearne）は[21]、次のように述べている。「これらの人々の間では、男性どうしで自分の好きな女性をめぐって格闘を行うのが、昔からのしきたりである。そしてもちろん、最も強い方がその褒美を持ち去る。弱い男性は、すぐれた狩人であるか、みなに好かれているのでない限り、強者が目にとめるような女性を妻に持つことはめったに許されない。

この慣習はすべての部族で行われており、若者たちが子どものころから格闘の技と力を身につけようとする情熱の源泉となっている」。南アメリカのグァナスでは、二〇歳以上にならないと男性はめったに結婚できないが、それは、それ以前には競争者に勝てないからだとアザラ（Azara）は述べている。

似たような例はほかにもあげることができるが、たとえわれわれがこの点について何の証拠も持っていなかったとしても、高等な四手類との類似から[22]、人間の進化の初期の段階において、闘争の法則が広くはたらいていたことは、ほとんど確実と考えられるだろう。ときどき、現代人でも犬歯が他の歯よりも突出することがあり、歯隙と呼ばれる、反対側の犬歯を収めるための歯の間のすき間の痕跡が現れることがあるのは、人間の祖先が、現生の多くの四手類と同様に、そのような武器を持っていた状態への先祖返りの例だと考えて間違いないだろう[*4]。以前の章で、人間が徐々に直立するようになって以来、棒や石で闘うためやその他の目的のために不断に手と腕を使うようになるにつれ、顎と歯はだんだん使われなくなったのだろうと述べた。顎は、その筋肉とともに、使われないために縮小し、歯も、まだよくわかっていない相関の原理と成長の経済のために縮小していった。というのは、もう役に立たなくなったからだの部分は、大きさがだんだん小さくなっていくということは、どこにでも見られるからである。そのような段階を経て、もともと人類の雄と雌との間に存在した、顎と歯に関する性差は、最終的にはほとんど消えてしまったのだろう。それは、角が発達したために、犬歯がただの痕跡的な状態になってしまったか、まったくなくなってしまった、反爲動物と似たような例である。ゴリラやオランウータンの雌雄の頭骨の間に見られる大きな違いは、雄に巨大な犬歯が発達することと密接に関係しているので、人間の祖先の男性で顎と歯の大きさが縮小したことは、彼らの外見に非常に顕著な、そして好ましい変化をもたらしたと考えてよいだろう。

女性に比べて男性の方がからだが大きく、力が強いことは、肩幅が広く、筋肉がより発達しており、からだつきがごつごつしていること、より勇気があり、けんか好きであることとともに、主に現生の類人猿と同じような形質を持っていた人類の祖先から受け継いだものであることには、疑いの余地がないだろう。しかしながら、これらの形質は、人間がまだ野蛮な状態にとどまっていた長い間に、一般的な存続のための争いや、妻を獲得して多くの子を残すための闘争において、より強い男性やより大胆な男性が成功することで保持され、さらに増幅さえされてきたのだろう。男性の力の強さは、自分自身や自分の家族の生存のために男性が女性よりも一所懸命に働いたゆえに、その遺伝的効果によって第一に獲得されたとは考えられない。なぜなら、すべての未開人の社会では、女性も男性と同じくらいよく働かされているからである。文明人では、女性の所有をめぐって男性どうしが闘争に訴えることはとうの昔になくなってしまったが、一方で、一般に男性は女性よりもたがいの生存のためによく働かねばならなくなったので、その力の強さが保たれてきたのだろう。[*5]

両性の心的能力の差異について

この点における男性と女性の間の違いについては、性淘汰が非常に大きな役割を果たしてきた可能性が高い。研究者のなかには、そのような点で本質的な差があるのかどうか自体に疑問を持っている者がいることを私は承知しているが、他の第二次性徴を示している下等動物との類比から、少なくともそのようなことがあり得るとは考えられるだろう。誰も、雄ウシが雌ウシと、雄ブタが雌ブタと、雄ウマが雌ウマと、性格が異なることに反対しないだろうし、動物園の飼育係は、大型類人猿の雄の性格が雌とは違っていることをよく知っている。女性は、より優しくて自己犠牲的である点において、男性とは心的性質が異なるようだ。そして、このことは、有名なマンゴ・パークの旅行記の一節でよく知られ、他の旅行家たちの記述からも知られているように、未開人にもよく当てはまっている。女性は、母性本能のために、自分の子どもに対してこのような心情をふんだんに注ぎ、それゆえ、他人に対してもしばしば拡張してそれを示す。男性は、他の男性の競争者であり、競争を好み、それが野心を導いて、容易に利己的になりさがる。この後者の性質は、男性が自然に持って生まれた不幸と呼んでよいだろう。直観、素早い認知、そしておそらく模倣の能力は、男性よりも女性の方がすぐれていると一般に認められている。しかし、これらの能力のうちの少なくともいくつかは、野蛮な人種の特徴なので、過去においてまだ文明が低かった状態のものであるのかもしれない。

男性と女性の間の知的能力の主な違いは、深い思考、理性、想像力を必要とするものであれ、単なる感覚と手の動きを必要とするものであれ、どんな仕事においても、男性の方がすぐれた業績を上げることに現れている。詩、絵画、彫刻、作曲と演奏の両方における音楽、歴史、科学、そして哲学の各分野において、最もすぐれた男性と女性の二つのリストをつくり、それぞれ五、六人の名前をあげようとしても、比較にならないだろう。さらに、ゴールトン氏（Mr. Galton）がその著書『遺伝的天才（*Hereditary Genius*）』の中で明確に示した平均の逸脱の法則から、多くの活動に関して、男性が女性よりもなみはずれてすぐれたことができるのなら、男性の平均的な心的能力は女性のそれよりも高いと考えてよいだろう。[*6]

半分人間になりかけたころの人間の祖先や未開人では、何世代にもわたって、男性の間に女性の獲得をめぐる競争が続いてきた。しかし、単にからだが大きくて力が強いだけで、勇気、忍耐、強い意志の力が伴わなければ、勝利はもたらされなかったに違いない。社会性の動物では、若い雄は、自分が雌を獲得するまでにたくさんの競争をくぐり抜けねばならず、成熟した雄も、自分の雌を保持していくためには、常に新しい闘いを経なければならない。また、人間では、自分の女性や子どもをあらゆるたぐいの敵から守らねばならないだけでなく、自分たち全員の生存のために狩りをしなければならない。しかし、敵を避け、彼らを攻撃し、野生動物を狩り、武器を発明してつくり上げるためには、観察力、理性、発明の才、想像力などの高度な心的能力の助けが必要である。これらのさまざまな能力は、このようにして常に試練にさらされ、成人男性の間での強い淘汰にさらされてきたであろう。しかも、それは、人生のこの同じ時期に、特に使用によっても強化されてきただろう。そうだとすると、これまでしばしば出てきた原理に則って、主に男の子だけが対応する時期にそれを受け継ぐ傾向があるのかもしれない。

さて、まったく同じ心的能力を持っている二人の男性、または男性と女性が競争状態に置かれたとき、どちらか一方が、活力、忍耐、勇気の点でより恵まれていたなら、そちらの人間の方が、何をするにしてもすぐれたものを生み出し、勝利を得るだろう[23]。彼は天才と呼ばれるかもしれない。なぜなら、多くのすぐれた人々が天才は根気だと言っており、根気とはこの場合、何ものにも負けない、揺るがない忍耐力だからである。しかし、天才とはそれだけではないだろう。なぜなら、多くの活動において成功を収めるには、想像力、理性などの高度な心的能力が不可欠だからだ。これらの後者の能力は、前者の能力と同様、一部は性淘汰によって、すなわち競争者の男性どうしの競争を通して獲得されたものであり、一部は、存続のための一般的な争いにおける勝利を通して自然淘汰で獲得されたものであろう。そして、そのどちらの場合でも競争は成人に達してから起こるのであり、そのようにして獲得される形質は、女の子よりも男の子に、完全な形で遺伝したことだろう。心的能力は思春期に大きく変化すると多くの人々が認めていることや、宦官は一生にわたって、これらの能力において劣っているということは、心的能力が性淘汰によって変容されたり強化されたりしてきたという考えと合致するものである。こうして男性は、究極的に見ると、女性よりもすぐれた存在となった。実際、形質の両性に対する遺伝の法則が、哺乳類全体において広くはたらいていたことは幸運だったというべきだろう。そうでなければ、クジャクの雄が雌よりもずっと美しく飾られているように、男性の方が女性よりもずっと心的能力においてすぐれているようになってしまったことだろう。

生活史の遅くに、どちらかの性によって獲得された形質は、対応する年齢の同性にのみ受け継がれ、生活史の早い時期に獲得された形質は両性に同等に受け継がれるという二つの法則は、一般的には当てはまるものの、常になりたつわけではないことに注意せねばならない。もしも、それが常になりたつのなら、男の子と女の子の両方が初期の教育によって得た遺伝的効果は（しかし、この問題は、私のここでの議論の焦点からはずれてしまっている）、両性に同等に受け継がれたはずだと結論することになろう。そこで、現在両性間に見られる心的能力の違いは、早いうちに男の子と女の子に同じような教育を受けさせることによって消すこともできないし、また、初期のころの教育の受け方が違うために、この違いが生じているのでもないということになる。女性も男性と同じような能力の水準に達するためには、ほとんど成人に近くなったころに、活力と忍耐を身につけ、理性と想像力とを最高にまで発揮するように教育されるべきである。そうすれば彼女は、そのような能力を、主に自分の成人した娘に伝えることになるだろう。しかしながら、何世代にもわたって、このような能力にすぐれた女性が、結婚して他の女性よりも多くの子どもを育てることがない限り、女性全体をこのように育てることはできない。先に体力について指摘したように、男性はもはや妻を獲得するために力で闘争することはなく、そのような淘汰はかからなくなってしまったが、今でも自分や家族を養うためには、成人の期間を通じて激しく闘わねばならない。このことは、男性の心的能力を保ち、増加させさえするようにはたらいており、その結果、現在の両性間に見られる心的能力の不平等が生じているのだろう。[24]

声と音楽的才能

四手類の種のなかには、おとなの雄と雌との間に声の力強さと発声器官の発達とに大きな違いのあるものがあるが、人間も遠い祖先からこの形質を受け継いでいるようだ。男性の声帯は、女性または男児のそれよりもおよそ三分の一ほど長い。去勢すると、「声帯を長くすることに伴う甲状腺その他の発達が阻害される」[25]ので、下等動物と同じことが生じる。両性の間のこの違いの原因については、前章で指摘した、愛、嫉妬、怒りなどの興奮のもとで雄のサル類が発声器官を長く使用したことによる効果ということ以外につけ加えることはない。ダンカン・ギブ卿[26]（Sir Duncan Gibb）によると、人種ごとに声は異なるそうで、タタールや中国などの原住民では、他のほとんどの人種のようには、男性と女性の差が大きくないということである。

歌を歌うことや音楽に関する能力と嗜好は、男性の性的形質ではないが、ここで触れておかないわけにはいかない。動物が発する音には多くのさまざまな目的があるが、発声器官は主に繁殖のために使われ、そのために発達してきたと強く示唆される。昆虫とクモ類は自発的に音を発する最も下等な動物であるが、彼らは、美しい構造をした摩擦器官の助けによっていろいろな音を発し、それはたいてい雄のみに限られている。そうやって出される音は、すべての例において、同じ音階の音が何度もリズミカルにくり返されたものだと私は考えているが、(27)それは、ときには人の耳にも心地よいものである。それは主に異性を呼んで魅了するために使われており、なかにはそれだけのために使われている場合もある。

魚が出す音のなかには、繁殖期の雄のみによって出されるものもある。空気呼吸をしている脊椎動物はすべて、先端を閉じることのできるパイプを備えた、空気を吸ったり吐いたりする装置を持っている。そこで、この綱の動物の祖先が激しく興奮し、筋肉が強く収縮したときには、ほとんどと言っていいほど、意味のない音声が発せられたはずだ。そして、それが何らかの役に立つことがあれば、それに適した変異が保持されることによって、すぐにも変化していったに違いない。両生類は空気呼吸をする最も下等な脊椎動物であるが、それに属する多くの動物、すなわちカエル類は発声器官を持っている。彼らはそれを繁殖期になると絶えず使い、雌よりも雄の方がよく発達した器官を持っていることが多い。リクガメも雄だけが鳴くが、それは愛の季節に限られている。アリゲーターの雄も同じ季節にはよく吠える。鳥がどれほどよく発声器官を求愛の手段として使うかは誰もが知っていることだが、なかには楽器による音楽と呼べるような音を出すものもある。

ここで特に問題にしている哺乳類では、ほとんどすべての種類の雄が、他のどんな時期よりも多く繁殖期に声を使い、この季節以外にはまったく鳴かない種類もある。他の種のなかには、愛の鳴き声として両性の個体が鳴いたり、雌だけが鳴いたりするものもある。これらの事実と、四足獣のなかには一生にわたって、または繁殖期にのみ、雄の方が雌よりも発声器官がずっとよく発達しているものがあることを考慮すると、そしてほとんどの下等動物では、雄が発する音声は、雌を呼ぶだけでなく惹きつける役目も果たしていることを考慮すると、哺乳類の雄が雌を魅了するために声を使っているという証拠をわれわれがいまだに手にしていないのは、驚くべきことだろう。アメリカに生息するクロホエザル（*Mycetes caraya*）はおそらくその例外であり、それよりも人間に近い類人猿の一種であるアジールテナガザル（*Hylobates agilis*）がそうであろう。このテナガザルは、非常に大きくて、しかも音楽的な声を持っている。ウォーターハウス氏（Mr. Waterhouse）[28]は、以下のように述べている。「音階を上がったり下がったりするとき、私には、それがいつも半音階ずつの開きを持っているように思われた。そして、最も高い音が最も低い音とちょうど一オクターヴ異なることは確かである。その声の大きさを除けば、音は非常に音楽的で、すぐれたヴァイオリニストはテナガザルの作曲したものを正しく伝えることができるだろう」。ウォーターハウス氏は、そこでその音を記述している。音楽家でもあるオーウェン教授（Professor Owen）は、この記述に賛成し、「野蛮な哺乳類のうち、テナガザルだけが歌を歌うと言ってよいだろう」と述べている。彼らは、自分たちが歌い終わったあとは、たいへん興奮しているようだ。残念なことに、彼らの習性は野生状態でよく観察されていないが、他のほとんどすべての動物との類比をもとにすれば、彼らが特に繁殖期に歌を歌うということは、大いにあり得そうなことである。

音楽的な音階やリズムを楽しむとまではいかなくても、それを感知することは、おそらくすべての動物に共通なのだろうが、それは彼らの神経システムの生理的な特徴が共通であるからに違いない。自分ではどんな音を出すこともできない甲殻類でさえ、ある種の聴覚器官として働く毛を持っており、真の音楽的な音を聞かせるとそれが震えるのが観察されている[29]。特定の音を聞くと吠えるイヌがいることが知られている。アザラシは明らかに音楽を好むが、そのことは「古代からよく知られており、現在のアザラシ猟もそれを利用している」[30]。昆虫、両生類、鳥類の中で、雄が繁殖期の間に絶えず音楽的な音やリズミカルな音を出しているすべての動物では、雌はそれを理解することができ、それによって興奮させられたり魅了されたりすると考えねばならない。そうでなければ、雄がこれほどのエネルギーを費やすことと、しばしば雄だけが持っている複雑な構造とは、何の意味もないことになるだろう。

人間では一般に、器楽の基礎または起源は歌にあると考えられている。音楽を楽しむことも、音楽をつくり出す能力も、ともに人間の通常の生活に関して直接の役には立っていないので、これは人間に備わっている能力のなかでも最も不思議なものの一つに数えられるべきだろう。この能力は、それがたとえ粗野であったり隠されていたりしたとしても、最も未開な人種をはじめ、すべての人種に備わっている。しかし、人種が違うと音楽の趣味は非常に異なるので、われわれの音楽は未開人には何の喜びも与えず、彼らの音楽はわれわれには何の意味もないひどいものに感じられる。シーマン博士（Dr. Seeman）[31]は、この問題に関する興味深い指摘の中で、「しばしば、頻繁な親しい交流によって密接なつながりを持っている西ヨーロッパ国民の間でさえ、ある国の音楽が他の国の人間によって同じように解釈されているかどうかは疑わしい。東方へ旅行すると、明らかにそちらには異なる音楽の言葉がある。喜びの歌やダンスに伴う歌は、われわれのもののように長調ではもはやなく、常に短調になる」と述べている。半分人間になりかかっていた人間の祖先が、先に述べたテナガザルのように、音楽的な調べをつくり出したり、それを理解したりする能力を備えていたかどうかに関しては、かなり遠い昔から、その能力を備えていたと考えるに足る十分な理由があるだろう。歌と音楽は、きわめて古い芸術だからだ。詩は歌の子どもと考えられるが、これも非常に起源が古いので、文字で記録ができるようになってから生じたに違いないという意見に、多くの人は驚くだろう。

音楽の才能は、それをまったく欠くような人種は一つもないが、素早く、高度に発達させることができる。そのことは、ホッテントット人や黒人が、彼らの国ではわれわれが音楽と呼べるようなものを何も練習してこなかったにもかかわらず、すぐにも非常にすぐれた音楽家になることによく現れている。しかし、これは何も不思議なことではない。自然状態ではまったく鳴かない鳥のなかには、教えられれば簡単に鳴くようになる種類があるからだ。イエスズメは、こうしてムネアカヒワから歌を習う。この二つの種は近縁であり、ともに世界の鳴禽のほとんどが含まれている燕雀目に属しているので、スズメの祖先もさえずる鳥であった可能性はあり、たぶんそうだったのだろう。燕雀目とは異なるグループに属しており、発声器官のつくりもまったく異なるオウムのなかまが、話をすることを学ぶばかりでなく、人間がつくった曲をうたうこともできるというのは、それよりもずっと驚くべきことである。したがって、彼らも何らかの音楽的才能を備えているに違いない。それはともかくとして、オウムもさえずる鳥のなかまから進化したと仮定するのは、まったく早計というものだろう。もともとはある一つの目的のために適応した器官や本能が、何かまったく別の目的に使われることについては、多くの例をあげることができる[32]。そこで、未開な人種が高度に発達させることの可能な音楽的才能を備えていることは、半ば人間になった段階での祖先が、何らかの粗野な音楽を持っていたか、彼らが何か別の目的のために適切な発声器官を獲得していたかの、どちらかによるのだろう。しかし、この後者の場合には、先にあげたオウムの例や、他の多くの動物でそうであるように、すでに何らかのメロディに関する感覚を持っていたことを前提にせねばならない。

音楽はあらゆる感情を揺り動かすが、それ自体では、恐怖や怒りのような恐ろしい感情を引き起こすことはない。それは、優しさや愛など、もっと静かな感情を引き起こし、献身の感情にもつながる。それはまた、勝利や戦争の栄光のような感情もかき立てる。これらの力強い、さまざまに入り交じった感情は、崇高な感覚を呼び起こす。われわれは、シーマン博士が観察したように、何頁にもわたる文章よりも、一片の音楽に感情の強さを集約させることができる。雄の鳥が、雌を魅了するために、他の雄との競争において自分の歌を力の限り歌うときには、これと似たような、しかし、もっと弱い感情を感じているのだろう。われわれ人間の歌では、いまもって愛情が最もよく表現されるテーマである。ハーバート・スペンサーが指摘しているように、音楽は「われわれ自身が考えもつかなかったような、眠っていた感情、われわれもその意味を理解していない感情を呼び起こす。または、リヒター(Richter)が言うように、われわれが見たこともなく、見ることもないだろうようなものについて教えてくれる」[33]。それとは逆に、弁論、またはふだんのスピーチでも、感情がこもっているときには、自然に音楽的な抑揚やリズムがつくものである。サルたちも、怒りやいらだちは低い音程で、恐怖や苦痛は高い音程でというように、強い感情を異なる音程で表現する[34]。音楽や情熱的な弁士の抑揚によってわれわれのなかに呼び起こされる感覚やアイデアは、はっきりとはわからない、しかも深いところから生じてくるようで、遠い過去の感情や思考への精神的な先祖返りのようである。

音楽に関するこれらすべての事実は、音楽的調べやリズムは、半人間状態にあったころの人間の祖先が、それを、すべての動物たちが最も強い情熱で興奮する求愛の季節に使っていたと考えるなら、ある程度は理解できるようになるかもしれない。この場合、深く根を下ろした遺伝的な連合のために、音楽的調べは、曖昧ではっきりとしない形で、過去の強い感情を呼び起こすのだろう。四手類の雄のなかには、雌よりもずっと発声器官の発達しているものがあり、類人猿の一種には、完全な一オクターヴにわたる音楽的調べを力いっぱい歌うといってもよいほどのものがあることを考えれば、人間の祖先の男性、女性、または両性が、音節化した言語によってたがいの愛を表現する力を獲得する前に、すでに音楽的調べやリズムによってたがいを魅了していたというのは、あながちあり得ないことではないだろう。四手類が愛の季節にどのように音声を使うのかについてはほとんど知られていないので、人間の祖先の雄と雌のどちらが先に歌を歌う習性を獲得したのかについては、それを判断するための材料はないといってよい。一般に、女性の方が男性よりも甘い声を持っているので、そこから考えると、女性の方が先に、異性を惹きつけるために音楽的才能を獲得したと推測できるかもしれない。(35) しかし、もしそうならば、それは、人間の祖先が十分に人間らしくなって、女性を単なる役に立つ奴隷としてのみ扱い、評価するようになるよりもずっと前のことだったに違いない。情熱をこめた弁士、吟遊詩人、音楽家などが、その音楽的調べによって聞き手に強い感情を引き起こすとき、彼らが、人間の祖先がはるかな昔に、求愛と競争においてたがいの情熱を喚起させるために使っていたのと同じ手段を用いていることには、ほんの少しの疑いもないだろう。*7

人間の配偶の決定における美の影響

文明人の生活では、男性が妻を選ぶときには、それがすべてでは決してないが、女性の外見は大きな影響を与える。しかし、ここでは主に原始時代について考えているのであり、この問題に関して何らかの判断をするためにわれわれに手に入る唯一の資料は、現在の半文明化した未開人の習慣についての知識である。もしも、異なる人種に属する男性が、ある一定の形質をもった女性を好むことが示されれば、または逆に、女性がある一定の形質をもった男性を好むことが示されれば、そのような好みが何世代も続いた結果、その人種のどちらか一方の性、または両性に対して、何か意味のある影響が生み出されたのかどうかを検討せねばならないだろう。どちらかの性にのみ影響があるかどうかは、そこにはたらいている遺伝の様式に依存しているはずである。

未開人は、自分たちの個人的外見に多大な注意を払うということについて、[36]はじめに詳しく述べておく方がよいだろう。彼らが装飾品に目がないのは有名で、英国の哲学者のなかには、衣服はもともと装飾のために発明されたのであって、暖をとるためではなかったとまで考えている人がいるくらいである。ヴァイツ教授（Professor Waitz）は、「人は、どんなに貧しくみじめであっても、自分の身を飾ることに喜びを見いだす」と指摘している。南アメリカの裸のインディアンが、自分の身を飾るためにどれほど惜しみなく浪費するかは、「大の男が、二週間の労働で苦労して得たものを、自分のからだを赤く塗るためのチカと交換してしまう[37]」ことによく表されている。レインディア時代の古代ヨーロッパの未開人は、彼らがたまたま発見した美しいものや珍しいものは、すべて洞窟の中に持ち帰っていた。現在の未開人は、世界中どこでも、羽、ネックレス、腕輪、耳飾りなどで身を飾る。彼らは、実にさまざまなやり方でからだに色を塗る。フンボルトが観察したように、「からだに色を塗っている人々を、衣服を着ている人々と同じような視点で眺めてみれば、色を塗ることにも、衣服と同様に、最も豊富な想像力が注ぎ込まれ、最も気まぐれな変化がファッションをつくり上げていることがわかるだろう」。

アフリカのある地域では、まぶたを黒く塗り、他の地域では爪を黄色か紫色に塗る。多くの地域では、髪の毛をいろいろな色に染める。歯を赤、黒、青などに塗る地域もあり、マレー諸島ではイヌと同じような真っ白な歯を持っているのは恥だと思われている。北は北極地域から南はニュージーランドまでの間に、原住民がからだに刺青をする習慣を持っていない地域はない。この風習は、古代のユダヤ人もブリトン人も持っていた。アフリカでは、刺青をする部族もあるが、もっと広く見られるのは、からだのさまざまな場所に傷をつけ、そこに塩を擦り込んで肉を盛り上がらせることである。コルドファンとダルフールの住民は、これを「たいへん大きな個人的魅力だと考えている」。アラブ諸国では、頬、「またはこめかみに深い傷をつけるまで、美しさは完成しない[38]」。南アメリカでは、「母親が人工的な手段を使って、子どものふくらはぎをこの国でもてはやされている形に変形させなければ、その母親は子どもに対して恥ずべき無関心な態度を取っていると非難される」と、フンボルトが指摘している。旧世界および新世界には、昔、幼児のときに頭蓋を恐ろしく奇妙な形に変形させる習慣があったが、今でもそれを行っている地域はたくさんあり、このような奇形が装飾的だと見なされている。例えば、コロンビアの未開人は[39]、非常に平たくされた頭部が「美の本質である」と考えている。

　どこの国でも髪の毛には特別の注意を払っており、長く伸ばして地面につくまでにするところもあれば、「小さくまとめて縮らせた髷（まげ）にするのが、パプア人の誇りと栄光である[40]」というように、櫛でまとめるところもある。北アフリカでは、「男性が自分の髪の毛を完全なものにするまでには、八年から一〇年もかかる」。その他の国では頭を剃り、南アメリカとアフリカの一部では眉毛まで抜いてしまう。上ナイルの原住民は、野蛮な人種に似ていたくないという理由で、前歯四本を折ってしまう。さらに南へ行くと、バトカ族は上顎の切歯二本を折ってしまうが、リヴィングストン（Livingstone）が指摘しているように[41]、彼らは下顎が突出しているため、こうすると恐ろしい顔つきになる。しかし、彼らは上顎に切歯があるのは最も醜いことだと思っており、ヨーロッパ人を見ると、「あの大きな歯を見てごらん！」と叫んだ。大酋長のセビトゥアニは、この風習を変えさせようとしたが無駄だった。アフリカのさまざまな地域やマレー諸島の原住民は、切歯にやすりをかけて鋸の歯のようにしたり、それに穴を開けて飾り鋲をはめたりする。

われわれは顔の美しさを主に愛でるが、未開人も顔のいろいろな部分を切ったり、そこに穴を開けたりする。世界中どこでも、鼻中隔に穴を開けたり、もっと稀な例では鼻翼に穴を開けたりし、そこに輪、棒、羽その他の装飾を通すのが見られる。耳に穴を開けて、同様に飾ることも世界中で見られる。南アメリカのボトクードス族やレングアス族は、耳の穴を徐々に大きくしていくので、やがては耳の下の端が肩につくまでになる。南北アメリカとアフリカでは、上唇や下唇に穴を開けることもする。ボトクードス族が下唇に開ける穴は非常に大きく、そこに直径四インチ〔約一〇センチメートル〕にも達する木の板をはめこむ。マンテガッツァ（Mantegazza）は、南アメリカの原住民の男が、テンベータと呼ぶ、唇にはめている大きな色つきの木の切れ端を売ってしまったときに感じた恥ずかしさと、周りの人間のあざけりに関するおもしろい話を書いている。中央アフリカでは、女性が下唇に穴を開け、そこに水晶をはめるが、会話の最中の舌の動きとともに「唇がぶらぶら揺れるので、まったく滑稽な光景となる」。ラトゥーカ族の酋長の妻は、S・ベイカー卿（Sir S. Baker）に、彼の「妻は、前歯を四本折って下唇にとがった水晶をはめたら、もっとずっと美しくなるのに」と言った[42]。さらに南に下りると、マカロロ族は上唇に穴を開け、そこにペレレと呼ばれる大きな金属と竹でできた輪をはめこむ。「こうすると、ときには、唇の先端が鼻より二インチ〔約五センチメートル〕も前に突出することになり、ご婦人が微笑むと、筋肉の収縮のために、それは上方に跳ね上がって目を隠してしまう。『どうして女性は、こんなものをつけているのですか？』と、偉大な酋長のチンスルディに尋ねたところ、彼は、その質問のあまりの馬鹿馬鹿しさに驚いて、『もちろん美しいからだ！　あれは女性が持っている美しさの唯一のものだ。男性にはひげがあるが、女性にはない。ペレレがなければ、女性はどうなってしまうだろうか？　ひげがないのに男性のような口をしているなんて、まったく女ではない』と答えた[43]」。

からだの部分で、このような不自然な変容を免れている場所はほとんどないと言ってよいくらいだ。それをやり遂げるには何年もかかることが多いので、それが原因で生じる痛みや不幸はたいへんなものになるに違いない。それゆえ、それが絶対必要であるという感情は、非常に強いものなのだろう。その動機はさまざまである。男性は、戦争で自分自身を恐ろしく見せるためにからだに色を塗ることもあれば、ある種のからだの切断や切開は、宗教的儀式と結びついていることもある。または、それが思春期の年齢の印であることもあれば、男性の階級、部族の印であることもある。未開人では、同じやり方が長く続いて行われており[44]、からだの切断や切開は、最初にそれがどういう理由で始められたにせよ、すぐに珍重されるようになる。しかし、自画自賛、虚栄、他人からの賞賛は、最もよく見られる動機のようだ。刺青に関していえば、私は、ニュージーランドの宣教師から聞いたのだが、それをやめるように女の子たちに言うと、彼女たちは、「私たちは唇に何本かの線をつけなければなりません。でなければ、おとなになったとき、たいへん醜くなるでしょう」と答えたそうだ。ニュージーランド原住民の男性に関しては、それに関する最も有能な判断者が[45]、「顔にすてきな刺青をすることは若者たちの最も大きな望みであり、ご婦人たちに対して魅力的に見せることと、戦争で目立つことの両方の役割を果たしている」と述べている。アフリカの一部では、女性が額と顎に入れた星型の刺青は、堪えがたい魅力だと考えられている[46]。世界のすべてではないが、ほとんどの地域では、男性の方が女性よりもよく飾っており、しかも、しばしば非常に異なるやり方で飾っている。ときには、女性がほとんど何の飾りもつけていないこともあるが、それは稀な例である。未開人の女性は非常に多くの仕事をさせられており、一番よい食物は食べさせてもらえないので、彼女たちが美しい装飾を手に入れたり身につけたりすることを許されないのは、未開人の男性の典型的な利己心の現れと考えられる。最後に、先にあげた引用から明らかな通り、頭蓋を変形させたり、髪の毛を飾ったり、からだに色を塗ったり、刺青をしたり、鼻や唇や耳に穴を開けたり、歯を抜いたり、歯に穴を開けたりすることに関して、世界の最も離れた地方においても同じやり方が見られ、過去にもずっとそうであったということは、実に驚くべき事実である。これほど多くの異なる国の人々の間で行われているこのような習慣が、すべて何か共通の伝統から派生していると は、とても信じがたい。それよりも、これらは、どんな人種であれ人類はみな似たような心のはたらきを持っていることを示しているのであり、それは、踊り、仮装、粗野なしぐさをしたりすることが、どこにでも見られるのと同じなのだろう。

未開人が、さまざまな装飾や、われわれの目には非常に醜く見えるからだの変形に対して示す賞賛について、これらの暫定的な指摘をしておいたので、次に、男性はどの程度女性の外見によって惹かれるものであり、彼らの美の概念はどんなものであるのかを検討することにしよう。未開人は彼らの女性の美に対してまったく無関心であり、奴隷としてのみ評価するという主張がなされるのを聞いたことがあるので、この主張は、女性が自分たちを飾るためにどれほどの注意を払うかということや、彼女たちの虚栄心の強さとは、まったく相容れないものであるということを指摘しておくのがよいだろう。バーチェル（Burchell）[47]は、あるブッシュマンの女性が油や赤い染料や輝くパウダーをあまりにもたくさん使うので、「どんなに金持ちの夫でも破産してしまうくらいだった」という、おもしろい話について書いている。彼女はまた、「虚栄心が強く、自分の美しさをよく知っているようだった」。ウィンウッド・リード氏は、西アフリカの海岸の黒人は、しばしば女性の美について話していると私に教えてくれた。あるすぐれた観察家は、よく行われている恐ろしい慣習である子殺しの理由の一部は、女性が自分の美しさを損ないたくないためだと述べている。[48] いくつかの地域では、女性は男性を魅了するためにお護りを身につけたり、愛の媚薬をつけたりする。ブラウン氏は、北西アメリカの女性がこのような目的に使っている植物を四種類も挙げている。[49]

アメリカ・インディアンと何年も生活をともにした、すぐれた観察家であるハーン (Hearne)[50] は、女性について、「北方インディアンにどんな人が美人なのかと聞けば、彼は、幅の広い平たい顔、小さな目、高い頬骨、両側の頬に走る三、四本の太い黒い線、低い額、大きな広い顎、ぎごちないかぎ鼻、薄茶色の皮膚、そして、ベルトの下まで垂れる乳房と答えるだろう」と述べている。中国北部を訪れたパラス (Pallas) は、「ここでは、満州型をした女性が好まれる。つまり、幅の広い顔、高い頬骨、非常に幅の広い鼻、そして巨大な耳である」[51] と述べている。フォークト (Vogt) は、中国人や日本人に特徴的なつり目は、「紅毛の未開人の目と対比して、その美しさを強調するかのように」、特に彼らの絵画では誇張して描かれていると指摘している。ユック (Huc) がくり返し述べているように、奥地の中国人がヨーロッパ人の白い皮膚と高い鼻を恐ろしく醜いと考えているというのは有名な話である。セイロン人の鼻は、われわれからすれば少しも高すぎるとは思わないが、「モンゴル人の平たい顔に慣れていた七世紀の中国人は、シンハリ人の高い鼻に驚き、ツァンは彼らを、『鳥のくちばしと人間のからだを持つもの』と描写している」。

フィンレイソン (Finlayson) は、中国のコーチン地方の人々について詳しい描写を行ったあと、丸い頭と丸い顔は彼らの主要な特徴であると述べ、「全体の丸い感じは女性の方が強く、女性の顔は丸ければ丸いほど美しいと思われている」とつけ加えている。シャム人は、小さな鼻、大きく開いた鼻孔、大きな口、どちらかというと厚い唇、驚くほど大きな顔、非常に高くて幅の広い頬骨を持っている。それゆえ、「われわれの美の基準は、彼らとは縁のないものだ。それでも、彼らは、自分たちの女性の方がヨーロッパ人の女性よりもずっと美しいと考えている[52]」と聞かされても驚くにはあたらない。

ホッテントットの女性は、臀部が非常に突き出ていることがよく知られている。それは脂臀と呼ばれており、アンドルー・スミス卿は、この奇妙な特徴が男性に非常に好まれているのを確かめている[53]。彼はかつて、美人だと思われている女性に出会ったことがあったが、彼女の臀部はあまりにも大きく発達していたので、平らな地面に座ると、どこか斜めに傾いた地面のところまで自分を押していかない限り、立ち上がることができなかった。いくつかの黒人の部族の女性は同じような特徴を持っており、バートン（Burton）によれば、ソマリア人の男性は「女性を一列に並べて妻を選ぶが、なかでも最も臀部が後ろに突き出た女性を好み、黒人にとって、そうでない女性ほど嫌うべきものはなかった[54]」ということである。

色に関しては、マンゴ・パークの白い皮膚と高い鼻を見た黒人たちは、その両方が「非常に不自然で醜い」と言ってあざけった。彼自身は、黒人たちの真っ黒な皮膚と、鼻が愛らしく低いことを賞賛した。彼らはそれを「甘言」と呼んだが、それでも彼に食物を与えた。アフリカのムーア人も、彼の白い肌を見て「眉をひそめ、驚いた」ようだ。東海岸では、バートンを見た黒人の男の子が、「この白い人間を見てごらん、白い類人猿みたいだよ」と叫んだ。西海岸では、ウィンウッド・リード氏が私に教えてくれたところによると、黒人たちは、薄い色の皮膚よりも真っ黒な皮膚の方を賞賛するということである。しかし、彼らが白い皮膚を怖がる理由の一部は、同氏によると、多くの黒人たちが、悪魔や精霊は白いと信じていることによるのかもしれない。

アフリカ大陸のもっと南に住んでいるバニャイは、黒人であるが「ほとんどの人がミルクコーヒーのような色をしており、その国中で、この色が最も魅力的だと思われている」。つまり、ここでは好みの基準が異なっている。黒人とはかなり異なるカフィール人は、「デラゴア湾の近くに住んでいる部族を除いて、皮膚の色はふつうは黒ではなく、黒と赤の混合、チョコレート色がほとんどである。このような濃い色が最もよく見られ、それらが最も賞賛されている。カフィールにとっては、皮膚の色が薄い、白人のようだなどと言われるのは、ひどく悪い評価である。ある一人の男性は非常に皮膚の色が薄かったため、不幸にも誰とも結婚できなかったそうである」。ズールー族の王の称号の一つは、「汝、黒き者」である(55)。ゴールトン氏は、南アフリカの部族に関して、彼らの美の概念はわれわれのそれとは大いに異なるようで、ある部族に二人の痩せて華奢なからだつきをした可愛らしい娘がいたが、現地人は誰も魅力を感じていないようだったと話してくれた。

では、世界の異なる地方に目を向けてみよう。プファイファー夫人（Madame Pfeiffer）によると、ジャワでは、肌の白い女性ではなく黄色い女性が美しいとされているということだ。中国のコーチン地方の男性は、「英国大使夫人のことを、イヌのような白い歯を持ち、ジャガイモの花のようなピンク色をしていると軽蔑をこめて話した」。中国人がわれわれの白い皮膚を好まず、北アメリカ人が「黄褐色の肌」を好むことはよく知られている。南アメリカのユラカラ族は、コルディレラ山系の東の湿った斜面に住んでいるが、彼らの皮膚は驚くほど色が薄い。彼ら自身の言語で自分たちを呼ぶ言葉に、そのことはよく表されている。それにもかかわらず、彼らは、ヨーロッパ人の女性は自分たちの女性よりもずっと劣っていると考えている(56)。

北アメリカのいくつかの部族では、髪の毛が驚くほど長く伸びる。カトランは、彼らがそれをどれほど高く評価しているかを示す奇妙な証拠を記述している。クロー族の酋長は、部族のなかで最も長い髪を持っていたからこそ、その地位に選ばれたのだそうだが、彼の髪は一〇フィート七インチ〔約三・二三メートル〕もあった。南アメリカのアイマラ族とキチュア族も、同様の長い髪を持っており、D・フォーブス氏が教えてくれたところによると、彼らはそれをたいへんな魅力と考えているので、髪を切ってしまうことは、彼らに対する最も厳しい罰としてはたらくということだ。この両大陸のどちらにおいても、原住民のなかには、髪の毛に繊維質のものを編み込むことで、それをもっと長く見せるものがある。頭部の髪の毛はこのように賞賛されるが、北アメリカのインディアンたちは、顔の毛を「非常に下品」なものと考えるので、慎重に抜き去ってしまう。この習慣は、北はヴァンクーヴァー諸島から、南はティエラ・デル・フェゴに至るまで、アメリカ大陸のすべてに広く見られる。ビーグル号に乗船していたフェゴ島人のヨーク・ミンスターが自分の国に帰ったときには、現地人は彼に、ほんの少ししかない顔の短い毛を全部抜いてしまうべきだと言った。彼らはまた、しばらくの間彼らとともに残されていた若い宣教師を裸にし、からだと顔の毛を全部抜いてしまうと威(おど)したが、彼は、実は、毛深いというにはほど遠い人間だったのだ。この好みはパラグアイのインディアンでは極限まで推し進められており、彼らは、ウマのように見えるのはいやだということで、眉毛も睫毛も抜いてしまう[57]。

世界中のどこでも、ひげがほとんど生えない人種は、からだや顔の毛を嫌い、苦労してそれを全滅させようとするというのは、たいへんおもしろいことだ。カルマック人にはひげがなく、彼らもアメリカ・インディアンと同様に、いくらかでもある毛を全部抜いてしまう。それは、ポリネシア人、マレー人の一部、シャム人でも同じである。ヴェイチ氏（Mr. Veitch）は、日本の女性は、「われわれの頬ひげを嫌い、非常に醜いと言って、われわれにそれを全部剃って日本の男性のようになれと言った」と述べている。ニュージーランド人にもひげがないが、彼らは、「毛深い男に女は来ない[58]」ということわざを持っている。

一方、ひげの生える人種はひげを賞賛し、大きな価値をおく。アングロ＝サクソン人の間では、「ひげを失った場合には二〇シリング、大腿骨を折った場合にはたった一二シリング[59]」というように、からだのどの部分も法律によって価格がつけられていた。東方では、男性はおごそかにひげにかけて誓う。アフリカのマカロロ族の酋長であるチンスルディが、ひげは最も素晴らしい装飾だと考えていることについては、すでに述べた通りである。太平洋のフィジー島人は、ひげが「たくさんあってもじゃもじゃしている」が、それが彼らの誇りである」。一方、その近くのトンガやサモア諸島の住民には「ひげがなく、ひげの生えた顎を非常に嫌う」。エリス諸島の一つの島だけでは、「男性はひげが濃いが、彼らはそれを少なからず自慢にしている」[60]。

このように、人種が異なると美しさの好みがどれほど異なるかを見てきた。彼らの神や、神格化された支配者の像をつくったりするほど進んでいる国では、彫刻家たちは、疑いもなく、彼らが考える理想の美と栄光をそこに表現してきた[61]。この観点からすると、ギリシャのジュピターやアポロを、エジプトやアッシリアの彫像と比較してみるのがよいだろう。そして、それを、中央アメリカの廃虚に残されている、恐ろしい浅浮き彫りの像と比較してみるのがよかろう。

私は、以上の結論に対する反論に出会ったことはほとんどない。しかしながら、アフリカ西海岸の黒人のみならず、内陸地方の黒人で、ヨーロッパ人とつきあったことのまったくない人種についても多くの観察の機会に恵まれたウィンウッド・リード氏は、彼らの美の感覚は、われわれのものとだいたいにおいて同じであると確信している。彼はしばしば、現地人の少女の美しさについて黒人たちと意見が一致したし、彼らのヨーロッパ人女性の評価は、われわれのものと一致したのである。彼らは、長い髪を好み、人工的な手段を使って、髪が豊富にあるように見せかける。彼らはまた、自分たちにはひげがほとんどないにもかかわらず、ひげを賞賛する。リード氏は、どのような形の鼻が好まれるのかはよくわからなかった。彼は、ある少女が「彼とは結婚したくないわ、鼻がないんだもの」と言うのを聞いたが、これは、平べったくて低い鼻は賞賛の対象ではないことを示しているのだろう。しかしながら、西海岸の黒人の非常に幅の広い鼻と突き出た顎は、アフリカ住民のなかでは例外的だということを心にとめておくべきである。これまでにあげた事実はさておき、リード氏は、黒人たちが、「単に肉体的な魅力という理由によって、きれいな黒人女性よりも、最も美しいヨーロッパ人の女性の方を好む」[62]ことはないだろうと述べている。

人は、それが何であれ自然が自分たちに与えた性質を賞賛し、しばしばそれを強調しようとするという、かなり昔にフンボルト（Humboldt）[63]が主張した原理が真実であることは、さまざまな点から示されている。ひげのない人種がひげをすべて取り去ろうとし、一般に体毛を全部取り去ろうとするのは、それをよく示す一例である。多くの国では、過去においても現在でも、頭蓋を大きく変形させることが行われてきたが、特に南北アメリカ大陸では、これが何らかの自然に存在する好ましい特徴を誇張するためのものであることに疑いはないだろう。多くのアメリカ・インディアンが、われわれからみれば白痴ではないかと思われるほど平らになった頭部を好ましいと思うことは、よく知られている。北西海岸の住民は、頭部を圧縮してとがった円筒状にするが、そうしたうえで、そのてっぺんに髪の毛を集めて髷をつくるのが、彼らの常に行ってきた習慣である。それは、ウィルソン博士（Dr. Wilson）が指摘しているように、「好ましい円筒形をさらに強調するためなのである」。アラカンの住民は、「広くてなめらかな額を好むが、そのような額にするために、新生児の頭に鉛の板をくくりつける」。一方、フィジー島の原住民には、「幅が広くて丸い後頭部が、たいへん美しいと思われている」[64]。

頭蓋と同様、鼻も変形される。アッティラの時代の古代フン族は、「その自然の性質を誇張するために」、乳幼児の鼻に包帯を巻く習慣があった。タヒチ人にとっては鼻が高いと呼ばれるのは侮辱であり、彼らは子どもを美しくするために、その鼻と額を押しつぶす。それは、スマトラのマレー人、ホッテントット人、黒人の一部、ブラジルの原住民でも同じである[65]。中国人はもともと足が非常に小さいが、上流階級の婦人が足を変形させてさらに小さくすることはよく知られている[66]。最後に、フンボルトは、アメリカ・インディアンが自分たちのからだを赤い色に塗るのを好むのは、彼らの自然の色を強調するためだと考えており、ヨーロッパ人の女性も、つい最近まで、自分たちの自然の鮮やかさに、赤や白の化粧品をつけ加えていたと述べている。しかし、私は、多くの未開人が、自分たちのからだに色を塗ることに対して、そのような意図を持っているかどうかは疑わしいと考えている。

われわれ自身の服装の流行に関しては、同じ原理と同じ欲望が、極限にまで推し進められた形態を見ることができる。われわれはまた、同じタイプの自己満足も示している。しかし、未開人の流行の方が、われわれのものよりもずっと長続きしているが、彼らは自分たちのからだ自体を変形させるのであるから、それはそうでなければならないだろう。上ナイルのアラブ婦人は、髪の毛を結うのに三日もかける。彼らは他のどんな部族のまねもしないが、「自分自身のスタイルの優越性をめぐって、たがいに競争している」。アメリカのさまざまな部族で行われている頭蓋の扁平化について、ウィルソン博士（Dr. Wilson）は、「このような習慣は撲滅するのが非常に困難であり、王朝を倒す革命の衝撃よりも長続きして、その国民のもっと重要な特徴に目が行かないようにしてしまう」[67]と述べている。同じ原理は人為淘汰のやり方にも大いにはたらいており、私が他の場所で述べたように[68]、単に装飾的な価値のために育てられてきた驚くほど多くの動物や植物の品種の存在は、そのようにして初めて理解することができる。愛好家たちは常に、それぞれの特徴をもう少し増幅させようとしてきた。彼らは中庸を好まず、自分の品種の特徴が急激に大きく変化することも望んでいない。彼らは、自分が見慣れているものが好きだが、常にそれらの特徴がもう少しよく発達している方を好むのである。

人間と下等動物の感覚能力が、鮮やかな色彩や、ある特定の形、そして音楽的な調べやリズムに対して喜びを感じ、それを美しいと呼ぶようにできていることに疑いはない。しかし、なぜそうなのかは、なぜある種の体性感覚は心地よく、他の種の感覚は心地よくないのかと同様、ほとんどわかっていない。人間のからだの美しさについて、人々の心の中に美の普遍的な基準があるとするのは、確かに間違いである。ある種の趣味は、時代を経て遺伝されてきたのかもしれないが、それを支持する証拠は、私は知らない。そして、もしそうなら、それぞれの人種は、それぞれに固有の美の理想的基準を本能的に備えていることになる。下等動物の構造に近づくほど、それらは醜いと感じられるようになると論じられてきた[69]。より文明化した国民が知性を高く評価するという点ではそれは当てはまっているかもしれないが、鼻が今の二倍も高かったり、目が今の二倍も大きかったりしても、何ら下等動物への接近ではないが、やはり非常に醜いと感じられるに違いない。どの人種も自分たちが見慣れたものを好むのであり、大きな変化にはついていけない。しかし、人は多様性を好み、どんな形質も、許容範囲内で極限にまで誇張されたものを好む。[70]卵形の顔、目鼻立ちの整っている顔、明るい色の顔に慣れている男性は、われわれヨーロッパ人がよく知っているように、そのような点が強調された顔を好む。一方、幅が広く、頬骨が高く、鼻が低く、色の黒い顔に慣れている男性は、そのような特徴が強調された顔を好むのである。これらの諸特徴が、美しいというにはほど遠いまでに強調されることがしばしばあるのは事実だ。そこで、完全な美においては、多くの形質がある特定のやり方で変容されている必要があり、それは、どの人種においてもめったにないものなのだろう。偉大な解剖学者であるビシャ(Bichat)が、かなり昔に指摘している通り、もしも誰もが同じ鋳型でつくられているのであれば、美などというものはなかったに違いない。われわれの女性のすべてがメディチのヴィーナスのように美しかったなら、われわれは、一時は見とれるかもしれないが、すぐに変化を求めるようになるはずだ。そして、変化が得られた途端、われわれは、ふつうの標準を少しばかり越えて誇張した特徴を持った女性を見たがるようになるだろう。[*8]

原注

(1) Schaaffhausen（シャーフハウゼン）, 'The Anthropological Review,' October, 1868, Translation, pp. 419, 420, 427.

（2） Ecker（エッカー）, 'The Anthropological Review,' October, 1868, Translation, pp. 351-356. 男性と女性の頭骨の形態の比較については、ヴェルカーが注意深く追試している。

（3） Ecker and Welcker（エッカーとヴェルカー）, ibid., pp. 352, 355; Vogt（フォークト）, 'Lectures on Man,' English translation, p. 81.

（4） Schaaffhausen（シャーフハウゼン）, 'Anthropological Review,' October, 1868, p. 429.

（5） プルナー＝ベイ（Pruner-Bey）。フォークト（Vogt）の'Lectures on Man,' English translation, 1864, p. 189 に黒人の乳児に関して引用。ウィンターボトムとカンパー（Winterbottom and Camper）による黒人の乳児に関するさらに詳しい事実については、ローレンス（Lawrence）の'Lectures on Physiology,' &c., 1822, p. 451 を参照。グアラニー族の乳児については、レンガー（Rengger）の'Säugethiere,' &c., S. 3 を参照。ゴドロン（Godron）の'De l'Espèce,' tome 2, 1859, p. 253 も見よ。オーストラリア人については、ヴァイツ（Waitz）の'Introduct. to Anthropology,' English translation, 1863, p. 99.

（6） Rengger（レンガー）, 'Säugethiere,' &c., 1830, S. 49.

（7） カニクイザル（デマレスト（Desmarest）による'Mammalogie,' p. 65）や、アジールテナガザル（ジョフロワ・サン＝ティレールとF・キュヴィエ（Geoffroy St.-Hilaire and F. Cuvier）による'Hist. Nat. des Mamm.,' 1824, tome 1, p. 2）。

（8） 'Anthropological Review,' October, 1868, p. 353.

（9） ブライス氏は、われわれ人間のひげが年とともに白くなるように、年をとるにつれてサル類の顎ひげ、頬ひげ、その他が白くなる例は一つも見たことがないと教えてくれた。しかし、長い間飼育されていたカニクイザル（*Macacus cynomolgus*〔現在の学名は *Macaca fascicularis*〕）では、それが起こったことがあり、彼の口ひげは「非常に長くて人間のひげのようであった」。この年老いたサルは、あるヨーロッパの国王に滑稽なほどよく似ていたので、そのようなあだ名で呼ばれていた。人種のなかには、髪の毛がほとんど白くならないものもある。例えば、フォーブス氏は、南アメリカのアイマラ族やキチュア族では、そのような人を見たことがないと述べている。

(10) テナガザルの何種かの雌ではそうである。ジョフロワ・サン＝ティレールとF・キュヴィエ (Geoffroy St.-Hilaire and F. Cuvier) の 'Hist. Nat. des Mamm.,' tome 1を参照。シロテテナガザルに関しては、'The Penny Cyclopedia,' Vol. 2, pp. 149, 150も参照。

(11) これらの結果は、K・シェルツェル博士とシュワルツ博士 (Drs. K. Scherzer and Schwarz) の計測から、ワイスバッハ博士 (Dr. Weisbach) が導きだしたものである。'Reise der *Novara*: Anthropolog. Theil,' 1867, S. 216, 231, 234, 236, 239, 269を参照。

(12) 'Voyage to St. Kilda' (3rd edition, 1753), p. 37.

(13) Sir J. E. Tennent (J・E・テネント卿), 'Ceylon,' Vol. 2, 1859, p. 107.

(14) Quatrefages (カトルファージュ), 'Revue des Cours Scientifiques,' August 29, 1868, p. 630; Vogt (フォークト), 'Lectures on Man,' English translation, p. 127.

(15) 黒人のひげに関しては、Vogt (フォークト), 'Lectures,' &c., ibid., p. 127; Waitz (ヴァイツ), 'Introduct. to Anthropology,' English translation, 1863, Vol. 1, p. 96を参照。合衆国では ('Investigations in Military and Anthropological Statistics of American Soldiers,' 1869, p. 569)、純粋の黒人もその混血の子孫も、ヨーロッパ人と同じくらい毛深いというのは驚くべきことである。

(16) Wallace (ウォレス), 'The Malay Arch.,' 1869, Vol. 2, p. 178.

(17) 太平洋諸島の人種に関しては、J・バーナード・デイヴィス博士 (Dr. J. Barnard Davis) の 'Anthropological Review,' April, 1870, pp. 185, 191を参照。

(18) Catlin (カトラン), 'North American Indians,' 3rd edition, 1842, Vol. 2, p. 227. グアラニー族に関

しては、アザラ (Azara) の'Voyages dans l'Amérique Mérid.,' tome 2, 1809, p. 58. また、Rengger (レンガー), 'Säugethiere von Paraguay,' S. 3.

(19) アガシー教授夫妻 (Prof. and Mrs. Agassiz) は ('A Journey in Brazil,' p. 530)、アメリカ・インディアンの男女は、黒人や高等な人種の男女よりも性差が少ないと指摘している。グアラニー族については、レンガー (Rengger) の ibid., S. 3 も参照。

(20) Rütimeyer (リューティマイヤー), 'Die Grenzen der Thierwelt: eine Betrachtung zu Darwin's Lehre,' 1868, S. 54.

(21) 'A Journey from Prince of Wales's Fort,' 8 vo. edition, Dublin, 1796, p. 104. J・ラボック卿 (Sir J. Lubbock) は ('The Origin of Civilisation,' 1870, p. 69)、北アメリカにおける他の似たような例を挙げている。南アメリカのグァナスについては、アザラ (Azara) の'Voyages,' &c., tome 2, p. 94.

(22) ゴリラの雄どうしの闘争については、サヴェッジ博士 (Dr. Savage) の'Boston Journal of Nat. Hist.,' Vol. 5, 1847, p. 423 を参照。ハヌマンラングール (*Presbytis entellus*) については、'Indian Field,' 1859, p. 146 を見よ。

(23) J・ステュアート・ミル (J. Stuart Mill) ('The Subjection of Women,' 1869, p. 122) は、「男性が女性よりも最もすぐれているのは、一つの思考を骨折ってじっくり考えていくことだ」と述べている。これが、エネルギーと忍耐でなくてなんであろう?

(24) フォークト (Vogt) の観察が、この問題と関連している。彼は「頭蓋容量における性差が、人種が発達するほどに大きくなるというのは、非常に興味深いことである。すなわち、ヨーロッパ人の男性が女性よりも頭蓋容量が大きい度合いは、黒人の男性が女性を上回る度合いよりも大きい。フシュケがこう述べていることを、ヴェルカーは、黒人とドイツ人の頭骨の計測で確認している」と述べている。しかし、フォークトは、この点に関してはさらなる研究が必要だと認めている ('Lectures on Man,' English

translation, 1864, p. 81)。
(25) Owen（オーウェン）, 'On the Anatomy of Vertebrates,' Vol. 3, p. 603.
(26) 'Journal of the Anthropolog. Soc.,' April, 1869, pp. lvii and lxvi.
(27) Dr. Scudder（スカッダー博士）, "Notes on Stridulation," 'Proc. Boston Soc. of Nat. Hist.,' Vol. 11, April, 1868.
(28) W・C・L・マーティン（W. C. L. Martin）の'A General Introduct. to the Nat. Hist. of Mamm. Animals,' 1841, p. 432に引用。Owen（オーウェン）, 'On the Anatomy of Vertebrates,' Vol. 3, p. 600.
(29) Helmholtz（ヘルムホルツ）, 'Théorie Phys. de la Musique,' 1868, p. 187.
(30) Mr. R. Brown（R・ブラウン氏）, 'Proc. Zoo. Soc.,' 1868, p. 410.
(31) 'Journal of the Anthropolog. Soc.,' October, 1870, p. clv. 未開人の慣習についての素晴らしい記述を含む、ジョン・ラボック卿（Sir John Lubbock）の'Pre-historic Times,' 2nd edition, 1869の終わりの方の数章を参照。
(32) この章が印刷に出されてから、私は、チョーンシイ・ライト氏（Mr. Chauncey Wright）による貴重な論文に出会った（'The North Amer. Review,' October, 1870, p. 293）。彼は上記の問題を論じるにあたって、以下のような指摘を行っている。「自然には究極的な法則または統一性があり、ある一つの有効な力を獲得すると、多くの利益がもたらされるとともに、実際に、または潜在的に、ある種の不利益ももたらされるという例は数多く見られ、有効性の原理がはたらいていることが明らかではない場合もある」。本書の第二章で私が示そうとしたように、この原理は、人間がその心的能力のいくつかを獲得したことに関して重要な意味を持っている。
(33) ハーバート・スペンサー氏（Mr. Herbert Spencer）による'Essays,' 1858, p. 359の、音楽の起源と機能に関する興味深い議論を参照。スペンサー氏は、私が到達したのとはまったく正反対の結論に到達した。彼は、感情的なスピーチで採用される音楽的響きをもとに音楽が発達したと考えているが、私は音楽的音階やリズムこそが、人間の祖先の男女によって、異性を惹きつけるために獲得されたのだと考えている。音楽的な調子は、動物が感じることのできる最も強い情熱としっかり結びつくようになったため、スピーチの中で強い感情が表現されるときには、連合によって、本能的に使われるようになったのである。スペンサー氏も私も、なぜ、人間においても下等動物においても、高い音または低い音が特定の感情を表すのに使われるのか、納得のいく説明は提出できずにいる。スペンサー氏はまた、詩と叙唱と歌の間の関係について、興味深い考察を行っている。

(34) Rengger（レンガー）, 'Säugethiere von Paraguay,' S. 49.

(35) ヘッケル（Häckel）による、この問題に関する興味深い議論を参照（'Generelle Morph.,' Bd. 2, 1868, S. 246）。

(36) 世界中で未開人がどのように自分の身を飾るのかについての、詳しい、最良の著作は、イタリアの旅行家であるマンテガッツァ教授（Prof. Mantegazza）による 'Rio de la Plata e Tenerife, Viaggi e Studi,' 1867, pp. 525-545 である。これ以後のすべての記述は、他の出典が記されていない限り、この本からの引用である。また、ヴァイツ（Waitz）の 'Introduct. to Anthropolog.,' English translation, Vol. I, 1863, p. 275 なども参照。ローレンス（Lawrence）は、彼の 'Lectures on Physiology,' 1822 の中に多くの例をあげている。本章が書かれてから、J・ラボック卿（Sir J. Lubbock）が 'Origin of Civilisation,' 1870 を出版したが、そこには、ここで論じていることに関連した興味深い章が含まれている。そこから私は、未開人が自分の歯や髪に色を塗ったり、歯に穴を開けたりするという事実を引用した（pp. 42, 48）。

(37) Humboldt（フンボルト）, 'Personal Narrative,' English translation, Vol. 4, p. 515. からだに色を塗ることにあらわされる想像力に関しては p. 522. 足のふくらはぎを変形させることについては p. 466 を参照。

（38）'The Nile Tributaries,' 1867; 'The Albert N'yanza,' 1866, Vol. 1, p. 218.

（39）Prichard（プリチャード）, 'Phys. Hist. of Mankind,' 4th edition, Vol. 1, 1851, p. 321に引用。

（40）パプア人については、ウォレス（Wallace）の'The Malay Archipelago,' Vol. 2, p. 445. アフリカ人の髪形については、S・ベイカー卿（Sir S. Baker）の'The Albert N'yanza,' Vol. 1, p. 210.

（41）'Missionary Travels,' p. 533.

（42）'The Albert N'yanza,' 1866, Vol. 1, p. 217.

（43）Livingstone（リヴィングストン）, 'British Association,' 1860. 'Athenaeum,' July, 1860, p. 29に寄せられたレポートも参照。

（44）S・ベイカー卿（Sir S. Baker）は（ibid., Vol. 1, p. 210）、中央アフリカの原住民について、「どの部族も、自分たちの髪を飾るそれぞれのやり方を変わらずに持ち続けている」と述べている。アマゾンのインディアンの刺青の仕方が変わらないことについては、アガシー（Agassiz）（'A Journey in Brazil,' 1868, p. 318）を参照。

（45）Rev. R. Taylor（R・テイラー師）, 'New Zealand and Its Inhabitants,' 1855, p. 152.

（46）Mantegazza（マンテガッツァ）, 'Viaggi e Studi,' p. 542.

（47）'Travels in the Interior of S. Africa,' 1824, Vol. 1, p. 414.

（48）引用文献に関しては、Gerland, 'Über das Aussterben der Naturvölker,' 1868, S. 51, 53, 55. アザラ（Azara）の'Voyages,' &c., tome 2, p. 116.

（49）北西アメリカ・インディアンが使っている植物性の物質については、'Pharmaceutical Journal,' Vol. 10.

（50）'A Journey from Prince of Wales's Fort,' 8 vo. edition, 1796, p. 89.

(51) プリチャード (Prichard) が'Phys. Hist. of Mankind,' 3rd edition, Vol. 4, 1844, p. 519に引用。フォークト (Vogt) の'Lectures on Man,' English translation, p. 129. シンハリ人に対する中国人の意見については、E. Tennent (E・テネント), 'Ceylon,' Vol. 2, 1859, p. 107.

(52) プリチャード (Prichard) が'Phys. Hist. of Mankind,' Vol. 4, pp. 534, 535で引用したクローファードとフィンレイソン (Crawfurd and Finlayson)。

(53) 「同じ高名な旅行家は、私に、女性の前垂れまたは板と呼ばれているものが、いかにこの部族の男性たちから高く評価されているかを語ったことがある。それは、われわれにとっては非常におぞましいものと思われるのではあるが。今や事態は変わってしまい、男性がこのような形状を選ぶべきだと考えるのはきわめて稀である」〔原文ラテン語〕。

(54) 'The Anthropological Review,' November, 1864, p. 237. さらなる引用文献は、ヴァイツ (Waitz) の'Introduct. to Anthropology,' English translation, 1863, Vol. 1, p. 105を参照。

(55) 'Mungo Park's Travels in Africa,' 4 to., 1816, pp. 53, 131. シャーフハウゼン (Schaaffhausen) の'Archiv für Anthropolog.,' 1866, S. 163に引用されたバートン (Burton) の記述。バニャイについては、リヴィングストン (Livingstone) の'Travels,' p. 624. カフィール人については、J・シューター師 (Rev. J. Shooter) の'The Kafirs of Natal the and Zulu Country,' 1857, p. 1.

(56) ジャワ人とコーチン地方の中国人については、ヴァイツ (Waitz) の'Introduct. to Anthropology,' English translation, Vol. 1, p. 305. ユラカラについては、プリチャード (Prichard) の'Phys. Hist. of Mankind,' Vol. 5, 3rd edition, p. 476に引用されたA・ドルビニー (A. d'Orbigny) を参照。

(57) G・カトラン (G. Catlin) の'North American Indians,' 3rd edition, 1842, Vol. 1, p. 49; Vol. 2, p. 227. ヴァンクーヴァー諸島の原住民については、スプロート (Sproat) の'Scenes and Studies of Savage Life,' 1868, p. 25. パラグアイのインディアンについては、アザラ (Azara) の'Voyages,' tome

2, p. 105.

(58) シャム人については、プリチャード（Prichard）の ibid., Vol. 4, p. 533. 日本人については、ヴェイチ（Veitch）の 'Gardners' Chronicle,' 1860, p. 1104. ニュージーランド人については、マンテガッツァ（Mantegazza）の 'Viaggi e Studi,' 1867, p. 526. ここにあげたその他の国の人々については、ローレンス（Lawrence）の 'Lectures on Physiology,' &c., 1822, p. 272 にあげられた引用を参照。

(59) Lubbock（ラボック）, 'Origin of Civilisation,' 1870, p. 321.

(60) バーナード・デイヴィス博士（Dr. Barnard Davis）は、'Anthropological Review,' April, 1870, pp. 185, 191 において、ポリネシア人に関して、プリチャードその他を引用している。

(61) Ch・コント（Ch. Comte）は、'Traité de la Législation,' 3rd edition, 1837, p. 136 の中で、この問題について論じている。

(62) フェゴ島人と長い間一緒に暮らしてきた宣教師から私が聞いたところによると、彼らはヨーロッパ人の女性をたいへん美しいと思っているらしいが、他のアメリカ原住民の判断をわれわれが聞いたところによれば、ヨーロッパ人と一緒に暮らしたことがあり、ヨーロッパ人をすぐれていると思っているフェゴ島人でない限り、これは誤りだとしか思われない。しかし、私は、非常に経験豊富な観察家であるバートン大尉（Capt. Burton）は、われわれが美しいと感じる女性は、世界中どこでもそう感じられると考えていることをつけ加えておこう（'Anthropological Review,' November, 1864, p. 245）。

(63) 'Personal Narrative,' English translation, Vol. 4, p. 518 その他。マンテガッツァ（Mantegazza）は、その 'Viaggi e Studi,' 1867 の中で、この同じ原理を強く主張している。

(64) アメリカの原住民の頭蓋に関しては、ノットとグリドン（Nott and Gliddon）の 'Types of Mankind,' 1854, p. 440; Prichard（プリチャード）, 'Phys. Hist. of Mankind,' Vol. 1, 3rd edition, p. 321. アラカンの原住民については、ibid., Vol. 4, p. 537. ウィルソン（Wilson）の "Physical Ethnology,"

'Smithsonian Institution,' 1863, p. 288. フィジー島人については、p.290. J・ラボック卿（Sir J. Lubbock）は（'Pre-historic Times,' 2nd edition, 1869, p. 506）、この問題に関するすぐれた要約を載せている。

(65) フン族については、Godron（ゴドロン）, 'De l'Espèce,' tome 2, 1859, p. 300. タヒチ人については、Waitz（ヴァイツ）, 'Anthropolog.,' English translation, Vol. 1, p. 305. プリチャード（Prichard）の'Phys. Hist. of Mankind,' 3rd edition, Vol. 5, p. 67 に引用されたマーズデン（Marsden）。ローレンス（Lawrence）の'Lectures on Physiology,' p. 337.

(66) このことは、ワイスバッハ博士（Dr. Weisbach）によって、'Reise der *Novara*: Anthropolog. Theil,' 1867, S. 265 でも確認されている。

(67) 'Smithsonian Institution,' 1863, p. 289. アラブ人の婦人の服装に関しては、Sir S. Baker（S・ベイカー卿）, 'The Nile Tributaries,' 1867, p. 121.

(68)『飼育栽培下における動植物の変異』第一巻、二一四頁、第二巻、二四〇頁。

(69) Schaaffhausen（シャーフハウゼン）, 'Archiv für Anthropologie,' 1866, S. 164.

(70) ベイン氏（Mr. Bain）は（'Mental and Moral Science,' 1868, pp. 304-314）、美に関する一二以上もの異なる理論を紹介しているが、どれ一つとして同じものはない。

訳注

＊1 女性の脳容量は、からだの大きさを考慮に入れた補正を行ったあとでも、男性よりいくらか小さい。それがなぜであるかは、現在でもまだ説明されていない。しかし、人種間でも男女間でも、現生の人類の何らかの集団の間に見られる脳容量の変異が、知能と結びついているという証拠はない。

＊2 おそらく *Aotus azarai* というサルのこと。これはヨザル（*Aotur teivirgotus*）で、今は一種だが、

その変種に昔 *azarai* というのがあった。

＊3　頭骨のてっぺんに見られる矢状隆起は咬筋の付着部位なので、咬筋が発達していると、ヒトでも、オーストラリア原住民に限らず、わずかな隆起が見られることがある。一般に、筋肉の発達は女性よりも男性に強いので、隆起が見られるとすれば、男性に見られる。しかし、ヒトに見られる場合の発達の程度は、ごくわずかなものにすぎない。

＊4　第四章の訳注＊7で述べたが、人間に類人猿と同じタイプの歯隙がときどき現れるということはない。

＊5　女性に比べて男性の方がからだが大きく、力が強いことは、人間が類人猿的な祖先の時代に性淘汰で得たもののなごりであるというダーウィンの考えは、おそらく正しい。また、男性が女性よりも一所懸命に働くから、からだが大きく強くなったのではない、なぜならすべての「未開社会」では女性も同じくらいよく働いているからである、という指摘も正しいだろう。実際、女性が家庭にいて、ほとんど肉体的な労働をしないというのは、人類の歴史のなかでもごく一部の現象にすぎないからである。しかし、女性をめぐる男性間の肉体的な闘争がなくなってしまったあとの文明社会でも、男性の方がからだが大きくて強いのは、現在では男性が生存のためによく働くことで保たれているからである、という考えは正しくないだろう。文明社会で生じている、たかだか数千年単位の文化的変化は、人間の遺伝的構成を変えるには短すぎるからである。

＊6　男性と女性の間で心的能力に差があるかどうかについては大いに議論のあるところで、それを検討するにはさまざまな要因を考慮に入れねばならない。ダーウィンは、男性と女性が置かれている文化的な状況の違いや、教育の違い、女性差別をまったく考慮に入れていないが、もちろんそのような社会的状況の違いによって、表面的な男女の心的能力のあらわれには大きな差が生じる。それがそのまま、男女の生物学的な差異であるとは限らない。しかし、すべての男女差は社会的につくり上げられたものだという議論

も、現在見られる性差が真の生物学的な差であるという短絡的な議論と同様、説得力がなく、非科学的である。性差も含めて人間の行動や心理の生物学的基盤については、最近、人間行動生態学、進化心理学と呼ばれる分野で研究が始められている。それは、ダーウィンが本書で考えていたものよりも、ずっと分析が複雑である。

＊7　音楽のみならず、さまざまな芸術の発達に、ごく基本的な部分で性淘汰がはたらいてきたのではないかという観点からの研究は、最近の進化心理学で取り上げられている。

＊8　ダーウィンは、先の哺乳類その他の動物を扱った性淘汰の章では、雌が雄を選り好みすることによって雄の形質が発達してきたことを論じており、関係が逆転して、雄が雌を選ぶことは例外的にしかないと述べていた。ところが、ヒトにおける配偶者選択を考察するときには、女性が男性を選ぶことと同時に、男性が女性を選ぶことについて非常に多くを記述している。ダーウィンは、なぜ、ヒトでは男性が女性を選ぶことになるのかの進化的理由を明確にしていない。ヒトにおいては、おそらく双方向性の配偶者選択がはたらいているが、なぜそのようになるのかは、詳細に検討する必要がある。

第二〇章　人間の第二次性徴（続き）

それぞれの人種において、異なる美の標準によって女性を選び続けたことの影響について－文明人および未開人において性淘汰を妨げる原因－原始時代において性淘汰を促進させた条件－人間における性淘汰のはたらき方について－未開人の部族の女性が夫選びに際して持っている力について－体毛がないこととひげの発達－皮膚の色－まとめ

前章では、すべての未開な人種において、装飾、衣服、外見が高く評価されていることと、男性は女性の美を非常に異なる基準で判断していることを見てきた。次は、このような好みによって、それぞれの人種の男性が自分たちにとって最も魅力的と思われる女性を何世代にもわたって選び続けてきたことによって、女性のみの、または両性の形質が変化してきたかどうかを調べねばならないだろう。哺乳類においては、どんな形質も両性に同等に受け継がれるのが一般的法則のようなので、人間においても、女性が性淘汰によって獲得した形質は、男女両性に伝えられるのがふつうだと考えてよいだろう。もしもそのような変化があったなら、異なる人種は、それぞれ異なる美の基準を持っているので、たがいに異なるよう

に変化してきたに違いないと考えられる。

人間、特に未開人では、からだの形態に関する限り、多くの要因が性淘汰のはたらきを妨げている。文明人は、女性の精神的魅力、その富、そして特に社会的地位に惹かれ、自分よりもずっと地位の低い女性と結婚することはめったにない。より美しい女性を妻にした男性が、より醜い女性を妻にした男性よりも多くの子孫を長期にわたって残すチャンスは、その財産を長子相続にのっとって残すという少数の人間を除いてほとんどないだろう。その反対の淘汰、すなわち、女性から見てより魅力的と思われる男性に関する淘汰については、未開人の部族の女性には夫を自分で選ぶ自由はなく、文明人の女性にはその自由は多かれ少なかれあるものの、それでも、彼女たちの好みは、男性の社会的地位や財産に大きく影響されている。そして、男性が人生で成功するかどうかは、その知的能力とエネルギー、または彼らの父祖のそのような能力の結果に大きく依存している。

しかしながら、文明人や半文明人の間に、何らかの性淘汰がはたらいてきたと考えられる理由はある。多くの人々は、われわれの社会の貴族および長子相続を長らく行っている裕福な家族は、多くの世代にわたってあらゆる階級からより美しい女性を自分たちの妻に迎えてきたため、中産階級よりも、ヨーロッパの基準から見て美しくなってきていると考えているが、私はそれは正しいと思う。ところが、中産階級も、からだの完全な発達に関しては、同等に良好な生活条件に置かれている。クック（Cook）は、「太平洋のどこの島々でも見られる貴族たちの」顔つきのすぐれていることは、「サンドイッチ諸島でも見られる」と指摘しているが、これは主に、貴族たちの方がよい食べ物を食べ、生活条件も良好であるためであろう。

昔の旅行者であるシャルダン（Chardin）は、ペルシャ人について、「彼らの血は、最近になって世界でも最も美しい二つの人種であるグルジア人とサーカシア人と混血することによって、大いに洗練されてきた。ペルシャ人の上流階級の男性で、グルジア人かサーカシア人の母親を持っていない者はほとんどいない」と述べている。さらに彼は、彼らはその美を「彼らの祖先から受け継いでいるのではない。なぜなら、上記のような混血ではなく、タタール人の子孫であるペルシャ人の上流階級の男は、ひどく醜いからである」[1]とつけ加えている。以下に述べるのは、もっと興味深い例だ。シシリー島のサン・ジュリアーノにあるエリチーナのヴィーナスの神殿を司る巫女たちは、ギリシャ中からその美しさのために選ばれてきたということだ。彼女たちは永遠の処女ではない。カトルファージュ（Quatrefages）は[2]、サン・ジュリアーノの女性たちは、今日この島で最も美しいと言われているので、画家はモデルとして彼女たちを求めると述べている。しかし、この話の証拠は疑わしいと言うべきであろう。

次にあげる例は未開人に関するものだが、たいへん興味深いので、ここに紹介する価値があると思われる。ウィンウッド・リード氏は、アフリカ西海岸の黒人であるジョロフ族について、彼らは「誰もがたいへん美しいので有名である」と私に教えてくれた。彼の友人の一人が彼らに対して、「男性だけでなく女性もみな、私の会った人たちがすべてこんなに美しいのはなぜなのですか？」と尋ねたところ、ジョロフの答えは、「それは簡単に説明できます。醜い奴隷を選んでは彼らを売ってしまうのが、われわれの長い間の習慣だったからです」とのことだったそうだ。奴隷の女性がすべて妾になっていたことは、ここでつけ加えるべくもないだろう。この黒人が、自分の部族の顔の美しさを、醜い女性を長期にわたって除去してきたことに帰したのが正しいにせよ間違っているにせよ、それは最初に思われるほどには驚くべきことでもないだろう。私は他のところで、黒人たちが家畜動物における人為淘汰の重要性を十分に認識していることを示しておいたが[3]、この件に関しては、リード氏からさらなる証拠を提供することができる。

未開人の間で性淘汰のはたらきを妨げたり弱めたりする原因について

その原因の第一は、集団結婚と呼ばれているもの、または乱婚的交渉である。第二に、子殺し、特に女児殺しがあげられる。第三に、子どものうちからの婚約がある。最後に、単なる奴隷としか見なされていないという、女性の地位の低さがある。これら四つの点については、いくらか詳しく考察するべきであろう。

人間またはどんな動物においても、配偶に際してどちらの性からも何らの選り好みもはたらかず、まったくの偶然に任されているのであれば、性淘汰のはたらく余地はない。そして、ある種の個体が他の個体よりも求愛において有利であるため、それが子どもに何らかの影響を生み出すということも起こらない。さて、現代において、J・ラボック卿（Sir J.

Lubbock）が集団結婚と呼んでいるものを実行している部族があると言われている。つまり、部族の中のすべての男性と女性のそれぞれがたがいの夫であり妻であるというものだ。多くの未開人が驚くほど好色であることは疑いないが、彼らが完全に乱婚であることを確かめるには、もっと証拠が必要であるように私には思われる。それはともかくとして、この問題について私よりずっと詳しく研究した人々[4]の判断を尊重すべきだが、彼らは、集団結婚こそ、兄弟姉妹婚を含めて世界中に共通のもともとの婚姻の形態だったと考えている。この考えを間接的に支持する証拠は非常に強力だが、それは主に、個人間の関係をあらわすために同じ部族のメンバー間で採用される用語が、自分の親とではなく、部族全体との関係を示唆するような言葉で表されているという事実に基づいている。しかし、この問題は、その骨子を述べるだけでも複雑で大きすぎるので、ほんの少し扱うにとどめることにしよう。集団結婚が行われているところや、婚姻関係のはっきりしていないところでは、子どもの父親が確定しないのは明らかである。しかし、最も未開な部族の女性が長い間にわたって子どもに乳を与えることを考えれば、母親と子どもの関係までまったく無視されることになるとはとても考えられない。そこで、多くの場合、出自の関係は父親を除外して母親のみでたどられることになる。しかし、他の多くの場合では、個人の関係が部族との関係のみで語られ、母親との関係さえ省かれている。さまざまな危険にさらされている、同じ部族に属する親族どうしは、たがいに助け合い守り合わねばならない必要から、母親と子どもとの関係よりも強い関係となり、それが正式な関係を表す唯一の用語となっているのかもしれない。しかし、モーガン氏（Mr. Morgan）は、この考えを支持するのに十分な証拠はまだないと考えている。

世界のさまざまな場所で使われている、個体の関係を示す言葉は、モーガン氏によれば、分類的なものと記述的なものとの二つに分けられ、後者がわれわれの使用しているものである。集団結婚や、非常にあいまいな婚姻関係が、世界中どこでも、もともとの婚姻の形態であるという考えを強く導いているのは、この分類的なシステムである。しかし、私の見る限り、完全に乱婚的な交渉があったと信じるべき必然性は何もないようだ。男性と女性は、他の多くの下等動物と同じく、それぞれの子が産まれるにあたって、一時的ではあれ二人だけの厳密な関係を結んだかもしれないが、その場合、関係を表現する言葉という点では、乱婚的な関係と同じくらいに複雑だったことだろう。性淘汰に関する限り、必要なのは、両親が関係を結ぶ前に何らかの選り好みが存在するかどうかであり、その関係が一生にわたって長く続くものであるか、一シーズンだけのものであるかということは、ほとんど重要ではない。

関係を示す用語から導かれる証拠のほかにも、昔は集団結婚が広く行われていたことを示す他の論拠がある。J・ラボック卿（Sir J. Lubbock）は、[5]広く見られる奇妙な外婚の風習、すなわち、ある部族に属する男性は、常にある特定の他の部族から妻を迎えるという風習を、次のように巧みに説明している。すなわち、もともとの結婚の形態が集団主義であったため、男性は近隣の敵対する部族から女性を略奪してこない限り自分自身だけの妻を得ることができず、そうすることで初めて、妻は彼だけの価値の高い財産になったというのである。こうして、妻を外から略奪してくることが始まり、それに伴う名誉から、最終的には、それが普遍的な習俗となったのだろう。また、J・ラボック卿によれば、「婚姻に際して、部族の慣習に対する侵犯の代償を支払わねばならないということも、部族全員に属するものを、ある一人の男性が自分自身のものにすることはできないという昔の考え方によるものだと考えれば」、よく理解できる。J・ラボック卿はまた、古代には、とんでもなく好色な女性が高く賞賛されていたという最も奇妙な事実をあげており、このことも、乱婚がもともとの形態であり、部族で長く続いていた風習だと考えれば理解できると説明している[6]。

婚姻のきずながどのように発達してきたのかが、まだ解きがたい問題であることは、モーガン氏、マクリーナン氏、J・ラボック卿という、この問題を最も詳しく研究してきた三人の人々の間で、いくつかの点について大きな意見の隔たりがあるのを見ればわかる。しかし、ここにあげたような事実や、他のいくつかの証拠から、婚姻の風習は徐々に発達してきており、昔は世界中どこでも、ほとんど乱婚的な交渉が行われていたというのは、ほとんど確かであるように見える。それはともかくとして、下等動物、特に人間の系統に最も近い動物との比較から考えると、人間がまだ動物界で今のような地位を得るようになるずっと以前の遠い過去に、この風習が広く行われていたとは、私には考えられない。人間は、私がここで示そうとしたように、確かに類人猿のような動物から派生してきた。現存の四手類は、その習性が知られている限りでは、いくつかの種類が一夫一妻だが、オランウータンがそうであるように、雄が雌と一緒に過ごすのは、一年のうちの一時期にすぎないこともある。インドやアメリカのサル類の一部など、いくつかの種類は厳密に一夫一妻で、雄と雌は一年中一緒に過ごす。他の種類は、ゴリラや他のアメリカの種類がそうであるように一夫多妻で、それぞれの家族が離れて暮らしている。この場合であっても、同じ地域に住んでいる家族どうしの間には、おそらくある程度の社会的つながりがあり、例えばチンパンジーは、ときどき大きな集団でいるのが見られている。さらに、また別の種類では雄は一夫多妻だが、自分自身の雌たちを持ちながら複数の雄がともに集団の中で暮らしている。ヒヒの何種かがそうである。(7) 四足獣の雄たちのすべてが非常に嫉妬心が強く、競争者の雄と闘うための特別な武器を備えている種類も数多くあることを考えれば、自然状態で乱婚的交渉が存在するというのは非常にあり得そうもないことだと結論してよいだろう。ペアの関係が一生続くことはなく、そのときの子どもが生まれる間だけだとしても、雌と子どもを最もよく守ったり、その他の援助を与えたりすることのできるような最も強い雄が、より魅力的な雌を選んでさえいれば、それで性淘汰がはたらくには十分である。

それゆえ、時間を非常に遠くまで遡れば、原始時代の男と女が乱婚状態で暮らしていたというのは、たいへん考えにくいことである。現在の人間の社会的習慣や、ほとんどの未開人が一夫多妻であることから考えると、最も可能性が高いのは、原始人はもともと小さな集団で住んでおり、それぞれの男性は自分が持てる限りの妻を持ち、彼女たちを他のすべての男性から嫉妬深く守っていたということだろう。それとも、ゴリラのように、自分の妻たちとだけで暮らしていたのかもしれない。現地人によると、「一つの集団にはおとなの雄は一頭しかいない。若い雄が成長すると、どちらが強いかに関する競争があり、強い方が相手を殺すか追い出すかして、集団の長としての地位を確立する」(8)。このようにして追い出された若い雄は放浪を続け、最後にどこかで配偶相手を見つけるので、自分の家族の内部での近親婚は避けられるようになっている。

現在の未開人は非常に好色であり、昔は集団婚が広まっていたのかもしれないが、多くの部族は、文明国におけるよりずっと曖昧なものであるにせよ、何らかの結婚の習慣を持っている。今述べた一夫多妻は、どの部族の長においても必ず採られている風習である。しかしながら、最も野蛮な部族であっても、厳密な一夫一妻を採っているものもある。例えばセイロンのヴェッダがそうで、J・ラボック卿（Sir J. Lubbock）によると(9)、彼らは「夫と妻を分かつものは死しかない」と言うそうだ。ある賢いカンディア族の酋長は、もちろん一夫多妻主義者だったが、「たった一人の妻としか暮らさず、死ぬまで別れなかったので、これはまったく粗野なふるまいだと大きなスキャンダルになった」のだそうである。それは、「ワンデルーモンキー〔ラングール〕のようだった」とラボック卿は言っている。一夫多妻であれ、一夫一妻であれ、現在のところ結婚の習慣を持っている未開人が、その習慣を昔から持っていたのか、乱婚的状態を過ぎてから何らかの結婚の習慣に戻ったのかは、私は何とも推論できない。*1

子殺し

これは、現在、世界中で広く見られる風習であり、過去にはさらにずっと広く見られたと考えてよい理由がある。[10] 未開人は自分と子どもたちが食べていくのに十分ではないことがよくあり、子どもを殺そうと考えるのは簡単なことだ。南アメリカでは、昔、あまりにも多くの男女両性の赤ん坊を殺したために絶滅の寸前に陥った部族がある、とアザラが述べている。ポリネシア諸島では、女性が、四人、五人、ときには一〇人も自分の子どもを殺したことがあるのが知られており、エリス（Ellis）は、一人も自分の子を殺したことのない女性を発見することはできなかった。子殺しが行われているところでは、存続のための争いはかなり楽になり、部族のすべてのメンバーは、生き残っているわずかな子どもたちをうまく育てるチャンスをほとんど同等に持つことになるだろう。多くの場合、男児よりも多くの女児が殺されるが、それは、男児の方が、成長してから集団を守って生計を立てていくことができるので大事にされるからである。しかし、女性にとって子育てが負担であること、それによって自分自身の美しさが損なわれること、自分たちの方が数が少ないので自分自身を高く評価し、今よりもっと幸せになれるかもしれないと女性自身が思うことなどが、さまざまな観察者によって子殺しのさらなる動機だと考えられており、女性自身によるそのような証言もある。オーストラリアでは、女児殺しがいまださかんに行われており、G・グレイ卿（Sir G. Gray）は、原住民の女性と男性の比は一対三だと推定している。しかし、他の人は二対三だと述べている。インドの東の国境線に近い村では、マカラック大佐は、一人の女の子も見つけることができなかった。[11][*2]

女児殺しのために部族の女性の数が少なくなると、当然、近隣の部族から女性を略奪してこなければならなくなるだろう。しかしながら、J・ラボック卿は、すでに述べたように、この風習を、以前存在した集団結婚のために、男が自分だけの所有物としての女を他の部族から捕まえてくるのだと考えている。他の理由としては、集団のサイズがあまりにも小さいために、結婚可能な女性の数が少ないということもあげられるだろう。略奪の風習が過去には広く行われており、文明国の祖先の間でも見られたことは、マクリーナン氏が非常に興味深い論文であげているように、多くの奇妙な風習や儀式のなごりの中にはっきり見て取ることができる。われわれ自身の結婚式での「新郎付添役」というのは、もともとは、新郎がその女性を略奪するにあたって、最もそれを手助けした男性であるらしい。さて、男性が常習的に暴力とずる賢さで妻を獲得している限り、より魅力的な女性を選ぶことはできなかったに違いない。彼らは、どんな女性でも略奪できれば喜んだはずだ。しかし、現在多くの場所で見られるように、異なる部族から妻を交換するような取り決めができたとたん、より魅力的な女性が交換の対象になったに違いない。しかし、このような習慣は必然的に部族どうしの絶え間ない混血を招くことになるので、同じ地域に住む人間たちをほとんど同じような形態にする傾向を導いたことだろう。そして、このことは、性淘汰によって部族が分化することを大いに妨げたに違いない。

女児殺しによって女性の数が少なくなることは、もう一つの風習、すなわち一妻多夫を導くが、それは今でも世界の各地で行われている。マクリーナン氏は、この風習も、かつては世界中に広まっていたと考えているが、モーガン氏とJ・ラボック卿（Mr. Morgan and Sir J. Lubbock）[12]はこの結論を疑っている。[*3]二人以上の男性が一人の女性と結婚せざるを得ないような場合には、部族の女性は全員が結婚できるようになるに違いないので、より魅力的な女性を男性が選ぶことはないだろう。しかし、そのような状況下では、女性に選り好みの力が出てくるに違いないので、彼女たちは、より魅力的な男性を好むだろう。例えば、アザラ（Azara）は、グアナの女性が一人またはそれ以上の男性を夫として受け入れる前に、いかに注意深く、あらゆるたぐいの利権の交渉をするかを記述している。[13]その結果、男性は、自分自身の外見にふつう以上の注意を払っている。非常に醜い男性は、まったく妻を得ることができないか、人生の遅くになってからしか妻を得ることができないだろう。よりハンサムな男性は、妻を得ることに関しては最も成功するだろうが、われわれの見る限り、同じ女性がよりハンサムでない夫との間にもうける子どもよりも多く、その美しさを受け継ぐ子どもをもうけることはないようだ。

女性の子どものころからの婚約と奴隷化

女性がまだほんの赤ん坊のころに婚約させてしまうのは、多くの未開人の持っている風習である。そして、このことは、どちらの性からでも、個人の外見に基づいた選り好みを阻止してしまうだろう。それでも、のちになって、より魅力的な女性が夫よりもずっと力の強い男性によって盗まれたり略奪されたりすることは免れないだろうし、実際そのようなことは、オーストラリアやアメリカなど世界各地で起こっている。性淘汰に関する同様の結論は、多くの未開人でそうであるように、女性が完全に奴隷または労働の動物としてのみ評価されている場合にも、ある程度は当てはまる。しかしながら、男性は常に彼らの美の基準で最も美しい奴隷を自分のものとして選んでいるものだ。[*4]

このように、未開人の風習のなかには、性淘汰のはたらきを大きく妨げたり、完全に阻止したりするものがある。一方、未開人がさらされている生活の条件と、彼らの習慣のなかのいくつかのものは、自然淘汰のはたらきに有利であり、それらは性淘汰と常に一緒に作用する。未開人は、しばしばくり返し飢饉に襲われる。彼らは、人工的な手段で食料を増加させることはしない。彼らは、結婚を控えることはほとんどせず[14]、若いころに結婚するのがふつうである。その結果、ときどき厳しい存続のための争いにさらされ、その競争に有利な個体だけが生き残ることができる。

人間がまだ本当に人間にはなっていなかった原始時代に話を戻すことにしよう。彼らは、すでに述べたように、おそらく、一夫多妻または一時的な一夫一妻であっただろう。アナロジーから考えれば、彼らの配偶関係は乱婚ではなかったに違いない。彼らは間違いなく、力の限り自分の雌をすべての敵から守り、自分たちとその子どものために狩猟をしていたはずだ。最も力が強くて能力のあった男性が、存続のための争い、および魅力的な女性を獲得する闘争で成功を収めただろう。この初期の時代には、人間の祖先の知的能力はあまりすぐれていなかったので、長い目で見た先の結果までは見通せなかっただろう。彼らは、現在の未開人よりも多く本能に基づき、より少なくしか理性に基づいて行動していなかったに違いない。その時代の彼らは、すべての本能のなかで最も強い本能、すべての下等動物に共通の本能、すなわち自分の幼い子どもに対する愛情を、部分的に失っているなどということはなかったに違いない。そこで、彼らは子殺しをすることはなかっただろう。人工的につくりだされた女性の欠乏状態もなかっただろうし、その結果として一妻多夫が生じることもなかっただろう。子どものころから婚約することも、女性が単に奴隷としてのみ評価されることもなかっただろう。もしも女性が、また同様に男性も自分の配偶相手を自由に選ぶことができれば、たがいに、精神的な能力でも、財産でも、社会的地位でもなく、ほとんど外見だけで相手を選んだに違いない。すべてのおとなは結婚でき、できる限りすべての子どもが育てられただろうから、定期的に存続のための争いが非常に厳しくなっただろう。このように、原始時代には、その後の、人間の知能が発達したが本能は後退してしまった時代よりもずっと、性淘汰がはたらくのによい条件が整っていたと考えられる。それゆえ、人種間の差異および人間と高等類人猿との間の差異をつくり出すに当たって、性淘汰がどのような影響を与えたにせよ、それは、現在においてよりも遠い過去においての方がずっと強力だったと考えられる。

人間における性淘汰のはたらき方について

今述べたような、性淘汰に好都合な状態にある原始人や、何らかの婚姻のきずなを持っている現在の未開人では、性淘汰は、おそらく次のようなやり方ではたらいているのだろう（しかし、女児殺し、子どものころからの婚約などの風習が多かれ少なかれ行われていることによって、いくらかの干渉はある）。自分の家族を守り、家族のために狩りをすることのできる、最も強くて活力のある男性や、後の時代になってからは、最もよい武器を持っていたり、イヌなどの動物を数多く持っているなど、最も多くの財産を持っているような部族の首長などは、同じ部族の中の、より弱く、貧しく、地位の低い男性よりも、平均して多くの数の子どもを育てることに成功しただろう。また、このような男性は、一般に、より魅力的な女性を選ぶことができたに違いない。現在では、世界中のほとんどの部族においても、酋長は二人以上の妻を持つことができている。マンテル氏（Mr. Mantell）に聞いたところでは、ごく最近まで、ニュージーランドの可愛らしい少女、または可愛らしくなると思われる少女は誰でも、酋長の「タプ」であったということだ。カフィール人については、C・ハミルトン氏（Mr. C. Hamilton）が、[15]「酋長は、あたり数マイルの範囲から女性を探してくるのがふつうで、彼らは、自分の特権を確立したりそれを確認したりすることに不断の努力を傾ける」と述べている。それぞれの人種がそれぞれの美の基準を持っていることはすでに見た通りで、家畜動物の持っている形質に関しても、衣服、装飾、個人の外見に関しても、それらの形質が標準よりも少しだけ強調されたものに惹かれるのが、人間の自然の傾向であることもわかっている。そこで、これまでに述べたいくつかの提言が認められるなら、そして私は認められない理由はないと考えているが、もしそうならば、それぞれの部族のより力の強い男性がより魅力的な女性を選び、彼らがより多くの子を育てるということをして、それが何世代もの間続いたのちには、その部族の持つ形質がいくらかでも変容しないというのは、ほとんど考えられない事態であろう。

家畜動物では、外国の品種が新しい場所に導入されたり、現地の品種が使役のためにせよ装飾のためにせよ、長い間にわたって注意深く飼われていたりすると、数世代後には、比較の手段があれば明らかに、多くの変化が生じたことがわかる。これは、長い世代にわたって無意識のうちに続いた淘汰の結果であり、飼育家の方がそのような結果を期待していようがいまいが、最も望ましいと思われた個体が保存されてきたことの結果である。あるいは、二人の注意深い飼育家が、何年にもわたって同じ科の動物を飼育し、たがいに、または共通の基準と比較することがなければ、それらの動物は、飼い主も驚いたことに、いくらかの変化をこうむっているに違いない。[16] フォン・ナトゥジウス（Von Nathusius）がいみじくも表現しているように、飼育家はそれぞれ、自分の動物に自分自身の心の形質、すなわち、自分の趣味や判断を投影しているのだ。そうだとすると、それぞれの部族の最も多くの子どもたちを成人まで育てることのできる男性が、最も魅力的な女性を長年選んできた結果、同じことが起こらなかったとするどんな理由が考えられようか？　確かにそういう効果が現れているのだから、願望や期待とは独立に、特定のタイプの女性を他のタイプよりも好む男性の側の、無意識のうちの淘汰によるものに違いない。

何らかの婚姻の風習を持っている部族が、誰も住んでいない大陸に広がっていくと想像してみよう。彼らはすぐにさまざまな障壁によって隔てられ、いくつかの小集団に分かれるだろうが、それよりも、すべての未開人がそうであるように、常に近隣の集団と戦争状態にあることで、より効果的に細分化されるだろう。そこで、各集団は、たがいにほんの少し異なる生活の条件や習慣にさらされることになり、遅かれ早かれ多少は異なる形質を身につけることになるだろう。それが起こるやいなや、それぞれの隔離された部族は、自分たちに固有の、それぞれ少しずつ異なる美の標準をつくり上げるに違いない。すると、より強力で指導力のある男性が、ある特定の女性を好むことを通して[17]、無意識のうちの淘汰がはたらくことになるだろう。このようにして、最初はわずかであった部族間の差異が、徐々に、しかし確実に、より大きな差異へと増加していくに違いない。

自然状態の動物では、からだの大きさ、力の強さ、特別の武器、勇気とけんか好きの性格など、雄に固有の形質の多くは、闘いの法則を通じて獲得されたものである。半分人間化した人間の祖先も、その親類の四手類と同様、そのようにして変容してきたことは確かであり、未開人は今でも女性の所有をめぐって闘っているのだから、そのような淘汰のプロセスは現在でも多かれ少なかれはたらいているのだろう。鮮やかな色彩やさまざまな装飾など、下等動物の雄に固有な上記以外の形質は、より魅力的な雄が雌から好まれることによって獲得されてきた。しかしながら、雄が選ばれるのではなく、雄が選ぶ方である稀な例が存在する。そのような例は、雌の方が雄よりも高度に装飾的であり、その装飾的形質が、雌の子のみに、または雌の子により強く伝えられることを見ればわかる。そのような例の一つが人間の属する目のなかにも見られること、すなわちアカゲザルの例は、すでに記述した通りである。

男性は女性よりも肉体的にも精神的にも強く、原始的な状態では、どんな動物の雄がするよりも卑しい奴隷状態で、女性を自分の手元にとどめておいた。それゆえ、男性が選択の力を身につけたとしても驚くべきことではないだろう。女性は、世界中どこでも、自分の美しさの価値を意識しており、その手段があるところでは、男性よりもずっと自分の身をあらゆるたぐいの装飾で飾るのを喜びとしている。彼女たちは、彼らを雌にとって魅力的にさせるために自然が鳥の雄に対して与えた羽飾りを借りてくる。女性は、長い間にわたってその美で淘汰されてきたので、その後の変異のなかのいくつかが限定的に遺伝されるとしても不思議はなく、その結果、女性はその美を、息子に対してよりも娘に対して、より多く伝えることになったはずである。そこで、多くの人々が認めるように、一般に女性の方が男性よりも美しくなった。しかし、女性が、その美も含めてほとんどの形質を両性の子に伝えるのは確かであり、それぞれの部族が自分たちの美の基準に従って、より魅力的な女性をずっと好んできた結果、その人種に属する両性の個体をすべて同じような形質に変容させることになっただろう。

（下等動物ではずっとふつうに見られる）もう一つの性淘汰の形態、すなわち、雌の方が選ぶ側であり、彼女たちを最も興奮させたり魅了したりする雄だけを受け入れるというものについては、人間の祖先でそれがはたらいていたと考えてよい理由がある。男性が、ひげやその他のいくつかの形質を持っているのは、人間の祖先がそのような過程を経て装飾としてそれを獲得してきたからだというのが、最もあり得そうな説明である。しかし、まったく未開な部族では、女性が恋人を選んだり、拒否したり、誘惑したり、あとになって夫を取り換えたりする力を、ふつう考えられるよりも多く持っているので、このような形態の淘汰は後の時代になってからもときどきはたらいていただろう。このことはいくらか重要なので、これまでに私が集めることのできた証拠を少し詳しく説明することにしよう。

ハーンは、北極アメリカのある部族で、一人の女性が、どのようにくり返し夫のもとから逃げ出して恋人と一緒になったかを記述している。また、南アメリカのチャルア族では、誰でも自由に離婚できるとアザラが述べている。アビポン族では、男性が妻を選ぶときには、その両親と値段の交渉をする。しかし、「少女が結婚という考えをかたくなに拒否し、新郎と両親の間で成立した合意を少女が撤回することは、しばしば起きている」。少女はしばしば家から逃げ出し、どこかに隠れて新郎から身をかわす。フィジー諸島では、男性は、自分が妻にしたいと望む女性を、腕力で、またはそういうふりをして捕まえるが、「自分をさらってきた男性の家に着いて、彼女がその縁組を気に入らなければ、彼女は誰か身を守ってくれる人のところへ逃げてしまう。しかし、もしも満足したなら、そこで一件落着する」。ティエラ・デル・フエゴでは、若い男性は、まず労働を提供することで娘の両親の了解をとりつけ、そののちに娘を連れていこうとする。「しかし、もしも彼女がそれを気に入らなければ、彼女は森に隠れ、求婚者が彼女を探すのに疲れてあきらめるまで待つ。しかし、そんなことはめったに起こらない」。カルマック族では、花嫁と花婿で競走をするが、花嫁の方がずっと先を走っており、クラーク（Clarke）は、「娘にその気がない限り求婚者に追いつかれることはないのだとわかった」。マレー諸島の部族にも同じような競走があり、ブリアン氏（M. Bourien）の論文を見ると、J・ラボック卿が指摘している通り、「それは、足の速い者が勝つ競走、力の強い者が勝つ闘争ではなく、自分が望む花嫁を喜ばせるという幸運に恵まれた若い男性のためのものなのだ」。

アフリカに目を向けると、カフィール族は妻を購入し、娘は、決められた夫を受け入れるのを拒否すると父親に厳しく打たれる。それでも、彼女たちが夫を選ぶかなりの力を持っていることは、シューター師（Rev. Mr. Shooter）が述べている多くの事実からも明らかである。それゆえ、金持ちではあるが非常に醜い男性は、妻を得られないこともあるのだ。少女たちは、婚約を受け入れる前に、男性に前と後ろから「歩調を示す」ように自分たちの前を歩かせる。彼女たちは、男に対して求婚することがあり、自分の好きな恋人と駆け落ちするのも稀ではない。南アフリカのブッシュマンでは、「子どものころから婚約者なしでおとなになった女性に対しては、求婚者は、彼女の両親のみならず、彼女自身の承諾も得なければならない。もっとも、そのようなことは少ない(18)」。ウィンウッド・リード氏は、私のために西アフリカの黒人について調べてくれたが、彼によると、「少なくともより知的な部族の女性は、自分が欲する夫を手に入れることに何の困難もない。しかし、女性が男性に結婚してくれと言うのは女らしくないことだと思われている。彼女たちは恋に落ち、相手に対して、優しい、情熱的で、誠実な愛情を抱くことができる」。

このように、未開人の女性は、よく思われているように、結婚に関してまったくみじめな状況に置かれているわけではないことがわかるだろう。彼女たちは、自分の好む男性を誘惑し、結婚する前でも後でも、相手が嫌いなら拒否することができる。女性がある一定の方向に向いた好みを持っているなら、最終的には、部族の形質に影響を及ぼすだろう。なぜなら、女性は単に自分の好みの基準から見て美しい男性を選ぶだけでなく、それと同時に、最もよく自分たちを守り、生計を支えることのできる男性を選ぶからである。このように恵まれた夫婦は一般に、そうでない夫婦よりも多くの子を育てることができるだろう。もしも男性と女性の双方からの淘汰があるなら、すなわち、より魅力的で、かつより力の強い男性が、より魅力的な女性を好み、かつそのような女性に好まれるなら、同様の結果がますます強く現れることは明らかである。そして、これら二つの方向の選り好みは、特にわれわれの長い歴史の初期においては、同時にではないとしても、その両方がともにはたらいていたように思われる。

それでは次に、いくつかの人種をたがいに区別し、また、人間を下等な動物と分けているいくつかの形質、すなわち、われわれのからだに比較的体毛が少ないことと、皮膚の色とについて、性淘汰に関連づけて詳しく考察することにしよう。異なる人種間でからだの形や頭骨の形態に大きな多様性があることは、改めて述べる必要はないだろうし、これらの点について、異なる人種がどれほど異なる美の基準を持っているかについては、前章で見た通りである。それゆえ、これらの形質には性淘汰がはたらいてきたのだろうが、私の見るところでは、それが主に男性側からはたらいたのか、女性側からはたらいたのかについては判断の材料はない。人間の音楽的才能についても、すでに論じた通りである。

体毛のないことと、顔と頭部における毛の発達

人間の胎児が全身を毳毛（ぜいもう）と呼ばれる産毛でおおわれていることや、成人のからだに痕跡的な体毛がそこここに見られることから、人間の祖先は全身を体毛でおおわれて生まれ、一生それを保持していた動物の子孫だと考えてよいだろう。体毛がなくなったことは不都合であり、たとえ熱帯の気候のもとでも、特に天気の悪いときには急に寒さにさらされることもあるので、おそらく危険でもあったに違いない。ウォレス氏が指摘している通り、世界中どこの住人も、裸の背中や肩に何らかのおおいをかけて保護することを好む。皮膚が露出することに何か直接的な利益があると考える人は誰もいないだろうから、[19]体毛がなくなったのが自然淘汰によるとは、とうてい考えられない。また、前章で示したように、このことが、人間が長らくさらされてきた生活条件の直接の影響であるとも考えられないし、発達の相関であるとする証拠も存在しない。

世界中のどこでも、女性の方が男性よりも体毛が少ないので、体毛のないことは、ある程度は第二次性徴だといえる。それゆえ、これは性淘汰を通じて獲得された形質だと十分に考えられるだろう。サル類のなかには顔に毛のない種類があり、また別の種では臀部の広い部分に毛がないことはよく知られているが、これは性淘汰によるものと考えてよいに違いない。なぜなら、それらの表面は鮮やかな色をしているばかりでなく、マンドリルの雄やアカゲザルの雌に見られるように、一方の性の方が他方の性より鮮やかな色彩をしていることもあるからである。これらの動物では、バートレット氏から聞いたところによると、成熟するにしたがって、からだの大きさに比較して裸の皮膚の面積が広くなっていくのだそうだ。しかし、これらの例では、毛がなくなるのは、裸にするためではなく、皮膚の色がより鮮やかに誇示されるようにするためであるようだ。さらに多くの鳥類でも、皮膚の鮮やかな色を見せるために、性淘汰によって頭部や首の羽がなくなっていることがよくある。

女性の方が男性よりも体毛が少なく、また、このことはすべての人種に共通なので、人間の祖先の女性はおそらく初めから半分ほど毛がなかったのだと考えられる。そうなったのは、人種がそれぞれに共通の祖先から分岐するよりもずっと前の、遥かな昔だったと考えてよいだろう。人間の祖先の女性は、毛がないという新しい形質を徐々に獲得するにつれて、その形質を両性の子どもにほとんど同等に伝えたに違いない。その遺伝は、哺乳類や鳥類の多くの装飾的形質と同様、性や年齢に限定されていなかったのである。類人猿のようであった人間の祖先が、半ば体毛のないことを装飾的として好んだということには少しも不思議はない。動物界ではありとあらゆる奇妙な形質が好まれ、その後、性淘汰によって変容させられてきた例が、数限りなくあるからである。さらに、わずかに不利であるような形質がそのようにして獲得されることも驚くべきことではない。鳥の羽飾りや、いくつかの種類のシカの角もそうであることはよく知られている。

以前の章で述べたように、ある種の類人猿では、雌の腹側は雄のそれよりも体毛が少ないので、ここに人間が体毛を失うことになった始まりがあるのかもしれない。それが性淘汰によって完全になることに関しては、「毛深い男に女は来ない」というニュージーランドのことわざを思い起こすのがよいだろう。シャムの毛人家族の写真を見たことのある人なら誰でも、反対に極端に体毛が多いと、どれほど滑稽なほど気味が悪いかを認めることだろう。シャムの国王は、家族の中に生まれた最初の毛人の女性と結婚させるため、ある男性に賄賂を渡さねばならなかったが、彼女はその形質を両性の子どもに伝えたのである。[20]

ある人種は他の人種よりも毛深く、特にそれは男性に顕著である。しかし、例えばヨーロッパ人のような、より毛深い人種は、カルマック人やアメリカ・インディアンのような毛の少ない人種に比べて、原始的な状態をよりよく保持していると考えてはならない。それよりも、このように長い間にわたって伝えられてきた形質は、元に戻る傾向があるので、ヨーロッパ人の毛深さは、先祖返りの例だと考える方が妥当であろう。ピネル（Pinel）は、未開人ほどの知能しかない白痴で、背中、腰、肩が一、二インチ〔約二・五～五センチメートル〕もの長さの毛でおおわれているという、奇妙な例を報告している。これと似たような他の例もある。気候が寒いことが、このような先祖返りを引き起こしやすくしているわけではないようだ。合衆国で数世代を重ねて育てられてきた黒人と、[21]日本列島の北の島に住んでいるアイヌ人とは、おそらくその例外だろう。しかし、遺伝の法則はあまりにも複雑なので、そのはたらきが理解できることはほとんどない。もしも、ある人種の毛深いことが先祖返りの結果であり、何の淘汰もかかっていないと考えられるなら、この形質が同じ人種の中においてさえも非常に変異が大きいことは、もはや不思議ではなくなるだろう。

ひげに関しては、われわれの最もよい手引きである四手類を見ると、両性にひげがよく発達している種もたくさんあるが、雄のみがひげを持っている種や、雄の方がより発達したひげを持っている種もある。この事実や、多くのサル類では頭部の毛とその色が奇妙な柄に配置されていることから、先に説明したように、まずはじめに雄が性淘汰によって装飾としてひげを獲得し、それが、両性の子どもに対して同等、またはほとんど同等に伝えられるようになったというのは大いにあり得ることである。エシュリヒト（Eschricht）によれば、[22]人間では、男児のみならず女児の胎児にも、顔、特に口の周りにたくさんの毛が生えていることがわかっており、これは、人間の祖先の両性にひげが生えていたことを示唆している。それゆえ、一見したところ、男性はそのひげを遠い過去から保持し続けており、女性は、体毛をほとんど失ったのと同じ時期にひげも失ったということのように見える。人間のひげの色も、類人猿に似た祖先から受け継いでいるように思われる。なぜなら、すべてのサル類と人間において、髪の毛とひげとの間に色の違いがあるときには常に、ひげの方が色が薄いからである。ひげのある人種は原始時代からそのひげを保持しているのだろうということは、体毛の場合よりもあり得るように思われる。というのは、雄の方が雌よりも大きなひげを持っている四手類では、ひげが完全に発達するのは成熟に達してからであり、この、あとになってから発達するということが、特に人間に伝えられたのかもしれないからだ。そうだとすると、男の子は成熟の前には女の子と同じようにまったくひげがないと考えられるが、実際、事実はその通りである。一方、同じ人種の中に限定しても、異なる人種間においても、ひげには非常に変異が大きいということは、先祖返りが起こっていることを示唆している。しかし、たとえそうだとしても、最近になってからでさえ性淘汰がはたらいている可能性を見過ごしてはならない。ひげの少ない人種は、ひげを醜いものとして顔から一本残らず抜いてしまうのに対して、ひげの多い人種は自分のひげにたいへんな誇りを抱いているのである。女性もその感情を共有していることは間違いなく、そうであれば、最近になっても性淘汰が何らかの影響を与えることがなかったはずはない。[23]

われわれの頭部になぜ長い髪が生えるようになったのかについては、説明がもっと難しい。エシュリヒト（Eschricht）は、[24] 胎生五ヵ月の胎児の顔に生えている毛は髪の毛より長いと述べているが、これは、人間の祖先には長い髪がなかったことを示しており、それは、あとになって獲得されたものということになるだろう。このことはまた、異なる人種間で髪の毛の長さに極端な差異があることからも示唆される。黒人では、髪は縮れたマットのようなものだが、われわれの髪はかなり長くなり、アメリカの原住民では、地面まで届くことも稀ではない。ラングールのなかまの何種かには、頭部がかなり長い毛でおおわれているものがあるが、おそらくそれは装飾の役目を果たしており、性淘汰で獲得されたのだと考えられる。多くの詩人の作品に見られるように、長い髪の毛は昔も今も魅力的とされているので、同じ説明が人間にも当てはまるかもしれない。聖パウロは、「女性が長い髪を持っていれば、それは彼女の栄光である」と述べている。そして、北アメリカでは、髪が長いというだけで酋長が選ばれていることもすでに見た通りである。

皮膚の色

皮膚の色が性淘汰を通して変化してきたことを示す最もよい証拠は、人間の場合には欠けている。すなわち、男性と女性にはこの点に関する差がなく、あってもほんのわずかで疑わしい程度だからだ。一方、すでにあげたさまざまな事実から、皮膚の色は、すべての人種の男性によって、美の重要な要素と目されている。そこで、多くの下等動物における場合と同様、これも淘汰によって変容されてきた可能性の高い形質である。黒人の皮膚の真っ黒な色が性淘汰によって獲得されたというのは、一見するとあり得ない考えのように思えるかもしれない。しかし、この考えはさまざまなアナロジーからも支持され、また、黒人が自分たちの皮膚の黒さを美しいと思っていることも確かである。哺乳類では、雌雄の色が異なるときには、たいていは雄の方が黒いか雌よりも色が濃く、そのような色が両性に伝えられるか、一方の性のみに伝えられるかは、単に遺伝の様式に依存している。ヒゲサキ（*Pithecia satanas*）の真っ黒な皮膚、くりくりした白目、真ん中から分けた髪の毛が黒人のミニチュアによく似ているのは、滑稽なくらいである。

顔の色は、異なる人種間でよりも、さまざまなサル類の間での方がずっと大きく異なり、たとえそれが両性に共通のものであっても、赤、青、オレンジ、黒や白の彼らの皮膚の色や、からだの美しい色は、頭部にある装飾的な毛の房と同様、すべて性淘汰で獲得されたものだと考えてよい十分な理由が存在する。新生児のからだには体毛がないが、非常に異なる人種間でも新生児どうしはそれほど違わないので、人種ごとに皮膚の色が異なることは、先に述べたように、かなり初期のうちに体毛がなくなったすぐあとで獲得されたのだろうと考えられるかもしれない。

まとめ

男性の方が女性よりもからだが大きく、力が強く、勇気があり、けんか好きで、活力があることは、主に女性の獲得をめぐる競争者の男性どうしの闘争を通じて原始時代に獲得されたものであり、以後増幅されてきたのだと結論してよいだろう。男性の方が知力が高く、発明の才にもすぐれていることは、それらに最もすぐれた男性が、自分自身と妻子を最もよく養い、危険から守るのに最もすぐれていたということから、自然淘汰、および習性の遺伝の効果によって獲得されたものであろう。この極端に複雑な問題が許す限りの判断を下せば、類人猿に似たわれわれの祖先の雄は、異性を魅了したり興奮させたりする装飾としてひげを獲得し、現在の男性にそれが受け継がれているようである。雌は、同様に性的な装飾の一部として体毛を最初に失ったようであるが、その形質は両性にほとんど同等に伝えられている。女性が、その他の形質においても同じ目的のために変容している可能性はあり、それで女性の声が男性よりも愛らしく、女性の方が男性よりも美しくなったのかもしれない。

人間では、人間としての特徴が獲得されたばかりの初期のころの方が、それより後の時代になってからよりも、性淘汰がはたらくのに好都合な条件が整っていたということは特に注目しておくべきであろう。なぜなら、そのころには、先の見通しや理性によってよりもずっと、本能的な感情によって動かされていたと考えてよいと思われるからである。そのころの人類は、現在の多くの未開人のように好色ではなく、それぞれの雄が自分の妻または妻たちを嫉妬深く守っていたに違いない。彼らは子殺しは行っておらず、妻を単なる役に立つ奴隷と見ることもなく、子どものころから婚約することもなかっただろう。このように、性淘汰のはたらきに関する限り、それぞれの人種が分化したのは、主に非常に遠い過去においてであると推論することができ、この結論は、われわれがその記録を手に入れることのできる最も遠い過去の時代から、現在におけるのとほとんど同じくらい、それぞれの人種は異なっていたという驚くべき事実に光を投げ掛けることだろう。

人間の歴史において性淘汰が果たした役割についてここで展開した議論は、科学的な正確さを欠いている。下等動物においてこの力がはたらいていることを認めない人々は、私がこのほうの章で人間について述べたことも、当然ながら認めないだろう。われわれは、この形質が性淘汰によって形成されたもので、あの形質はそうではないと、正確に主張することはできない。しかしながら、人種は、生活のための通常の習性の点では何の役割も果たしていないような形質においてたがいに異なり、下等動物の近縁種とも異なることが示されているので、それらが性淘汰で形成されてきた可能性は非常に高いと考えられる。最も野蛮な人々においては、それぞれの部族が、頭の形や顔の形、頬骨の張っていること、鼻が高いことや低いこと、肌の色、頭部の毛の長さ、からだや顔に毛がないこと、またはひげがあることなど、自分たちに特有の形質を魅力的だと感じているのを見てきた。それゆえ、それらや他の形質は、部族の中で最も多くの子どもを育てあげることができるような、より力の強い有能な男性が、部族の中で最も魅力的な、すなわち、最もその形質を強く備えた女性を何世代にもわたって選んできたことによって、ゆっくりと強調されるようになってきたに違いない。私自身は、人種間の外見的な違いや、人間と下等動物との間の違いのいくつかが形成されてくるにあたって、性淘汰は、あらゆる原因の中で何よりも大きな影響を与えてきたものと考えている。[*5]

原注

（1）　これらの引用は、イギリス上流階級が美しいのは、長い間にわたって美しい女性を選んできたからだと考えている、ローレンス（Lawrence）による（'Lectures on Physiology,' &c., 1822, p. 393）。

（2）　"Anthropologie," 'Revue des Cours Scientifiques,' October, 1868, p. 721.

（3）『飼育栽培下における動植物の変異』第一巻、二〇七頁。

（4）Sir J. Lubbock（J・ラボック卿）, 'The Origin of Civilisation,' 1870, Chap. 3, especially pp. 60-67. マクリーナン氏（Mr. M'Lennan）は、そのたいへん貴重な著作である 'Primitive Marriage,' 1865, p. 163 の中で、両性の結合は「最も初期にはゆるく、移行的で、ある程度は乱婚的であった」と述べている。マクリーナン氏とJ・ラボック卿は、現在の未開人たちがきわめて好色であることについて多くの証拠を集めている。L・H・モーガン氏（Mr. L. H. Morgan）は、親族分類に関する彼の興味深い論文の中で（'Proc. American Acad. of Sciences,' Vol. 7, February, 1868, p. 475）、一夫多妻とすべての結婚の形態は、原始時代にはなかったと結論している。J・ラボック卿の著作によると、バショーフェンも同様に、もともとは集団結婚が広く見られたと考えているようだ。

（5）British Association での発表 'On the Social and Religious Condition of the Lower Races of Man,' 1870, p. 20.

（6）'Origin of Civilisation,' 1870, p. 86. 先に引用したいくつかの著作には、女性を通じてのみ、または部族についてのみの関係を表す証拠がふんだんに載せられている。

（7）ブレーム（Brehm）（'Illust. Thierleben,' Bd. 1, S. 77）は、マントヒヒは、おとなの雌の数が雄の数の二倍もあるような、大きな群れで暮らしていると述べている。アメリカの一夫多妻の種に関してはレンガー（Rengger）、アメリカの一夫一妻の種に関しては、オーウェン（Owen）（'Anat. of Vertebrates,' Vol. 3, p. 746）を参照。ほかにも引用することができる。

（8）Dr. Savage（サヴェッジ博士）, 'Boston Journal of Nat. Hist.,' Vol. 5, 1845-47, p. 423.

（9）'Pre-historic Times,' 1869, p. 424.

（10）Mr. M'Lennan（マクリーナン氏）, 'Primitive Marriage,' 1865. 外婚と子殺しについては、pp. 130, 138, 165 を参照。

(11) ガーランド博士（Dr. Gerland）は、子殺しについて多くの情報を集めている（'Ueber das Aussterben der Naturvölker,' 1868）。特に S. 27, 51, 54. アザラ（Azara）は（'Voyages,' &c., tome 2, pp. 94, 116）動機についての詳細も述べている。インドの例については、マクリーナン（M'Lennan）(ibid., p. 139）も参照。

(12) 'Primitive Marriage,' p. 208. J・ラボック卿（Sir J. Lubbock）の 'Origin of Civilisation,' p. 100. また、以前に一妻多夫が広まっていたことに関しては、モーガン氏も参照。

(13) 'Voyages,' &c., tome 2, pp. 92-95.

(14) バーチェル（Burchell）は（'Travels in the Interior of S. Africa,' Vol. 2, 1824, p. 58）、南アフリカの部族では、男性も女性も禁欲することはまったくないと述べている。アザラ（Azara）も（'Voyages dans l'Amérique Mérid.,' tome 2, 1809, p. 21）、南アメリカのインディアンについて同様のことを述べている。

(15) 'Anthropological Review,' January, 1870, p. xvi.

(16)『飼育栽培下における動植物の変異』第二巻、二一〇—二一七頁。

(17) すぐれた研究者は、ラファエロとルーベンスと現代フランスの画家の絵を比べて、ヨーロッパ人の間でさえ、美の基準が絶対的に同じということはないと論じている。ボンベ氏（M. Bombet）による 'Lives of Haydn and Mozart,' English translation, p. 278 を参照。

(18) Azara（アザラ）, 'Voyages,' &c., tome 2, p. 23. Dobrizhoffer（ドブリゾーファー）, 'An Account of the Abipones,' Vol. 2, 1822, p. 207. フィジー諸島人については、ラボック（Lubbock）の 'Origin of Civilisation,' 1870, p. 79 に引用されているウィリアムズ（Williams）。フェゴ島人については、King and FitzRoy（キングとフィッツロイ）, 'Voyages of the *Adventure* and *Beagle*,' Vol. 2, 1839, p. 182. カルマック人については、マクリーナン（M'Lennan）の 'Primitive Marriage,' 1865, p. 32 に引用されて

いる。マレー人については、ラボックのibid., p. 76. Rev. J. Shooter（J・シューター師）, 'The Kafirs of Natal,' 1857, pp. 52-60. ブッシュマンの女性については、Burchell（バーチェル）, 'Travels in S. Africa,' Vol. 2, 1824, p. 59.

(19) 'Contributions to the Theory of Natural Selection,' 1870, p. 346. ウォレス氏（Mr. Wallace）は (p. 350)、「何らかの知的な力が人間の発達を導いたか、決定した」と考えており、皮膚に毛がないのも、そのようなことだと考えている。T・R・ステビング師（Rev. T. R. Stebbing）は、この見解に対して（'Transactions of the Devonshire Assoc. for Science,' 1870）、「もしもウォレス氏が、人間の皮膚に毛がないことに対しても、彼のいつもの独創的な考えを適用していれば、それが非常に美しいためか、透き通った肌が健康と結びついているためかによって、淘汰によって出現してきた可能性に気づいたはずである。いずれにせよ、何らかの超知性が未開人（彼自身の見解によれば、彼らには毛は有用だったのだ）の背中から毛をむしり、かわいそうな裸の子孫が、何世代にもわたって寒さと湿気で死ぬことになりながらも」、ウォレス氏自身が示しているようなやり方で、さまざまな技術を利用することによって、文明の絶頂にまで登り詰めるようにさせたというのは、信じがたいことだと述べている。

(20)『飼育栽培下における動植物の変異』第二巻、一八六八年、三二七頁。

(21) B. A. Gould（B・A・グールド）, 'Investigations in the Military and Anthropological Statistics of American Soldiers,' 1869, p. 568. 二一二九人の黒人と有色人種の兵士の毛深さについて、彼らが入浴しているときに注意深い観察を行ったが、発表されている表を見る限り、「この点に関して、黒人と白人の間に何らかの差異があるとは、一見したところ、ほとんど思われない」。しかし、黒人が、自分たちの故郷や、ずっと暑い気候の地方では、きわめてなめらかな肌をしているのは明らかである。上記の表には、純粋の黒人と白人との混血のムラートとが一緒に含められていることに注意する必要があろう。これは残念なことである。というのは、私がその正しいことを別のところで示した通り、混血の人種は、初期の類人猿的な祖先の毛深い形質に先祖返りする傾向が非常に強いからである。

(22)　ミュラー（Müller）の'Archiv für Anat., Phys.,' 1837, S. 40 における"Ueber die Richtung der Haare am menschlichen Köper."

(23)　スプロート氏（Mr. Sproat）は（'Scenes and Studies of Savage Life,' 1868, p. 25）、ヴァンクーヴァー諸島のひげのない原住民に関して、顔からひげを抜いてしまう風習は、「親の世代から子の世代へと受け継がれ、最終的に、ひげがほとんどないのが特徴的な人種を生みだすことになったのだろう」と示唆している。しかし、このような風習は、何らかの独立した原因によって、ひげがすでに薄くなってしまったあとにしか生じないはずである。また、ひげをずっと抜き続けていくと、遺伝的にひげがなくなるかどうかについても、証拠はない。このような疑問点から、私は、ジュネーヴのゴス氏をはじめとする何人かの著名な民族学者が、頭蓋の変形が遺伝すると考えていることにも触れなかった。私は、ここでこの結論に反論するつもりはない。ブラウン＝セカール博士の素晴らしい観察、特に最近British Associationで行われた発表によると（一八七〇年）、ハムスターでは手術の効果が遺伝するとのことである。

(24)　"Ueber die Richtung," ibid., S. 40.

訳注

＊1　原始時代には乱婚や集団結婚が一般的で、文明が進むとともに一夫多妻になり、最終的に一夫一妻の婚姻形態になったというのは、一九世紀に一部の民族学者が主張していた考えであるが、今では、それは誤りであることが知られている。ダーウィンがここで正しく指摘しているように、特定の男女の間に何らかの限定的な婚姻関係を認めていない文化は存在せず、過去にも現在にも、まったくの乱婚または集団結婚が通常の状態である文化は見つかっていない。また、婚姻の風習が野蛮なものから現代の状態へと進歩してきたということでもない。

＊2　前にも述べたように、子殺しがさまざまな文化で見られることは確かだが、これまでの研究から、子殺しの原因は、①重度な障害や病気、双生児など、子の生存確率が低い場合、②出産間隔があまりに短く、上の子の生存が危ぶまれる場合、③非嫡出、未婚の母など、父親からの子育ての援助が望めない場合、④貧困、などが主にあげられる。すなわち、その子育てをしても将来の展望がないと親が判断した場合がほとんどである。ここに述べられているような、子育てをすると母親自身の美しさが損なわれることを嫌うためにする子殺しというのは、現在までの確かな資料では見られない。選択的な女児殺しは、いくつかの文化で知られているが、オーストラリア原住民で見られたという証拠はない。

＊3　一妻多夫的な婚姻形態は、世界中で、チベットと西アフリカの一部にしか見られず、典型的な一妻多夫はチベットにしかない。女児殺しによって女性が少なくなることが一妻多夫を導き、それが世界各地で見られるという記述はまったくの誤りである。

＊4　未開人は女性をただの奴隷として扱っているという記述が、本書にしばしば見られるが、これも当時の民族誌の誤った記述であり、そうであるという根拠はない。

＊5　ヒトのさまざまな形質が性淘汰の産物であることは確かである。しかし、その形質が何であり、どのような性淘汰がはたらいたために発達したのか、また生物学的な淘汰とは別に文化的な可塑性がどれほどあるのか、そして、そのような可塑性そのものが、どのようにして生物学的にもたらされたのかについては、まだ研究が始まったばかりである。ダーウィンは、男性の方が女性よりも知力が高く、そのことは、最もすぐれた男性が自分自身と妻子を養うのにすぐれていたからもたらされたと簡単に考えているが、それは、当時の常識的な考えであったにすぎない。どのような心理的認知的特性においてどれほどの性差があるのかも、まだはっきりとはわかっていない。また、現在のヒトに見られる性的形質が獲得された時代に、ヒトの祖先がどのような生業形態を持っていたのか、どのような配偶関係を持っていたのか、したがってどのような淘汰がはたらいていたのかも、進化生物学、生態学、行動学、人類学、考古学などの最近

の発展から、徐々に明らかにされつつある状態である。ヒトにおける性淘汰という、ダーウィンが設定した問題は、非常に複雑で多岐にわたる難問であり、彼自身が本書の中で示した回答の多くは誤っているだろうが、一つの大きな学問的分野を築いたことは間違いない。

第二一章　全体のまとめと結論

人間が何らかの下等な形態から進化してきたという主要な結論－発生の様式－人間の系統－知的および道徳的能力－性淘汰－結論

本書における最も重要な論点について読者の注意を再度喚起するには、短いまとめだけで十分であろう。ここで展開した考えの多くは、純粋に理論的な推論であり、そのうちのいくつかはおそらく間違っていることがそのうちわかるだろう。しかし、すべての点について、私は、なぜ私がその考えを採用し、他の考えを採用しないのかの理由をあげたつもりである。人間の自然史におけるもっと複雑ないくつかの問題について、進化の原理がどこまで光を投げかけることができるかを試してみるのは、探求に値する仕事だと思われた。間違って認識された事実はしばしば長く持ちこたえるので、科学の進歩に大きな害を及ぼす。しかし、間違った考えは、それが何らかの証拠で支えられていたとしても、それほどの害は及ぼさない。なぜなら、誰もがその間違いを証明することに健全な喜びを感じるからであり、それがなされたときには、誤りへと導く道が一つ閉ざされると同時に、真実への道が開かれるからである。

本書で到達した主な結論は、人間が何らかのより下等な生物から由来したというものであるが、このことは、現在では、確かな判断を下す能力のある多くの博物学者によって支持されている。この結論を支えている基礎は、これからも揺らぐことは決してないだろう。人間と下等動物との間で、胚発生の過程や数多くの形態構造が、重要なものも瑣末なものも含めて非常に類似していることや、人間の保持している痕跡器官、人間にときどき見られる先祖返りの形質などは、否定することのできない事実である。これらについては昔から知られてはいたが、最近になるまで、人間の起源に関してそれらが何かを語ることはなかったのである。しかし、現在のわれわれの生物界全体に関する知識をもってすれば、それらの持つ意味はもはや間違えようがない。これらの諸事実を、同じ分類群に属するメンバーどうしの間の類似性や、過去と現在における地理的分布、地質学的変遷などの他の事実と関係づけて考察するとき、進化の偉大な原理は、明確に、確固としてそびえ立っている。これらの事実のすべてが間違ったことを語っているとは、とうてい考えられない。未開人のように自然現象をばらばらなものと見ることでは満足できない人なら、人間を独立した創造の産物だと考えることは、もはやできないだろう。人間の胚が、例えばイヌの胚などと非常によく似ていることや、人間の頭骨、四肢、全体の形態構造が、それぞれの部分がどのように使われているかということとは独立に、他の哺乳類のそれと同じ設計によってつくられているということや、現在の人間は持っていないが四手類には共通に見られるようないくつかの特別な筋肉などが、ときどき人間にも出現することなどの、数多くの相似的事実は、人間が他の哺乳類との共通祖先の子孫であるという結論を、これ以上ないほど明白に指し示していると考えないわけにはいかないだろう。

人間には、からだのどの部分にも、心的能力にも、数えきれないほどの個体変異があることを見てきた。これらの差異や変異はどれも、下等動物にはたらいているものと同じ原因によって引き起こされ、同じ法則によって支配されているようである。どちらの場合にも、同じような遺伝の法則がはたらいている。人類の人口は、自分自身を支えられる以上の速度で増加する傾向があり、ときおり、存続のための厳しい争いにさらされることになるので、どんなものであれ、そこには自然淘汰がはたらいたことだろう。同じようなタイプの非常に極端な変異が、いくつも続いて出現してくる必要はない。個体間にいくらかの変動する変異がありさえすれば、自然淘汰がはたらくには十分である。からだの諸部分に対する、長期にわたる用不用の効果は、自然淘汰と同じ方向にはたらくと考えてよいだろう。過去には重要だった変化が、今ではもはや何かの役に立つことがなくなっても、それは長い間にわたって遺伝するものである。ある一つの部分が変化すると、相関の原理によって他の部分も変化することがあるが、それについては、いくつかの奇形が相関している多くの奇妙な例をあげることができる。食物が豊富にあることや、温度、湿度など、生活条件からくる直接的で限定的な作用もはたらいているだろう。最後に、生理学的にはさして重要でない形質も、かなり重要と思われる形質も、いくつかの形質は性淘汰を通じて獲得されてきた。

人間も、他のいろいろな動物と同様、現在のわれわれの少ない知識で判断する限りでは、現在にも過去のどんな時代にも、一般的な生活の条件に関しても、雌雄の間の問題に関しても、何らの役にも立っていないと考えられる構造を持っていることは間違いない。そのような構造は、どんな種類の淘汰によっても、部分の用不用の遺伝の効果によっても、説明できない。しかしながら、飼育下の生物では、多くの奇妙な、はっきりと区別できる変異がときどき出現することがよく知られており、もしもそのような変異を生みだす未知の原因がより広範囲にわたってはたらいた場合には、それらはその種のすべての個体に共通のものとなるだろう。このような変容がときおり起こる原因については、特に奇形の研究を通じて、今後理解が進むと期待できる。カミーユ・ダレスト氏（M. Camille Dareste）をはじめとする実験生物学者の研究は、将来多くの問題を解決するだろう。それよりもっと多くの例については、環境条件の変化が、あらゆるたぐいの生物的変化を引き起こすのに重要な役割を果たしていることは確かだが、それぞれのわずかな変異やそれぞれの奇形の原因は、生物を取りまく環境の性質のなかにあるというよりは、生物の性質や構成のなかにあるだろうと言うことができるだけである。[*1]

今ここで述べたような過程を経て、そしておそらく未発見の過程にも助けられて、人間は現在の状態に進化した。しかし、人間が現在の地位を獲得して以来、それはいくつもの異なる人種へと分化していった。それは、亜種と呼んだ方がさらに適切かもしれない。例えば、ヨーロッパ人と黒人などのようないくつかの人種はあまりにも異なっているので、もしも何の情報もなしに二つの標本が博物学者のところに届けられたなら、この二つは間違いなく、異なる種として分類されるに違いない。それにもかかわらず、すべての人種は、多くの重要でない構造や多くの精神的特異性において共通しており、それらは共通祖先からの由来ということでのみ説明が可能である。そして、そのような形質をもった祖先というのは、人間の地位を与えられてしかるべきものであろう。

それぞれの人種が他の人種から分岐したことや、すべての人種が共通の系統から派生したことに関して、それを唯一の祖先のペアにまでたどれると考えるのは誤りである。それとは反対に、変化が生じてきたすべての段階において、その程度は異なっても、何らかの点で生活の条件により適していたすべての個体は、より適していなかった個体よりも多く生存してきたはずである。その過程は、人が〔飼育動植物で〕意図して特定の個体を選択することはしていないものの、すぐれた個体はすべて繁殖させ、そうでない個体はすべて無視するときに起こることと似ていると言えるだろう。そうすると、無意識のうちに、ゆっくりと、しかし確実にその系統を変化させることになり、新しい品種が生み出される。それはまた、生物の持っている特性から生じてくる変異や、周りの環境からのはたらきや、生活の条件が変わったことによって生じる変異のために、淘汰とは独立に生じる変容に関しても同様であり、自由な交配が起これば、同じ地域に住んでいる個体はすべて連続的に交配するので、ある特定のペアが他のペアよりも大きく変化するということはないのである。

人間が胚の構造のうちに下等動物との間に持っている相同関係、人間が保持している痕跡器官、そして人間にときおり生じる先祖返りなどを考慮すると、われわれの初期の祖先がどのような状態にあったかを、ある程度は想像することができ、動物の系統の中での大まかな位置づけを行うことができる。こうしてわれわれは、人間は、尾ととがった耳を持ち、おそらく樹上性で旧世界に住んでいた、毛深い四足獣の子孫であると考えることができる。この生物は、博物学者がその全体の構造を調べたならば四手類のなかに分類され、旧世界ザルと新世界ザルの、さらに古い共通祖先だと考えられるだろう。四手類とすべての高等哺乳類とは、おそらく古代の有袋類から派生したもので、有袋類は、何らかの爬虫類的な生物、または両生類的な生物から分岐した長い系統から進化したものであり、それらもまた、何らかの魚類的な動物から進化してきた。曖昧模糊とした過去を遡ると、すべての脊椎動物の祖先は、鰓弓（さいきゅう）を持ち、雌雄同体で、（脳と心臓のような）最も重要なからだの器官はまだ不完全にしか発達していなかった水生動物だったに違いないと考えることができる。この動物は、これまで知られているどんな動物よりも、現生の海生ホヤ類の幼生に似ていただろうと思われる。

人間の起源について上記のような結論に達したとき、最も大きな問題は、人間が高度な知的能力と道徳的性質を持っていることであろう。しかし、進化の一般原理を認める人なら誰でも、高等動物の知的能力は人間のそれとは非常に程度が異なるが、質的には人間と同じであり、それも進歩することができることを認めるに違いない。すなわち、高等類人猿の一種と魚の間、または、アリとカイガラムシとの間の知的能力の差は巨大である。動物において、これらの能力が発達したことには何の不思議もない。家畜動物でも、知的能力には確かに変異があり、その変異は遺伝するからだ。このような能力が自然状態の動物にとって非常に重要であることは、誰も否定しないだろう。それゆえ、それが自然淘汰によって発達するための条件は整っている。同じ結論を人間にも敷衍できるだろう。非常に古い過去においてさえ、知的能力は人間にとって最も重要な能力だったに違いなく、それによって人間は言語を使い、武器、道具、わななどを発明することができるようになり、社会的な習性とともに知的能力を用いることによって、遥かな昔から、人間はすべての生物のなかで最も優位な地位についたのである。

それ以前に生じていたかなりの進歩を通じて、半ば技術的、半ば本能的な言語の使用が始まったとたん、知能の大幅な発達がもたらされたに違いない。なぜなら、言語を常に使っていると、それが脳に影響を及ぼして遺伝的な効果をもたらし、そしてそれがまた言語の向上をもたらしただろうからである。人間の脳が、下等動物よりも、からだの大きさに比べて相対的に大きくなったのは、チョーンシイ・ライト氏（Mr. Chauncey Wright）がいみじくも指摘している通り[1]、何らかの単純な言語形態を早くから使用してきたことに、その主な原因があるのかもしれない。あらゆるたぐいの物体や性質に信号を割り当てるという、あの素晴らしい機構である言語は、感覚の印象だけからでは得ることのできないような、また得られたとしても長くとどめておくことができないような、思考の連鎖を呼び起こすことができるからである。論理をたどる思考、抽象化、自意識などの高度な知的能力は、他の精神的性質がずっと進歩し続けてきたあとに続いて生じたのだろうが、人種のレベルにおいても個人においても、かなりの精神の錬磨がなかったなら、そのような力が使われ、十分に花開いたかどうかはたいへん疑わしい。

道徳的性質の発達は、さらに興味深くて困難な問題である。このことの基礎は、家族のきずなも含めて、社会的本能のなかにある。これらの本能は非常に複雑な性質のものであり、下等動物においては、ある特定の行動を起こさせるような特別の傾向を与えている。しかし、われわれ人間においてもっと重要な要素は、愛情と共感という特別な感情である。社会的本能を備えた動物は、他の個体と一緒にいることに喜びを感じ、たがいに危険を知らせ合い、多くの点でたがいに守り合い、助け合う。これらの本能は、同種に属するすべての個体に適用されるのではなく、同じ集団に属している個体に対してのみ向けられる。それらは種にとってたいへん有利なので、自然淘汰を通じて獲得されてきた可能性は非常に高い。[*2]

道徳的存在とは、自分の過去と将来の行動とその動機を比較して、あるものを良しとし、他のものを悪いとすることのできる存在である。そして、人間は確実にそのようにつくられているという事実は、人間と下等動物とを分ける区別のなかで最も大きいものである。しかし私は、第三章で、道徳感情が出てくるには、第一に長続きして常に存在する社会的本能が必要であり、その点では人間と下等動物とは同じであること、第二に精神的能力が非常に活発で、過去の出来事の印象が生き生きと残されねばならず、その点では人間は下等動物とは異なるということを示そうとした。このような心の状態のために、人間は過去を振り返り、過去の出来事と行動の印象を比較しないわけにはいかない。人間はまた、常に将来のことを考えている。そこで、一時的な欲求や情熱が社会的本能を上回ったあと、人間はそれを振り返り、今は弱まってしまった過去の強い欲望と、常に存在し続けている社会的本能とを比較することになる。そして人間は、本能が満たされなかったとき、常にあとに残る不満足感を感じることになるだろう。その結果、人間は、将来は違った行動を取るようになるだろう。それが良心である。常に他の本能よりも強いか、または長続きする本能は、私たちに「それに従わねばならない」と表現する感情を引き起こす。ポインター犬が過去の行動を振り返ることができるなら、（私たちが彼について言うのと同様に）「私はノウサギを指し示さねばならなかったのであり、それを狩ろうという一時的な誘惑に負けてはいけなかったのだ」と、自分自身に言い聞かせているに違いない。

社会的動物は、半ばは、同じ集団に属するメンバーを助けたいという漠然とした願望に動かされているが、ある特定の行動を取ろうとすることの方がふつうである。人間も、同じような、同胞を助けたいという一般的な願望を持っているが、特別な本能はほとんど持っていない。人間はまた、自分の欲望を言葉で表現することができ、それによって必要な援助を得る手引きとすることができる点において、下等動物とは異なる。援助を与えようとする動機も、人間ではある程度、変容している。それはもはや、盲目的な本能的衝動のみからなるのではなく、自分の同胞からの賞賛や非難に大きく影響されている。賞賛や非難を評価することと、それを与えることとは、ともに共感に依存しており、この感情は、すでに見た通り、社会的本能のなかでも最も重要な要素の一つである。共感は、一つの本能として備わっているものではあるが、習慣や練習によって大いに向上させることができる。すべての人間は自分の幸福を願うので、行動や動機に対する賞賛や非難は、この目的に導くものであるかどうかによって与えられる。そして幸福は一般的な善の本質的な要素なので、最大幸福の原理は、間接的に、何が善であり何が悪であるかの、およそ信用のおける基準としてはたらく。理性の力が強まり、経験が豊富になるとともに、ある一連の行為を行ったときに、それが個人、ひいては一般的な善に対してどのような帰結をもたらすかが、かなり遠い先の方まで見えるようになる。すると、公的意見というものの中で自分の行動がとらえられるようになり、自己に関する美徳は賞賛を得、その反対の行いは非難を受けることになる。しかし、あまり文明の進んでいないところでは、理性はしばしば間違いを起こすので、多くの悪い習慣や野蛮な迷信も同じ視野の中に入ってくることになり、それらが高い徳と見なされ、それを破るのは重大な罪と見なされるようになる。

道徳的能力はふつう、知的な能力よりも高く評価されているが、それは正しい。しかし、過去の印象を生き生きと思い出す心のはたらきは、良心の二番目に大事な本質的な基盤であることを覚えておくべきである。このことは、すべての人に教育を与えて、その知的能力をあらゆる方法で刺激するべきであるという議論を、最も強く支持するものとなるだろう。もちろん、精神のはたらきの鈍い人であっても、社会的な愛着と共感がよく発達していれば、よい行いをし、かなり鋭い良心さえ持つことができるに違いない。しかし、想像力をさらに生き生きとさせ、過去の印象をよみがえらせて比較する力を強めるものが何であれ、それは良心をさらに鋭くさせ、社会的な愛着や共感の弱ささえ、ある程度は補償することができるだろう。

人間の倫理的性質は、これまでに得られたなかで最も高度な水準にまで達した。それは、理性の力が進み、その結果、正しい公的意見がつくられるようになったことにもよるが、特に習慣、お手本、教育、そして反省などを通して、共感の心がさらに強く、広い範囲にまで及ぼされるようになったからである。長い間には道徳的性質も遺伝するようになるというのは、あながち不可能なことではないだろう。より文明の進んだ人種では、すべてを見ている神の存在に対する確信は、道徳の発展に多大な影響を与えてきた。人は、他人の賞賛や非難に影響を受けないということはないが、究極的には、それを自分の行為の主な指針とすることはもはやなく、理性によって制御された確信が、常に最も安全な規則を提供している。そこで、良心が、自分の行動の最高の判断基準となる。それはともかくとして、道徳感情の起源または最初の基礎は、共感を含めた社会的本能にあり、この本能は、他の下等動物における場合と同じく、もともとは自然淘汰によって獲得されたものであることは間違いない。

神への信仰は、人間と下等動物とを分ける最も大きな違いとされるばかりでなく、しばしば差異のなかでも最も完璧なものと見なされている。しかしながら、すでに見てきたように、この信念が人間に生得的、本能的なものであると主張するのは不可能である。一方、すべてのものに存在する精霊のような媒体に対する信仰は普遍的に見られるようであり、それは人間の理性の力が相当に進歩したことと、想像力、好奇心、驚異などがさらに大きく発達したことから生まれてきたのだろう。神に対する本能的な信仰心があるということが、神の存在そのものを証明していると、多くの人々が論じているのを私は知っている。しかし、これは早まった議論である。もしそうなら、われわれは、人間よりもわずかばかり強い力を持っているだけの、多くの残酷で悪意に満ちた精霊の存在をも信じなければならなくなるだろう。そのような存在に対する信仰は、恩恵に満ちた神への信仰よりもずっと広く世界中に広まっている。宇宙全体の創造者としての、普遍的で慈愛に満ちた神という概念は、長く続いた文化によって人間の精神が高められるまでは、人の心の中には存在しなかったのだろう。

人間が何らかの下等な形態から進化してきたと考える人は、当然ながら、霊魂の不滅ということをどう考えるべきかと問うに違いない。J・ラボック卿が示しているように、未開な人種はこのような確信を持っていない。しかし、先に見たように、未開人がどのようなことを考えているかをもとにした議論は、ほとんどあてにならない。微小な胚の最初の存在のしるしから、子どもの出生の前後までの個体の発生のうち、正確にどの段階において、人が不滅の存在になるのかを決めるのは不可能だと聞いたからといって、不安を感じる人はほとんどいないだろうし、連続的につながっている生物の連鎖のなかで、一時期を決定することはおそらく不可能なので、不安に思うべき理由もないのである[2]。

本書で導き出した結論を、非常に反宗教的であるとして非難する人々がいるだろうことは、私も承知している。しかし、そのような非難をする人々は、人間の起源を、変異と自然淘汰の法則によって、何らかの下等な形態から進化した一個の種として説明することが、なぜ個体の出生を通常の繁殖の原理から説明することよりも反宗教的なのかを示さねばならないだろう。個体の出生も種の発生も、あの偉大なる出来事の連鎖の結果であり、それが盲目の偶然の結果であるとは、われわれの心は認めたくないのである。それぞれの配偶に際しての結合、それぞれの種子の分散において生じる構造のわずかな変異、その他のさまざまな出来事は、すべて、何らかの特別の目的のために制御されているのだと信じるにせよ、信じないにせよ、そのような結論に対して悟性は反感を引き起こすのである。

本書では、性淘汰について多くを割いて述べてきたが、それは、私が示そうとしたように、性淘汰が生物界の歴史において重要な役割を果たしてきたからである。各章にまとめをつけておいたので、ここで詳しいまとめを行うのは無駄というものだろう。多くの事柄が、まだ疑わしいものにとどまっていることは私も承知しているが、私はこの問題の全体について公正な見解を与えようと試みたつもりである。動物界の下等な分類群では、性淘汰はほとんど何のはたらきもしてこなかったようだ。このような動物は、しばしば一生を同じ場所に固着して過ごしたり、雌雄同体であったり、さらに重要なことには、彼らの感覚や知的能力が、愛や嫉妬を感じるのに十分なほど進歩していないため、何らかの好みをはたらかせることもできない。しかしながら、節足動物と脊椎動物になると、この二つの界の最も下等なものにおいてさえ、性淘汰は大きな影響を与えてきている。そして、節足動物と脊椎動物とでは、まったく方向は異なるものの、それぞれが独立に知的能力を発達させてきたことは、注目に値するだろう。節足動物における最高峰は膜翅目（アリ、ハチのなかま）に見られ、脊椎動物における最高峰は、人間を含む哺乳類に見られる。

哺乳類、鳥類、爬虫類、魚類、昆虫類、甲殻類など、動物界のそれぞれの綱では、両性の間の違いは、まったくと言ってよいほど同じ規則に従っている。ほとんどすべての例において、雄が求愛を行い、雄だけが競争者どうしの闘いのために使う特別の武器を備えている。雄は、ふつうは、雌よりも力が強く、からだが大きく、勇気やけんか好きの性格など、必要な性質を身につけている。声や音を出すための器官や臭いを出す腺は、雄だけが備えている場合もあれば、雄における方が雌よりも発達している場合もある。雄は、ありとあらゆる多様な付属物で飾られ、優美なパターンに配置されたさまざまな顕著で鮮やかな色彩をしていることが多いが、雌はたいていは飾られていない。雄と雌とがより重要な構造のうえで異なっているときには、相手を見つけるための特別の感覚器官や、相手にたどりつくための運動器官、相手をつかんでおくための把握器官などを備えているのは雄の方である。雌を確保しておいたり、魅了したりするための、これらのさまざまな構造は、一年の間の一定の時期、すなわち繁殖期にのみ発達することが多い。それらは多かれ少なかれ雌にも受け継がれている場合がほとんどであり、雌には少ししか受け継がれていない場合には、それは痕跡的になっている。それらは、雄を去勢すると発達しなくなる。ふつう、それらは雄が子どものうちには発達せず、繁殖開始の直前になって発達してくるようだ。そこで、ほとんどの種では、子どものころの両性はたがいに類似しており、雌は両性の子どもに一生の間、類似している。ほとんどすべての大きな分類群において、通常の両性の形質が完全に逆転している例外的な種がいくつかあり、そのような種では雌が雄のような形質を備えている。これほど多くの、そしてこれほど系統関係の離れた多岐にわたる種類において、驚くほど同じ法則が両性の差異を制御しているということは、動物界のすべての高等な分類群において、一つの共通の要因、すなわち性淘汰がはたらいていると考えれば、すべてが理解可能となるだろう。

性淘汰は、ある個体が繁殖に関連して同性の他の個体よりも成功することによって生じるが、自然淘汰は、両性のあらゆる年齢の個体が、一般的な生活条件に対してどれほど成功するかによって生じる。性的な闘争には二つの種類がある。一つは同性の個体間で、競争者を追い出したり殺したりする闘争であり、たいていは雄どうしの間で闘われる。これに関して、雌は受動的にとどまっている。もう一方の闘いは、これも同性の個体間で闘われるものだが、異性、たいていは雌を、興奮させたり魅了したりするための闘争である。ここでは雌は、もはや受動的にとどまってはおらず、よりよい配偶相手を積極的に選ぶ。この後者の過程は、人が変種をつくる意図がなくても、自分にとって最も好ましい、または役に立つと思われる個体を長い間にわたって選び続けることによって、意識せずに、しかし確実に、家畜品種をつくり出していくときと同じものだといえよう。

性淘汰によってどちらかの性で獲得された形質が、同じ性の個体のみに伝えられるか、それとも両性に伝えられるかは、それが個体のどの年齢で伝えられるのかと同様、遺伝の法則によって決められている。生活史のあとの方で生じた変異は、同性の個体にのみ伝えられるのが一般的なようである。淘汰が起こるには変異が必要であり、それは淘汰とはまったく独立に生じる。このことから、同じ一般的性質を持った変異が、繁殖と関連した性淘汰と、全体的な生存と関連した自然淘汰との両方によって残され、蓄積されてきたことがしばしばあったと考えられる。そこで、両性に同等に伝えられた場合の第二次性徴を、種に固有のふつうの形質から区別することは、アナロジーによってのみ可能ということになる。性淘汰によってもたらされた変化は非常に大きいことがしばしばあり、同種に属する雄と雌とが、別種に分類されたり、別の属にさえ分類されたりしたことがしばしばあった。このような極端な違いは、何らかの非常に重要な意味を持つものであるに違いなく、それらのうちのいくつかは、単に不便であるばかりでなく、実際に危険をもたらすにもかかわらず獲得されたことがわかっている。

性淘汰のはたらきに対する確信は、主に、次のような考察に依拠している。性淘汰によって獲得されたと考えるべき形質は一方の性に限られており、このことだけからも、それが何らかの意味で繁殖と関連している可能性を明示している。このような形質は、数多くの例において、成熟に達してからのみ完全に発達する。一年の間でも一部の時期にしか発達しないことがしばしばあり、それは常に繁殖期である。（いくつかの例外を除いて）求愛を活発に行うのは雄である。武器を身につけているのも雄であり、さまざまなやり方で最も魅力的に飾られているのも雄である。雄は、最大の注意を持って、雌のいる前で自分の魅力を誇示するということ、そしてまた、愛の季節以外の時期にはそのような誇示をほとんど、あるいはまったくしないということは、特に注目すべきである。これらの誇示のすべてが無目的だとしたら、驚くべきことだ。最後に、いくつかの四足獣と鳥類においては、一方の性の個体が、他方の性の特定の個体に対して、強い嫌悪や好みを感じることができるというはっきりした証拠がある。

これらの事実を前に、人が無意識的に行う人為淘汰がどのようなはっきりとした結果をもたらすかを考えると、一方の性の個体が、何世代にもわたって、ある特定のタイプの異性の個体と繁殖するのを好んできたなら、ゆっくりと、しかし確実に、その方向に変化が起こっていくだろうということは、私には明白だと思われる。雄の方が雌よりも個体数が多い場合と一夫多妻が広く行われている場合を除き、より魅力的な雄が、どのようにしてより魅力的でない雄よりも多くの子を残し、その子たちがその雄のすぐれた装飾その他の魅力を受け継ぐことになるのかはよくわからないということを、私は隠そうとはしなかった。しかし、それはおそらく、繁殖期の最初に繁殖を開始するようなより元気のよい雌が、より魅力的なだけでなく、同時に、より元気がよくて闘争にも強い雄を選んでいることによってなされているに違いないことを示した。

オーストラリアのアズマヤドリに見られるように、鳥類が鮮やかで美しいものを賞賛するという証拠はあり、また彼らが歌の力を愛でるのも確かだが、多くの鳥類やいくつかの哺乳類の雌が、性淘汰を通じて獲得されたと思われるような形質に対する十分な趣味を持っているとは考えにくいということを、私は十分に認めるつもりである。爬虫類、魚類、昆虫となると、さらに信じがたいことだろう。しかし、われわれは、下等動物の心についてはほとんど何も知らないと言ってよい。フウチョウやクジャクの雄が、苦労して雌の前で自分たちの美しい羽飾りを立て、広げ、震わせていることに何の目的もないとは、とても考えられない。以前の章で述べた、その道の権威であるところの、すなわちクジャクの雌たちによって示された事実を思い出すべきである。彼女たちは、自分の好む雄との配偶を阻まれたときには、他の雄と配偶するよりは、むしろその季節じゅうを後家として過ごす方を選んだのである。

それはともかくとして、私が自然史のなかで最も素晴らしいと思うのは、セイランの雌が、雄の翼の羽についているくぼみにはまったボールの繊細な色調の装飾と、その他の優美な模様とを評価しているに違いないということだ。雄が、今現在あるような、そのままの形でつくられたと考えている人も、翼を飛ぶために使うのを阻んでいる大きな羽飾りが、初列風切とともに、求愛の時期にだけ、この種に特有の奇妙なやり方で求愛行動のときに誇示されるのは、この羽が装飾のために彼に与えられたからであることを、認めないわけにはいかないだろう。もしそうなら、雌はそのような装飾の価値が理解できるようにつくられているはずだということも、認めざるを得ないだろう。私は、セイランの雄は、雌がより装飾的な雄を何世代にもわたって好み続けた結果、徐々にその美しさを獲得したのだと確信している点で、上記の考えと異なるだけである。雌の審美的な能力は、われわれの趣味が練習と習慣によって徐々に向上するのと同じように向上してきたのだろう。雄では、幸運にもいくつかの羽が変容されずに残っているため、片側に赤茶色の小さな影のある単純な斑点が、わずかな連続的変化を経て、どのようにして素晴らしいくぼみにはまったボールの装飾へと発達していったのかを、はっきりたどることができる。そして、おそらく、それは実際にそのようにして発達してきたのだろう。

進化の原理は認めるが、哺乳類、鳥類、爬虫類、魚類の雌が、雄の美しさから暗示されるような高度な趣味を実際に持っており、それがだいたいにおいてわれわれの趣味と一致するなどということは、とても認められないと感じる人は、脊椎動物に属するそれぞれの系統のメンバーの脳の神経細胞は、このグループ全体の共通祖先のものから直接に派生してきたものだということを思い起こすべきである。そうだとすれば、脳とその心的性質は、ほとんど同じ発達のコースを導く似たような条件の下では、同じような能力を発達させ、その結果ほとんど同じような機能を示すようになるということが、理解できるようになるだろう。

性淘汰に関する数章にすべて目を通した読者は、私の到達した結論を支える証拠がどれほど十分であるのかを判断できるだろう。もしも読者がその結論を認めるなら、それを人間にまで拡張してもかまわないだろうと私は考えている。しかし、性淘汰がどのようにして、雄側からと雌側からとの双方から両性に対してはたらき、その結果、男性と女性のからだと心がどのように異なるようになったのか、そして人種どうしがさまざまな形質においてどのように異なるようになったのか、また過去の下等な形態とどのように異なるようになったのかについては、つい先ほど述べたばかりなので、ここでくり返す必要はないだろう。

性淘汰の原理を認める人は、大脳システムが現在のからだの機能のほとんどを制御しているばかりでなく、さまざまなからだの構造といくつかの心的形質の進歩と発達に間接的な影響を及ぼしてもいるという、注目すべき結論に導かれるはずである。勇気、けんか好き、忍耐、力強さ、からだの大きさ、あらゆる武器、声によるものと楽器によるものの音楽、美しい色、縞模様と斑点、装飾的な付属品、これらはすべて、愛と嫉妬の影響を通して、また、音と色彩と形態における美の認識を通して、そしてそれらに対する好みを通して、どちらか一方の性に間接的に獲得されてきた。そして、これらの心的能力は、明らかに大脳システムの発達に依存しているのである。

人は、ウマ、ウシ、イヌを配偶させるときには、細心の注意を払ってその個体の形質と系統を調べるが、自分自身の結婚に際しては、それほどの注意を払うことはほとんどないと言ってよい。人は、自分の自由な選択に任されたときには、下等動物にはたらいているのとほとんど同じ動機によって動かされているが、下等動物よりはすぐれているので、精神的な魅力や美徳も高く評価する。一方、人は、単なる富や地位にも強く惹かれる。それでも人は、その選択を通して、子どもの世代に、肉体的にのみならず、知的および道徳的性質にも影響を与えている。どちらの性の個体も、肉体や精神に大きな欠陥がある場合には結婚を控えるべきだが、そのような望みはユートピア的なもので、遺伝の法則が完全に知られるようになるまでは、ほんの一部でさえ実現されることはないだろう。この目的に向けて努力する人々は誰でも、世の中のために尽くすことになる。繁殖と遺伝の原理がよりよく理解されるようになったときには、近親婚が人に対して有害であるかどうかを簡単な方法で確かめようとする計画を、われわれの議会の無知な人々が眉をひそめて拒絶するようなことを、われわれは聞かなくても済むようになるだろう。

人類の福祉をどのように向上させるかは、最も複雑な問題である。自分の子どもたちが卑しい貧困状態に陥るのを避けられない人々は、結婚するべきではない。なぜなら、貧困は大きな邪悪であるばかりか、向こう見ずな結婚に導くことで、それ自体を増加させる傾向があるからである。一方、ゴールトン氏が述べているように、慎み深い人々が結婚を控え、向こう見ずな人々が結婚したなら、社会のよくないメンバーが、よりよいメンバーを凌駕することになるだろう。人間も他の動物と同様に、その速い増殖率からくる存続のための争いを通じて、現在の高い地位に上ったことは疑いない。そして、もしも人間がさらなる高みへと進むべきなのであれば、厳しい競争にさらされ続けていなければならない。そうでなければ、人間はすぐ怠惰に陥り、より高度な才能に恵まれた個人が、そうでない個人よりも、存続のための争いで勝ち残るということはなくなってしまうだろう。そうだとすると、われわれの自然な増加率が高いことは、多くのあからさまな悪へと導くには違いないにせよ、それを何らかの手段で抑えようとすべきではないに違いない。すべての人々は、競争に対して開かれているべきで、最もすぐれた人々が、最も多くの数の子を残すことは、法律や習慣によって阻まれるべきではない。存続のための争いは重要であったし、今でも重要だが、人間の最も高度な性質に関する限りは、さらに重要な力が存在する。自然淘汰は、道徳感情の発達の基礎をなしている、社会的本能をもたらした原因であると結論してかまわないだろうが、道徳的性質は、直接的にせよ間接的にせよ、自然淘汰によってよりもずっと強く、習慣、理性の力、教育、宗教、その他の影響を通して向上するのである。[*3]

本書で到達した主な結論、すなわち人間は何らかの下等な形態から進化したということは、残念ながら多くの人々にとっては非常におぞましいことであろう。しかし、われわれが未開人の子孫であることに疑問の余地はない。ごつごつした荒れた海岸でフェゴ島人たちを初めて見たときの驚きを、私は一生忘れないだろう。私の心にすぐにも湧いた考えは、これこそがわれわれの祖先の姿だというものだった。これらの人々は、まったくの裸で、からだに絵の具を塗り、長い髪の毛がからまって、彼らの口は興奮で泡を吹き、表情は野蛮で、驚愕し、われわれを疑っていた。彼らはほとんど芸術と呼べるものは持っておらず、野生動物と同じように、自分たちが捕まえられるものを食べて暮らしていた。彼らには政府もなく、自分の小さな集団に属している人々以外に対してはみじんの愛情も持っていなかった。未開人をその現住の地で見たことのある人なら誰でも、彼らよりさらに下等な生きものの血が自分たちのからだに流れていると認めさせられても、それほどの恥ずかしさは感じないに違いない。私自身は、自分の敵を責めさいなむことに喜びを感じたり、血塗られた犠牲を捧げたり、後悔の気持ちもなく子殺しをしたり、自分の妻を奴隷のように扱ったりし、何の礼儀もなく、恐ろしい迷信に取りつかれている未開人の子孫であるよりは、飼育係の命を救うために恐ろしい敵に向かっていった、あの小さな英雄的なサルや、山から駆け降りて、自分たちの子どもを驚いたイヌの群れから意気揚々と救い出した、あの年老いたヒヒたちの直接の子孫であった方がましだと思いたい。

人間は、自分自身の努力によるわけではないとしても、生物界の最高峰に上りつめたことに対していくらかの誇りを持つことは許されるだろうし、人間がもともとその地位にいたのではなく、上ってきたという事実は、将来にわたってもっと高みにまで行き着けるかもしれないという希望を抱かせるものである。しかし、ここで問題にしているのは希望や恐れではなく、われわれの理性が発見できる限りでの真実である。私は、私の能力の限りにおいて、その証拠をここに示した。そして、人間は、最も見下げ果てた人間に対しても感じる同情や、他人に対してのみならず、最も下等な生物に対しても適用される慈愛の感情や、太陽系の運動や構成に対してまで向けられた神のような知性など、そのすべての高貴な性質にもかかわらず、これらすべての素晴らしい力にもかかわらず、そのからだには、依然として、消すことのできない下等な起源の印を残していることを認めないわけにはいかないだろうと、私には思われるのである。

原注

（1）'The North American Review,' October, 1870, p. 295 の "Limits of Natural Selection."
（2）J・A・ピクトン師（Rev. J. A. Picton）は、'New Theories and the Old Faith,' 1870 の中で、このことに関して議論している。

訳注

＊1　変異を生み出す原因については、遺伝子の発見と遺伝学の発展によって、ダーウィン以後に多くの知識がもたらされた。変異が生じる原因が、「生物を取りまく環境の性質のなかにあるというよりは、生物の性質や構成のなかにあるだろう」という彼の指摘は正しい。
＊2　ここでも「種にとってたいへん有利」という表現が使われているが、ダーウィンがどのような群淘汰を考えていたのか、それとも個体淘汰で考えているのかは不明である。
＊3　ここでのダーウィンの指摘には、のちの優生学を導くもととなる考えがたくさん含まれている。彼自身は優生学的な政策を提言していないし、人類の道徳水準の向上には、教育や習慣の方がずっと大きな役割を果たしていると述べてはいるものの、一九世紀の階級社会を背景にした当時の常識的思考からは、優生学的な考えが容易に導かれたのだろう。

訳者解説

雄と雌はなぜ違う？

一八六〇年四月三日、ダーウィンは、アメリカの友人である植物学者エイサ・グレイに対し、次のような手紙を書いた。

　目について考えると寒気がしていた時期のことはよく覚えていますが、今思えばおかしなことです。今では、そんなことに不満を覚えることはなくなりました。このごろは、ほんの瑣末なことに見える構造の詳細が、非常に気になります。クジャクの尾羽は、あれは、見るたびに気分が悪くなります！

　何がダーウィンを悩ませたかと言えば、雄と雌の違いである。クジャクの雌は地味なのに、雄はなぜあんな派手な羽を生やしているのか？　なぜ、雄と雌が非常に異なる形態をしている種もあれば、ほとんど見分けがつかないほど似ている種もあるのだろう？

　デズモンドとムーアの著書（一九九一年）によれば、反進化論の旗手の一人であったアーガイル公爵は、ダーウィンが身を縮ませるような鋭い質問を発した。輝く羽を持ったハチドリでは、なぜ、その冠毛がサファイア色ではなくてトパーズ色に選択されたのか？　なぜ、胸飾りの先端のきらきらしたところがルビー色ではなくてエメラルド色に選択されたのか？　これは神の意向による美であり、この世の説明はあり得ず、どんな闘争もそれを説明することはできない。

しかし、あるハチドリの種の冠毛がサファイア色かトパーズ色かなどという設問より、もっとずっと根源的な問題があった。それは、同じハチドリの種に属する雌が、何色にせよそんなきれいな羽を持ってはいないという事実である。そもそも、『種の起源』を執筆したころからダーウィンを悩ませていたのは、同種に属する雄と雌の違いであった。

自然淘汰の考えで、ダーウィンは、生物個体がおもに物理的環境に反応して適応するプロセスを考えた。個体が持つさまざまな形質に関して個体間に微妙な遺伝的差異があり、それらの差異が、生存と繁殖に影響を与えるならば、世代を経るごとに、より適応的な形質が集団中に広まっていくだろう。たとえば、鳥の翼の形態をつかさどる遺伝子にさまざまな個体変異があり、それらの違いが飛翔の能力に影響を与えているのであれば、それは鳥の生存率に影響を与えるだろう。そのことは、その鳥が残す子どもの数にも影響を与えるだろうから、世代を経るにつれ、より飛翔力の高い翼を作るような変異が鳥の集団中に広まっていくはずである。これが自然淘汰である。

では、同種に属する雄と雌とは、同じような環境に、同じだけの進化的時間さらされてきたのであるから、基本的に同じ形態になるはずではないか。ところが、多くの生物において、雄と雌は、色や大きさや角などの付属物などにおいて大いに異なる。それは卵を産むか、精子を出すかという生殖器官の違いをはるかに越えた違いだ。もしも自然淘汰が、適応を生み出す唯一の淘汰のプロセスだとすれば、同種に属する雄と雌の違いを説明することはできないのではないだろうか？　これが、自然淘汰のプロセスを考えついたダーウィン自身が抱いた最初の疑問であった。

性淘汰の考え　その１：雄どうしの間の競争

この問題を考え続けたダーウィンの答えが、性淘汰である。それは、「ある個体が、同種の同性に属する他個体に対し、繁殖にのみ関連して持っている有利さ」にかかわる淘汰である。そして、それは、同種の個体間の社会的関係に起因する淘汰であった。

ダーウィンは、性淘汰には二つの異なるプロセスがあると考えた。一つは、配偶相手の獲得をめぐる雄どうしの競争である。ダーウィンは、まず、昆虫、魚類、両生類、爬虫類、鳥類、哺乳類の行動を広く概観し、同種に属する雄どうしの間には、配偶相手の雌の獲得をめぐって強い競争が存在し、それと同じような激しい競争は、雌どうしの間には存在しないと結論づけている。そして、そのような雄どうしの競争に勝った雄が多くの雌を獲得し、次世代の子どもの親になる。このプロセスによって、大きなからだ、角、牙などといった、闘いに有利な形質が、雄のみに発達することとなったと推論している。

発表当時から、このプロセスそのものについては異論はなく、多くの生物学者がこれを受け入れていたようだ。ただし、同時代人のアルフレッド・ウォレスや二〇世紀初頭の遺伝学者T・H・モーガンなどは、これを「性淘汰」という独自のプロセスとは認めず、自然淘汰だと考えていたようだ。ウォレスは、より闘いに強くて勝ち残った雄が次世代の子どもの親になるのであれば、闘いに有利な形質が「自然淘汰によって」雄の間に広がっていくだろうと述べている。

モーガンは、一夫多妻の動物の雄の方が、そうではない配偶システムの動物の雄よりも大きな角や牙などを備えていることが証明できれば、それらが「自然淘汰によって」進化したという議論は展開可能だろうと述べている。モーガン以後、確かに一夫多妻で雄どうしの配偶競争が激しい種の方が、一夫一妻や乱婚の種の雄よりも大きな角や牙を備えていることがわかった。ただし、彼はこれを自然淘汰だと述べている。

別のところでは、モーガンは、配偶相手の獲得をめぐる雄どうしの闘いが、どちらかの死をもたらすことは滅多になく、また、闘いに負けた個体も、別の機会に配偶相手を獲得するだろう、などと述べている。しかし、ダーウィンの性淘汰の議論では、負けた個体が死ぬかどうかは問題ではない。死ななくても、また、別の機会に配偶相手を得られることがあっても、闘いに勝った個体と負けた個体との間に、繁殖成功度の違いがあればよいのである。それが性淘汰の本質なのだ。

ダーウィンの同時代およびその直後において、雄どうしの競争が広く動物界に見られること自体は了解されていた。しかし、それがどのような淘汰のプロセスをもたらすのかについて、誰も明確にダーウィンの論点を理解していなかったように私は思うのである。確かに、自然淘汰も性淘汰も、個体間の繁殖の差異から生じるのは同じである。しかし、ダーウィンは、社会的な淘汰圧としての同性間競争を、他の自然淘汰とは明確に区別して認識していた。だからこそダーウィンの理論は、雄と雌の個体数の比（性比）など、その他多くの興味深い問題に発展していくことができたのである。

性淘汰　その2：雌による選り好み

ダーウィンの性淘汰のもう一つのプロセスは、雌による配偶相手の選り好みである。雄どうしが雌の獲得をめぐって競争するのであれば、雌の側は、並みいる雄の中から配偶相手を選ぶことができるはずだ、とダーウィンは推論する。ただし、雌に、そのような選り好みを行う能力があれば。これはおおいに問題のある但し書きであるが、ダーウィンは、選り好みを行うには「情熱」が必要であり、多くの生物を見渡すと、確かに雌はある程度の選り好みを働かせているようだと結論する。

角や牙などは雄どうしの闘いに使われている。しかし、雄の鳥の美しい羽飾りなどはどうだろう？　観察すれば、それらの形質は闘争に使われているのではなく、雌に対する求愛ディスプレイに使われている。雄がかなりのコストと時間をかけて求愛ディスプレイをしているのであれば、雌はその求愛の詳細を見比べているはずだ。そして、その雌の選り好みが代々続いていけば、雄は、より美しい飾り羽根などの形質を持つことになるだろう。

雌たちは、求愛する多くの雄の中から好みの一匹を選んでいるようであり、もしも、もっとも気に入った雄を選んでいるのではないとしても、もっともイヤではない雄を選んでいるらしい。この点について、ダーウィンの挙げる証拠は、もっぱら逸話的なものである。彼自身いくつかの実験をしてはみたものの、雌の選り好みをはっきりと示すことはできなかった。

雌による選り好みという考えは、当時、まったく受け入れられなかった。多くの学者は、そんなことはあり得ないと考えたが、その背景には、雌（女性）はつつましく、受動的で、選り好みを働かせるような能力はない、というヴィクトリア朝風の偏見があった。このことに関しては、ヘレナ・クローニン著の『アリとクジャク』（邦訳『性選択と利他行動――クジャクとアリの進化論』長谷川眞理子訳、工作舎、一九九四年）に詳しい。当時の多くの学者が展開した、雌自身が選ぶなどということはあり得ないという主張は、科学的でもなんでもなく、今から見れば驚くべき偏見に満ちた主観的議論であった。

それはさておき、雌による選り好みというプロセスの提唱者であるダーウィン自身、雌が選り好みをするには、それなりの高度な能力が必要だと考えていた。しかし、実はその必要はないのである。高度な認知能力などなくても、ある特定の刺激に対する感覚のバイアスがあれば、そのような求愛ディスプレイをする雄を選ぶことはできる。そして、そのような感覚のバイアスに意味があれば、雌の選り好みと雄のディスプレイは一緒になって進化するだろう。

ダーウィンは、自然界で動物の雌が実際に選り好みをしていることを示すことはできなかった。それが最初に立証されたのは、実に一九八九年である。その後、選り好みの研究は飛躍的に進展しているが、今でも未解決の問題は多々あり、興味深い研究領域であり続けている。

ヒトにおける性淘汰と人種の違い

ところで、現代の読者にとって、人間の進化と性淘汰を扱う本書で、人間における性淘汰を扱った後半の最後の部分は、かなり違和感を感じるところなのではないだろうか？　人間における性淘汰の話なのだから、男女の性差と、その原因であるはずの配偶者獲得競争のあり方や配偶者選択について、詳しい分析がされるのではないかと思いきや、それらはあっさり触れられるだけで、人種の違いの話になってしまうのである。

ヒトの性差については、客観的な観察に基づく指摘もあるものの、性格や知的能力の性差としてダーウィンが挙げているものの多くは、それらが文化的に作られていく過程を無視した、いわば雑な議論である。このことは、雌による選り好みなどという時代を超えた議論を思いついたダーウィンでさえ、人間については、当時の社会通念から完全に自由ではなかったことを示している。

それはさておき、性淘汰の議論がなぜこのような形で人種の話になるのか？　私自身、訳していて実に腑に落ちないところであった。そこで、当時の社会で人種というものがどのように考えられていたのかを知らねばならない。

現在では、人種差別をすることは、人権の考えから理念的にも誤りであるとされている。しかし、ダーウィンの時代はそうではなかった。英国においては、ウィリアム・ウィルバーフォースの長期にわたる努力によって、一八〇七年にようやく奴隷貿易が廃止されたが、それでも奴隷という存在は残った。奴隷制度そのものが英国で廃止されたのは、一八三四年である。フランスでは、紆余曲折を経て一八四八年に奴隷制が廃止された。アメリカ合衆国ではさらに遅くまで続き、奴隷の存続の可否が南北戦争を引き起こしたあげく、一八六五年に正式に廃止されたことはよく知られている。つまり、ダーウィンの時代はまだ、ヨーロッパ人以外の人種を人間として扱うべきかどうかが法的にも争われていた時代なのである。

現在の私たちは、ヒトのゲノムの解析によって、この地球上に住んでいる七〇億人以上の人間たちがみな、およそ二〇万年前にアフリカで出現したサピエンスの子孫であることを知っている。肌の色や髪の毛の性質などの違いは遺伝的には微々たるもので、生物学的に人種を分類単位として分けることに意味はない。

しかし、肌の色などの外見的形質は目立つものであり、それに文化的な違いが加わり、人種を分類しようという試みは、古くから人類学者によってなされてきた。現在では、明確な線を引いた分類単位として意味のある「人種」というものは存在しないが、人類の過去の歴史の中で、さまざまな地域集団がそれぞれ異なる環境にさらされてきた結果、地域集団ごとに特有の遺伝子構成を持つようになってきたことが明らかにされている。たとえば、糖尿病にかかわる遺伝子やある種の乳がんにかかわる遺伝子など、病気と関連した遺伝子はさまざまな集団ごとに異なることが知られている。それらは、集団が過去にさらされてきた環境的圧力の違いの結果である。

ダーウィンの時代にはそのようなことはわかっていなかったので、ともかくも、外見の違いと文化の違いをもとに「人種」が分類されていた。その「人種」間に優劣関係を見るかどうかは別として、次なる疑問は、なぜこのような異なる人種が存在するのか、ということである。人種の違いが、種のレベルの違いかもしれないほどに考えられていた時代、ヒトの進化を説明するには、同時に人種の進化を論じなければならなかったのである。

当時、人種の起源を説明する理論は二つあった。一つは単元論であり、すべての人種は、アダムとイブという単一のペアを祖先とする一つの系統から生じたものであり、時間とともに、それぞれの環境に適応して異なる形態に進化したと説明する。もう一つは多元論で、すべての人種が単一のペアから生じたのではなく、複数のペアから生じたので、人種の中には、ヨーロッパ白人とは異なる「種」に属するものもあると主張していた。

単元論者は、一般に人種の平等を唱え、奴隷制廃止の意見に傾く傾向があった。そして、事実、ダーウィンの自然淘汰の考えを取り入れてさえいるのである。では、ダーウィンは単元論を支持しただろうか？　そうではない。なぜなら、単元論も多元論も、どちらも進化の考えではなく、アダムとイブによる人類創成をもとにした宗教論だからだ。ダーウィンはなんとしても、この二つの理論とはまったく違う人種の理論を提出する必要があった。それが、性淘汰に基づく人種形成理論である。

肌の色や髪の毛の質などの外見的特徴は、クジャクの羽や鳥のさえずりなどと同様、求愛における性的魅力として進化した、とダーウィンは主張した。それらは、単に好みの問題であり、ほとんど意味のない流行のような気まぐれなのだ。「黒ければ黒いほど魅力的」ということになれば、その集団の肌の色はどんどん黒くなる。では、なぜ黒い方がいいのかと言えば、それは、クジャクの羽やハチドリのサファイア色の縁取りと同様、ただの気まぐれなのである。その主張において、ダーウィンは徹底している。

ウォレスなど同時代の学者たちは、人種を説明するときには、あからさまな多元論者でない限り、人種の形質の違いのいくらかは、自然淘汰の結果と考えた。たとえば、肌の色が黒いのは、日焼けから守るためだといった説明である。しかし、ダーウィンはそのような説明を一切排し、性淘汰による気まぐれを主張している。単元論者と自らを区別するため、ダーウィンは、このような徹底した性淘汰の議論を展開したのに違いない。

本書は、そもそもヒトという動物の進化を論じるものである。ところが、その大部分に性淘汰、つまり雄と雌の違いが論じられているのはなぜなのだろう？　そして、肝心のヒトの進化については、最初に簡潔に述べられるだけで、最後に長々と人種の違いが述べられるのはなぜなのだろう？　一〇〇年以上も前のダーウィンが、ヒトの進化を論じようとすると、ヒト全体とともに人種の成り立ちを説明せねばならなかったこと、そして、当時論じられていた宗教的な人種論とはまったく異なる人種論を展開せねばならないとダーウィンが強く感じていたこと、この二つを現代の私たちが理解せねば、本書の意図を理解することはできないだろう。

いまや、人種についてはたいした問題ではない。しかし、ダーウィンが本書で展開した議論は、その後ますます発展して、動物の行動生態学、生殖生物学、人類遺伝学、人類生態学、人間行動生物学として花開いているのである。この発展の基礎を築いた大家として、ダーウィンの努力を賞賛したい。

二〇一六年八月

長谷川眞理子

本書の原本は、一九九九―二〇〇〇年に『人間の進化と性淘汰』Ⅰ～Ⅱ（『ダーウィン著作集』第一～二巻）として、文一総合出版から刊行されました。

チャールズ・ダーウィン
1809-82年。イギリスの自然科学者。ビーグル号による航海で訪れたガラパゴス諸島での観察に着想を得て「自然淘汰」による進化論を提唱。代表作は，『種の起源』（1859年）および本書『人間の由来』（1871年）。

長谷川眞理子（はせがわ　まりこ）
1952年生まれ。1986年，東京大学大学院理学系研究科博士課程修了。現在，総合研究大学院大学副学長。専門は，行動生態学。主な著書に，『雄と雌の数をめぐる不思議』，『進化とはなんだろうか』，『動物の行動と生態』，『ダーウィンの足跡を訪ねて』ほか多数。

定価はカバーに表示してあります。

人間の由来（下）

チャールズ・ダーウィン

長谷川眞理子 訳

2016年10月11日　第1刷発行

発行者　鈴木　哲
発行所　株式会社講談社
東京都文京区音羽 2-12-21 〒112-8001
電話　編集（03）5395-3512
販売（03）5395-4415
業務（03）5395-3615
装　幀　蟹江征治
印　刷　豊国印刷株式会社
製　本　株式会社国宝社
本文データ制作　講談社デジタル製作

ISBN978-4-06-292371-2

「講談社学術文庫」の刊行に当たって

これは、学術をポケットに入れることをモットーとして生まれた文庫である。学術は少年の心を養い、成年の心を満たす。その学術がポケットにはいる形で、万人のものになることは、生涯教育をうたう現代の理想である。

こうした考え方は、学術を巨大な城のように見る世間の常識に反するかもしれない。また、一部の人たちからは、学術の権威をおとすものと非難されるかもしれない。しかし、それはいずれも学術の新しい在り方を解しないものといわざるをえない。

学術は、まず魔術への挑戦から始まった。やがて、いわゆる常識をつぎつぎに改めていった。学術の権威は、幾百年、幾千年にわたる、苦しい戦いの成果である。こうしてきずきあげられた城が、一見して近づきがたいものにうつるのは、そのためである。しかし、学術の権威を、その形の上だけで判断してはならない。その生成のあとをかえりみれば、その根は常に人々の生活の中にあった。学術が大きな力たりうるのはそのためであって、生活をはなれた学術は、どこにもない。

開かれた社会といわれる現代にとって、これはまったく自明である。生活と学術との間に、もし距離があるとすれば、何をおいてもこれを埋めねばならない。もしこの距離が形の上の迷信からきているとすれば、その迷信をうち破らねばならぬ。

学術文庫は、内外の迷信を打破し、学術のために新しい天地をひらく意図をもって生まれた。文庫という小さい形と、学術という壮大な城とが、完全に両立するためには、なおいくらかの時を必要とするであろう。しかし、学術をポケットにした社会が、人間の生活にとってより豊かな社会であることは、たしかである。そうした社会の実現のために、文庫の世界に新しいジャンルを加えることができれば幸いである。

一九七六年六月

野間省一

古典

西国立志編（さいこくりっしへん）
サミュエル・スマイルズ著／中村正直訳（解説・渡部昇一）

原著『自助論』は、世界十数ヵ国語に訳されたベストセラーの書。「天は自ら助くる者を助く」という精神を思想的根幹とした、三百余人の成功立志談。福沢諭吉の『学問のすゝめ』と並ぶ明治の二大啓蒙書の一つ。

527

ガリア戦記
カエサル著／國原吉之助訳

ローマ軍を率いるカエサルが、前五八年以降、七年にわたりガリア征服を試みた戦闘の記録。当時のガリアとゲルマニアの事情を知る上に必読の歴史的記録として有名。カエサルの手になるローマ軍のガリア遠征記。

1127

内乱記
カエサル著／國原吉之助訳

英雄カエサルによるローマ統一の戦いの記録。前四九年、ルビコン川を渡ったカエサルは地中海を股にかけ政敵ポンペイユスと戦う。あらゆる困難を克服し勝利するまでを迫真の名文で綴る。ガリア戦記と並ぶ名著。

1234

ラケス 勇気について
プラトン対話篇
プラトン著／三嶋輝夫訳

プラトン初期対話篇の代表的作品、新訳成る。「勇気とは何か」「言と行の関係はどうあるべきか」を主題に展開される問答。ソクラテスの徳の定義探求の好例とされ、構成美にもすぐれたプラトン初学者必読の書。

1276

ソクラテスの弁明・クリトン
プラトン著／三嶋輝夫・田中享英訳

プラトンの初期秀作二篇、待望の新訳登場。死を恐れず正義を貫いたソクラテスの法廷、獄中での最後の言説。近年の研究動向にもふれた充実した解説を付し、参考にクセノフォン『ソクラテスの弁明』訳を併載。

1316

心とは何か
アリストテレス
アリストテレス著／桑子敏雄訳

心を論じた史上初の書物の新訳、文庫で登場。心についての先行諸研究を総括・批判し、独自の思考を縦横に展開した書。難解で鳴る原典を、気鋭の哲学者が分かり易さを主眼に訳出、詳細で懇切な注・解説を付す。

1363

古典

君主論
ニッコロ・マキアヴェッリ著／佐々木　毅全訳注
大文字版

近代政治学の名著を平易に全訳した大文字版。乱世のルネサンス期、フィレンツェの外交官として活躍したマキアヴェッリ。その代表作『君主論』を第一人者が全訳し、権力の獲得と維持、喪失の原因を探る。

1689

ギリシャ神話集
ヒュギーヌス著／松田　治・青山照男訳

壮大無比なギリシャ神話の全体像を俯瞰する。紀元二世紀頃、ギリシャの神話世界をローマの大衆へ伝えるために編まれた、二七七話からなる神話集。各話は極めて簡潔に綴られ、事典的性格を併せもつ。本邦初訳。

1695

マルクス・アウレリウス「自省録」
マルクス・アウレリウス著／鈴木照雄訳

ローマ皇帝マルクス・アウレリウスはストア派の哲学者でもあった。合理的存在論に与する精神構造を持つ一方、文章全体に漂う硬質の色を帯びる無常観。哲人皇帝マルクスの心の軌みに耳を澄ます。

1749

西洋中世奇譚集成　皇帝の閑暇
ティルベリのゲルヴァシウス著／池上俊一訳・解説

南フランス、イタリアを中心にイングランドなどの不思議話を一二九篇収録。幽霊、狼男、人魚、煉獄、妖精、魔術師……。奇蹟と魔術の間に立つ《驚異》は神聖な現象である。中世人の精神を知るための必読史料。

1884

共産党宣言・共産主義の諸原理
K・マルクス、F・エンゲルス著／水田　洋訳

全人類の解放をめざした共産主義とはなんだったのか。力強く簡潔な表現で、世の不均衡・不平等に抗する労働者の闘争を支えた思想は、今なお重要な示唆に富む。斯界の泰斗による平易な訳と解説で読む、不朽の一冊。

1931

西洋中世奇譚集成　東方の驚異
逸名作家著／池上俊一訳・解説

偽の手紙に描かれた、乳と蜜が流れ、黄金と宝石に溢れる東方の楽園「インド」。そこは奇獣・魔人が跋扈する謎のキリスト教国……。これらの東方幻想に、暗黒の時代＝中世の人々の想像界の深奥を読み解く。

1951

古典

西洋中世奇譚集成　聖パトリックの煉獄
マルクス、ヘンリクス著／千葉敏之訳

十二世紀、ヨーロッパを席巻した冥界巡り譚「聖パトリキウスの煉獄」「トゥヌクダルスの幻視」を収録。二人の騎士が臨死体験を通して異界を訪問し、現世に帰還したという奇譚から、中世人の死生観を解読する。

1994

エウセビオス「教会史」（上）（下）
秦　剛平訳

イエスの出現から「殉教の時代」を経てコンスタンティヌス帝による「公認」まで、キリスト教最初期三〇〇年の歴史を描き、その後の西欧精神史に決定的影響を与えた最重要資料を全訳。詳細な註と解説を付す。

2024・2025

西洋中世奇譚集成　妖精メリュジーヌ物語
クードレット著／松村　剛訳（解説・J・ルゴフ、E・ルロワ＝ラデュリ）

土地、城、町、子供をもたらす豊饒の母神は、土曜日ごとに半身蛇女に変身する妖精だった――。絶妙の語り口と息もつかせぬ展開で、ある家門の栄光と没落を描く一大叙事詩。ルゴフ、ラデュリ解説論文も併録。

2029

アリストテレス「哲学のすすめ」 大文字版
廣川洋一訳・解説

哲学とはなにか、なぜ哲学をするのか。西洋最大の哲学者の「公開著作」十九篇のうち唯一ほぼ復元された、哲学的に重要な著作を訳出、解説を付す。古代社会で広く読まれた、万学の祖による哲学入門が蘇る！

2039

カント「視霊者の夢」
金森誠也訳（解説・三浦雅士）

霊界は空想家がでっち上げた楽園である――。同時代の神秘思想家スヴェーデンボリの「視霊現象」を徹底検証し、哲学者として人間の「霊魂」に対する見解を示す。『純粋理性批判』へのステップとなった重要著作。

2161

道徳感情論
アダム・スミス著／高　哲男訳

『国富論』に並ぶスミスの必読書が、読みやすい訳文で登場！「共感」をもベースに、個人の心に「義務」「道徳」が確立される、新しい社会と人間のあり方を探り、「調和ある社会の原動力」を解明した必読書！

2176

古典

役人の生理学
バルザック著／鹿島　茂訳・解説
「役人は生きるために俸給が必要で、職場を離れる自由もなく、書類作り以外能力なし」。観察眼が冴え渡る抱腹絶倒のスーパー・エッセイ。バルザック他、フロベール、モーパッサンの「役人文学」三篇も収録する。
2206

神曲　地獄篇
ダンテ・アリギエリ著／原　基晶訳
ウェルギリウスに導かれて巡る九層構造の地獄。地獄では生前に悪をなした教皇、聖職者、作者の政敵が、神による過酷な制裁を受けていた。原典に忠実で読みやすい新訳に、最新研究に基づく丁寧な解説を付す。
2242

神曲　煉獄篇
ダンテ・アリギエリ著／原　基晶訳
知の麗人ベアトリーチェと出会い、地上での罪の贖いの場＝煉獄へ。ダンテはここで身を浄め、自らを高めていく。ベアトリーチェに従い、ダンテは天国に昇る。古典の最高峰を端整な新訳、卓越した解説付きで読む。
2243

神曲　天国篇
ダンテ・アリギエリ著／原　基晶訳
天国では、ベアトリーチェに代わる聖ベルナールの案内により、ダンテはついに神を見て、合一を果たし、三位一体の神秘を直観する。そしてついに、三界をめぐる旅は終わる。古典文学の最高峰を熟読玩味する。
2244

ジャーナリストの生理学
バルザック著／鹿島　茂訳・解説
今も昔もジャーナリズムは嘘と欺瞞だらけ。大文豪が新聞記者と批評家の本性を暴き、徹底的に攻撃する。バルザックは言う。「もしジャーナリズムが存在していないなら、まちがってもこれを発明してはならない」。
2273

西洋中世奇譚集成　魔術師マーリン
ロベール・ド・ボロン著／横山安由美訳・解説
神から未来の知を、悪魔から過去の知を授かった神童マーリン。やがてその力をもって彼はブリテンの王家三代を動かし、ついにはアーサーを戴冠へと導く。波乱万丈の物語にして中世ロマンの金字塔、本邦初訳！
2304